H. Wagner · G. Kimm

Bauelemente des Flugzeuges

nach Vorlesungen von

Dr.-Ing. Herbert Wagner

ehemals o. Professor und Leiter des Flugtechnischen Instituts an der Technischen Hochschule Berlin

bearbeitet von

Dr.-Ing. Gotthold Kimm

Berlin-Karlshorst

2. Auflage

Mit 280 Bildern

München und Berlin 1942

Verlag von R. Oldenbourg

Manuldruck von F. Ullmann G. m. b. H., Zwickau/Sa.
Printed in Germany

Vorwort.

Der Unterricht über „Bauelemente des Flugzeuges" besteht zu einem großen Teil aus Konstruktionsübungen. In den Vorlesungen werden die für die Konstruktion erforderlichen Grundlagen gebracht, die sich in Betrachtungen über die allgemeine Festigkeit und den Kraftverlauf sowie die Darlegung besonderer Rechenverfahren für die im Flugzeugbau übliche Bauweise gliedern. Schließlich sind die Werkstoffragen zu behandeln. Im vorliegenden Buch sind nur die allgemeinen Festigkeitsfragen in der für die Studenten der ersten Semester geeigneten Form wiedergegeben. Es ist beabsichtigt, in allfälligen späteren Auflagen den Stoff zu erweitern.

Herrn Dr.-Ing. Kimm, der den Lehrstuhl seit meiner Beurlaubung und meinem späteren Ausscheiden von der Technischen Hochschule zu Berlin betreut, danke ich bestens für die seiner Initiative entspringende Bearbeitung des vorliegenden Buches.

Berlin, im März 1940.

H. Wagner.

Inhaltsverzeichnis.

I. Statik des ebenen Fachwerkes.

A. Der statisch bestimmte ebene Fachwerkträger.

Beim Fachwerkträger sind Knoten und Scheiben untereinander und mit einem festen Boden durch Gelenkstäbe verbunden.

1. Knoten mit dem Boden verbunden.

a) Ein Knoten.

Geometrische Betrachtung. Statisch bestimmt gehalten heißt: geometrisch eindeutig gehalten.

In der Ebene hat der Knoten (Bolzen) zwei Freiheitsgrade, d. h. zwei mögliche Verschiebungskomponenten. Jeder Gelenkstab (Stab) verhindert eine mögliche — in Richtung seiner Stabachse fallende — Verschiebungskomponente; man sagt, er nimmt dem Knoten einen Freiheitsgrad. Um den Knoten geometrisch eindeutig zu halten, muß man die beiden möglichen Verschiebungskomponenten verhindern. Hierzu sind zwei Stäbe notwendig und hinreichend.

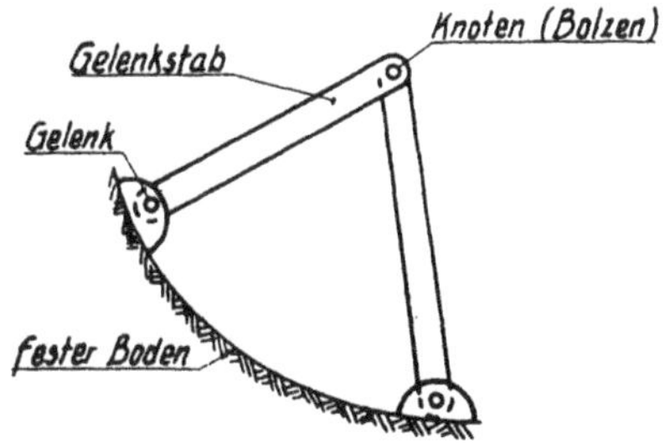

Bild 1. Statisch bestimmt gehaltener Knoten (Bolzen).

Statische Betrachtung. Statisch bestimmt heißt: die unter einer Belastung P auftretenden Stabkräfte sind endlich und mit Hilfe von Gleichgewichtsbetrachtungen eindeutig bestimmbar.

Der Knoten steht unter dem Einfluß der äußeren Kraft P und den inneren Stabspannkräften im Gleichgewicht. Zur Ermittlung der unbekannten inneren Stabspannkräfte denkt man sich einen Schnitt um den Knoten geführt und die inneren Stabkräfte S_1, S_2 zur Erhaltung des Gleichgewichts als äußere Kräfte angebracht (Bild 2b).

Die Bestimmung der Stabkräfte erfolgt:

1. Graphisch.

Das aus den äußeren und inneren Kräften gezeichnete Krafteck (Bild 2c) muß sich schließen und der Umfahrungs-

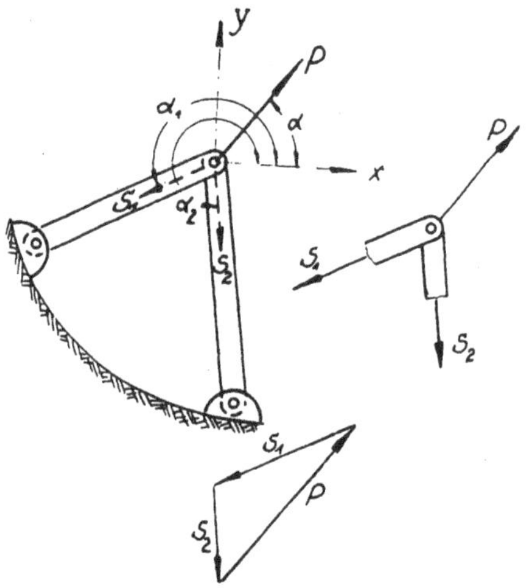

Bild 2. Gleichgewicht am Knoten zwischen inneren und äußeren Kräften.

sinn (Pfeilrichtung) ein stetiger sein. Trägt man die erhaltenen Pfeilrichtungen in das Fachwerk ein, so bedeutet ein zum Knoten gerichteter Pfeil eine Druckkraft, ein vom Knoten weg zeigender Pfeil eine Zugkraft.

2. Analytisch.

Zerlegt man die äußeren und inneren Kräfte nach den beiden Achsen eines durch den Knoten gelegten rechtwinkligen Achsenkreuzes, so muß die algebraische Summe der Komponenten aller Kräfte, jeweils bezogen auf die X- und Y-Richtung zur Summe Null ergeben, wenn der Knoten im Gleichgewicht sein soll. Bezeichnet man mit α den Winkel, den die äußere Kraft P mit der positiven Richtung der X-Achse bildet, mit α_1 und α_2 die entsprechenden Winkel für die Stabkräfte S_1 und S_2 (Bild 2a), so erhält man für den Knoten die beiden Gleichgewichtsbedingungen:

$$\boxed{\begin{aligned} \Sigma x = 0 &: \; S_1 \cos \alpha_1 + S_2 \cos \alpha_2 + P \cos \alpha = 0 \\ \Sigma y = 0 &: \; S_1 \sin \alpha_1 + S_2 \sin \alpha_2 + P \sin \alpha = 0 \end{aligned}} \qquad (1;\ 1\text{a und b})$$

Aus diesen beiden Gleichungen sind die zwei Stabkräft eindeutig bestimmbar. Zugkräfte erhalten positives, Druck kräfte negatives Vorzeichen.

Beweglich heißt ein Fachwerk, das weniger Stäbe besitzt, als zum geometrisch eindeutigen Halten der freien Knoten erforderlich sind.

Bild 3. Einfachster Fall eines beweglichen Fachwerks.

Statisch unbestimmt heißt geometrisch überbestimmt. Der dritte Stab muß ganz genaue Länge haben, um nicht zu klemmen; sonst Vorspannung. Die endgültigen Stabkräfte sind von der Vorspannung abhängig. Sie sind nicht aus den beiden Gleichgewichtsbedingungen — Gl. 1, 1a und b — allein eindeutig bestimmbar.

Ein Ausnahmefall (»Ausnahmefachwerk«) liegt vor, wenn bei richtiger Stabzahl die Stabkraftermittlung (für eine beliebig gerichtete, endliche Kraft P) unendlich große Stab-

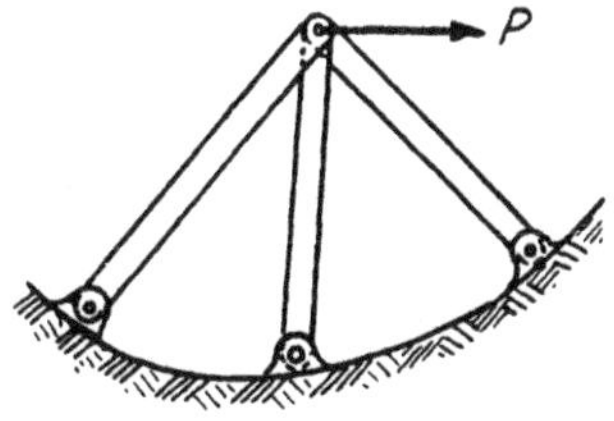

Bild 4. Einfach statisch unbestimmt gehaltener Knoten.

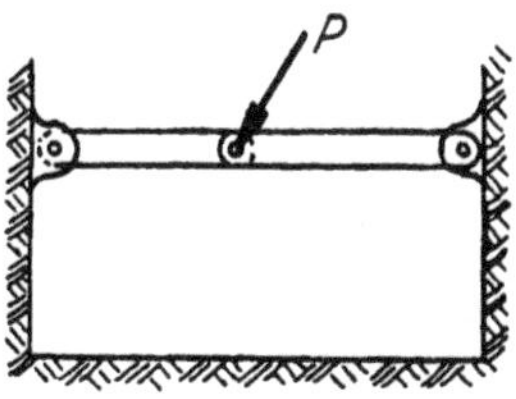

Bild 5. Ausnahmefall eines statisch bestimmt gehaltenen Knotens.

kräfte ergibt (vgl. Bild 5. Die beiden Stäbe haben die gleiche Richtung). Da in diesem Fall bei wirklichen (elastischen) Stäben sehr kleine Belastungen P bereits sehr große Deformationen hervorrufen, heißt ein solches Fachwerk auch »wakkelig« Solche Fachwerke sind unbrauchbar.

b) Der einfache Fachwerkträger.

Der einfache Fachwerkträger enthält nur Knoten und ist immer statisch bestimmt. Er ist so aufgebaut, daß jeder neu hinzugefügte Knoten durch zwei neue Stäbe gehalten wird.

α) Erforderliche Stabzahl.

Diese kann entsprechend dem Aufbau bestimmt werden. Man bezeichnet mit

k = Zahl der zu haltenden Knoten,

s = Zahl der Stäbe,

und erhält

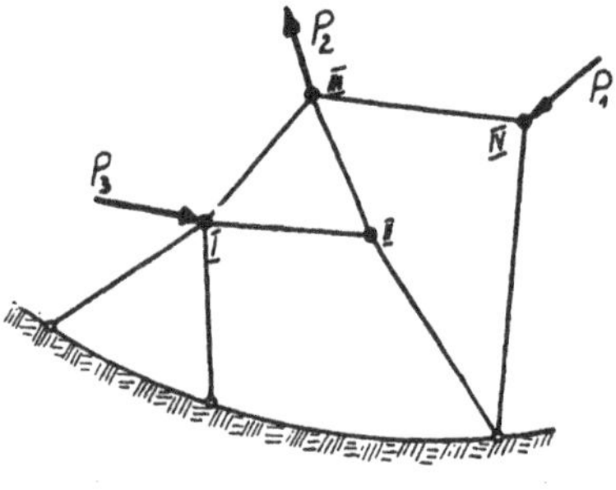

Bild 6. Statisch bestimmter, einfacher (abbaubarer) Fachwerkträger.

	k		s	
Knoten I	1		2	
» II	1		2	
» III	1	n	2	n
» .	.		.	
» .	.		.	
» n	1		2	
	$k = n$		$s = 2n$	

Für $k = n$ Knoten braucht man also $s = 2n$ Stäbe. Durch Elimination von n ergibt sich die erforderliche Stabzahl zu:

$$\boxed{s = 2k} \quad \ldots\ldots\ldots\ldots \quad (1;\ 2)$$

β) Stabkraftermittlung.

Bei einem derartigen »einfachen« Fachwerkträger werden die unter einer äußeren Belastung P_1, P_2 ... auftretenden Stabkräfte von Knoten zu Knoten ermittelt, entweder graphisch oder analytisch, indem man mit dem zuletzt hinzugefügten Knoten anfängt (also erst Knoten IV, dann III, II und zuletzt I). — In dieser Reihenfolge je einen Knoten und die dazugehörigen zwei Stäbe wegnehmen, nennt man »Abbauen«. Diese Abbaufähigkeit ist das charakteristische Merkmal des einfachen Fachwerkträgers. —

c) Der allgemein aufgebaute Fachwerkträger.

α) Erforderliche Stabzahl.

k zu haltende Knoten haben $2k$ Freiheitsgrade, also sind

$$s = 2k$$

Stäbe notwendig, um k Knoten geometrisch eindeutig zu halten. Verbindet man k Knoten mit der erforderlichen Anzahl ($s = 2\,k$) von Stäben miteinander und mit einem festen Boden, so erhält man im allgemeinen einen »nicht einfachen«, d. h. nicht abbaubaren Fachwerkträger (z. B. Bild 7)

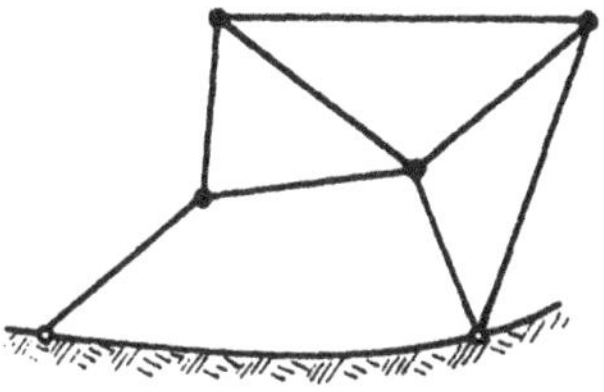

Bild 7. Statisch bestimmter, allgemein aufgebauter Fachwerkträger.

Vorhandene Knotenzahl . . . . $k = 4$,
vorhandene Stabzahl . . . . $s = 8$,
erforderliche Stabzahl $s = 2\,k = 2 \cdot 4 = 8$.

Das Fachwerk nach Bild 7 ist also statisch bestimmt, aber nicht einfach, da man es von keinem Knoten aus abbauen kann.

β) Stabkraftermittlung.

Eine Stabkraftermittlung von Knoten zu Knoten wie beim einfachen Fachwerkträger ist hierbei nicht ohne weiteres möglich. Erst durch Stabvertauschung (siehe Methode von Henneberg 7b, γ), d. h. Umwandlung des »nicht einfachen Fachwerkträgers« in einen »einfachen« ist die Stabkraftermittlung von Knoten zu Knoten möglich.

2. Scheibe mit dem Boden verbunden.

Als Scheibe bezeichnet man ein ebenes Bauglied (z. B. Fachwerkträger oder Schubwandträger), das innerhalb seiner Ebene Kräfte aufnehmen kann.

a) Erforderliche Stabzahl.

Eine Scheibe hat drei Freiheitsgrade, nämlich zwei Verschiebungen und eine Drehung. Um also eine Scheibe geometrisch eindeutig zu halten, sind

$$\boxed{s = 3\,Sch} \quad . \; . \; . \; (2;\,1)$$

Stäbe notwendig und hinreichend (Sch = Zahl der Scheiben). Man kann auch die Scheibe statt durch drei Stäbe durch einen Stab und ein Gelenk mit

Bild 8. Statisch bestimmt gehaltene Scheibe.

dem Boden verbinden. Da ein Gelenk jede beliebige Verschiebung verhindert, d. h. zwei Freiheitsgrade vernichtet, ersetzt es zwei Gelenkstäbe. Die erforderliche Stabzahl ist also:

$$\boxed{s = 3\,Sch - 2\,G} \quad \ldots\ldots\ldots \quad (2;\,2)$$

b) Stabkraftermittlung.

Die Bestimmung der Stabkräfte in den Verbindungsstäben bzw. der Gelenkkraft kann analytisch erfolgen durch Ansetzen der drei Gleichgewichtsbedingungen für die Scheibe:

$$\Sigma X = 0,$$
$$\Sigma Y = 0,$$
$$\Sigma M_z = 0.$$

Ein Ausnahmefall liegt dann vor, wenn die drei Stäbe durch einen Punkt gehen; in diesem Fall ist eine Drehung der Scheibe um diesen Punkt als Momentanzentrum möglich

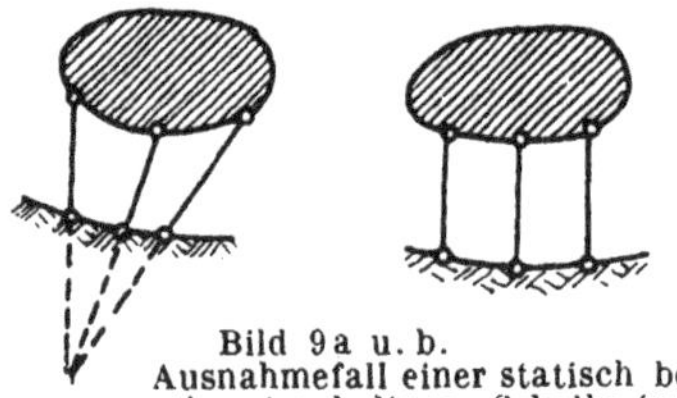

Bild 9a u. b. Ausnahmefall einer statisch bestimmt gehaltenen Scheibe (unbrauchbar, da wackelig).

(Bild 9a). (Liegen alle Stäbe parallel (Bild 9b), so schneiden sie sich im Unendlichen in einem Punkt; die Scheibe ist senkrecht zu den Stäben verschiebbar.)

3. Knoten und Scheiben mit dem Boden verbunden.

a) Erforderliche Stabzahl.

Ist k = Zahl der zu haltenden Knoten,
Sch = » » Scheiben,
G = » » Gelenke,

so ist die Zahl der erforderlichen Stäbe

$$\boxed{s + 2\,G = 2\,k + 3\,Sch} \quad \ldots\ldots \quad (3;\,1)$$

Ein Knoten und Scheiben enthaltender Fachwerkträger kann nie einfach sein.

b) Stabkraftermittlung.

Man betrachtet das aus Knoten und Scheiben bestehende Gebilde als eine Scheibe, die durch die drei Stäbe (*1*—*3*) mit dem festen Boden verbunden ist und bestimmt zunächst nach 2b die Kräfte in den Verbindungsstäben. Die Stabkräfte in

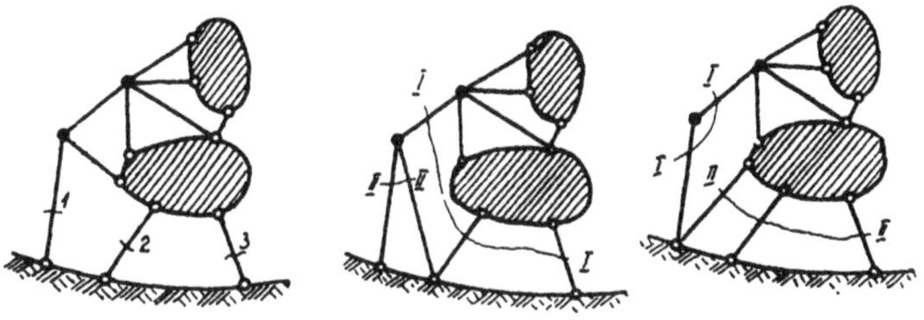

Bild 10a bis c.
Statisch bestimmter, aus Knoten und Scheiben bestehender Fachwerkträger.

den übrigen Stäben werden nach einer der Methoden des Abschnitts B bestimmt.

Liegt ein Aufbau des Fachwerkträgers nach den Bildern 10b oder c vor, so führt man erst Schnitt *I*—*I*, dann Schnitt *II*—*II*. Die Stabkräfte in den restlichen Stäben bestimmt man wieder nach einer der Methoden des Abschnitts B. Man kann aber auch zunächst einen der Verbindungsstäbe umlegen (nach 7b, γ) und dann wie oben vorgehen.

B. Die statisch bestimmte Fachwerkscheibe.

4. Die einfache Fachwerkscheibe.

Verbindet man drei, nicht auf einer Geraden liegende Knoten durch drei Stäbe, so erhält man die der Stabzahl und Knotenzahl nach kleinste Fachwerkscheibe, das Dreieck. Da beim Dreieck an jedem Knoten nur zwei Stäbe zusammenstoßen, ist es von jedem Knoten aus abbaubar. Benutzt man das Dreieck als Ausgangsscheibe und schließt neu hinzukommende Knoten mit je zwei neuen Stäben an, so erhält man eine einfache, d. h. abbaubare Scheibe.

Die erforderliche Stabzahl kann man entsprechend dem Aufbau bestimmen. Man bezeichnet wieder mit

$s =$ Zahl der Stäbe,
$k =$ » » Knoten.

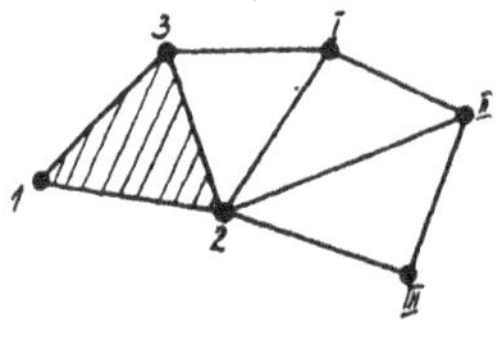

Bild 11.
Statisch bestimmte, einfache (abbaubare) Fachwerkscheibe.

	k	s
Knoten *1—3* (Dreieck)	3	3
Knoten *I*	1	2
» *II*	1	2
» *III*	1	2
» .	.	
» .	.	
» n	1	2
	$k = 3 + n$	$s = 3 + 2n$

(Die Werte von Knoten *I* bis n sind in beiden Spalten jeweils mit einer Klammer zu n zusammengefaßt.)

Nach Elimination von n erhält man die erforderliche Stabzahl zu:

$$\boxed{s = 2k - 3} \quad \text{. . . . . (4; 1)}$$

5. Die allgemein aufgebaute Fachwerkscheibe.

Werden Knoten und Scheiben miteinander durch die erforderliche Anzahl von Stäben bzw. Gelenken verbunden, so entsteht im allgemeinen eine »nicht einfache« Fachwerkscheibe.

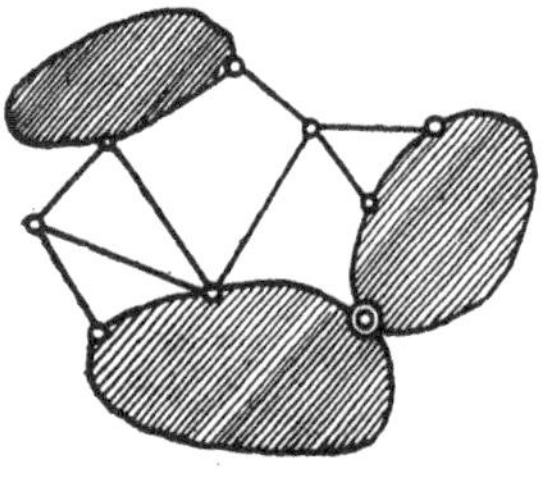

Bild 12.
Statisch bestimmte, allgemein aufgebaute Fachwerkscheibe.

Geometrische Betrachtung. Jeder Knoten hat zwei, jede Scheibe drei Freiheitsgrade, k Knoten und Sch Scheiben haben $2k + 3\,Sch$ Freiheitsgrade. Durch die Verbindung zur Fachwerkscheibe werden folglich $2k + 3\,Sch - 3$ Freiheitsgrade vernichtet, da die neu entstandene Scheibe selbst noch drei Freiheitsgrade besitzt. Sind G Gelenke vorhanden, so ist die für statisch bestimmten Aufbau benötigte Stabzahl:

$$\boxed{s + 2G = 2k + 3\,Sch - 3} \quad \text{. . . . (5; 1)}$$

Gleichgewichtsbetrachtung. An jedem Knoten bestehen zwei Gleichgewichtsbedingungen,

$$\Sigma X = 0, \qquad \Sigma Y = 0,$$

an jeder Scheibe drei Gleichgewichtsbedingungen,

$$\Sigma X = 0, \qquad \Sigma Y = 0, \qquad \Sigma M_z = 0.$$

Die Zahl der Gleichungen, um die Unbekannten zu ermitteln, ist folglich $2k + 3\,Sch$. Bedenkt man aber, daß diese $2k + 3\,Sch$ Gleichgewichtsbedingungen nur erfüllbar sind, wenn die drei Gleichgewichtsbedingungen für die belastende Gleichgewichtsgruppe erfüllt sind, diese drei Gleichgewichtsbedingungen in den $2k + 3\,Sch$ Gleichungen mit enthalten sind, so stehen zur Ermittlung der unbekannten Stab- bzw. Gelenkkräfte nur $2k + 3\,Sch - 3$ (voneinander unabhängige) Gleichungen zur Verfügung; also[1])

$$\boxed{s + 2G = 2k + 3\,Sch - 3}$$

Die Gleichgewichtsbetrachtung führt zum selben Ergebnis wie die geometrische Betrachtung. Bei Erfüllung dieser Bedingung ist die Stabkraftermittlung also eindeutig.

Aus der Eindeutigkeit der Lösungen folgt der wichtige Satz:

Jede (z. B. durch Probieren) gefundene Lösung (d. h. Stabkräfte, die alle Gleichgewichtsbedingungen erfüllen) ist die einzige richtige Lösung.

6. Das Superpositionsgesetz.

Satz. Sind S die Stabkräfte einer Fachwerkscheibe beim alleinigen Belasten durch die Gleichgewichtsgruppe P, S' die Stabkräfte des gleichen Fachwerks bei alleiniger Wirkung der

[1]) Ausführlich ist diese Überlegung im Föppl enthalten.

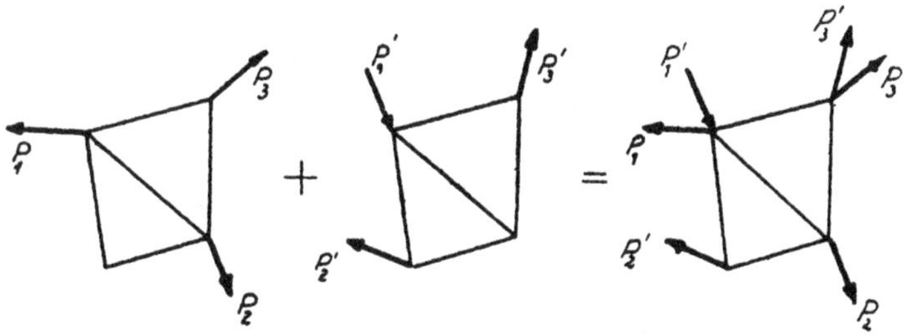

Bild 13. Zum Superpositionsgesetz.

Gleichgewichtsgruppe P', so sind $S + S'$ die Stabkräfte beim gleichzeitigen Wirken von P und P'.

Beweis. Bei dieser Überlagerung bleibt in jedem Knoten Gleichgewicht erhalten.

Bemerkung. Bei der Fachwerkscheibe nur Gleichgewichtsgruppen superponieren.

Beispiel 6; 1: Änderung der Auskreuzung. Stabkräfte seien unter der Gleichgewichtsgruppe P bestimmt. Stab D soll ersetzt werden durch Stab D_1.

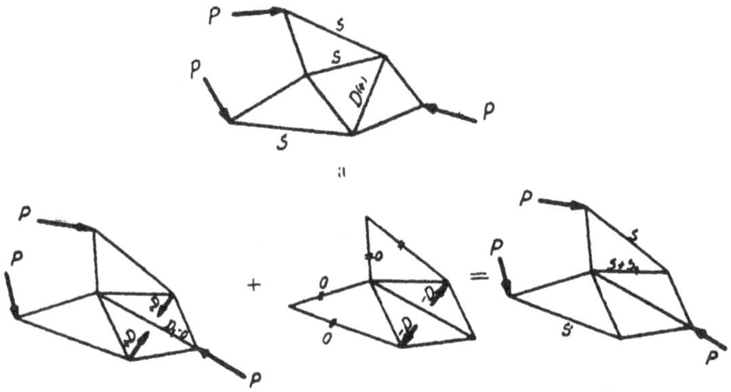

b c d

Bild 14b. Diagonale D durch ihre Kraft ersetzen. Gleichgewicht an den Knoten und Stabkräfte wie unter a). Dann Stab D_1 einfügen. Da bereits Gleichgewicht besteht, ist die Stabkraft $D_1 = 0$.

Bild 14c. Über b) wird superponiert die Belastung durch $(-D)$. Diese belastet nur Stäbe des Vierecks.

Bild 14d. Stabkräfte im Fachwerk mit geänderter Auskreuzung = Summe von b) und c).

Bild 14a bis d. Beispiel für die Anwendung des Superpositionsgesetzes: Änderung der Auskreuzung.

Beispiel 6; 2: Symmetrisches Fachwerk. Die äußere Belastung soll in eine symmetrische und eine antisymmetrische Gleichgewichtsgruppe zerlegt werden. Wegen des Zwecks einer solchen Zerlegung vgl. 15.

symmetrisch antisymmetrisch

Bild 15. Bezeichnungen.

Jede Gleichgewichtsgruppe besteht aus $\frac{P}{2}$ und den hierzu symmetrischen bzw. antisymmetrischen Kräften.

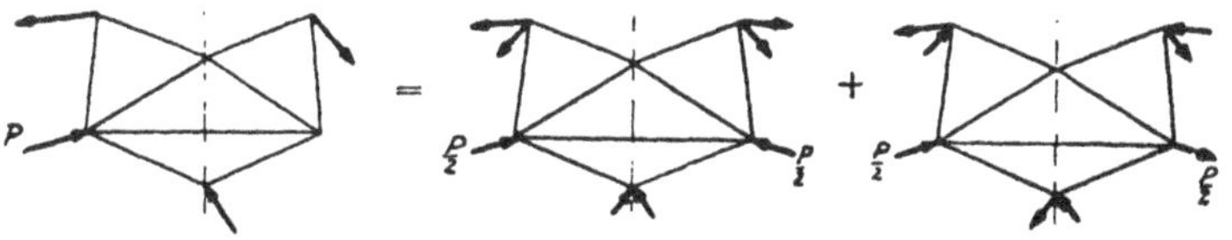

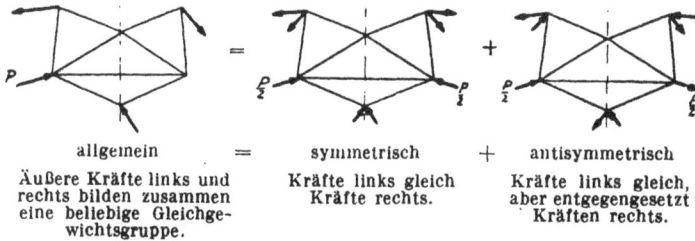

allgemein = symmetrisch + antisymmetrisch

Äußere Kräfte links und rechts bilden zusammen eine beliebige Gleichgewichtsgruppe. | Kräfte links gleich Kräfte rechts. | Kräfte links gleich, aber entgegengesetzt Kräften rechts.

Bild 16. Beispiel für die Anwendung des Superpositionsgesetzes: Zerlegung einer allgemeinen Belastung in eine symmetrische und eine antisymmetrische Gleichgewichtsgruppe.

7. Aufbau und Stabkraftermittlung.

Die Methode der Stabkraftermittlung richtet sich nach dem Aufbau (der Bildungsweise) des Fachwerks.

a) Einfache Fachwerkscheibe.

Kennzeichen abbaubar (Dreieck bleibt übrig).

Stabkraftermittlung von Knoten zu Knoten (z. B. Cremonaplan). Ausnahmefall, wenn bei einem neu hinzukommenden Knoten beide Stäbe auf einer geraden Linie liegen (Knoten *II* in Bild 17).

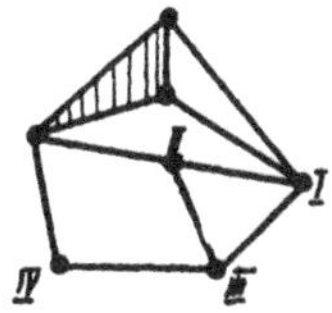

Bild 17. Ausnahmefall einer statisch bestimmten Fachwerkscheibe. (Knoten II ist wackelig gehalten.)

b) Allgemein aufgebaute Fachwerkscheibe.

Ist die Fachwerkscheibe nicht einfach, so geht man bei der Stabkraftermittlung je nach dem Aufbau wie folgt vor. Entweder zerlegt man das Fachwerk in einzelne einfache Fachwerke oder man baut es durch Stabvertauschung in ein einfaches um.

α) Zwei Scheiben, durch drei Stäbe verbunden.

Jede Scheibe stellt ein Fachwerk dar. Ein nicht einfaches Fachwerk kann oft als Verbindung zweier Scheiben aufgefaßt werden.

Stabkraftermittlung. Man bestimmt zuerst die Stabkräfte in den drei Verbindungsstäben, indem man eine der

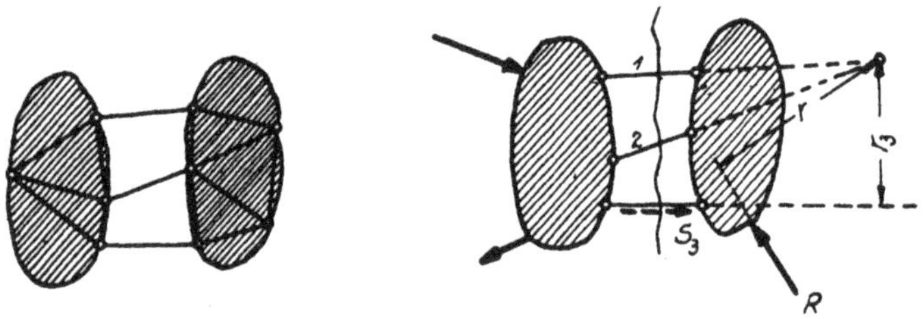

Bild 18. Zwei Scheiben durch drei Stäbe verbunden.

Scheiben mit den Stabkräften (und äußeren Kräften) ins Gleichgewicht setzt, entweder analytisch:

z. B. $\Sigma X = 0$; $\Sigma Y = 0$; $\Sigma M = 0$ oder

graphisch: d. h. Zerlegung einer der Resultierenden R nach drei Wirkungslinien (Culmansches Verfahren). Meist genügt aber die Bestimmung einer Stabkraft (z. B. S_3) durch »Ritterschnitt«, d. h. aus Momentengleichgewicht um den Schnittpunkt der beiden anderen Stäbe,

$$R \cdot r = S_3 \cdot r_3; \text{ also } S_3 = \frac{R \cdot r}{r_3},$$

um dann die Stabkräfte in den Scheiben von Knoten zu Knoten ermitteln zu können (Cremonaplan).

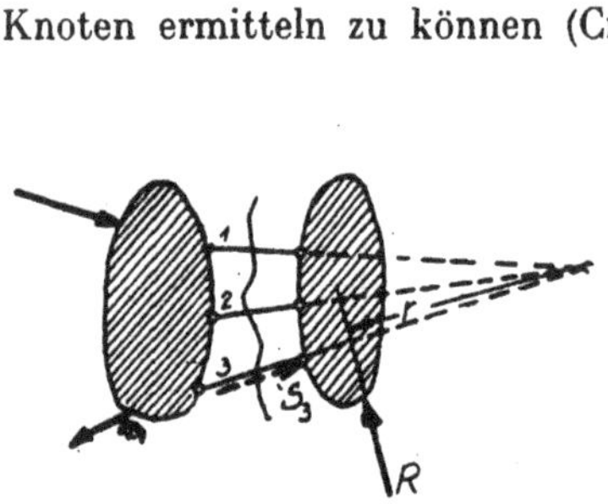

Bild 19. Zwei Scheiben durch drei Stäbe verbunden: Ausnahmefall.

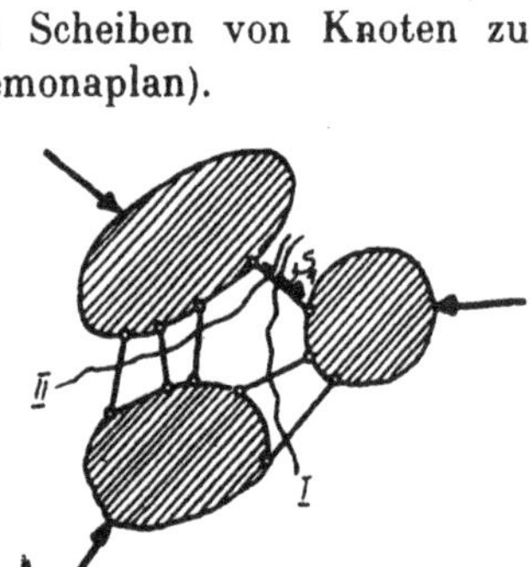

Bild 20. Drei Scheiben durch sechs Stäbe verbunden.

Ausnahmefall. Die drei Stäbe gehen durch einen Punkt (Bild 19). Scheibe um diesen Punkt als Momentanzentrum drehbar.

$$R \cdot r = S_3 \cdot 0; \text{ also } S_3 = \frac{R \cdot r}{0} = \infty.$$

Bei dieser Verbindung von drei Scheiben durch sechs Stäbe (Bild 20) zuerst durch Schnitt *I* Stabkraft S_1 bestimmen, dann Schnitt *II*.

β) Drei Scheiben, durch je zwei Stäbe verbunden (Dreigelenkbogen).

Stabkraftermittlung. Ersetzt man die an einer Scheibe wirkende resultierende Kraft R durch äußere Kräfte A, B, C, D in den beiden Gelenken (die nur durch willkür-

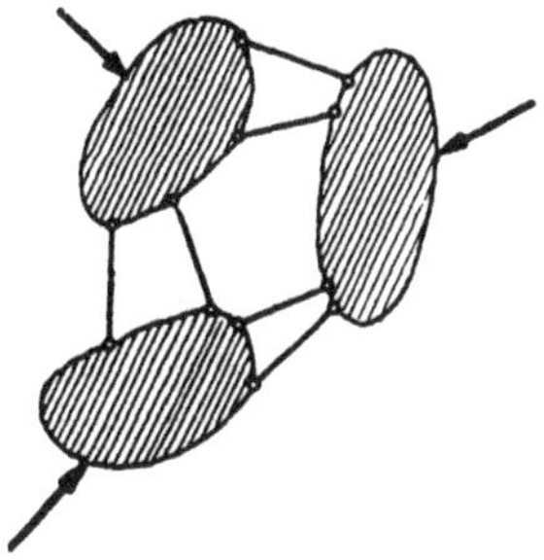

Bild 21 a. Drei Scheiben, durch je zwei Stäbe verbunden (Dreigelenkbogen).

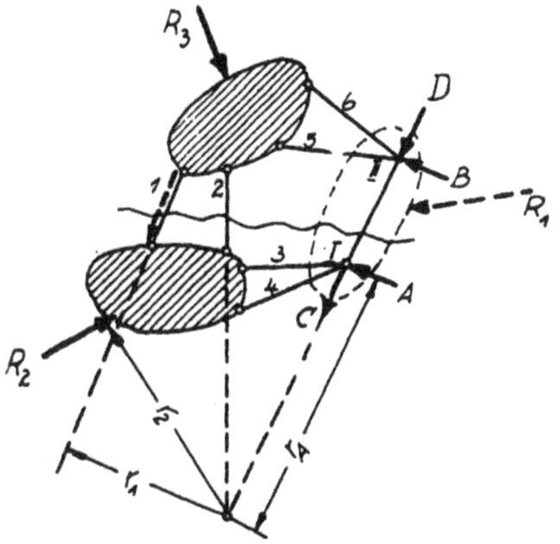

Bild 21 b. Stabkraftermittlung beim Dreigelenkbogen.

liche Wahl bestimmbaren, in Richtung *I—II* fallenden Komponenten C und D haben keinen Einfluß auf den Rechnungsgang), so kann man diese Scheibe durch einen Stab ersetzen, ohne daß die Kräfte in den beiden anderen Scheiben und in den Verbindungsstäben geändert würden. Mit einem Ritterschnitt (Momentenpunkt auf *I—II*, also kein Einfluß von C oder D) beginnend, kann man nun alle Kräfte in den Verbindungsstäben und dann auch in den drei ursprünglichen Scheiben bestimmen.

$$R_2 \cdot r_2 - A \cdot r_A = S_1 \cdot r_1$$

$$S_1 = \frac{R \cdot r - A \cdot r_A}{r_1}.$$

Ausnahmefall. Die drei Gelenke liegen auf einer Geraden.

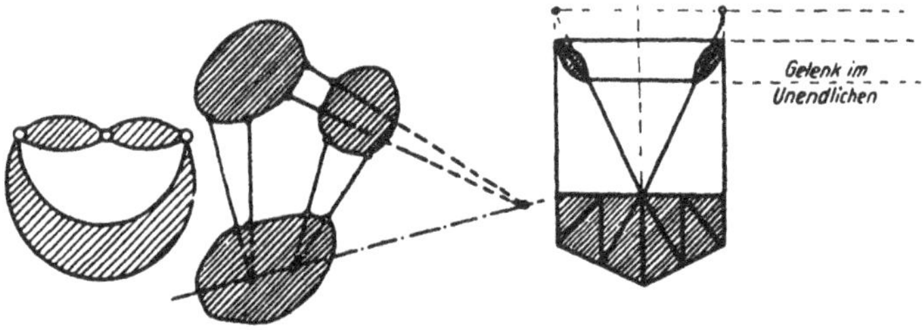

Bild 22, 23, 24. Ausnahmefälle des Dreigelenkbogens.

γ) Stabvertauschung: Methode von Henneberg.

Wenn die obigen Methoden versagen, erfolgt die Stabkraftermittlung durch Stabvertauschung: Man verwandelt das Fachwerk durch Umlegung eines Stabes in ein Fachwerk, auf welches obige Methoden anwendbar sind.

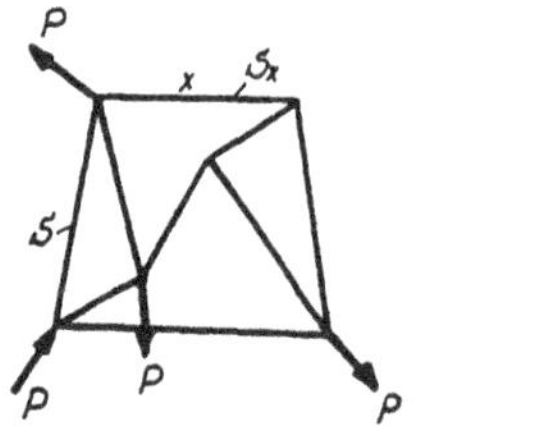

a) Es werden die unter der Gleichgewichtsgruppe P auftretenden Stabkräfte S in diesem nicht einfachen Fachwerk gesucht.

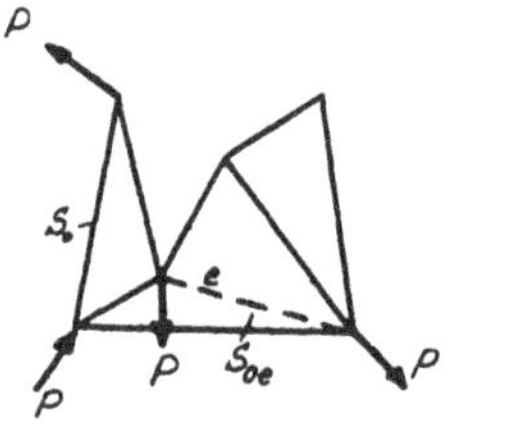

b) Durch Stabverstauchung — Ersatzstab e an Stelle von Stab x — wird das nicht einfache Fachwerk in ein einfaches übergeführt. Stabkräfte S_0 werden unter der Belastung P ermittelt. Kraft im Ersatzstab = S_{0e}.

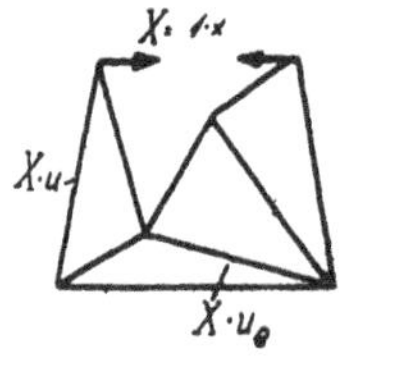

c) Stabkräfte u unter der Belastung »1« am weggelassenen Stab bestimmt. Stabkraft im Ersatzstab = u_e. Stabkräfte unter Belastung $X = x \cdot 1$ sind $X \cdot u$ bzw. $X \cdot u_e$.

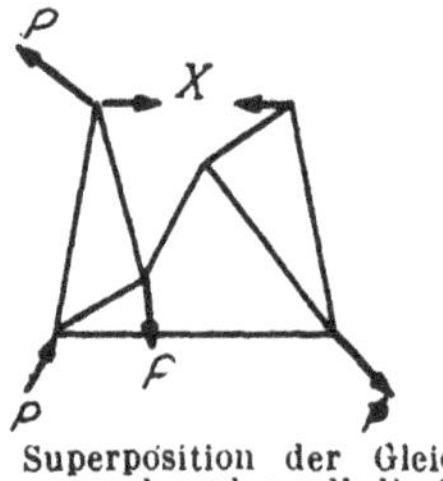

d) Bei Superposition der Gleichgewichtsgruppen b und c soll die Stabkraft im Ersatzstab = 0 werden. $S_{0e} + X \cdot u_e = 0$, daraus erhält man also $X = \frac{S_{0e}}{u_e} = S_x$, die Stabkraft des vertauschten Stabes x im Falle a. Die Stabkräfte in den anderen Stäben sind $S = S_0 + X \cdot u$. Beweis: äußere Belastung ist P; in jedem Knoten herrscht Gleichgewicht.

Bild 25a bis d. Stabkraftermittlung durch Stabvertauschung (Methode von Henneberg).

Ausnahmefall, wenn $X = \frac{S_{0e}}{u_e} = \infty$, also wenn $u_e = 0$ oder $S_{0e} = \infty$ wird.

Noch kompliziertere Fachwerke kann man durch (gleichzeitiges) Umlegen mehrerer Stäbe und entsprechender Erweiterung obigen Gedankenganges errechnen. Ebene Fachwerke werden jedoch selten so kompliziert aufgebaut sein, daß eine Anwendung der Stabvertauschung notwendig wird.

c) Analytische Methode.

Sowohl bei einfachen wie bei nicht einfachen Fachwerkscheiben ist es immer möglich, durch Ansetzen der Gleichgewichtsbedingungen für jeden Knoten bzw. für jede Scheibe und Lösung dieses Gleichungssystems die Stabkräfte zu ermitteln. Dies dürfte jedoch sehr umständlich sein.

Ausnahmefall, wenn die Nenner-Determinante dieses Gleichungssystems 0 ist.

8. Vorgang bei Stabkraftermittlung, gezeigt an einem Beispiel.

a) Gleichgewicht der äußeren Kräfte nachprüfen;
b) zwischen den Knoten angreifende Belastung auf die Knoten bringen. Am klarsten geschieht dies durch Zerlegung in Gleichgewichtsgruppen.

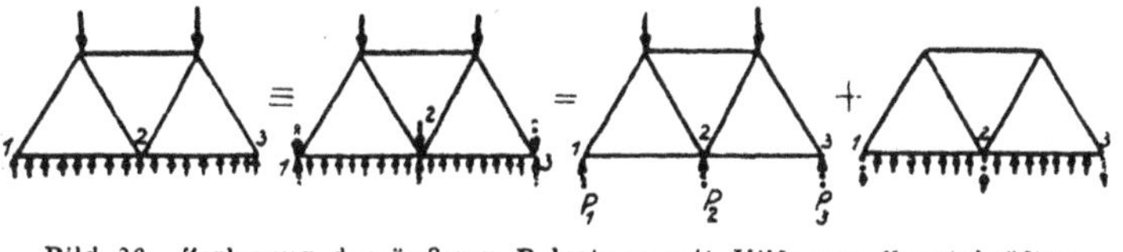

Bild 26. Zerlegung der äußeren Belastung mit Hilfe von Zusatzkräften.

Sind die biegungsbelasteten Stäbe tatsächlich durch Gelenke angeschlossen, so ist die Berechnung der Stabkräfte und Biegungsmomente eindeutig. Andernfalls (bei zwei Eckgelenken) wird man meist annehmen können, daß die Verteilung der Stützdrücke auf die Einzelknoten (P_1, P_2, P_3) einem (durch das Fachwerk) starr gelagerten elastischen Biegungsbalken entspricht.

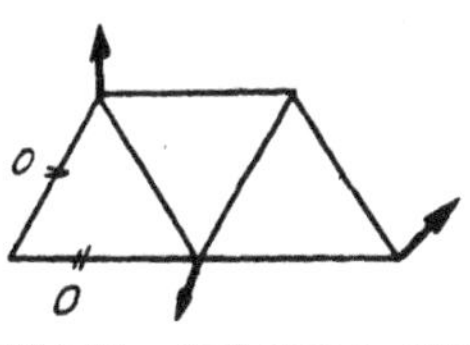

Bild 27. Unbelastete Stäbe einer Fachwerkscheibe.

c) Offensichtlich unbelastete Stäbe weglassen.

d) Nachprüfen, ob das Fachwerk statisch bestimmt ist. Dann, falls das Fachwerk nicht einfach ist, z. B. durch Ritterschnitt, Stabkräfte bestimmen, bis man, von Knoten zu Knoten fortschreitend, durch Kraftecke die Stabkräfte bestimmen kann. Dies geschieht am einfachsten durch einen Cremonaplan.

9. Cremonaplan.

Bezeichnungen. Man legt einen Umlaufsinn fest, z. B. rechts herum.

Man bezeichnet die Knoten mit *1*, *2*, *3* usw. in der Reihenfolge, in der man die Stabkräfte bestimmen kann; die Reihenfolge ist also so zu wählen, daß immer nur zwei unbekannte Stabkräfte am Knoten angreifen. Die Stäbe bezeichnet man mit *a*, *b*, *c* usw. in der Reihenfolge dem gewählten Umlaufsinn folgend, indem man der Reihe nach von Knoten zu Knoten vorgeht.

Stabkraftermittlung. Man beginnt hiermit an einem Knoten, an dem nur zwei Stäbe angreifen, z. B. Knoten *1*; man zeichnet das Krafteck für die äußere Kraft P_1 und die beiden Stabkräfte *A* und *B*, indem man die Kräfte entsprechend dem gewählten Umlaufsinn aneinanderreiht. Da sich die Kräfte am Knoten das Gleichgewicht halten, muß sich das Krafteck schließen und der Umlaufsinn der Kräfte ein stetiger sein. Trägt man den Richtungssinn der Stabkräfte, den man durch Pfeile kennzeichnet, in das Fachwerk am untersuchten Knoten ein, so besagt ein Pfeil, der zum (untersuch-

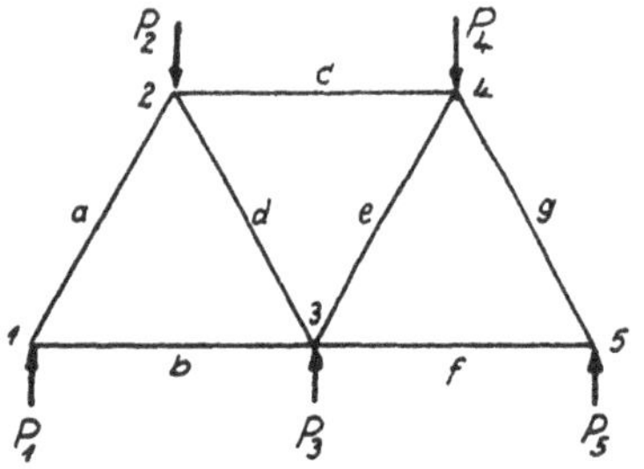

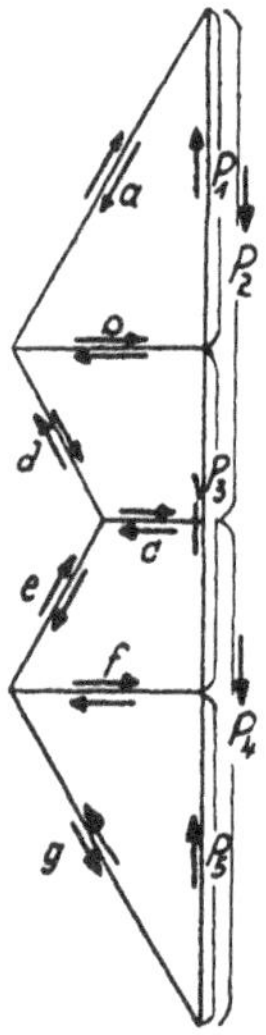

Bild 28. Cremonapl

ten) Knoten hinweist, daß der Stab Druck (—) hat, z. B. Stab *a*, ein Pfeil, der vom Knoten wegweist, daß der Stab Zug (+) hat, z. B. Stab *b*.

Vom Knoten *1* geht man zum Knoten *2*. Die Richtung der Stabkraft *A* ist jetzt entgegengesetzt, da sie ja als Druckkraft zum Knoten *2* hinweisen muß. Die bekannte Stabkraft *A*, die äußere Kraft P_2 und die unbekannten Stabkräfte *C* und *D* werden wieder zum Krafteck aneinandergereiht; der Umfahrungssinn der Kräfte muß wieder ein stetiger sein. In gleicher Weise zeichnet man die Kraftecke für die Knoten *3*, *4* und *5*.

C. Formänderung statisch bestimmter ebener Fachwerke.

Vorarbeiten:

1. Äußere Kräfte *P* ins Gleichgewicht setzen und Stabkräfte *S* ermitteln.
2. Berechnung der elastischen Längenänderung Δl der Stäbe

   a) entweder σ bekannt; $\Delta l = \frac{\sigma}{E} \cdot l$;

   b) oder Stabkraft *S* und Stabquerschnitt *f* bekannt.

$$\Delta l = \frac{S}{f} \cdot \frac{l}{E} = S \cdot r,$$

wobei der Kürze halber $r = \frac{l}{E \cdot f}$ gesetzt ist.

10. Williotscher Verschiebungsplan.

Gegeben: Δl aller Stäbe.

Gesucht: Verschiebungsvektoren $\mathfrak{v}$ aller Knoten. Das ist eine rein geometrische Aufgabe.

Teilaufgabe. Zwei Stäbe; Knoten *1* und *2* sind fest.

Z. B. gegeben: $\Delta l_a = +3$ mm,
$\Delta l_b = -2$ mm.

Lösung: Kreisbogen um *1* mit $l_a + \Delta l_a$,
» » *2* » $l_b + \Delta l_b$.

Die neue Lage von *3* heißt *3'*.

Der Verschiebungsplan ist eine Vergrößerung der Umgebung von *3*:

Festlegung: Die Richtung des Stabes ist positiv in Richtung zum Knoten, dessen Verschiebung man sucht (siehe Pfeile im Bild 29a).

Δl_a, da positiv, von *3* in Richtung von *a* auftragen,
Δl_b, da negativ, von *3* entgegen Richtung von *b* auftragen.

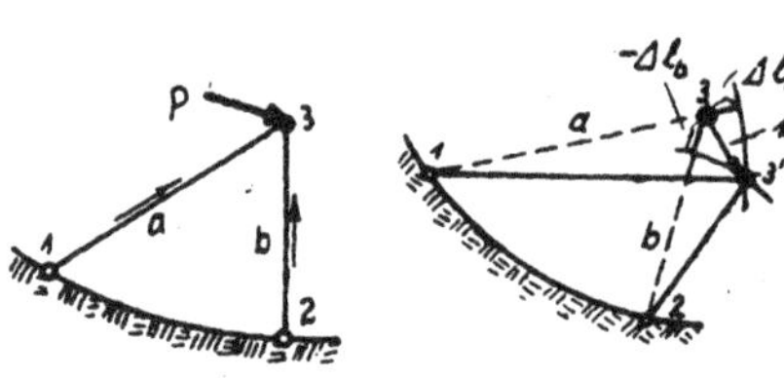

Bild 29a u. b. Teilaufgabe zum Williotschen Verschiebungsplan.

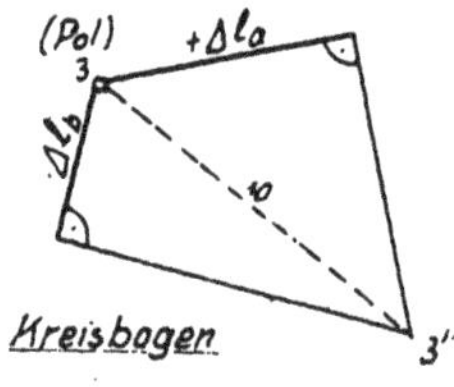

Bild 30. Teilaufgabe zum Williotschen Verschiebungsplan.

Die Kreisbogen werden näherungsweise durch Gerade senkrecht zum Stab, also senkrecht zu Δl ersetzt. Dies erscheint zulässig, da bei wirklichen Fachwerken die Δl sehr klein sind gegenüber den Stablängen.

Die alte Lage des Punktes *3* heißt Pol. Wir bemerken vorgreifend, daß im Verschiebungsplan die Verschiebungen aller Punkte sich darstellen als Vektoren vom Pol zur neuen Lage des Punktes. Wir definieren daher den Pol als die alten Lagen aller Punkte.

Erweiterte Teilaufgabe: Gegeben ist:

Verschiebung des Knoten *1* um $\mathfrak{v}_1$ nach *1'*,
» » » *2* » $\mathfrak{v}_2$ » *2'*,

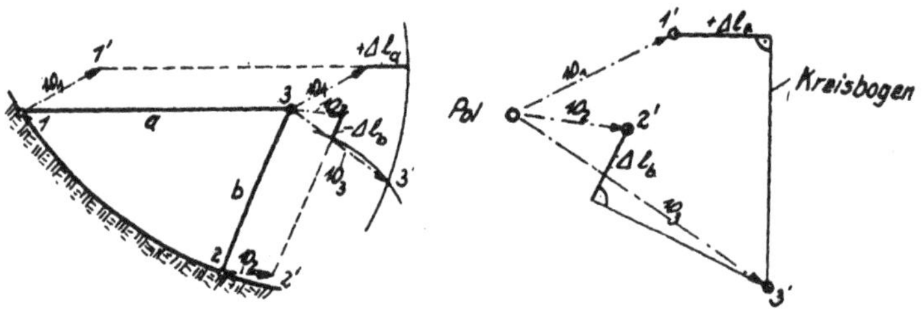

Bild 31a u. b. Erweiterte Teilaufgabe zum Williotschen Verschiebungsplan.

und Längenänderung Δl der Stäbe, z. B.

Δl_a positiv, Δl_b negativ.

Gesucht: $\mathfrak{v}_3$.

Kreis um $1'$ mit $l_a + \Delta l_a$,
» » $2'$ » $l_b + \Delta l_b$,

in Worten (zu Bild 31 a):

Vom Pol $\mathfrak{v}_1$, dann Δl_a auftragen, dann »Kreisbogen« $\perp \Delta l_a$,

vom Pol $\mathfrak{v}_2$, dann Δl_b auftragen, dann »Kreisbogen« $\perp \Delta l_b$;

Der Vektor vom Pol nach $3'$ ist die Verschiebung $\mathfrak{v}_3$.

Mit anderen Worten:

Von neuer Lage von *1*, also $1'$, wird Δl_a aufgetragen, dann »Kreisbogen«.

Von neuer Lage von *2*, also $2'$, wird Δl_b aufgetragen, dann »Kreisbogen«.

Schnitt beider Kreisbogen gibt $3'$. Vektor vom Pol nach $3'$ gibt $\mathfrak{v}_3$.

G e s a m t a u f g a b e. Der Verschiebungsplan besteht aus Wiederholung dieser Aufgabe. Dabei denkt man sich den

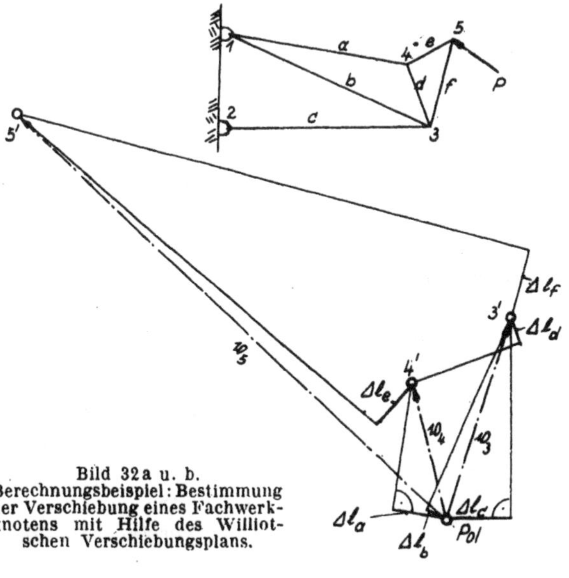

Bild 32 a u. b.
Berechnungsbeispiel: Bestimmung der Verschiebung eines Fachwerkknotens mit Hilfe des Williotschen Verschiebungsplans.

Pol jedesmal in die alte Lage desjenigen Knotens gelegt, dessen Verschiebung man jeweils ermittelt.

Beispiel 10; 1: Fachwerkträger (Bild 32a u. b).

Gegeben: Längenänderungen Δl infolge Belastung P

$$\Delta l_a = -1 \qquad \Delta l_d = -0{,}5$$
$$\Delta l_b = -0{,}4 \qquad \Delta l_e = -0{,}6$$
$$\Delta l_c = +1{,}2 \qquad \Delta l_f = +1$$

Gesucht: Verschiebung aller Knoten.

Reihenfolge so, wie das Fachwerksgerüst aufgebaut wurde, also Knoten *3*, *4*, *5*. Die Verschiebungsvektoren $\mathfrak{v}$ sind in dem Bild weggelassen.

Beispiel 10; 2: Fachwerkscheibe (Bild 33a u. b).

Gegeben: Alle Δl; z. B.

$$\Delta l_a = +0{,}7 \qquad \Delta l_e = -0{,}6$$
$$\Delta l_b = +0{,}8 \qquad \Delta l_f = -0{,}7$$
$$\Delta l_c = +0{,}4 \qquad \Delta l_g = -0{,}7$$
$$\Delta l_d = -0{,}6.$$

Gesucht: Änderung des Abstandes zweier nicht benachbarter Knoten, z. B. Knoten *1* und *4*.

Lösung: Man denke sich das Fachwerk gelagert, z. B. Knoten *2*, und Richtung des Stabes a gehalten.

Änderung des Abstandes *1—4* wird erhalten durch Projektion von *1—4* auf Verbindungslinie *1—4*.

Der Verschiebungsplan läßt sich nur dann in dieser einfachen Weise zeichnen, wenn jeder neue Knoten durch zwei neue Stäbe gehalten ist, also nur beim einfachen Fachwerk. Sonst gibt es Komplikationen, die hier nicht näher besprochen werden sollen.

11. Verschiebung nach Maxwell und Mohr.

Vorarbeiten siehe S. 29 (Δl ermitteln).

Ein starrer Stab a wird um Δl verlängert. Wie groß ist die Verschiebung x des Punktes *1* in Richtung einer willkürlich angebrachten Kraft G (Bild 34)?

Statt direkter geometrischer Lösung verwendet man den Arbeitssatz: Man denkt sich Stab a vor Verlängerung durchgeschnitten. Dann muß man die zu G gehörige Stabkraft U halten. Gibt man nun um Δl nach, so ist die an der Hand geleistete Arbeit $U \cdot \Delta l$ gleich der vom Gewicht G geleisteten Arbeit $G \cdot x$.

$$U \cdot \Delta l = G \cdot x.$$

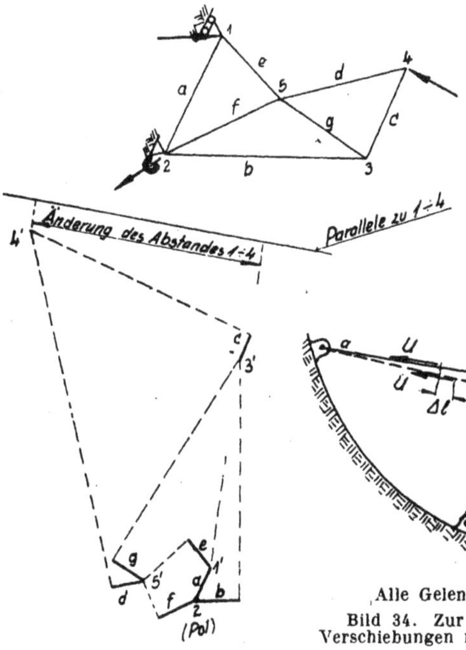

Bild 33a u. b.
Berechnungsbeispiel: Bestimmung der Abstandsänderung zweier Knoten einer Fachwerkscheibe mit Hilfe des Williotschen Verschiebungsplans.

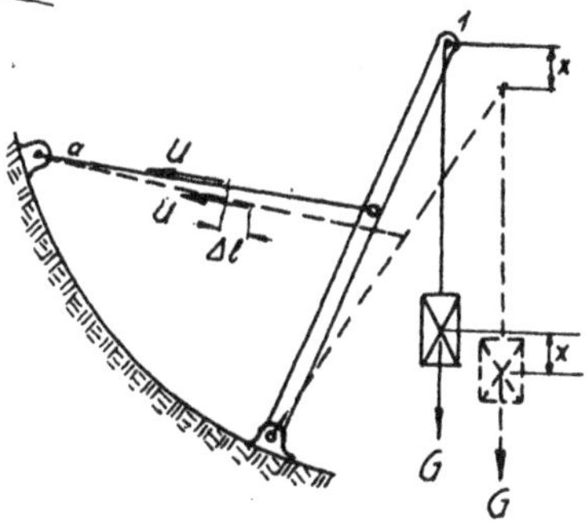

Alle Gelenke reibungslos.

Bild 34. Zur Bestimmung der Verschiebungen nach Maxwell Mohr.

Ist das zu G gehörige U bekannt, so kann man zu dem gegebenen Δl das x ausrechnen.

$$x = \frac{\Delta l \cdot U}{G}.$$

Diese Beziehung gilt exakt nur für unendlich kleine Längenänderungen Δl; andernfalls würde nämlich U während des Nachgebens seine Größe merklich ändern.

Vorzeichen: Δl pos., wenn Verlängerung,
U » » Zug,
x » » in Richtung von G.

Satz: Verlängert sich in einem Fachwerk ein Stab um Δl, so verschiebt sich ein Punkt 1 des Fachwerks um

$$x = \frac{\Delta l \cdot U}{G},$$

wobei U die Stabkraft infolge der am Punkt 1 in Richtung von x wirkenden Kraft G ist.

Der Einfachheit halber wird $G = 1$ angenommen, mithin ist

$$x = \Delta l \cdot \frac{U}{G} = \Delta l \cdot u$$

(u = Stabkraft für Einheitsbelastung $G = 1$, beide dimensionslos).

Beispiel 11; 1. Gegeben: Längenänderungen Δl der Stäbe.

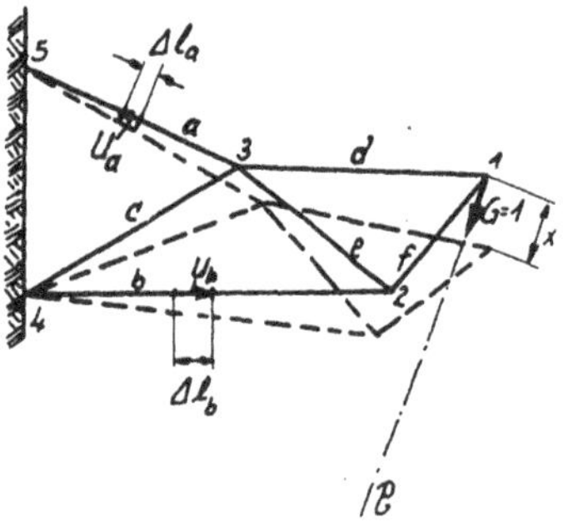

Bild 35.
Bestimmung der Verschiebung eines Fachwerkknotens nach Maxwell Mohr.

Gesucht: Verschiebung des Punktes 1 in Richtung $\mathfrak{x}$.

Man bringt am Knoten 1 in Richtung $\mathfrak{x}$ die Einheitsbelastung $G = 1$ an. Stabkräfte hierzu heißen u.

1. Nur Stab a ändere seine Länge um Δl_a; mithin:

$$x_a = u_a \cdot \Delta l_a.$$

2. Nur Stab b ändere seine Länge um Δl_b; mithin:

$$x_b = u_b \cdot \Delta l_b \quad \text{usw.}$$

Gesamtverschiebung:

$$x = x_a + x_b + x_c + \ldots = u_a \cdot \Delta l_a + u_b \cdot \Delta l_b + \ldots$$

$$\boxed{x = \Sigma u \cdot \Delta l = \Sigma S \cdot u \cdot r = \Sigma \sigma \cdot l/E \cdot u} \quad . \ (11;\ 1)$$

Formaler Rechnungsgang:

Bestimme:

1. die Längenänderung Δl für alle Stäbe infolge der Lasten P;
2. die Stabkräfte u infolge $G = 1$ in Richtung der gesuchten Verschiebungskomponenten (Cremonaplan);
3. die Verschiebung $x = \Sigma \Delta l \cdot u$.

Vergleich von Williots Verschiebungsplan mit Maxwell-Mohr.

Gibt Verschiebungsvektoren aller Knoten	Gibt nur Verschiebungskomponente eines Knotens
Geht nur für einfach aufgebaute Fachwerke	Geht auch für nicht einfache Fachwerke
Geht nur für ebenes Fachwerk	Geht auch für räumliches Fachwerk
	Schematische Arbeit.

Da man bei Berechnung statisch unbestimmter Systeme (vgl. unten) nur eine Verschiebungskomponente braucht, gibt Maxwell-Mohr für diesen Fall nicht weniger als der Verschiebungsplan.

Beispiel 11; 2: Gegeben: Äußere Belastung P.

Gesucht: Verschiebung von *1* in $\mathfrak{x}$-Richtung.

Gang der Rechnung: Ermittlung der Stabkräfte S unter äußeren Kräften P (Cremonaplan).

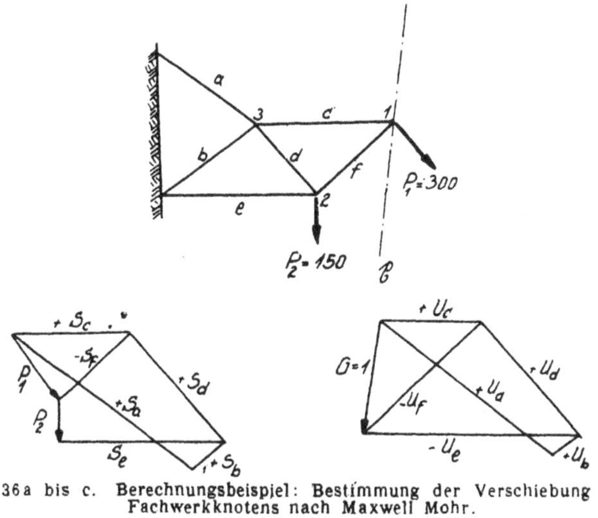

Bild 36a bis c. Berechnungsbeispiel: Bestimmung der Verschiebung eines Fachwerkknotens nach Maxwell Mohr.

Querschnitte entsprechend Stabkräften S festlegen.

Berechnung von

$$r = \frac{l}{E \cdot f} \text{ bzw. von } r \cdot E = \frac{l}{f}$$

Ermittlung der Stabkräfte u für $G = 1$ (Cremonaplan).

$$x = \frac{1}{E} \cdot \Sigma E \cdot S \cdot u \cdot r.$$

Stab	l cm	S kg	f cm²	l/f cm⁻¹	u	$E \cdot S \cdot u \cdot r$ kg cm⁻¹
a	85	820	3	28,3	1,96	45 500
b	85	150	1	85	0,27	3 400
c	100	438	2	50	0,94	21 400
d	68	522	2	34	1,33	23 600
e	115	— 610	3	38,4	— 1,95	45 600
f	76	— 350	2	38	— 1,44	19 100

$$x \cdot E = E \cdot \Sigma S \cdot u \cdot r = 158\,600$$

Tabelle 11; 1.

$$\underline{\underline{x}} = \frac{158600}{750000} = \underline{\underline{0{,}212 \text{ cm}}}$$

Beispiel 11; 3: Wieviel verschiebt sich der Punkt 5 in Richtung der Kraft P infolge von P (Bild 37)?

$$S = P \cdot u,$$
$$x = \Sigma S \cdot u \cdot r = \Sigma P \cdot u^2 \cdot r = P \cdot \Sigma u^2 \cdot r$$

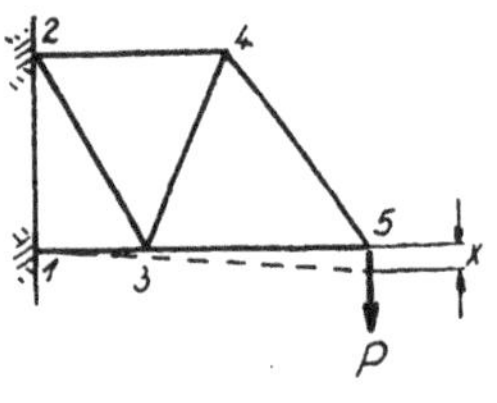

Bild 37.
Berechnungsbeispiel: Fachwerkträger.

Beispiel 11; 4: Fachwerkscheibe. Wie groß ist die Änderung x der Entfernung zweier Knoten bei der Fachwerkscheibe infolge Belastung durch die Gleichgewichtsgruppe P (Stabkräfte S) (Bild 38)?

Wir denken uns die Fachwerkscheibe gelagert (insbesondere auch einen der beiden in Frage stehenden Knoten festgehalten).

Wir bringen an den beiden Knoten, deren Abstandsänderung gesucht wird, die Gleichgewichtsgruppe $G = 1$ an (Stabkräfte u).

$$x = \Sigma S \cdot u \cdot r.$$

Da die Stabkräfte S und u unabhängig von der gedachten Lagerung sind, gilt auch $x = \Sigma S \cdot u \cdot r$ unabhängig von der gedachten Lagerung. Die Lagerung können wir also in der Rechnung sparen.

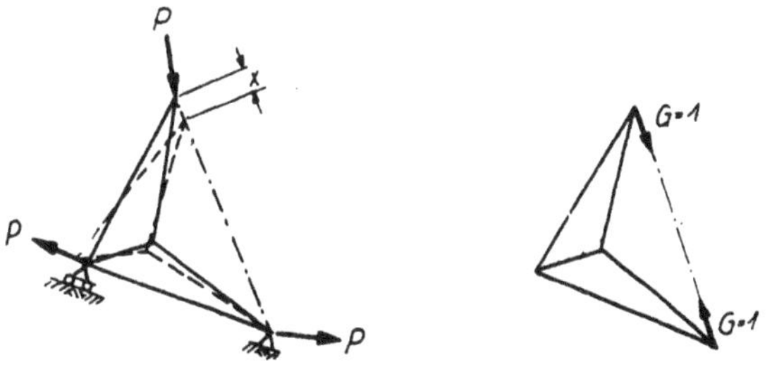

Stabkräfte S unter Gleichgewichtsgruppe P. Stabkräfte u unter Gleichgewichtsgruppe $G = 1$.

Bild 38. Bestimmung der Abstandsänderung zweier Knoten einer Fachwerkscheibe nach Maxwell Mohr.

D. Statisch unbestimmte ebene Fachwerke.

12. Nicht vorgespannte, statisch unbestimmte Fachwerke.

Einfach (*n* fach) statisch unbestimmt heißt: Es ist ein Stab (sind *n*-Stäbe) mehr vorhanden, als für statisch bestimmten, d. h. geometrisch eindeutigen Aufbau erforderlich ist (sind).

a) Einfach statisch unbestimmtes Fachwerk.

Als »überzähliger« Stab kann jeder beliebige Stab angesehen werden, z. B. Stab *1*—*4*. Der überzählige Stab sei so lang, daß er beim Zusammenbau des Fachwerks genau zwischen Knoten *1* und *4* paßt. Dann besteht keine Vorspannung in belastungsfreiem Zustand.

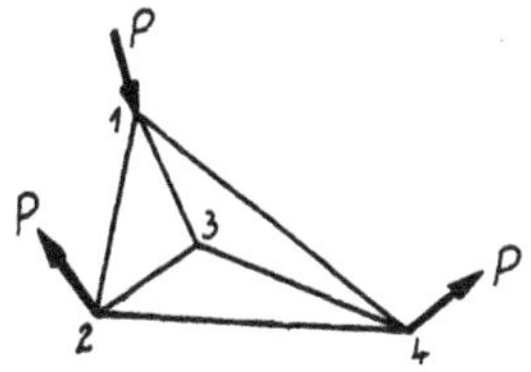

Bild 39. Einfach statisch unbestimmte Fachwerkscheibe.

Bezeichnungen. Denkt man sich den überzähligen Stab an einem Ende gelöst, so bezeichnet man dieses »Fachwerk« als »Hauptnetz«. Stabkräfte im Hauptnetz werden wie im Bild 40 bezeichnet:

Erklärung: Man bringt die äußeren Kräfte P an. Wie groß sind die Stabkräfte?

Die Aufgabe ist statisch (d. h. allein mit Gleichgewichtsbedingungen) nicht lösbar, da mehr unbekannte Stabkräfte als Gleichgewichtsbedingungen vorhanden sind.

Für jede beliebige Größe der Stabkraft X im »überzähligen« Stab gibt es einen Gleichgewichtszustand, d. h. Stabkräfte in den übrigen Stäben, die untereinander und mit den

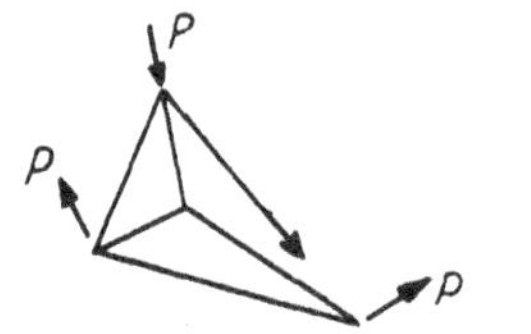

a) Stabkräfte unter äußerer Last P heißen S_0.

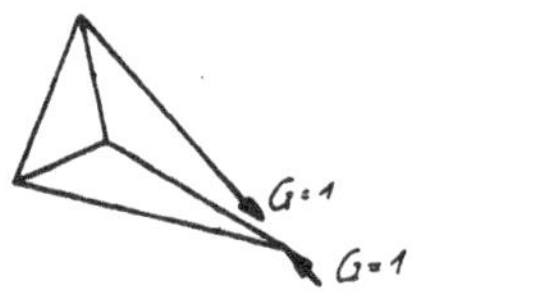

b) Stabkräfte unter der Gleichgewichtsgruppe $G = 1$ (angebracht an der gelösten Stelle in Richtung des überzähligen Stabes) heißen u.

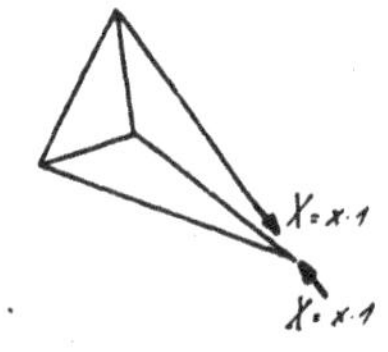

c) Diese Belastung durch die Gleichgewichtsgruppe X ruft im überzähligen Stab die Kraft X, in den anderen Stäben die Kräfte $X \cdot u$ hervor.

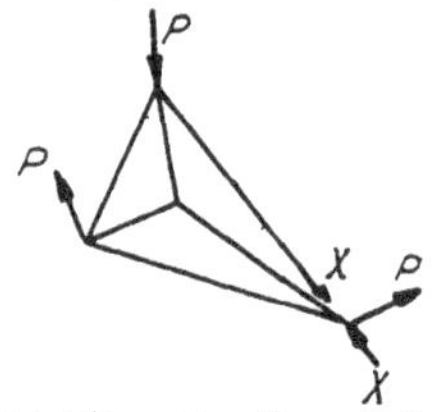

d) Stabkräfte unter P und X gleichzeitig (endgültige Stabkräfte) heißen $S = S_0 + X \cdot u$.

Bild 40. Bezeichnung der Stabkräfte im Hauptnetz.

äußeren Kräften an jedem Knoten Gleichgewicht ergeben. Um die wirkliche Größe von X zu bestimmen, muß die Deformation des Fachwerks betrachtet werden.

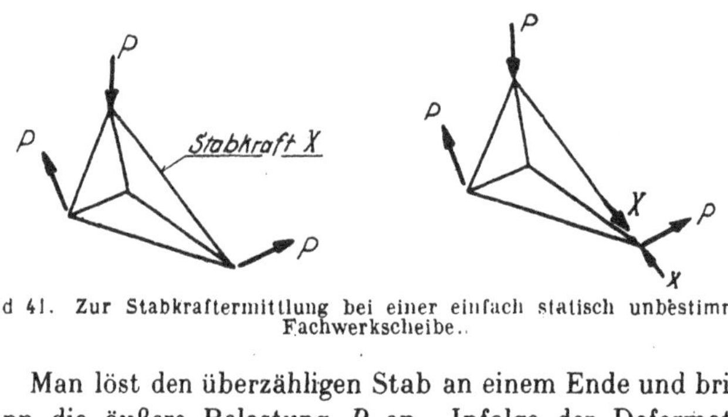

Bild 41. Zur Stabkraftermittlung bei einer einfach statisch unbestimmten Fachwerkscheibe.

Man löst den überzähligen Stab an einem Ende und bringt dann die äußere Belastung P an. Infolge der Deformation der Stäbe wird jetzt der überzählige Stab nicht mehr an den gelösten Knoten passen. Man bringt nun die zwei Kräfte X

an der gelösten Stelle in solcher Größe an, daß sich die Stelle wieder verbinden läßt, daß also die Änderung x der Entfernung der beiden Punkte der Lösungsstelle unter der gleichzeitigen Wirkung von P und X Null ist. Nach Gleichung 11; 1 ist:

$$\begin{aligned} \Sigma x = 0 &= \Sigma \Delta l \cdot u = \Sigma S \cdot u \cdot r \\ &= \Sigma (S_0 + X \cdot u) \cdot u \cdot r \\ &= \Sigma S_0 \cdot u \cdot r + X \Sigma u^2 \cdot r \end{aligned}$$

Die Stabkraft im überzähligen Stab ist also:

$$\boxed{X = -\frac{\Sigma S_0 u \cdot r}{\Sigma u^2 \cdot r}} \quad \ldots\ldots\ldots \quad (12;\ 1)$$

Die Stabkräfte in den übrigen Stäben sind:

$$S = S_0 + X \cdot u.$$

Solche gleichzeitig auftretende Längungen Δl in den Stäben, die für eine (bzw. für jede) gelöst gedachte Stelle die Verschiebung $x = \Sigma \Delta l \cdot u = 0$ ergeben, bilden einen »möglichen Deformationszustand«.

Beispiel 12; 1: Gegeben: Querschnitt f und Längen l aller Stäbe, also auch $r = \frac{l}{E \cdot f}$. Äußere Belastung P.

Gesucht: Sämtliche Stabkräfte.

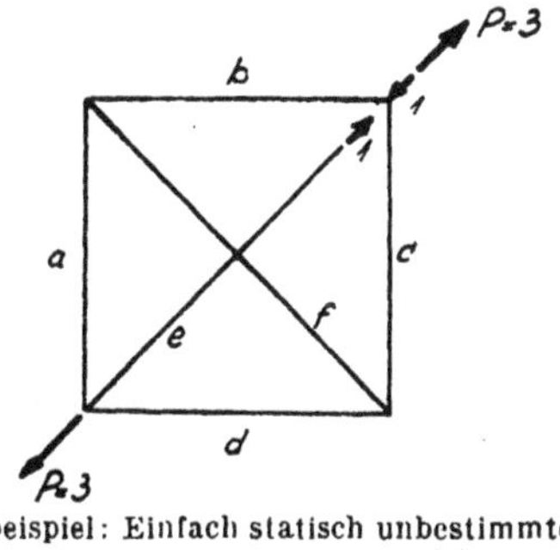

Bild 42. Berechnungsbeispiel: Einfach statisch unbestimmte Fachwerkscheibe.

Lösung: Man löst irgendeinen Stab an einem Ende (nach Möglichkeit bewahrt man dabei die Symmetrie).

$$\underline{\underline{X}} = -\frac{\Sigma S_0 \cdot u \cdot r}{\Sigma u^2 \cdot r} = -\frac{-12}{7} = \underline{\underline{1{,}71\,\mathrm{kg}.}}$$

Endgültige Stabkräfte $S = S_0 + X \cdot u$.

Stab	r cm kg^{-1}	S_0 kg	u	$S_0\,ur$ cm	$u^2 r$ cm kg^{-1}	$S = S_0 + X \cdot u$ kg
a	2	$3/\sqrt{2}$	$-1/\sqrt{2}$	-3	1	0,91
b	1	$3/\sqrt{2}$	$-1/\sqrt{2}$	$-1{,}5$	0,5	0,91
c	2	$3/\sqrt{2}$	$-1/\sqrt{2}$	-3	1	0,91
d	1	$3/\sqrt{2}$	$-1/\sqrt{2}$	$-1{,}5$	0,5	0,91
e	3	0	-1	0	3	1,71
f	1	-3	-1	-3	1	$-1{,}29$
			$\Sigma S_0\,u\,r = -12$		$7 = \Sigma u^2 r$	

Tabelle 12; 1.

Bemerkung. Diese Aufgabe, bei gegebenen Stabquerschnitten die Stabkräfte im statisch unbestimmten System zu bestimmen, ist leicht zu lösen. Die Aufgabe des Konstrukteurs ist aber: Für gegebene äußere Belastungsgruppen den Fachwerkaufbau und die Stabquerschnitte f so zu wählen, daß das Fachwerk möglichst leicht wird. Da selbst nach Wahl des Aufbaues wegen der noch unbekannten Stabquerschnitte f die Stabkräfte nicht aus obigen Gleichungen ermittelt werden können, kann diese schwierige Aufgabe nur durch geschicktes, den besonderen Bedingungen angepaßtes Probieren gelöst werden:

1. Man muß den wirklichen Gleichgewichtszustand (d. h. die Stabkräfte) so schätzen (wählen), daß die zugehörigen Stabquerschnitte f ein möglichst leichtes Fachwerk ergeben und die zugehörigen Stablängungen voraussichtlich angenähert einen »möglichen Deformationszustand« bilden.
2. Mit diesen Querschnitten f aus obigen Gleichungen neue Stabkräfte S berechnen und dann die Querschnitte f verbessern.
3. Mit diesen neuen Querschnitten die Rechnung wiederholen usw., bis Übereinstimmung mit den zulässigen Spannungen erzielt ist.

Je besser der ursprüngliche Gleichgewichtszustand geschätzt war, um so schneller führt die Rechnung zum Ziel.

b) Zweifach statisch unbestimmtes Fachwerk.

Zwei überzählige Stäbe. Bildung des Hauptnetzes durch Lösen der überzähligen Stäbe an einem Ende.

Unter der gleichzeitigen Wirkung der äußeren Kräfte P und der Stabkräfte X und Y in den überzähligen Stäben müssen die Verschiebungen x und y Null sein.

Im Hauptnetz heißen:

u die Stabkräfte infolge $X = 1$

v » » » $Y = 1$

S_0 » » » P

Endgültige Stabkräfte

$$S = S_0 + X \cdot u + Y \cdot v.$$

Aus Gl. (11; 1) erhält man hiermit:

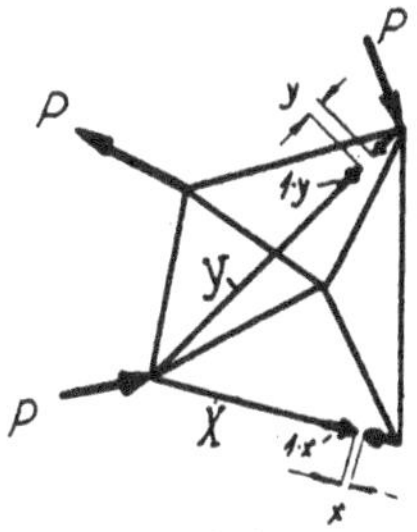

Bild 43. Zweifach statisch unbestimmte Fachwerkscheibe.

$$x = \Sigma S \cdot r \cdot u = \Sigma S_0 \cdot r \cdot u + X \cdot \Sigma r \cdot u^2 + Y \cdot \Sigma r \cdot u \cdot v = 0$$
$$y = \Sigma S \cdot r \cdot v = \Sigma S_0 \cdot r \cdot v + X \cdot \Sigma r \cdot uv + Y \cdot \Sigma r \cdot v^2 = 0$$

. . . (12; 2a und b)

Aus diesen beiden Gleichungen lassen sich die beiden Unbekannten X und Y ermitteln.

13. Lösung statisch unbestimmter Fachwerke mit Hilfe des Verschiebungsplans.

Bekannt: 1. Äußere Kräfte,

2. $r = \frac{l}{E \cdot f}$ der Stäbe.

Lösung: Man löst einen Stab am Ende und erhält in diesem Hauptnetz die Stabkräfte S_0.

Für die zugehörigen Längungen $\Delta l_0 = S_0 \cdot r$ der Stäbe erhält man durch einen Verschiebungsplan die Änderung der Entfernung x_0 an der gelösten Stelle.

Für die Kräfte »Eins« an der Trennungsstelle erhält man mit den Stablängungen $\Delta l_u = u \cdot r$ aus einem Verschiebungsplan die Änderung x_u.

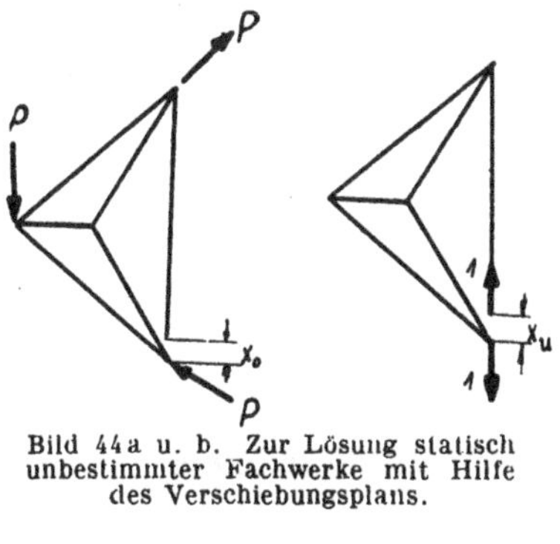

Bild 44a u. b. Zur Lösung statisch unbestimmter Fachwerke mit Hilfe des Verschiebungsplans.

Da $x_0 + X \cdot x_u = 0$ sein muß, ist $X = -\frac{x_0}{x_u}$.

Bemerkung: Den Verschiebungsplan verwendet man meist nur zur Kontrolle, ob die nach Maxwell-Mohr ermittelten Stabkräfte

$$S = S_0 + X \cdot u$$

einen möglichen Deformationszustand bilden.

14. Statisch unbestimmtes ebenes Fachwerk mit Vorspannung.

Wie groß sind die unter der Belastung P auftretenden Stabkräfte S, wenn das Kabel im belastungsfreien Zustand eine Vorspannung K_v besitzt.

Bei der Ermittlung von K_z ist zu beachten, daß die Verschiebung des Knotens A nur durch die zusätzlichen Stab-

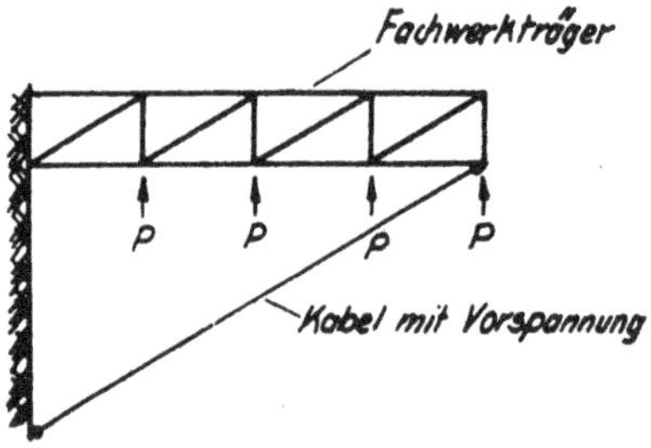

Bild 45a. Einfach statisch unbestimmtes Fachwerk mit Vorspannung.

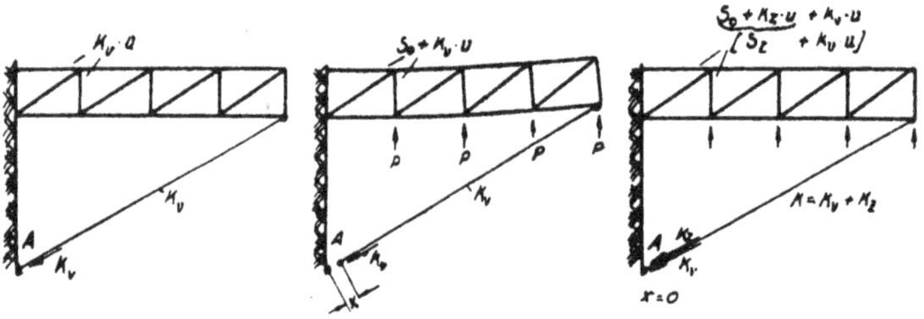

Stabkräfte unter Kabelkraft »1« sind u. unter Kabelkraft $K_v = K_v \cdot u$. Knoten A gelöst; er verschiebt sich nicht.

Äußere Belastung P angebracht. Stabkräfte sind $S_0 + K_v \cdot u$, wobei S_0 die Stabkräfte infolge P sind, wenn die Kabelkraft gleich null ist. Unter der Wirkung der Stabkräfte S_0 verschiebt sich Knoten A um x.

Zusätzliche Kabelkraft K_z in der Größe angebracht, daß Verschiebung $x = 0$ wird. Stabkräfte sind

$$S = \underbrace{S_0 + K_z \cdot u}_{} + K_v \cdot u$$
$$S = \quad S_z \quad + K_v \cdot u.$$

Bild 45b bis d. Bezeichnung der Stabkräfte und Stabkraftermittlung im Hauptnetz.

kräfte $S_z = S_0 + K_z \cdot u$ hervorgerufen wird; mit Gl. (11; 1) erhält man:

$$x = \Sigma S_z \cdot u \cdot r = 0$$
$$= \Sigma S_0 \cdot u \cdot r + K_z \, \Sigma u^2 \cdot r = 0$$

$$\boxed{K_z = -\frac{\Sigma S_0 \cdot u \cdot r}{\Sigma u^2 \cdot r}} \quad \text{. . . . . (14; 1)}$$

E. Allgemeine Betrachtungen über das ebene Fachwerk.

15. Symmetriebetrachtungen bei ebenen Fachwerken.

Sie beziehen sich auf symmetrisch aufgebaute und symmetrisch dimensionierte Fachwerke. Sie haben besonderen Wert zum Abschätzen der erforderlichen Querschnitte beim statisch unbestimmten Fachwerk.

a) Symmetrische Belastung. Aus der Gleichgewichtsbetrachtung an zueinander symmetrisch liegenden Knoten ergibt sich:

Stabkräfte links = Stabkräfte rechts

$$S_l = S_r.$$

Mithin sind auch die Dehnungen links und rechts der Symmetrieachse gleich, d. h. die Verschiebungen sind symmetrisch.

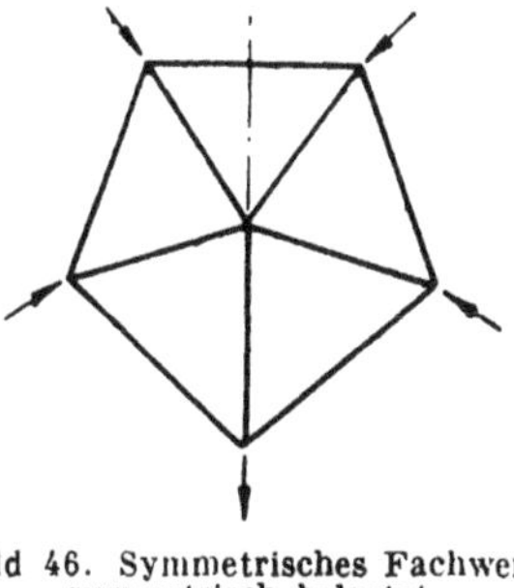

Bild 46. Symmetrisches Fachwerk, symmetrisch belastet.

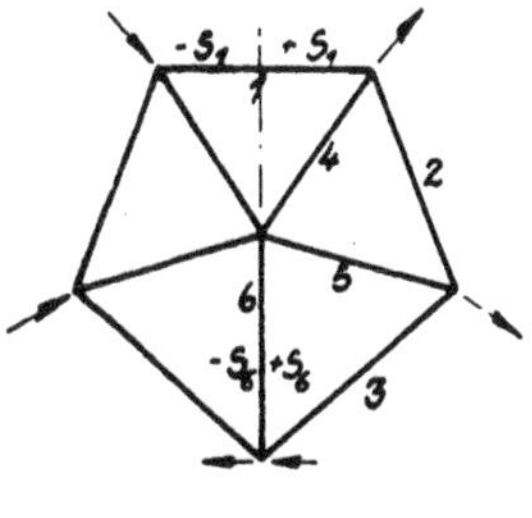

Bild 47. Symmetrisches Fachwerk. antisymmetrisch belastet.

b) Antisymmetrische Belastung. Die Gleichgewichtsbetrachtung an den entsprechenden Knoten ergibt:

Stabkräfte links = entgegengesetzt Stabkräfte rechts

$$S_l = -S_r.$$

Wenn ein Stab die Antisymmetrieachse schneidet, z. B. Stab *1*, so ist er unbelastet, denn nur für diesen Fall ist unter Beachtung der Antisymmetrie Gleichgewicht für diesen Stab möglich.

Stäbe, die in der Antisymmetrieachse liegen, sind ebenfalls. unbelastet, z. B. Stab *6*, sonst müßte dieser Stab rechts die Stabkräfte $+ S_6$ und links $- S_6$ haben.

Ist ein solches Fachwerk an zwei Stellen der Antisymmetrieachse gelagert, so sind die Verschiebungen antisymmetrisch: alle Knoten auf der Antisymmetrieachse verschieben sich senkrecht zu dieser (Bild 48).

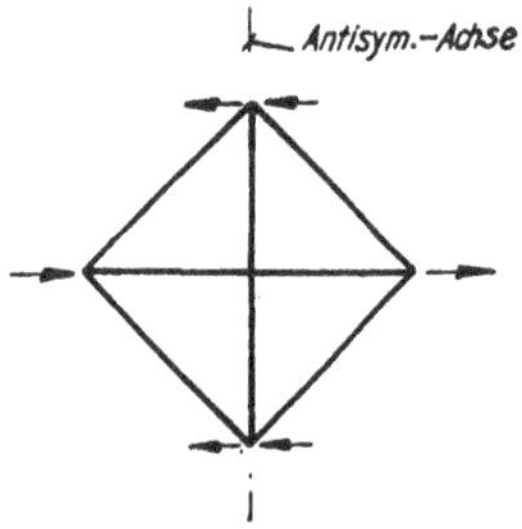

Bild 48.

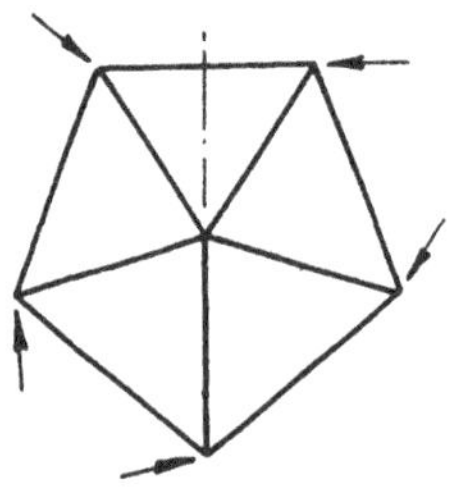

Bild 49. Symmetrisches Fachwerk, allgemein belastet.

c) Allgemeiner Fall. Jede allgemeine Belastung kann in eine symmetrische und antisymmetrische Belastung zerlegt werden (vgl. Beispiel 6; 2). Die Stabkräfte ergeben sich dann aus der Superposition von *a* und *b*.

Beispiel 15; 1: Für den Fachwerkspant eines Flugbootes sind für die gegebene Belastung (Bild 50a) die Querschnitte zu bemessen. Die zulässigen Spannungen sind wie folgt anzunehmen:

Für die Stäbe *d*, *e*, *f*: $\sigma_D = -1000$ kg/cm².
Restliche Stäbe: $\sigma_D = -2000$ »
Für alle Stäbe: $\sigma_Z = 4000$ »

Für die Ermittlung der Stabkräfte muß eine einfach statisch unbestimmte Rechnung durchgeführt werden; diese ist jedoch erst auf Grund bekannter Stabquerschnitte möglich. Man schätzt also zunächst die Stabquerschnitte, wobei man praktischerweise so vorgeht, daß man unter Ausnutzung der

Symmetrie einen möglichst zutreffenden Kraftverlauf annimmt und nach diesem die Stabquerschnitte festlegt.

Man zerlegt die allgemeine Belastung (Bild 50a) in einen symmetrischen (Bild 50b) und einen antisymmetrischen Belastungsteil (Bild 50c). Für den letzteren können die Stabkräfte exakt angegeben werden (Cremonaplan). Im symmetrischen Belastungsteil schätzt man für den Stab d die Stabkraft

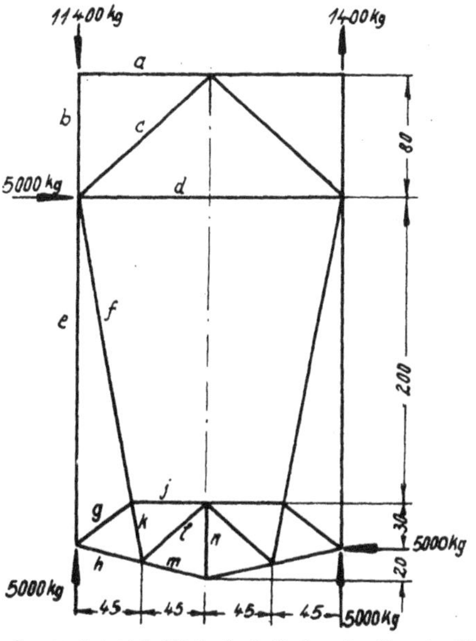

Bild 50a. Berechnungsbeispiel: Einfach statisch unbestimmter Fachwerkspant.

($S_d = -2000$ kg) und kann mit dieser einen Schätzung die restlichen Stabkräfte durch einen Cremonaplan bestimmen. Man überlagert dann die Stabkräfte aus den beiden Belastungsteilen und legt die Stabquerschnitte unter Beachtung der Symmetrie entsprechend den zulässigen Spannungen fest. Aus konstruktiven Gründen wird dabei der Mindestquerschnitt mit 1 cm² angenommen. Die für die Bemessung maßgebenden Stabkräfte S_{kr} sowie die danach bestimmten Querschnitte sind in der Tabelle 15; 1 eingetragen.

Wegen der Symmetrie genügt es, die statisch unbestimmte Rechnung nur für eine Fachwerkhälfte durchzuführen. Man

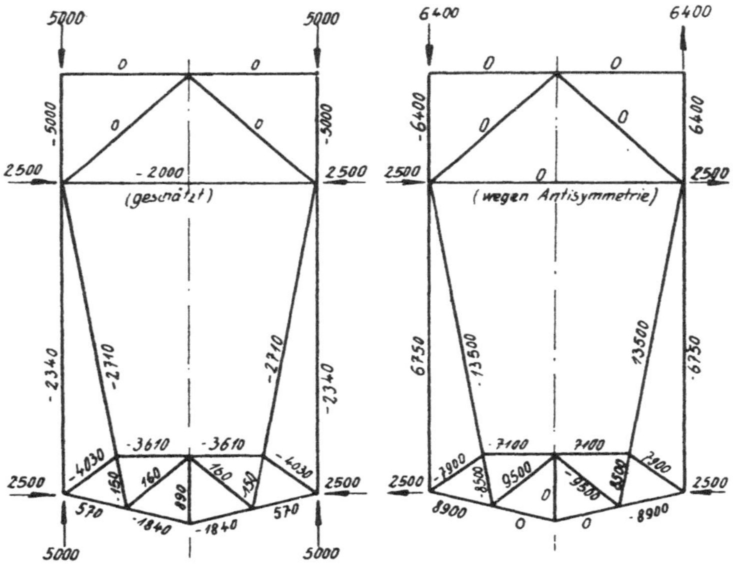

Symmetrische Belastung. Antisymmetrische Belastung.

Bild 50b u. c. Stabkräfte.

Stab	$S_{Sym.}$ [kg]	$S_{Antis.}$ [kg]	$S_{kr.}$ [kg]	f [cm²]
a	0	0	0	1
b	—5000	± 6400	—11400	5,7
c	0	0	0	1
d	—2000	0	— 2000	2
e	—2340	± 6750	— 9090	9,09
f	—2710	±13500	—16210	16,21
g	—4030	± 7900	—11930	5,97
h	570	± 8900	— 8330	4,16
j	—3610	± 7100	—10710	5,36
k	— 150	± 8500	— 8650	4,33
l	160	± 9500	— 9340	4,67
m	—1840	0	— 1840	1
n	890	0	890	1

Tabelle 15; 1.

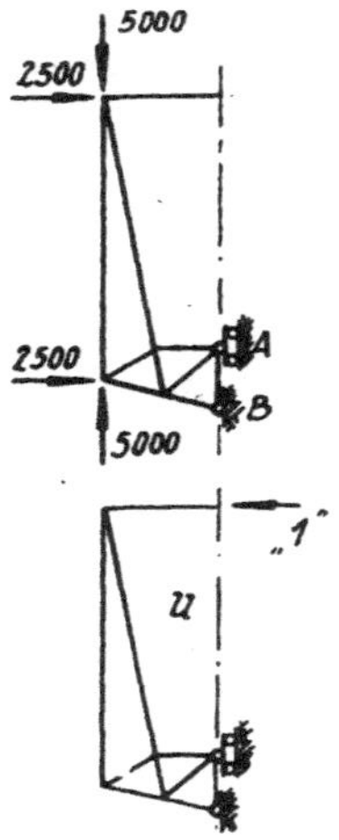

Bild 50d u. e. Lagerung und Belastung des statisch bestimmten Hauptsystems.

	1	2	3	4	5	6	7	8	9	10	11
Stab	f [cm²]	l [cm]	S_0 [kg]	u [kg]	$E \cdot r = \frac{l}{f}$ [cm⁻¹]	$E \cdot r \cdot S_0\, u \cdot 10^{-3}$ [kg cm⁻¹]	$E \cdot r \cdot u^2$ [cm⁻¹]	$X \cdot u$ [kg]	$S = S_0 + X \cdot u$ [kg]	S_{max} [kg]	f_{wirkl} [cm²]
d	2	90	0	—1	45	0	45	— 1890	—1890	— 1890	1,89
e	9,09	230	8300	—5,32	25,3	—1120	710	—10050	—1750	— 8500	8,5
f	16,21	204	—13600	5,42	12,6	— 928	371	10250	—3350	—16850	16,85
g	5,97	48	—17200	6,66	8,05	— 975	481	12600	—4600	—12500	6,25
h	4,16	46	11500	—5,34	11,04	— 680	314	—10100	1400	— 7500	3,75
j	5,36	52	—15620	5,98	9,7	— 908	347	11300	—4320	—11420	5,71
k	4,33	40	— 2510	1,18	9,22	— 27	13	2230	— 280	— 8780	4,39
l	4,67	61	2750	—1,31	13,1	— 47	22	— 2480	270	— 9230	4,62
m	1	46	6320	—4,08	46	—1109	768	— 7720	—1400	— 1400	1,0
n	0,5	50	— 1380	0,89	100	— 138	80	1680	300	300	0,5

$$E \cdot \Sigma \cdot S_0 \cdot u \cdot r = -5982 \cdot 10^3$$

$$E \cdot \Sigma \cdot u^2 \cdot r = 3151$$

Tabelle 15; 2.

denkt sich das Fachwerk in den Punkten A und B statisch bestimmt gelagert und erhält damit das statisch bestimmte Hauptsystem. Man bestimmt in diesem die unter der symmetrischen Belastung auftretenden Stabkräfte S_0 und die unter der Belastung »1« auftretenden Stabkräfte u. Die Rechnung wird tabellarisch durchgeführt (Tabelle 15; 2).

$$X = -\frac{\Sigma S_0 \cdot u \cdot r}{\Sigma u^2 r} = \frac{5932000}{3152} = 1890 \text{ kg}.$$

Den aus der statisch unbestimmten Rechnung erhaltenen, für die symmetrische Belastung gültigen Stabkräften sind noch die Stabkräfte aus der antisymmetrischen Belastung zu überlagern. Die für die Dimensionierung maßgebenden Stabkräfte sind in Spalte 10 eingetragen. Die hiernach neu festgelegten Stabquerschnitte weisen gegenüber den geschätzten nur eine größte Abweichung von 8,4% (Stab h) auf[1]). Da die Stabquerschnitte aus konstruktiven Gründen immer nur angenähert den Stabkräften angepaßt werden können und außerdem bei Druckstäben die zulässigen Spannungen je nach der Größe der angenommenen Verkrümmung um mehr als 10% schwanken, kann man diese Abweichungen als vernachlässigbar betrachten. Für den Konstrukteur ist also bereits die Schätzung der Stabquerschnitte als ausreichend anzusehen. Die statisch unbestimmte Rechnung wäre nur für einen Festigkeitsnachweis einer endgültigen Konstruktion erforderlich.

16. Gründe für den statisch unbestimmten Aufbau von Flugzeugbaugliedern.

a) Statisch unbestimmt ist oft einfacher, leichter oder gibt größere Sicherheit bei Bruch eines Baugliedes.

1. Gewichtsersparnis bei verteilter oder wechselnder Last. Großes Baugewicht bei stetig verteilter Belastung und statisch

[1]) Man beachte, daß für diesen Stab der Unterschied zwischen den geschätzten und den errechneten Stabkräften für die symmetrische Belastung allein 110% beträgt.

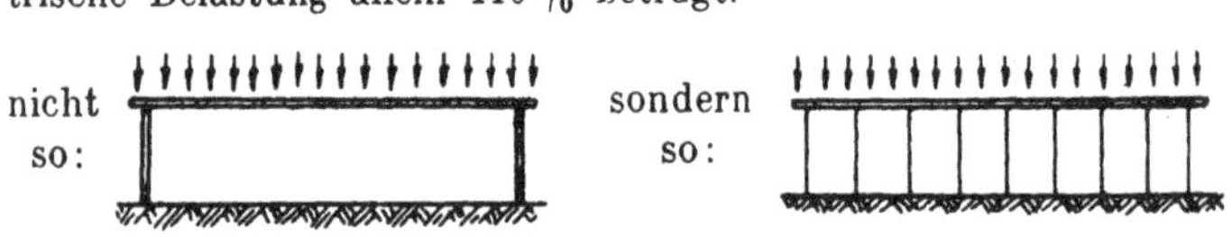

Bild 51a u. b. Träger mit verteilter Belastung. Gewichtsersparnis durch statisch unbestimmte Bauweise.

bestimmter Bauweise. Leichter wird statisch unbestimmte Konstruktion.

2. Größere Sicherheit, z. B. Motorbock (Vibrationen). Beim Bruch eines Baugliedes ist die verbleibende Konstruk-

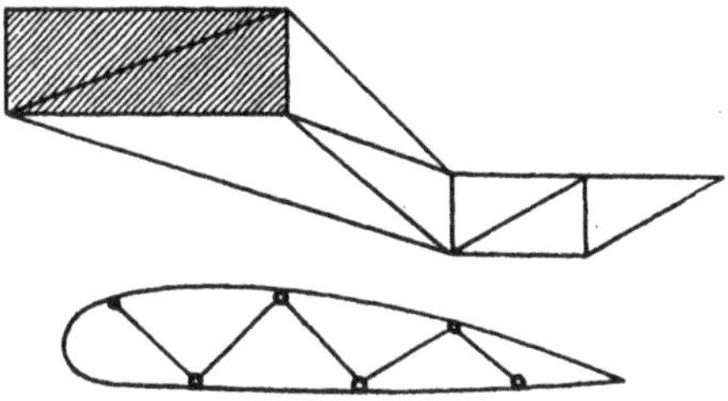

Bild 52 u. 53. Motorbock und vielholmiger Flügel (Junkers): Größere Sicherheit bei statisch unbestimmter Bauweise.

tion meistens noch stabil; nur die Sicherheit gegen Bruch ist vermindert.

b) Symmetrischer Aufbau bedingt oftmals statisch unbestimmten Aufbau (eine Diagonale würde schon ausreichen).

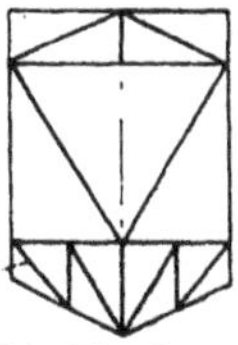

Bild 54. Flugbootspant: Statisch unbestimmter Aufbau aus Symmetriegründen.

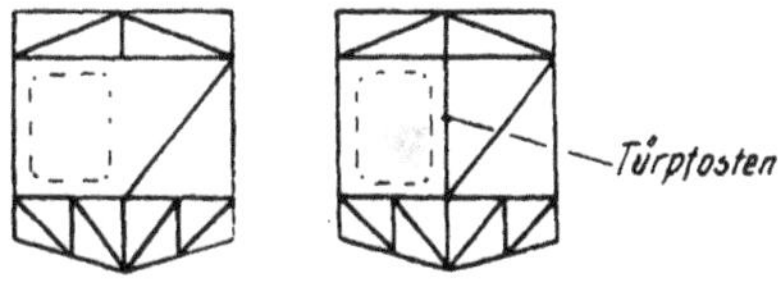

statisch bestimmt — wegen Türpfosten statisch unbestimmt

Bild 55. Flugbootspant: Statisch unbestimmter Aufbau aus Baulichkeitsgründen.

c) Aus Baulichkeitsgründen sind Bauglieder vorhanden, die man nicht vermeiden kann (z. B. Türpfosten).

17. Formänderungsarbeit von ebenen Fachwerken.

Ein an einem Ende gehaltener Stab wird am freien Ende mit einer allmählich von 0 bis S anwachsenden Stabkraft belastet. Hierbei wird der Stab um einen, linear mit S zunehmenden, Betrag Δl gelängt.

Trägt man die zu jeder Längung Δl gehörige Stabkraft S über Δl als Abszisse auf, so gibt die Fläche zwischen der

Abszisse und der Kurve $S = f(\Delta l)$ die von der anwachsenden Stabkraft auf dem Wege Δl geleisteten Arbeit an. Mit den Bezeichnungen:

l = ursprüngliche Länge des Stabes,

f = Querschnitt des Stabes, und

$$\Delta l = \frac{S \cdot l}{E \cdot f} = S \cdot r$$

wird die äußere Formänderungsarbeit:

$$\boxed{A_a = \frac{1}{2} S \Delta l = \frac{1}{2} S \cdot \frac{S \cdot l}{E f} = \frac{1}{2} \cdot \frac{S^2 \cdot l}{E f} = \frac{1}{2} \cdot S^2 \cdot r} \qquad (17;\ 1)$$

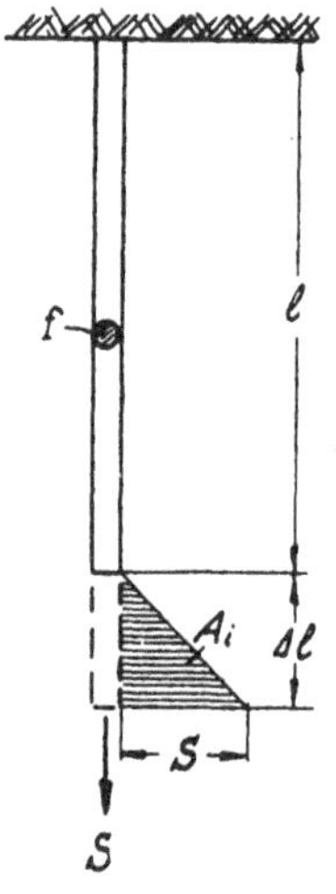

Bild 56. Zur Formänderungsarbeit von ebenen Fachwerken.

Dieser äußeren Formänderungsarbeit entspricht eine innere Formänderungsarbeit der inneren Stabspannkräfte $\sigma \cdot f = S$:

$$A_i = \frac{1}{2} S \cdot \Delta l = \frac{1}{2} \sigma \cdot f \cdot \frac{\sigma \cdot l}{E} = \frac{1}{2} \frac{\sigma^2 \cdot f \cdot l}{E}.$$

Mit $f \cdot l = V$ = Volumen des Stabes ist:

$$\boxed{A_i = \frac{1}{2} \frac{\sigma^2 \cdot V}{E}} \qquad (17;\ 2)$$

Da die Stabkraft S bzw. die Stabspannung σ in der zweiten Potenz auftritt, ist die Formänderungsarbeit immer positiv.

Beispiel 17; 1: Die Holme eines Flugzeugs wiegen $G = 100$ kg (Duraluminium: $E = 0{,}7 \cdot 10^6$ kg/cm^6; $\gamma = 2{,}8$ g/cm^3). Sie erfahren im Fluge eine Spannung von $\sigma = 1000$ kg/cm^2.

Wie groß ist ihre Formänderungsarbeit?

$$V = \frac{G}{\gamma} = \frac{100 \cdot 1000}{2{,}8} = 35700 \text{ cm}^3.$$

$$\underline{\underline{A}} = \frac{1}{2} \frac{\sigma^2 \cdot V}{E} = \frac{1}{2} \frac{1000^2 \cdot 35700}{0{,}7 \cdot 10^6} = 25500 \text{ cm kg} = \underline{\underline{255 \text{ m kg.}}}$$

Beispiel 17; 2: **Gegeben:** Fachwerk mit äußerer Belastung P und Stabkonstanten $r = \frac{l}{E \cdot f}$ für alle Stäbe.

Gesucht: Formänderungsarbeit des Fachwerks und Verschiebung x des Knoten *1* in Richtung von P.

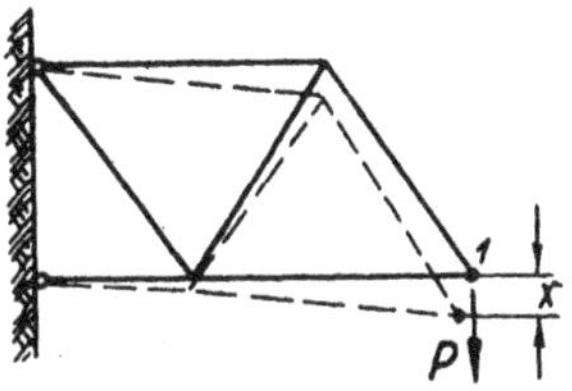

Bild 57. Zur Bestimmung der Verschiebung eines Fachwerkknotens mittels der Formänderungsarbeit.

Lösung: Stabkräfte S unter Belastung P bestimmen (z. B. Cremonaplan).

Die innere Formänderungsarbeit des gesamten Fachwerks ist gleich der Summe der Formänderungsarbeiten der einzelnen Stäbe infolge der Stabkräfte S, also

$$A_i = \frac{1}{2} \Sigma S^2 \cdot r.$$

Da $A_i = A_a$ ist, gilt auch:

$\frac{1}{2} \Sigma S^2 \cdot r = \frac{1}{2} P \cdot x$. Löst man nach x auf, so erhält man die gesuchte Verschiebung:

$$x = \frac{1}{P} \Sigma S^2 \cdot r.$$

Bezeichnet man mit $u = \frac{S}{P}$ die Stabkräfte infolge einer Belastung »*1*« an Stelle von P, so erhält man durch Erweiterung mit $\frac{P}{P}$:

$$x = P \Sigma \left(\frac{S}{P}\right)^2 \cdot r = P \Sigma u^2 \cdot r.$$

(Vergleiche hierzu Maxwell-Mohr, Beispiel 11; 2.)

18. Betrachtungen über die Steifigkeit von ebenen Fachwerken

a) Maß für die Steifigkeit. Ist die unter einer bestimmten Last P auftretende Verschiebung x groß, so ist das Fachwerk weich; ist die Verschiebung x klein, so ist das Fachwerk steif.

Man kann also den Quotienten P/x als ein Maß für die Steifigkeit betrachten, und zwar ist die Steifigkeit um so größer, je größer P/x ist. Erweitert man den Quotienten mit $\frac{1/2\,P}{1/2\,P}$, so ist:

$$P/x = \frac{1/2\,P^2}{1/2\,P \cdot x} = \frac{1/2\,P^2}{A_i}, \text{ da } A_i = A_a = \frac{1}{2}\,P \cdot x.$$

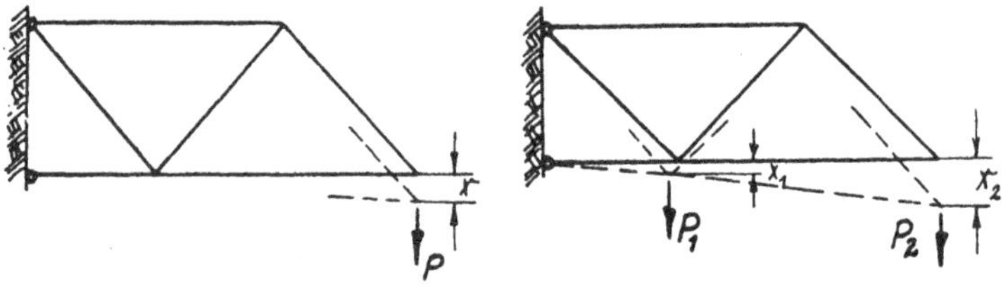

Bild 58a u. b. Zur Steifigkeit von ebenen Fachwerken.

P/x bzw. die Steifigkeit des Fachwerks ist für eine gegebene Belastung um so größer, je kleiner die Formänderungsarbeit ist.

Dies gilt auch für den Fall, daß mehrere Lasten am Fachwerk angreifen.

b) Beziehung zwischen Steifigkeit und Gewicht. Zwei verschieden ausgeführte Fachwerke aus gleichem Material sollen unter der gleichen Belastung P überall die gleiche Spannung σ besitzen.

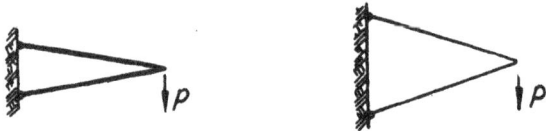

Gleiches P, σ, E und γ.

Wegen geringer Neigung der Stäbe große Stabkräfte, d. h. große Querschnitte, also auch großes Gewicht, somit weich und schwer.

Größere Neigung der Stäbe, somit geringere Stabkräfte bzw. geringere Querschnitte. Da Stablängen unwesentlich vergrößert, ist Volumen bzw. Gewicht geringer, d. h. steif und leicht.

Bild 59. Zur Beziehung zwischen Steifigkeit und Gewicht.

Es ist:
$$A_i = \frac{1}{2}\,\frac{\sigma^2 \cdot V}{E} = \frac{1}{2}\,\frac{\sigma^2 \cdot G}{E \cdot \gamma}.$$

Da σ, E und γ für beide Fachwerke gleich sind, kann man auch schreiben:
$$A_i = C \cdot G.$$

Die Formänderungsarbeit ist also um so kleiner, je kleiner das Gewicht ist. Das Fachwerk mit kleinerem Gewicht ist also steifer als das schwere Fachwerk.

Allgemein. Besitzen unter einer gegebenen Belastung verschieden ausgeführte Fachwerke das gleiche Spannungsmittelquadrat σ^2_{mittel} (definiert durch die Gleichung $\sigma^2_{\text{mittel}} = \frac{\int \sigma^2 \, dV}{V}$), so ist das leichteste Fachwerk das steifste.

leicht $\equiv$ steif.

Die Forderung nach Steifigkeit ist also gleichbedeutend mit der Forderung nach geringem Gewicht (geschickte Konstruktion).

Beispiel 18; 1: Vergleich von Fachwerken gleicher Höhe und Länge mit verschiedener Anzahl von Vertikalen.

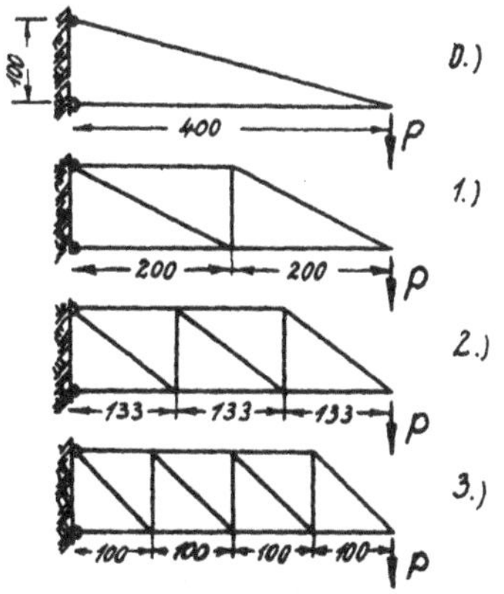

Bild 60. Fachwerke gleicher Höhe und Länge mit verschiedener Anzahl von Vertikalstäben.

Gegeben: Spannung der Stäbe: $\sigma = \pm\ 1000\ \text{kg/cm}^2$.

Werkstoff: Dural: $E = 0{,}7 \cdot 10^6\ \text{kg/cm}^2$.

Gesucht: Verschiebung x des Trägerendes in Kraftrichtung. Nach Gl. (11; 1) ist: $x = \frac{1}{E} \Sigma \sigma \cdot l \cdot u$.

Die Rechnung ergibt für die einzelnen Fachwerke die nachstehend aufgeführten Verschiebungen:

Anzahl der Vertikalen	0	1	2	3
Verschiebung x in cm	4,7	3,85	3,7	3,85

Untenstehendes Diagramm (Bild 61) zeigt die Abhängigkeit der Verschiebung x von der Anzahl der Vertikalen.

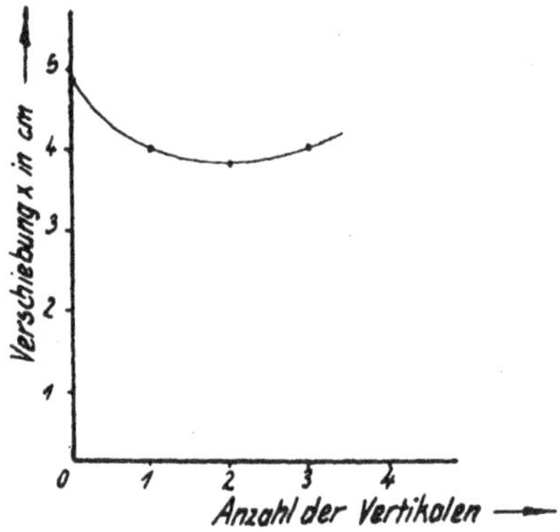

Bild 61. Zum Vergleich der Steifigkeiten verschieden ausgeführter Fachwerke.

Nach dem Vorhergehenden ist:

$$A_{i,1} = A_{a,1} = \frac{1}{2} P \cdot x_1$$

$$A_{i,2} = A_{a,2} = \frac{1}{2} P \cdot x_2$$

Hieraus folgt:

$$A_{i,2} = \frac{x_2}{x_1} \cdot A_{i,1}$$

und auch:

$$G_2 = \frac{x_2}{x_1} \cdot G_1 .$$

(G_1 bzw. G_2 = Gewicht des Fachwerks mit einer bzw. zwei Vertikalen.) Das Fachwerk mit zwei Vertikalen ist also um $\left(1 - \frac{x_2}{x_1}\right)$ 100% leichter und um $\left(1 - \frac{x_2}{x_1}\right)$ 100% steifer als das Fachwerk mit einer Vertikalen.

Da bei zwei Vertikalen die Länge der Knickstreben kleiner ist als bei einer Vertikalen, kann man dieses Fachwerk in Wirklichkeit durch Erhöhung der zulässigen Spannung noch leichter bauen. Dadurch wird es allerdings etwas weniger steif als vorher, bleibt aber wohl noch steifer als das Fachwerk mit einer Vertikalen. Im Flugzeugbau ist fast immer die leichteste Konstruktion die beste.

19. Satz vom Minimum der Formänderungsarbeit.

In einem statisch unbestimmten Fachwerk sind verschiedene innere Gleichgewichtszustände möglich, d. h. verschiedene Stabkräfte X im überzählig gedachten Stab. Nur einer davon, nämlich der wirklich auftretende, erfüllt die Deformationsbedingungen.

Satz (gilt für gegebene Dimensionierung des Fachwerks). Von allen (statisch möglichen inneren) Gleichgewichtszuständen besitzt der wirklich auftretende, d. h. der, bei dem die Deformationsbedingungen erfüllt sind, die kleinste Formänderungsarbeit.

Beweis: Bezeichnet man in Übereinstimmung mit 12:

Stabkräfte infolge Belastung P im Hauptnetz mit	S_0
Stabkräfte infolge Belastung $X \cdot 1$ im Hauptnetz mit	$X \cdot u$
Endgültige Stabkräfte infolge Belastung P im statisch unbestimmten Fachwerk mit	$S = S_0 + X \cdot u$

und führt diesen Wert für S in Gl. (17; 1) ein, so erhält man

$$A_i = \frac{1}{2} \Sigma S^2 \cdot r = \frac{1}{2} \Sigma (S_0^2 + 2 X \cdot u \cdot S_0 + X^2 \cdot u^2) \cdot r$$

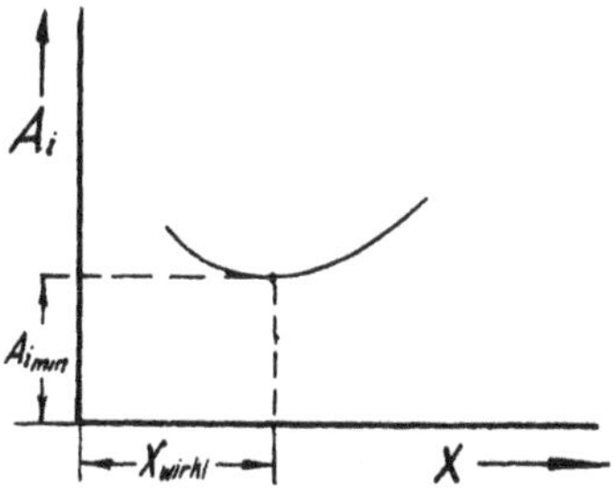

Bild 62. Zum Satz vom Minimum der Formänderungsarbeit.

Ermittelt man A_i für verschiedene beliebig gewählte X und trägt man die erhaltenen Werte über X auf, so weist die Kurve (Bild 62) ein Minimum auf, und zwar für die Stelle X, für die

$$\frac{d A_i}{d X} = 0 = \Sigma (S_0 u \cdot r + X \cdot u^2 \cdot r)$$

wird, also für:

$$X = -\frac{\Sigma S_0 \cdot u \cdot r}{\Sigma u^2 \cdot r}$$

Den gleichen Wert für X erhält man aus der Deformationsbedingung (vgl. Maxwell-Mohr Gl. (12; 1)). Wie sich in gleicher Weise zeigen läßt, gilt der oben angeführte Satz auch für mehrfach statisch unbestimmte Fachwerke.

Nimmt man in einem statisch unbestimmten System ein Bauglied weg, oder führt man einen Schnitt, oder macht man eine bisher biegungssteife Stelle gelenkig, so wird bei im übrigen gleichbleibender Dimensionierung für jede äußere Belastung die Formänderungsarbeit vergrößert, d. h. $A_i = \frac{1}{2} \Sigma S^2 \cdot r$ wächst. (Die Wegnahme eines Stabes bedingt einen anderen Gleichgewichtszustand, nämlich $S = 0$ im wegzunehmenden Stab. Da beim wirklich auftretenden Gleichgewichtszustand die Formänderungsarbeit ein Minimum ist, ist sie für jeden anderen Gleichgewichtszustand größer.) Falls im statisch unbestimmten System das weggenommene Bauglied unbelastet war, bleibt die Formänderungsarbeit gleich groß. Bei Wegnahme des Baugliedes sinkt die äußere Belastung mehr durch.

In der Praxis läßt man häufig, um den Grad der statischen Unbestimmtheit herabzusetzen bzw. um eine statisch unbestimmte Rechnung zu umgehen, ein oder mehrere Bauglieder weg. Man bewegt sich bei diesem Verfahren »im Mittel« auf der sicheren Seite, da $\Sigma S^2 \cdot r$ in Wirklichkeit kleiner ist als die Rechnung ergibt. Bei Fachwerken z. B. wird für die Stabkraftermittlung die fast immer vorhandene Eckensteifheit (biegesteife Verbindung der Fachwerkstäbe durch Knotenbleche oder Schweißung) der Knoten vernachlässigt. Auf die Größe der Stabkräfte hat diese Vernachlässigung keinen nennenswerten Einfluß.

Trotzdem ist es möglich, daß nach Hinzufügen eines Baugliedes einzelne Teile höher beansprucht werden als vorher.

Beispiel 19; 1: Für das untenstehende Fachwerk (Bild 63a) ergaben sich unter der Belastung $P = 500$ kg die angegebenen Stabkräfte (kg); hiernach wurden die Querschnitte f für $\sigma = \pm 1000$ kg/cm² bestimmt.

Nach Hinzufügen der Diagonale x ($f_x = 1$ cm²) (Bild 63b) würden für den wirklich auftretenden Gleichgewichtszustand die Stabkräfte die angegebene Größe besitzen. Stab a würde

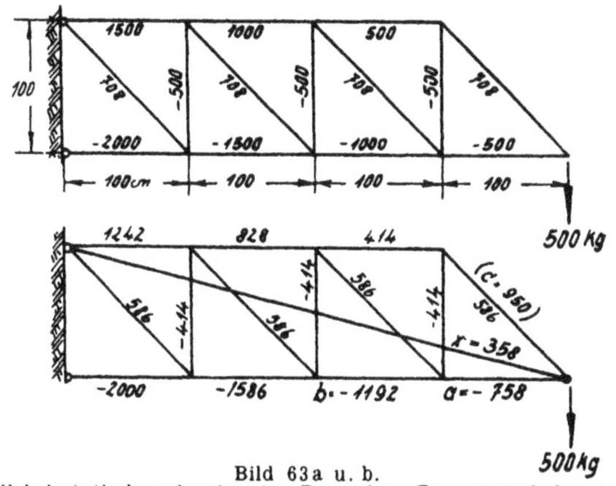

Bild 63a u. b.
Sonderfall bei statisch unbestimmter Bauweise. Der statisch bestimmt aufgebaute Fachwerkträger a verliert nach Hinzufügen der Diagonale (statisch unbestimmter Aufbau b) seine Tragfähigkeit.

also um ca. 50%, Stab b um ca. 17% höher beansprucht sein als vorher. Erfolgte die oben angeführte Dimensionierung unter Ausnutzung der zulässigen Bruchspannung, so bricht Stab a vor Erreichen der Bruchlast. Damit erhält Stab c = 950 kg Belastung und bricht gleichfalls. Das restliche System kann die Kraft P nicht mehr weiterleiten.

II. Biegung.

A. Allgemeines über Schwerpunkte, Trägheitsmomente und Trägheitsradien von Flächen.

20. Bestimmung von Schwerpunkten und Trägheitsmomenten für beliebige Querschnittsformen.

a) Schwerpunkte.

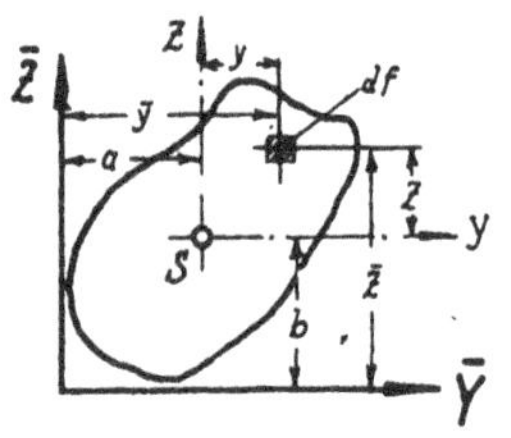

Bild 64. Zur Bestimmung des Schwerpunktes von Flächen.

Der Schwerpunkt einer Fläche ist folgendermaßen bestimmt. Bezieht man die statischen Momente aller Flächenteilchen df eines Querschnitts auf zwei zueinander senkrechte, durch den Schwerpunkt S des Querschnitts gelegte Achsen Y und Z, so ist die Summe der statischen Momente aller Flächenteilchen gleich Null.

$$\boxed{S_y = \int z \cdot df = 0; \quad S_z = \int y \; df = 0} \qquad (20;\, 1 \text{ u. } 2)$$

Werden die statischen Momente der einzelnen Teilflächen auf ein parallel zu dem ursprünglichen gelegenes Achsenkreuz $(\overline{Y}, \overline{Z})$ bezogen, so gilt mit Bezeichnungen nach Bild 64:

$$y = \overline{y} - a; \quad z = \overline{z} - b$$

$$S_y = 0 = \int (\overline{y} - a) \cdot df = \int \overline{y} \cdot df - a \int df$$

entsprechend ist

$$\left.\begin{array}{l} \boxed{a = \dfrac{1}{f} \cdot \int \overline{y} \cdot df} \\ \boxed{b = \dfrac{1}{f} \cdot \int \overline{z} \cdot df} \end{array}\right\} \quad \ldots \; (20;\, 3 \text{ und } 4)$$

b) Trägheitsmomente.

Multipliziert man jedes Flächenteilchen df mit dem Quadrat seines Abstandes von der Y-Achse, so gibt die Summe dieser, für alle Flächenteilchen des gesamten Querschnitts gebildeten Produkte das axiale Trägheitsmoment in bezug auf die Y-Achse an.

$$\boxed{J_y = \int z^2\, df} \quad \ldots\ldots\ldots \quad (20;\ 5)$$

In gleicher Weise ergibt die Summe der quadratischen Momente aller Flächenteilchen, bezogen auf die Z-Achse, das axiale Trägheitsmoment in bezug auf diese Achse.

$$\boxed{J_z = \int y^2\, df} \quad \ldots\ldots\ldots \quad (20;\ 6)$$

Wählt man als Bezugsachse für die quadratischen Momente der Flächenteilchen die durch den Schwerpunkt gehende, senkrecht zur Querschnittsebene stehende Achse x, so erhält man das polare Trägheitsmoment

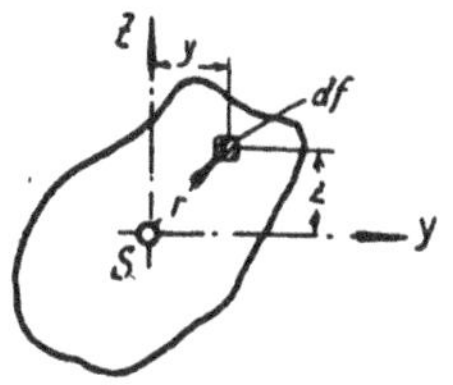

Bild 65. Zur Bestimmung der Trägheitsmomente von Flächen.

$$\boxed{J_x = \int r^2\, df} \quad \ldots \quad (20;\ 7)$$

Für jedes Flächenteilchen gilt aber: $r^2 = y^2 + z^2$. Somit ist:

$$\boxed{J_x = \int (y^2 + z^2)\, df = \int y^2\, df + \int z^2\, df = J_y + J_z} \quad (20;\ 7\,a)$$

Das polare Trägheitsmoment ist also gleich der Summe der beiden axialen Trägheitsmomente für zwei zueinander senkrechte Achsen durch den Schwerpunkt.

Bildet man die Summe der Produkte $df \cdot y \cdot z$ für alle Flächenteilchen des Querschnitts, so erhält man das Zentrifugalmoment.

$$\boxed{J_{yz} = \int y \cdot z \cdot df} \quad \ldots\ldots\ldots \quad (20;\ 8)$$

c) Trägheitsradius.

Stellt man sich den gesamten Querschnitt f in einem Punkt im Abstand $i_y = \sqrt{\frac{J_y}{f}}$ von der Schwerachse (y) konzentriert vor, so kann man auch schreiben:

$$\boxed{J_y = f \cdot i_y^2} \quad \ldots\ldots\ldots \quad (20;\ 9)$$

i_y wird als der Trägheitsradius des Querschnitts in bezug auf die y-Achse bezeichnet. Dieses gilt auch für das Trägheitsmoment, bezogen auf die z-Achse $\left(i_z = \sqrt{\frac{J_z}{f}}\right)$.

$$\boxed{J_z = f \cdot i_z^2} \quad \ldots\ldots\ldots \quad (20;\ 10)$$

d) Achsenverschiebung.

Werden die Trägheitsmomente J_y und J_z auf das zu dem ursprünglichen parallel gelegenen Achsenkreuz $\overline{Y}$, $\overline{Z}$ bezogen, so gilt entsprechend Bild 64:

$$\overline{y} = y + a, \quad \overline{z} = z + b$$

$$J_{\overline{y}} = \int (z+b)^2 \cdot df = \int z^2\, df + 2\, b \int z \cdot df + b^2 \int df.$$

Nach den Gln. (1) und (5) ist:

$$\int z \cdot df = 0; \quad \int z^2\, df = J_y.$$

Es ist also:

$$\boxed{J_{\overline{y}} = J_y + b^2 \cdot f}$$

entsprechend wird: (20; 11 und 12)

$$\boxed{J_{\overline{z}} = J_z + a^2 \cdot f}$$

In gleicher Weise erhält man für das Zentrifugalmoment, bezogen auf die Achsen $\overline{Y}$, $\overline{Z}$:

$$J_{\overline{y}\,\overline{z}} = \int (y+a) \cdot (z+b)\, df$$

$$= \int y \cdot z \cdot df + a \int z \cdot df + b \int y \cdot df + ab \int df.$$

Nach den Gln. (1), (2) und (8) ist:

$$\int z \cdot df = 0; \quad \int y \cdot df = 0; \quad \int y \cdot z \cdot df = J_{yz}.$$

Hiermit wird:

$$\boxed{J_{\overline{yz}} = J_{yz} + a \cdot b \cdot f} \quad \ldots\ldots \quad (20;\ 13)$$

e) Achsendrehung.

Wird das durch den Schwerpunkt S gehende Achsenkreuz Y, Z um den Winkel φ gedreht, so gelten zwischen den Koordinaten eines Flächenteilchens df, bezogen auf das ursprüngliche und das gedrehte Achsensystem, folgende Beziehungen:

$$\boxed{\eta = y \cdot \cos\varphi - z \cdot \sin\varphi} \quad \boxed{\zeta = y \cdot \sin\varphi + z \cdot \cos\varphi} \quad (20;\ 14\,\text{u.}\,15)$$

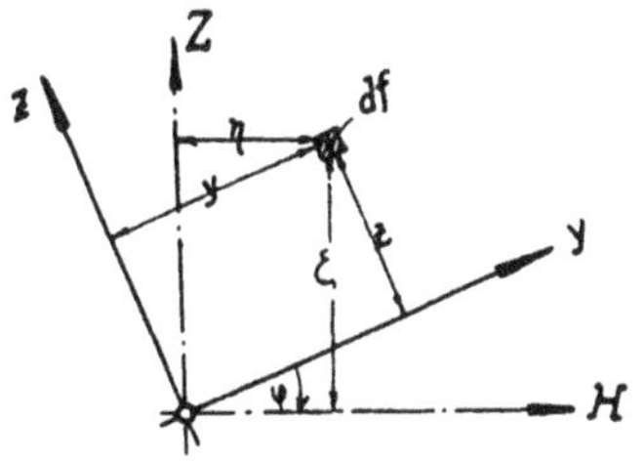

Bild 66. Zur Achsendrehung.

Für das Trägheitsmoment, bezogen auf die η-Achse, erhält man hiermit:

$$J_\eta = \int \zeta^2\, df = \int (y \cdot \sin\varphi + z \cdot \cos\varphi)^2\, df$$
$$= \sin^2\varphi \int y^2\, df + \cos^2\varphi \int z^2\, df + 2 \sin\varphi \cdot \cos\varphi \int y \cdot z \cdot df.$$

$$\boxed{J_\eta = J_z \cdot \sin^2\varphi + J_y \cdot \cos^2\varphi + J_{yz} \cdot \sin^2\varphi} \quad (20;\ 16)$$

Aus Gl. (20; 16) erkennt man, daß für bestimmte Winkel φ, d. h. für bestimmte Lagen des Achsenkreuzes ($Z_0\, H_0$) J_η Extremwerte annimmt. Diese folgen aus:

$$\frac{d J_\eta}{d\varphi} = 2 J_z \cdot \sin\varphi_0 \cdot \cos\varphi_0 - 2 J_y \cdot \cos\varphi_0 \cdot \sin\varphi_0 + 2 J_{yz} \cdot \cos 2\varphi_0 = 0$$
$$- \sin 2\varphi_0 (J_y - J_z) + 2 \cos 2\varphi_0 \cdot J_{yz} = 0.$$

$$\boxed{\operatorname{tg} 2\varphi_0 = \frac{2 J_{yz}}{J_y - J_z}} \quad \ldots\ldots \quad (20;\ 17)$$

Dieser Gleichung genügen zwei um 90^0 verschiedene Winkel φ. Die durch diesen Winkel festgelegten Achsen werden mit Hauptträgheitsachsen bezeichnet, die auf diese Achsen bezogenen Trägheitsmomente mit Hauptträgheitsmomente.

Aus Gl. (20; 16) ergibt sich durch Einführung des doppelten Winkels 2φ:

$$J_\eta = \frac{J_y + J_z}{2} + \frac{J_y - J_z}{2} \cdot \cos 2\varphi + J_{yz} \cdot \sin 2\varphi.$$

Bei Beachtung von Gl. (20; 17) erhält man hieraus mit den trigonometrischen Formeln:

$$\cos 2\varphi = \frac{1}{\sqrt{1+\operatorname{tg}^2 2\varphi}}; \quad \sin 2\varphi = \frac{\operatorname{tg} 2\varphi}{\sqrt{1+\operatorname{tg}^2 2\varphi}}.$$

$$\boxed{J_{\eta 0} = \frac{J_y + J_z}{2} + \sqrt{\left(\frac{J_y - J_z}{2}\right)^2 + J_{yz}^2}.} \qquad (20;\ 18)$$

In gleicher Weise erhält man:

$$\boxed{J_{\zeta 0} = \frac{J_y + J_z}{2} - \sqrt{\left(\frac{J_y - J_z}{2}\right)^2 + J_{yz}^2}} \qquad (20;\ 19)$$

Bezieht man das Zentrifugalmoment auf die Achsen H, Z, so wird:

$$J_{\eta\zeta} = \int \eta \cdot \zeta \cdot df = \int (y \cos\varphi - z \cdot \sin\varphi) \cdot (y \cdot \sin\varphi + z \cdot \cos\varphi) \cdot df.$$

$$\boxed{J_{\eta\zeta} = -\frac{1}{2} \sin 2\varphi\, (J_y - J_z) + J_{yz} \cos 2\varphi} \qquad (20;\ 20)$$

Der Winkel, bei dem das Zentrifugalmoment verschwindet, ist ($J_{\eta\zeta} = 0$):

$$\boxed{\operatorname{tg} 2\varphi_0 = \frac{2 J_{yz}}{J_y - J_z}}$$

also der gleiche Winkel der Achsen, bei dem die Trägheitsmomente ihre Extremwerte erreichen.

21. Tips für die praktische Berechnung von Trägheitsmomenten.

a) Einfache Querschnittsformen.

1. Rechteck. Der Schnittpunkt der Symmetrieachsen ist der Schwerpunkt der Fläche. Da das Zentrifugalmoment, bezogen auf eine Symmetrieachse, verschwindet, sind die Symmetrieachsen auch die Hauptachsen des Querschnitts.

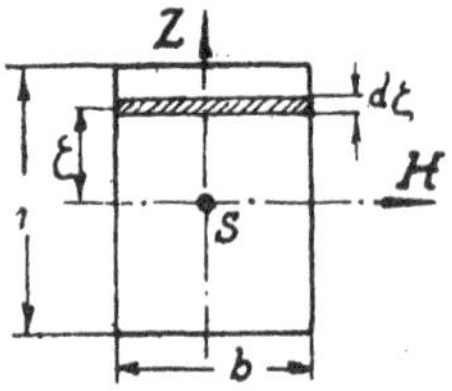

Bild 67. Rechteckquerschnitt.

Das Rechteck wird in einzelne Flächenstreifen $b \cdot d\zeta$ aufgeteilt. Es ist:

$$J_\eta = \int_{-h/2}^{+h/2} \zeta^2 \cdot b \cdot d\zeta = \frac{b \cdot h^3}{12}$$

entsprechend:

$$J_\zeta = \frac{h \cdot b^3}{12}.$$

2. Kreis. Mittelpunkt des Kreises ist der Schwerpunkt. Jeder Durchmesser ist eine Hauptachse.

Die Kreisfläche wird in einzelne Ringflächen $2\pi \cdot r \cdot dr$ aufgeteilt und zunächst das polare Trägheitsmoment bestimmt:

$$J_\xi = \int_0^r r^2 \, 2\pi \cdot r \cdot dr = \frac{\pi r^4}{2}.$$

Es ist $J_\xi = J_\eta + J_\zeta$ und aus Symmetrie $J_\eta = J_\zeta$. Also:

$$J_\eta = J_\zeta = \frac{\pi \cdot r^4}{4} \sim \frac{d^4}{20}.$$

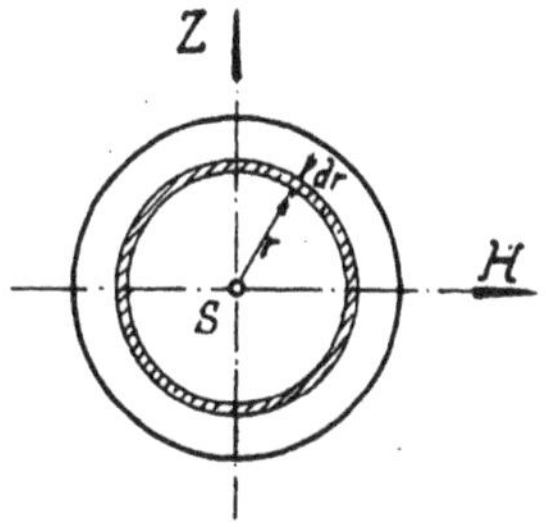

Bild 68. Kreisquerschnitt.

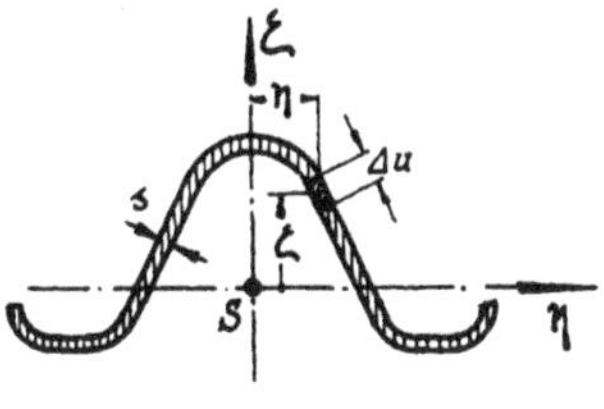

Bild 69. Einfach symmetrischer Querschnitt mit konstanter Wandstärke.

3. Einfach symmetrischer Querschnitt mit konstanter Wandstärke. Lage des Schwerpunktes schätzen. Lage der Hauptachsen ist durch die Symmetrieachse gegeben. Den Querschnitt dem Umfang nach in gleich lange Teilchen Δu aufteilen. Schwerpunktsordinaten für jedes Flächenteilchen $\Delta u \cdot s$ ausmessen. Dann ist:

$$J_\eta = \Sigma \cdot \zeta^2 \Delta u \cdot s = s \cdot \Delta u \, \Sigma \zeta^2$$
$$J_\zeta = \Sigma \cdot \eta^2 \Delta u \cdot s = s \cdot \Delta u \, \Sigma \eta^2$$

Der Fehler ist von der Größe $\frac{s \cdot \Delta u^3}{12} \cdot n$, wenn n die Anzahl der Teilflächen bedeutet.

4. Symmetrisches Winkelprofil. Der Schwerpunkt ist einfach zu schätzen. Symmetrieachse gibt die Lage der

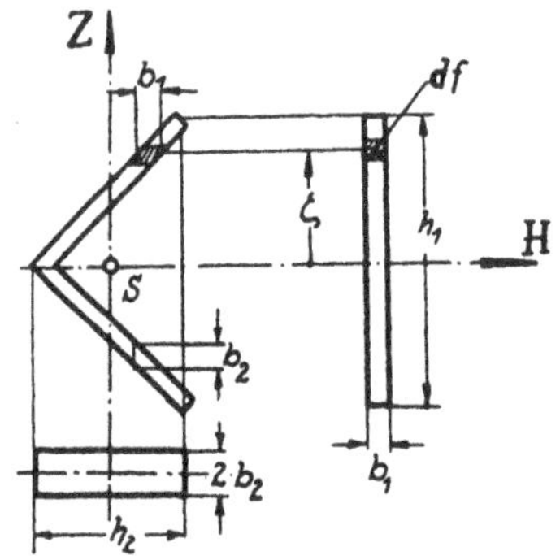

Bild 70. Symmetrisches Winkelprofil.

Hauptachsen an. Die Trägheitsmomente ergeben sich sehr leicht aus den beiden Vergleichsrechtecken.

$$J_\eta = \int_{-h_1/2}^{+h_1/2} \zeta^2 \, df = \int_{-h_1/2}^{+h_1/2} \zeta^2 \cdot b_1 \cdot d\zeta$$

$$J_\eta = \frac{b_1 \cdot h_1^3}{12}$$

$$J_\zeta = \frac{2 \cdot b_2 \cdot h_2^3}{12}.$$

5. Beliebiger Querschnitt. Bei beliebigen Querschnitten einfacher Art wird man sich in den meisten Fällen mit einer Schätzung des Schwerpunktes und vor allem der Hauptachsen begnügen können. Bei der Schätzung der Hauptachsen beachte man, daß die Trägheitsmomente bezogen auf diese Achsen Extremwerte besitzen.

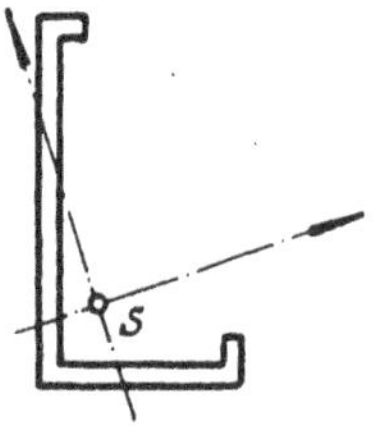

Bild 71. Beliebiger Querschnitt einfacher Art.

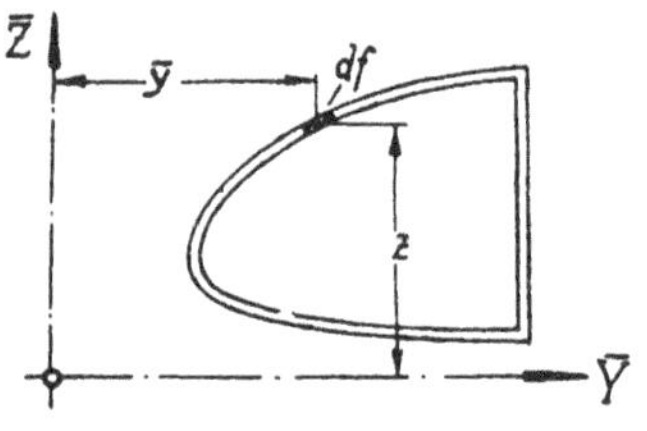

Bild 72. Zur Berechnung der Trägheitsmomente bei komplizierten Querschnittsformen.

b) Komplizierte Querschnittsformen.

Unter »komplizierten Querschnittsformen« sollen solche Querschnitte verstanden werden, bei denen man sowohl für die Ermittlung des Schwerpunktes als auch der Trägheitsmomente eine weitgehende Unterteilung in Teilflächen vornehmen muß, um einigermaßen genaue Werte zu erhalten. Die hierdurch bedingte große Anzahl von Teilflächen erfordert sehr viel Arbeit für das Aufmessen der zugehörigen Ordinaten. In derartigen Fällen geht man praktischerweise folgendermaßen vor.

Den Querschnitt soweit in einzelne Teilflächen unterteilen, daß die Eigenträgheitsmomente[1]) der einzelnen Flächen gegen das Gesamtträgheitsmoment vernachlässigt werden können. Den Inhalt df der Teilflächen und deren Ordinaten $\bar{y}$ und $\bar{z}$ in bezug auf ein beliebiges Achsensystem ($\bar{Y}$, $\bar{Z}$) ermitteln. Dann bildet man die Summe der statischen und quadratischen Momente aller Flächenteilchen, wobei man am besten tabellarisch vorgeht.

df	$\bar{y}$	$\bar{z}$	$\bar{y}^2$	$\bar{z}^2$	$\bar{y}\bar{z}$	$df\cdot\bar{y}$	$df\cdot\bar{z}$	$df\cdot\bar{y}^2$	$df\cdot\bar{z}^2$	$df\cdot\bar{y}\cdot\bar{z}$
df_1	$\bar{y}_1$	$\bar{z}_1$	$\bar{y}_1^2$	$\bar{z}_1^2$	$\bar{y}_1\bar{z}_1$	$df_1\cdot\bar{y}_1$	$df_1\cdot\bar{z}$	$df_1\cdot\bar{y}_1^2$	$df_1\cdot\bar{z}_1^2$	$df_1\cdot\bar{y}_1\cdot\bar{z}_1$
.	.	.	.	.	.	.	.	.	.	.
.	.	.	.	.	.	.	.	.	.	.
.	.	.	.	.	.	.	.	.	.	.
Σdf						$\Sigma df\cdot\bar{y}$	$\Sigma df\cdot\bar{z}$	$\Sigma df\cdot\bar{y}^2$	$\Sigma df\cdot\bar{z}^2$	$\Sigma df\cdot\bar{y}\cdot\bar{z}$

Tabelle 21; 1.

Hiermit erhält man entsprechend den Gln. 20; 3 und 4 die Lage des Schwerpunktes:

$$a=\frac{\Sigma\, df\cdot\bar{y}}{\Sigma\, df}; \quad b=\frac{\Sigma\, df\cdot\bar{z}}{\Sigma\, df}$$

und entsprechend den Gln. (20; 5, 6 und 8) die Trägheitsmomente bzw. das Zentrifugalmoment, bezogen auf das gewählte Achsenkreuz:

$$J_{\bar{y}}=\Sigma\, df\cdot\bar{z}^2; \quad J_{\bar{z}}=\Sigma\, df\cdot\bar{y}^2; \quad J_{\bar{y}\bar{z}}=\Sigma\, df\cdot\bar{y}\cdot\bar{z}.$$

Nach den Gln. (20; 11, 12 und 13) ergibt sich dann für ein beliebiges durch den Schwerpunkt gehendes Achsensystem:

$$\begin{aligned} J_y &= J_{\bar{y}} - b^2\ \Sigma\cdot df \\ J_z &= J_{\bar{z}} - a^2\ \Sigma\cdot df \\ J_{yz} &= J_{\bar{y}\bar{z}} - a\cdot b\ \Sigma\cdot df. \end{aligned}$$

Die Trägheitsmomente in bezug auf die Hauptachsen können jetzt mit Hilfe der Gln. (20; 18 und 19) bestimmt werden.

[1]) Trägheitsmoment der Teilflächen, bezogen auf die durch den eigenen Schwerpunkt gelegten, dem Achsensystem des Gesamtquerschnitts parallelen Achsen.

c) Tips für ausgezeichnete Querschnitte.

Für einige, im Flugzeugbau sehr häufig vorkommende Querschnittsformen sollen die Trägheitsmomente, Trägheitsradien und Widerstandsmomente (siehe folgenden Abschnitt) in der Form angegeben werden, in der sie sich leicht merken lassen.

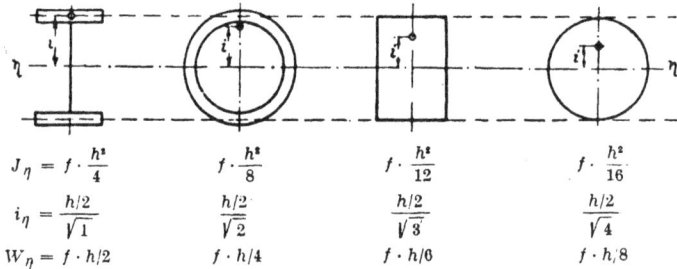

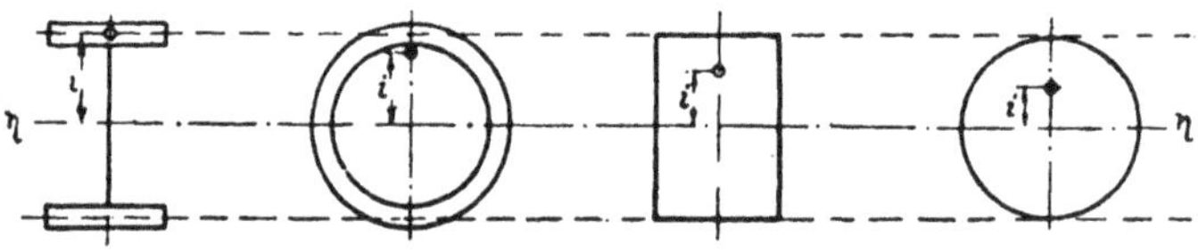

$J_\eta =$	$f \cdot \frac{h^2}{4}$	$f \cdot \frac{h^2}{8}$	$f \cdot \frac{h^2}{12}$	$f \cdot \frac{h^2}{16}$
$i_\eta =$	$\frac{h/2}{\sqrt{1}}$	$\frac{h/2}{\sqrt{2}}$	$\frac{h/2}{\sqrt{3}}$	$\frac{h/2}{\sqrt{4}}$
$W_\eta =$	$f \cdot h/2$	$f \cdot h/4$	$f \cdot h/6$	$f \cdot h/8$

Bild 73. Zu Tips für ausgezeichnete Querschnitte.

B. Der gerade Biegungsbalken.

Als geraden Balken oder Träger bezeichnet man einen prismatischen Körper von beliebigem Querschnitt, dessen Länge groß ist gegen die Querschnittsabmessungen. Der geometrische Ort der Schwerpunkte aller Querschnitte des Balkens wird als die Längsachse des Balkens bezeichnet.

22. Beziehung zwischen äußeren und inneren Kräften bei reiner Biegung.

a) Einfache Biegung.

Wird ein solcher Balken durch querkraftfreie Biegemomente (Momente infolge von Kräftepaaren), die an den Enden des Balkens eingeleitet werden, belastet, so spricht man von reiner Biegung. Hierfür gilt die in der Theorie gemachte Annahme vom Ebenbleiben der Querschnitte exakt. Die folgenden Betrachtungen werden zunächst für den Fall der einfachen Biegung durchgeführt, d. h. für den Fall, daß der Momentenvektor mit einer Hauptträgheitsachse zusammenfällt.

Bei Belastung wird der ursprünglich gerade Balken infolge der Wirkung des Moments $M = P \cdot p$ gekrümmt. Die

Krümmung des Balkens tritt dadurch ein, daß seine Längsfasern verschiedene Längenänderungen erfahren. Eine Faser, zunächst als neutrale Faser bezeichnet ($\zeta = 0$) wird in der Länge nicht geändert.

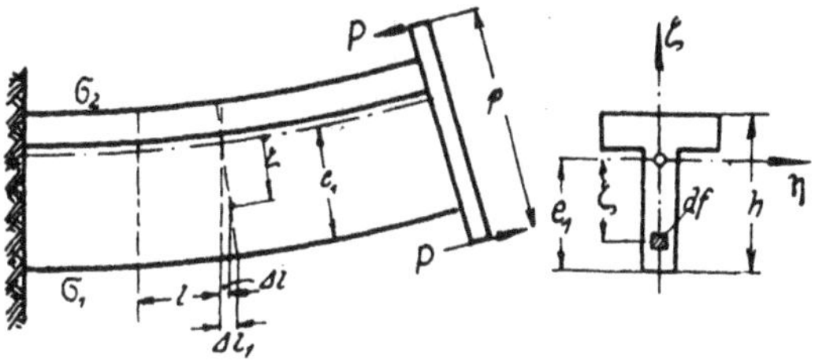

Bild 74. Zur einfachen Biegung.

Zwei ebene, um l voneinander entfernte, ursprünglich zueinander parallele Querschnitte sind nach der Deformation gegeneinander geneigt. Unter der Annahme, daß die Querschnitte bei der Deformation eben bleiben, gilt mit den Bezeichnungen nach Bild 74

$$\frac{\Delta l}{\zeta} = \frac{\Delta l_1}{e_1} \quad \text{oder} \quad \boxed{\Delta l = \frac{\Delta l_1}{e_1} \cdot \zeta} \qquad (22;\,1)$$

Die Längenänderung Δl einer Faser von der Länge l und dem Querschnitt df im Abstand ζ von der neutralen Faser wird bewirkt durch eine Zugspannung σ_ξ. Zwischen Δl und σ_ξ besteht die Beziehung:

$$\Delta l = \frac{\sigma_\xi \cdot l}{E} \quad \text{oder} \quad \sigma_\xi = E \cdot \frac{\Delta l}{l}.$$

Durch Einführung von Gl. (22; 1) erhält man:

$$\sigma_\xi = E \cdot \frac{\Delta l_1}{l_1} \cdot \frac{\zeta}{e_1} = \sigma_1 \cdot \frac{\zeta}{e_1}.$$

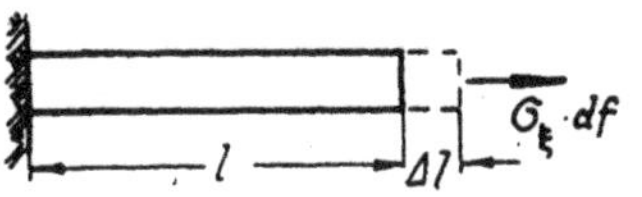

Bild 75. Zur einfachen Biegung.

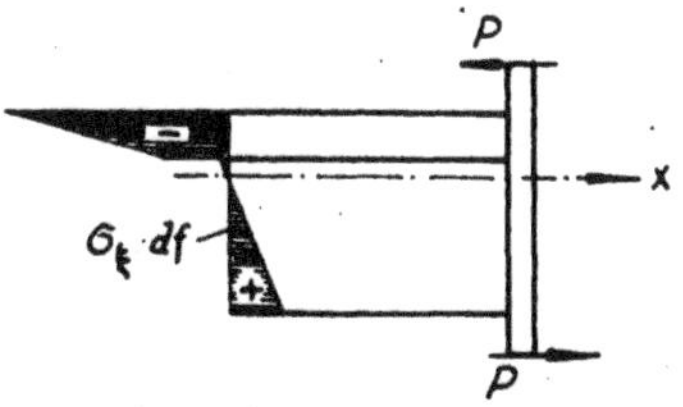

Bild 76. Zur einfachen Biegung.

Die Spannungen sind also linear über die Höhe des Querschnitts verteilt ($\sigma_1 = E \cdot \frac{\Delta l_1}{l}$ ist die Spannung in der Randfaser des Querschnitts).

Man denke sich den rechten Teil des Balkens abgeschnitten und die an der Schnittstelle wirkenden inneren Kräfte als äußere Kräfte angebracht. Soll Gleichgewicht für den abgeschnittenen Teil bestehen, so muß sein:

$$1. \qquad \Sigma x = 0 = \int \sigma_\xi \cdot df = \frac{\sigma_1}{e_1} \int \zeta \cdot df.$$

Da $\frac{\sigma_1}{e_1} \neq 0$, muß $\int \zeta \cdot df = 0$ sein. Dies ist nur möglich, wenn ζ auf die Schwerachse bezogen ist (siehe Definition für den Schwerpunkt), d. h. die Schwerlinie des Stabes ist gleichzeitig die neutrale Faser oder die Spannungsnullachse.

$$2. \quad \Sigma M = 0 = M - \int \sigma_\xi \cdot df \cdot \zeta = M - \frac{\sigma_1}{e_1} \int \zeta^2 \, df.$$

$\int \zeta^2 df$ ist ein Ausdruck, der nur vom Querschnitt abhängig ist; er wird mit Flächenträgheitsmoment $J_\eta = \int \zeta^2 df$ bezeichnet. Also:

$$M = \frac{\sigma_1}{e_1} \cdot J_\eta = \sigma_1 \cdot W_1.$$

$\frac{J_\eta}{e_1} = W_1$ = Widerstandsmoment ist eine ebenfalls nur vom Querschnitt abhängige Größe. Sie gibt eine Beziehung zwischen der größten Spannung σ_1 in der Randfaser und dem äußeren Moment an.

$$\boxed{\sigma_1 = \frac{M}{W_1}} \quad \ldots\ldots\ldots \quad (22;\,2)$$

b) Schiefe Biegung.

α) Symmetrische Querschnitte.

Fällt der Momentenvektor nicht mit einer Hauptachse des Querschnitts zusammen, so spricht man von schiefer Biegung. Um die infolge des Moments auftretenden Beanspruchungen zu ermitteln, zerlegt man das Moment nach den Richtungen der Hauptachsen

$$\boxed{\mathfrak{M} = \mathfrak{M}_\eta + \mathfrak{M}_\zeta} \quad \ldots\ldots \quad (22;\,3)$$

Die Spannungen werden für jedes Moment getrennt ermittelt und überlagert. Für ein Flächenelement df mit dem Koordinaten η und ζ ist:

$$\sigma_\xi = \sigma_{\xi\eta} \pm \sigma_{\xi\zeta} = \frac{\mathfrak{M}_\eta}{J_\eta} \cdot \zeta \pm \frac{\mathfrak{M}_\zeta}{J_\zeta} \eta \qquad (22;4)$$

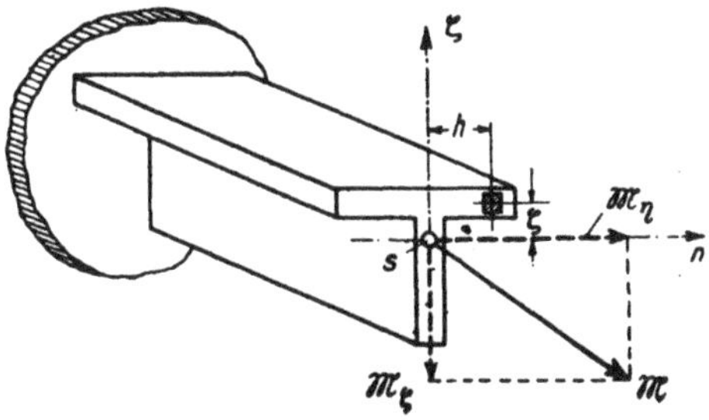

Bild 77. Zur schiefen Biegung von Trägern mit symmetrischem Querschnitt.

Für die gegebene Lage und Richtung des Momentenvektors sind nach Gl. (22; 4) erhaltene positive Werte Zugspannungen, wenn η und ζ entsprechend den angenommenen Richtungen positiv bzw. negativ eingesetzt werden. Das negative Vorzeichen in Gl. (22; 4) gilt für den Fall, daß der Momentenvektor in den Quadranten $+\eta + \zeta$ fällt. Ist der Richtungssinn des Momentenvektors entgegengesetzt, so ist Gl. (22; 4) mit -1 zu multiplizieren. Allgemein gilt: Für die Quadranten, in die der Momentenvektor fällt, haben die Spannungen $\sigma_{\xi\eta}$ und $\sigma_{\xi\zeta}$ ungleiches, für die beiden anderen Quadranten gleiches Vorzeichen.

Beispiel 22; 1: Ein Biegungsträger von rechteckigem Querschnitt wird durch ein schief angreifendes Biegemoment belastet. Die Beanspruchung infolge des Biegemoments ist gesucht.

Es genügt, die Spannungen für die Kanten zu ermitteln, da in diesen die Extremwerte auftreten. Für die Kante *1* ist:

$$\eta = e_\eta \quad \text{und} \quad \zeta = e_\zeta .$$

Hiermit wird nach Gl. (22; 4)

$$\sigma_{\zeta 1} = -\frac{\mathfrak{M}_\eta}{J_\eta} e_\zeta - \frac{\mathfrak{M}_\zeta}{J_\zeta} e_\eta = -\frac{\mathfrak{M}_\eta}{W_\eta} - \frac{\mathfrak{M}_\zeta}{W_\zeta}.$$

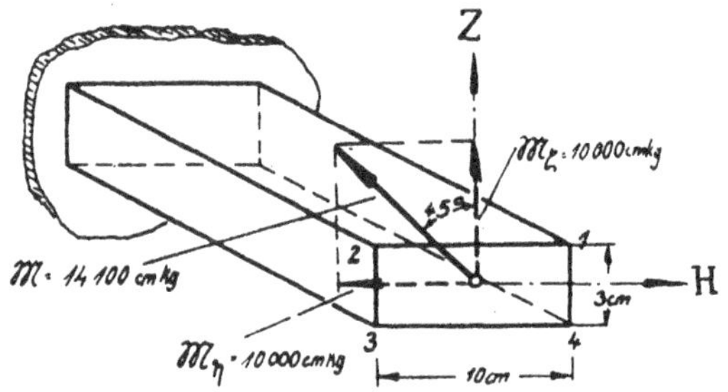

Bild 78. Berechnungsbeispiel: Schiefe Biegung eines Trägers mit Rechteckquerschnitt.

Mit den Abmessungen nach Bild 78 ist:

$$\underline{\underline{W_\eta}} = \frac{10 \cdot 3^2}{6} = \underline{\underline{15\ \text{cm}^3}}.$$

$$\underline{\underline{W_\zeta}} = \frac{3 \cdot 10^2}{6} = \underline{\underline{50\ \text{cm}^3}}.$$

Es ist also

$$\sigma_{\xi 1} = -\frac{10000}{15} - \frac{10000}{50}$$

$$\underline{\underline{\sigma_{\xi 1}}} = -670 - 200 = \underline{\underline{-870\ \text{kg/cm}^2}}.$$

Bei Beachtung der Vorzeichen von η und ζ erhält man für die übrigen Kanten:

$$\underline{\underline{\sigma_{\xi 2}}} = -670 + 200 = \underline{\underline{-470\ \text{kg/cm}^2}}$$

$$\underline{\underline{\sigma_{\xi 3}}} = +670 + 200 = \underline{\underline{+870\ \text{kg/cm}^2}}$$

$$\underline{\underline{\sigma_{\xi 4}}} = +670 - 200 = \underline{\underline{+470\ \text{kg/cm}^2}}.$$

Bild 79 gibt den Verlauf der Spannungen an den Schmalseiten des Rechtecks wieder. Die Spannungs-Nullinie ist gegen

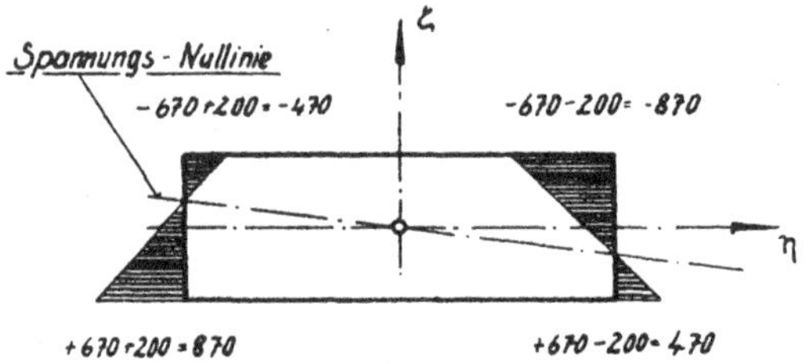

Bild 79. Spannungsverlauf im Einspannquerschnitt (der Spannungsverlauf an den Langseiten ist nicht eingezeichnet).

die Hauptachsen gedreht, fällt aber nicht mit der Richtung des resultierenden Momentenvektors zusammen.

β) Unsymmetrische Querschnitte.

Bei unsymmetrischen Querschnittsformen, bei denen man die Lage der Hauptträgheitsachsen (H_0, Z_0) nicht ohne weiteres angeben kann, kann man grundsätzlich deren Lage sowie die Hauptträgheitsmomente nach den Gleichungen von 20e unter Zugrundelegung eines beliebigen Achsensystems (Y, Z) bestimmen und dann die Berechnung der Spannungen nach dem vorhergehenden Abschnitt vornehmen. Im allgemeinen ist es jedoch einfacher, die Spannungen nach der im folgenden entwickelten Gleichung direkt zu bestimmen.

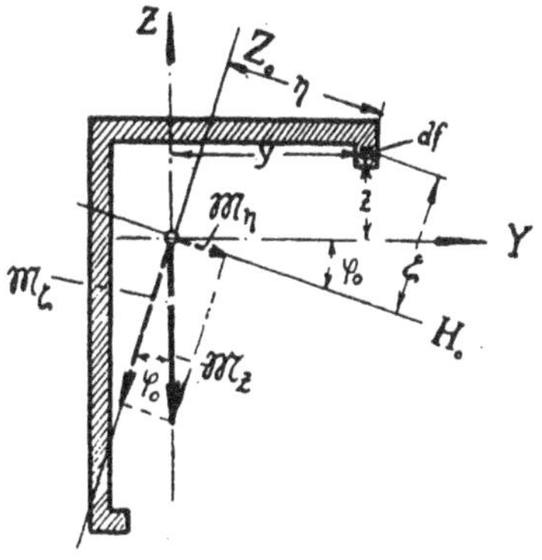

Bild 80. Zur schiefen Biegung von Trägern mit unsymmetrischem Querschnitt.

Für ein beliebiges, durch den Schwerpunkt gehendes Achsenkreuz Y, Z (Bild 80) seien die Trägheitsmomente J_y, J_z und das Zentrifugalmoment J_{yz} bestimmt. Der Momentenvektor $\mathfrak{M}_z$ falle mit einer Achse, z. B. Z, zusammen. Mit den Bezeichnungen nach Bild 80 ist:

$$\mathfrak{M}_\eta = \mathfrak{M}_z \cdot \sin \varphi_0; \quad \mathfrak{M}_\zeta = \mathfrak{M}_z \cdot \cos \varphi_0.$$

Hiermit lautet Gl. (22; 4)

$$\boxed{\sigma_{xz} = \frac{\mathfrak{M}_\eta}{J_\eta} \cdot \zeta + \frac{\mathfrak{M}_\zeta}{J_\zeta} \cdot \eta = \frac{\mathfrak{M}_z}{J_\eta \cdot J_\zeta} (J_\zeta \cdot \zeta \cdot \sin \varphi_0 + J_\eta \cdot \eta \cdot \cos \varphi_0)} \quad (22; 4a)$$

Führt man die folgenden Gleichungen von 20e

$$\boxed{\eta = y \cdot \cos \varphi_0 - z \cdot \sin \varphi_0}; \quad \boxed{\zeta = y \cdot \sin \varphi_0 + z \cos \varphi_0} \quad (20; 14 \text{ u. } 15)$$

$$\boxed{J_{\eta\zeta} = \frac{J_y + J_z}{2} \pm \sqrt{\left(\frac{J_y - J_z}{2}\right)^2 + J_{yz}^2} = A \pm B} \quad (20; 18 \text{ u. } 19)$$

in Gl. (4a) ein, wobei der Einfachheit halber $J_{\eta\zeta} = A \pm B$ gesetzt wird, so erhält man:

$$\sigma_{xz} = \frac{\mathfrak{M}_z}{A^2 - B^2} \cdot \{y \cdot A + y \cdot B(\cos^2\varphi_0 - \sin^2\varphi_0) - 2z \cdot B \cdot \sin\varphi_0 \cdot \cos\varphi_0\} \qquad (22;\,5)$$

Bei Beachtung von Gl. (20; 17) erhält man mit den trigonometrischen Beziehungen:

$$\cos^2\varphi_0 - \sin^2\varphi_0 = \frac{1}{\sqrt{1 + \mathrm{tg}^2\, 2\varphi_0}} = \frac{J_y - J_z}{2\sqrt{\left(\frac{J_y - J_z}{2}\right)^2 + J_{yz}^2}} = \frac{J_y - J_z}{2B}$$

$$2\sin\varphi_0 \cdot \cos\varphi_0 = \frac{\mathrm{tg}\, 2\varphi_0}{\sqrt{1 + \mathrm{tg}^2\, 2\varphi_0}} = \frac{J_{yz}}{\sqrt{\left(\frac{J_y - J_z}{2}\right)^2 + J_{yz}^2}} = \frac{J_{yz}}{B}.$$

Hiermit wird Gl. (22; 5)

$$\sigma_{xz} = \frac{y \cdot J_y - z \cdot J_{yz}}{J_y \cdot J_z - J_{yz}^2} \cdot \mathfrak{M}_z \quad \ldots \quad (22;\,6)$$

Fällt der Momentenvektor ($\mathfrak{M}_y$) mit der Y-Achse zusammen, so erhält man auf dem gleichen Wege:

$$\sigma_{xy} = \frac{z \cdot J_z - y \cdot J_{yz}}{J_y \cdot J_z - J_{yz}} \cdot \mathfrak{M}_y \quad \ldots \quad (22;\,7)$$

Bei der Herleitung der Gln. (22; 6 u. 7) wurde vorausgesetzt, daß der Momentenvektor mit der Z-Achse bzw. Y-Achse zusammenfällt. Diese Voraussetzung kann grundsätzlich in jedem Fall durch eine entsprechende Wahl des Achsensystems YZ erfüllt werden. Bei vielen Querschnittsformen kann man aber durch eine geschickte Wahl des Achsensystems YZ die Rechenarbeit für die Bestimmung der Trägheitsmomente und des Zentrifugalmoments wesentlich vereinfachen. Diesen Weg wird man stets dann gehen, wenn für einen Querschnitt die Spannungen für verschiedene Beanspruchungen (verschiedene Richtungen des Momentenvektors) zu ermitteln sind.

Das Moment zerlegt man nach den gewählten Trägheitsachsen Y, Z in die Komponenten $\mathfrak{M}_y$ und $\mathfrak{M}_z$.

$$\mathfrak{M} = \mathfrak{M}_y \mathrel{+\!\!\!>} \mathfrak{M} \,.$$

Die Biegespannung errechnet man aus:

$$\sigma_x = \sigma_{xz} + \sigma_{xy}$$

$$\boxed{\sigma_x = \frac{(y \cdot J_y - z \cdot J_{yz}) \cdot \mathfrak{M}_z + (z \cdot J_z - y \cdot J_{yz}) \cdot \mathfrak{M}_y}{J_y \cdot J_z - J_{yz}^2}} \qquad (22;\, 8)$$

23. Beziehung zwischen den Kräften und den Formänderungen.

a) Bemerkungen zur Krümmung.

Zeichnet man für zwei um ds voneinander entfernte Punkte einer Kurve die Tangenten und Normalen, so schließen beide jeweils den Winkel $d\alpha$ ein. Die beiden Normalen schneiden sich in einem Punkt M, dem Krümmungsmittelpunkt der betrachteten Stelle. Der Abstand des Schnittpunktes M von dem betreffenden Bogenstück gibt den Krümmungshalbmesser R der Kurve an. Der reziproke Wert des Krümmungshalbmessers $\frac{1}{R}$ wird als die Krümmung der Kurve bezeichnet. Unter der Voraussetzung, daß das Bogenstück ds und somit auch der Winkel $d\alpha$ sehr klein sind, gilt:

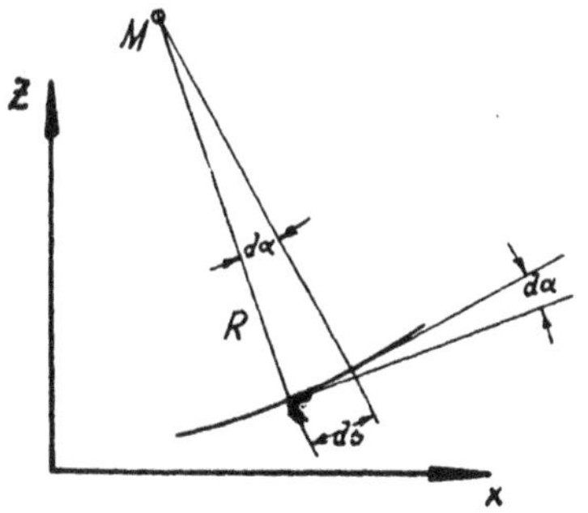

Bild 81. Zu den Bemerkungen zur Krümmung.

$$d\alpha = \frac{ds}{R}$$

oder $$\frac{1}{R} = \frac{d\alpha}{ds} = \text{Krümmung der Kurve.}$$

Die Krümmung einer Kurve kann man also als die Änderung der Neigung der Kurve um $d\alpha$ auf dem Bogenstück ds definieren.

Für flach geneigte Kurven, mit denen man in der Praxis meistens zu rechnen hat, kann man mit sehr großer Annäherung das Bogenstück ds durch das zugehörige Stück dx der Abszisse ersetzen:

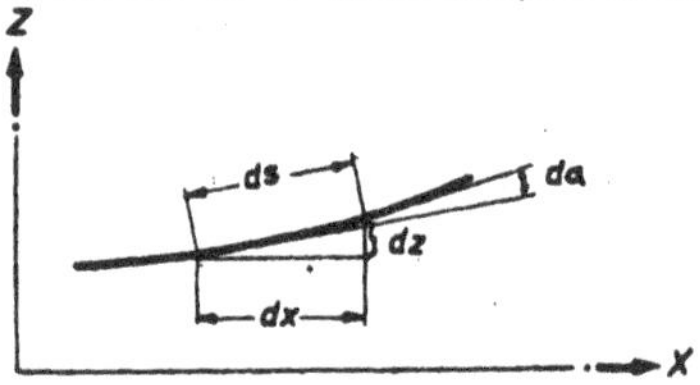

Bild 82. Zu den Bemerkungen zur Krümmung bei flach geneigten Kurven.

$$ds \sim dx.$$

Ferner wird die Neigung einer solchen Kurve genügend genau angegeben durch

$$\alpha = \sim \frac{dz}{dx} = z'.$$

Hiermit erhält man für die Krümmung:

$$\boxed{\frac{1}{R} = \frac{d\alpha}{dx} = \frac{dz'}{dx} = \frac{d^2 z}{dx^2} = z''} \quad . \quad . \quad . \quad (23;\, 1)$$

b) Die Differentialgleichung der Biegungslinie.

Ein linksseitig eingespannter, ursprünglich gerader Balken wird durch das am freien Ende angreifende, in Richtung einer Hauptachse wirkende Biegemoment $M = P \cdot p$ gekrümmt.

Wie schon in 22 gesagt, werden zwei ursprünglich zueinander parallele Querschnitte bei Belastung durch ein Biegemoment gegeneinander geneigt. Für den Winkel $d\alpha$, den zwei um dx voneinander entfernte Querschnitte nach erfolgter Deformation einschließen, gelten folgende Beziehungen (vgl. Bild 83):

$$d\alpha = \frac{\Delta l_1}{e_1} = \frac{\Delta l_2}{e_2} = \frac{\Delta l_1 + \Delta l_2}{h}.$$

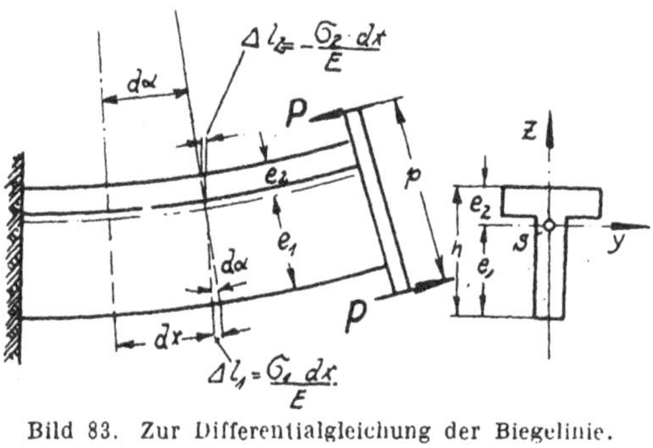

Bild 83. Zur Differentialgleichung der Biegelinie.

Mit: $\Delta l_1 = \frac{\sigma_1}{E} \cdot dx$ und $\Delta l_2 = -\frac{\sigma_2}{E} \cdot dx$

erhält man bei Beachtung von Gl. (23; 1) für die Krümmung:

$$\boxed{\frac{1}{R} = \frac{d\alpha}{dx} = \frac{\sigma_1}{E \cdot e_1} = \frac{\sigma_2}{E \cdot e_2} = \frac{\sigma_1 - \sigma_2}{E \cdot h} = z''} \qquad (23;\ 2)$$

Sind also für einen Biegungsträger die Spannungen der Randfasern bekannt, so kann man sofort die Krümmung angeben. In vielen Fällen ist jedoch nicht die Spannung, sondern das Moment gegeben. Mit Gl. (22; 2) folgt aus Gl. (23; 2)

$$\sigma_1 = \frac{M}{W_1} = \frac{M}{J} \cdot e_1 .$$

$$\boxed{\frac{1}{R} = \frac{1}{E \cdot h} \cdot \left[\frac{M}{J} \cdot e_1 + \frac{M}{J} e_2\right] = \frac{M}{E \cdot J} = z''} \qquad (23;\ 3)$$

c) Bestimmung der elastischen Formänderungen.

α) Linksseitige starre Einspannung.

1. Krümmungsfläche. Ist der Verlauf der Krümmung $z'' = \frac{\sigma_1 - \sigma_2}{E \cdot h} = \frac{M}{E \cdot J}$ über die Länge eines Biegungsbalkens bekannt, so kann man daraus die Biegungslinie des Balkens

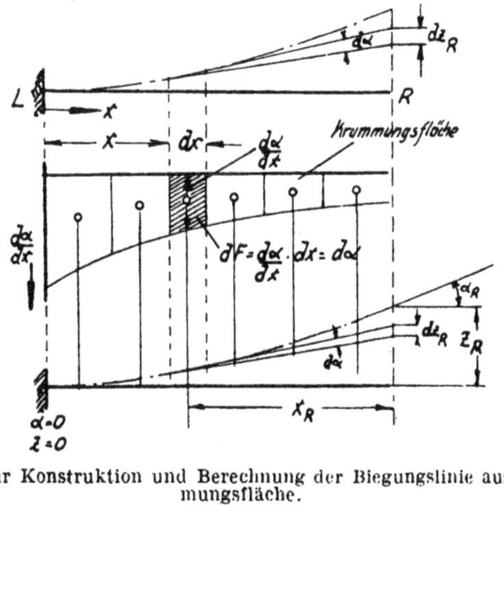

Bild 84. Zur Konstruktion und Berechnung der Biegungslinie aus der Krümmungsfläche.

graphisch oder analytisch bestimmen. Trägt man über die Länge x des Balkens die zu jeder Stelle gehörige Krümmung $\frac{d\alpha}{dx}$ als Ordinate auf und verbindet die Endpunkte der Ordinaten durch einen Kurvenzug, so ist die zwischen der Abszisse und der Kurve liegende Fläche die Krümmungsfläche des Biegungsbalkens.

2. Konstruktion der Biegungslinie (Mohrsches Verfahren). Teilt man die Krümmungsfläche in Teilflächen von der Breite dx auf (Bild 84), so gibt jede Teilfläche $dF = \frac{d\alpha}{dx} \cdot dx = d\alpha$ den Winkel an, um den sich die Neigung der Biegungslinie auf dem Stück dx ändert.

Um die Biegungslinie zu konstruieren, lenkt man also im Schwerpunkt[1]) einer Teilfläche die Biegungslinie um $d\alpha$, d. h. um den Wert von dF ab, wobei man an der Stelle L ($x = 0$) anfängt. Die Konstruktion wird umso genauer, je kleiner man die Breite dx der Teilflächen wählt.

3. Berechnung der Biegungslinie. Unter der Voraussetzung linksseitiger starrer Einspannung, d. h. $\alpha_L = 0$ und $z_L = 0$ ergibt sich entsprechend der Konstruktion der Biegungslinie für die Neigung:

$$\boxed{\alpha_R = \int_L^R d\alpha = \int_L^R \frac{d\alpha}{dx} \cdot dx} \quad \ldots \ldots (23; 4)$$

Die Differenz der Neigungen der Biegungslinie zwischen zwei Stellen (L und R) des Balkens ist gleich dem zugehörigen Stück der Krümmungsfläche $\left(\frac{d\alpha}{dx}\text{-}, \frac{\sigma_1 - \sigma_2}{E \cdot h}\text{-}, \frac{M}{E \cdot J}\text{-Fläche}\right)$.

Zeichnet man die Tangenten an die Biegungslinie für die Stellen x und $x + dx$ (Bild 84), so begrenzen diese auf der Ordinate an der Stelle R das Stück dz_R. dz_R ist die Durchsenkung der Biegungslinie infolge der Neigungsänderung derselben auf dem betrachteten Stück dx. Bezeichnet x_R

[1]) In den meisten Fällen genügt es, die Mitte von dx statt des Schwerpunktes zu nehmen, besonders wenn dx sehr klein gewählt ist.

den Schwerpunktsabstand des zugehörigen Flächenteils von R, so ist:

$$dz_R = d\alpha \cdot x_R.$$

$$z_R = \int_L^R d\alpha \cdot x_R = \int_L^R \frac{d\alpha}{dx} \cdot dx \cdot x_R \qquad . \; . \; (23; 5)$$

Die Durchsenkung eines Punktes R der Biegelinie infolge der Verkrümmung des Balkens ist gleich dem statischen Moment der Krümmungsfläche, bezogen auf diesen Punkt.

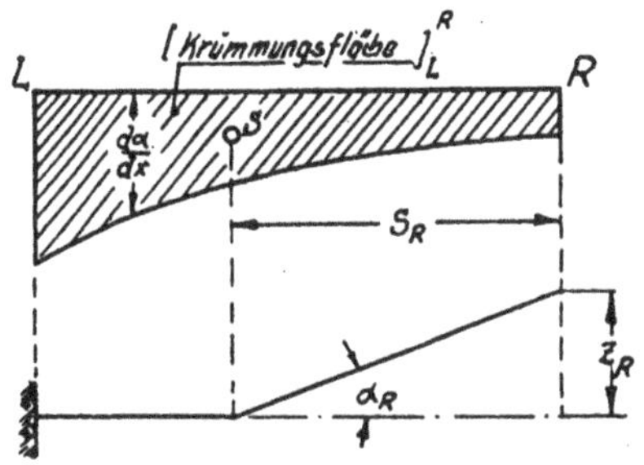

Bild 85. Zur Bestimmung der elastischen Formänderung des linksseitig starr eingespannten Biegungsträgers.

Um die Durchbiegung z_R zu erhalten, kann man also auch die Biegungslinie, statt sie an jeder Stelle x um den Betrag der Teilflächen dF abzulenken, im Schwerpunkt S der gesamten Krümmungsfläche um den Wert der ganzen Fläche ablenken.

β) Linksseitige elastische Einspannung.

Ist der Biegungsbalken an seinem linken Ende elastisch gehalten, so ergeben sich bei Belastung auch Deformationen

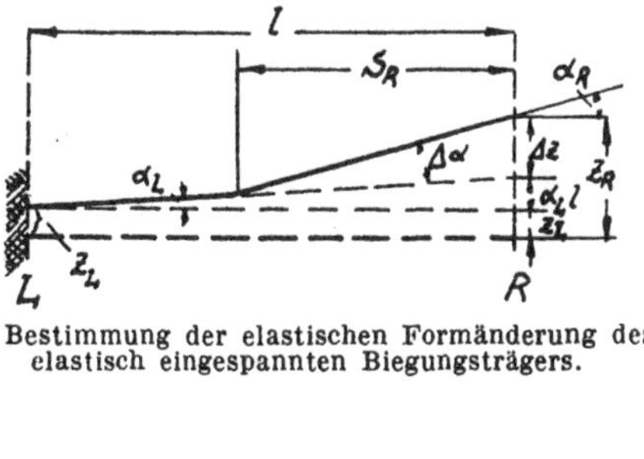

Bild 86. Zur Bestimmung der elastischen Formänderung des linksseitig elastisch eingespannten Biegungsträgers.

an der Einspannung. Ist die Winkeländerung an der Einspannstelle α_L und die Durchsenkung z_L, so ist:

$$\boxed{\alpha_R = \alpha_L + \Delta\alpha = \alpha_L + \int_L^R \frac{d\alpha}{dx} \cdot dx} \qquad (23;6)$$

$$z_R = z_L + \alpha_L \cdot l + \Delta z = z_L + \alpha_L \cdot l + \Delta\alpha \cdot s_R$$

$$\boxed{z_R = z_L + \alpha_L \cdot l + \int_L^R \frac{d\alpha}{dx} \cdot dx \cdot x_R} \qquad (23;7)$$

24. Biegung durch beliebige Kräfte.

In den vorangegangenen Abschnitten wurde die Abhängigkeit der Spannungen und Formänderungen von den äußeren Kräften nur für den Fall der reinen Biegung bestimmt. In Praxis tritt jedoch meistens Biegung infolge von Querkräften und Längskräften ein. Im folgenden wird der Rechnungsgang für derartige Belastungen gezeigt.

a) Biegung durch Querkräfte:

Bei Biegung durch Querkräfte geht man praktischerweise so vor, daß man zunächst die lineare Spannungsverteilung der reinen Biegung voraussetzt und dementsprechend die Bestimmung der Spannungen und Formänderungen vornimmt. Die Abweichung der Spannungsverteilung und der Formänderungen infolge der Querkräfte wird besonders ermittelt und den für die reine Biegung gefundenen Ergebnissen überlagert (auf die Bestimmung der durch die Querkräfte bedingten Schubspannungen wird in 34 eingegangen).

In den meisten Fällen kann man jedoch auf die Berücksichtigung des Einflusses der Querkräfte verzichten. Nur bei Trägern, deren Querschnitt in Richtung der Höhe stark veränderlich ist (z. B. I-Träger mit dicken Gurten und sehr dünnem Steg) und deren Länge nicht groß ist gegen ihre Höhe, können die Abweichungen infolge der Querkräfte erheblich werden. In diesen Fällen erreicht die Schubverformung dieselbe Größenordnung wie die Verformung infolge der Längsspannungen.

b) Biegung durch Längskräfte.

Wird ein prismatischer Stab durch eine exzentrisch angreifende Längskraft P belastet (Bild 87), so treten außer

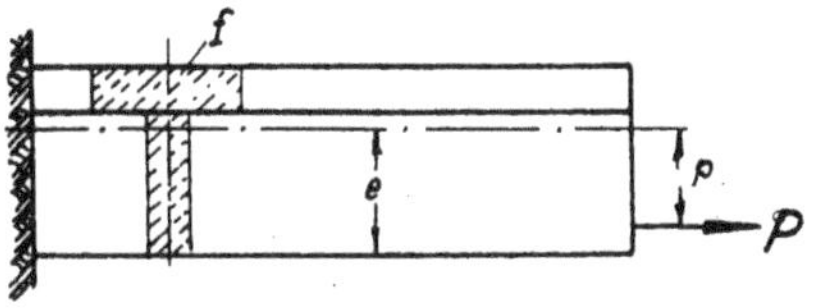

Bild 87. Zur Biegung eines prismatischen Stabes durch eine exzentrisch wirkende Längskraft.

den Längsspannungen $\sigma = \frac{P}{f}$ infolge der Längskraft noch Biegespannungen $\sigma = \frac{M}{W}$ infolge des Momentes auf, das durch die Exzentrizität p der Längskraft bedingt ist.

1. Ermittlung der Beanspruchung für beliebige Querschnitte.

Unter der Voraussetzung, daß die Querabmessung des Stabes in Richtung der Biegeebene so groß ist, daß die infolge des Moments bedingten Deformationen vernachlässigbar klein sind gegen die vorhandene Exzentrizität, kann man die Beanspruchung des Stabes infolge der Längskraft und infolge des Moments unabhängig voneinander ermitteln. Durch Superposition erhält man die Gesamtbeanspruchung.

Mit:

$$M = P \cdot p \text{ und } W = \frac{f \cdot i^2}{e} \text{ wird:}$$

$$\sigma_{res} = \frac{P}{f} + \frac{P \cdot p}{W} = \frac{P}{f} + \frac{P \cdot p \cdot e}{f \cdot i^2} = \frac{P}{f}\left(1 + \frac{p \cdot e}{i^2}\right)$$

$$\boxed{\sigma_{res} = \sigma_z\left(1 + \frac{p \cdot e}{i^2}\right)} \quad \ldots\ldots\ldots\ldots \quad (24;\,1)$$

Für den Rechteckquerschnitt z. B. wird:

$$\frac{e}{i^2} = \frac{h/2}{h^2/12} = \frac{1}{h/6}.$$

Für den Fall, daß die Wirkungslinie der Kraft P in der Randfaser des Querschnitts liegt, ist:

$$p = e = h/2$$

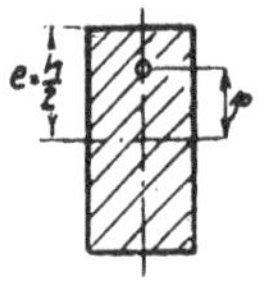

Bild 88. Rechteckquerschnitt.

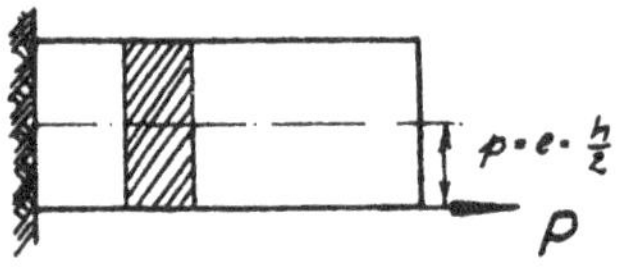

Bild 89. Sonderfall: Die Kraftwirkungslinie liegt in der Randfaser des Querschnitts.

oder

$$\sigma_{res} = \sigma_z \left(1 + \frac{h/2}{h/6}\right) = 4\,\sigma_z .$$

2. Tips für ausgezeichnete Querschnitte.

Für die bereits in 21 angeführten besonderen Querschnittsformen sollen noch die leicht zu merkenden Größen für σ_{res} angegeben werden.

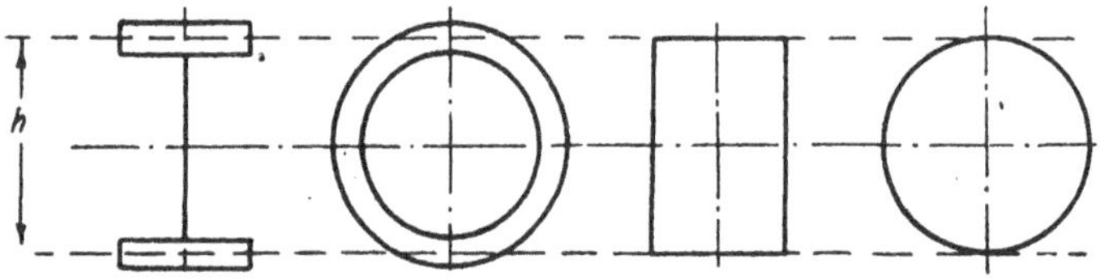

σ_{res} für $p_{beliebig}$ = $\sigma_z\left(1+\frac{p}{h/2}\right)$ $\sigma_z\left(1+\frac{p}{h/4}\right)$ $\sigma_z\left(1+\frac{p}{h/6}\right)$ $\sigma_z\left(1+\frac{p}{h/8}\right)$

σ_{res} für $p = h/2$ = $2\,\sigma_z$ $3\,\sigma_z$ $4\,\sigma_z$ $5\,\sigma_z$

Bild 90. Zu Tips für ausgezeichnete Querschnitte.

3. Anwendungen.

Beispiel 24; 1: Für einen Holzholm sind die Gurtspannungen ($\sigma_1 = +\,700$ kg/cm²; $\sigma_2 = -\,400$ kg/cm²) und der Elastizitätsmodul ($E = 110000$ kg/cm²) gegeben. Gesucht ist der Krümmungsverlauf.

Mit den gegebenen Spannungen wird die Krümmung an drei Stellen des Holmes bestimmt.

$$\underline{\underline{\frac{1}{R}}} = \frac{d\alpha}{dx} = \frac{\sigma_1 - \sigma_2}{E \cdot h} = \frac{700 - (-400)}{110000 \cdot h} = \underline{\underline{\frac{1}{100\,h}}}$$

$$\left(\frac{1}{R}\right)_i = \frac{1}{3000} = 0{,}00033$$

$$\left(\frac{1}{R}\right)_m = \frac{1}{2250} = 0{,}000445$$

$$\left(\frac{1}{R}\right)_r = \frac{1}{1500} = 0{,}00067.$$

Trägt man die errechneten Werte über x auf und verbindet die Punkte durch einen Kurvenzug, so kann man aus der Kurve auch für jede andere Stelle die Krümmung angeben.

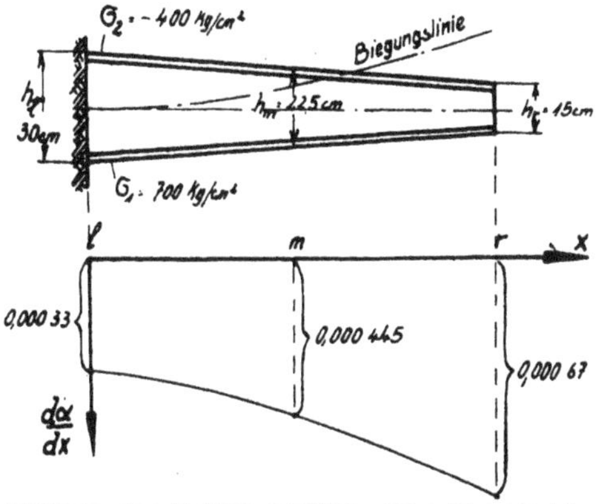

Bild 91. Bestimmung der Krümmungsfläche eines Biegungsträgers aus den Abmessungen und den Gurtspannungen des Trägers.

Beispiel 24; 2: Für einen Stahlträger ist die belastende Kraft $P = 5{,}5$ kg und deren Wirkungslinie (Bild 90), sowie der Elastizitätsmodul $E = 2{,}2 \cdot 10^6$ kg/cm² und das Trägheitsmoment des Querschnitts $J = \frac{1}{12}$ cm⁴ $=$ const gegeben.

Gesucht ist der Krümmungsverlauf des Trägers.

Das Moment der äußeren Kraft ist an jeder Stelle gegeben durch das Produkt aus der Kraft und dem Abstand ihrer Wirkungslinie von dem Schwerpunkt des betreffenden Querschnitts.

Es ist:
$$\frac{1}{R} = \frac{d\alpha}{dx} = \frac{M}{EJ}.$$

Da die Biegesteifigkeit über die Länge des Trägers konstant ist, verläuft die Krümmung wie das Moment. Durch die Wirkungslinie der Kraft ist der Verlauf des Moments gegeben. Es genügt also, die Krümmung an einer Stelle zu bestimmen; z. B.

Krümmung bei L:

$$\underline{\underline{\left(\frac{d\alpha}{dx}\right)_L}} = \frac{M}{E \cdot J} = \frac{P \cdot p_L}{E \cdot J} = \frac{5{,}5 \cdot 60}{2{,}2 \cdot 10^6 \cdot 1/12} = \frac{1}{556} = \underline{\underline{0{,}0018.}}$$

An jeder beliebigen Stelle x ist dann die Krümmung gegeben durch:

$$\left(\frac{d\alpha}{dx}\right)_x = \left(\frac{d\alpha}{dx}\right)_L \cdot \frac{p_x}{p_L}.$$

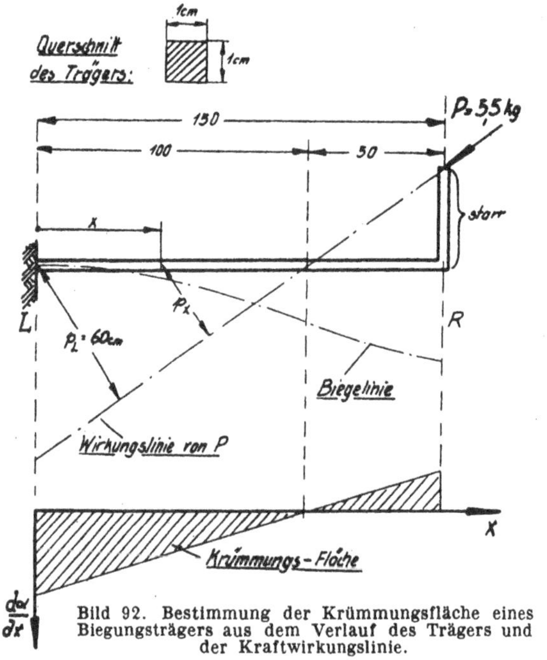

Bild 92. Bestimmung der Krümmungsfläche eines Biegungsträgers aus dem Verlauf des Trägers und der Kraftwirkungslinie.

Beispiel 24; 3: Für einen gebogenen Gurt einer Stahlrohrrippe ist der Abstand der Wirkungslinie der zugehörigen Fachwerkstabkraft von der Schwerlinie des Gurtes gleich

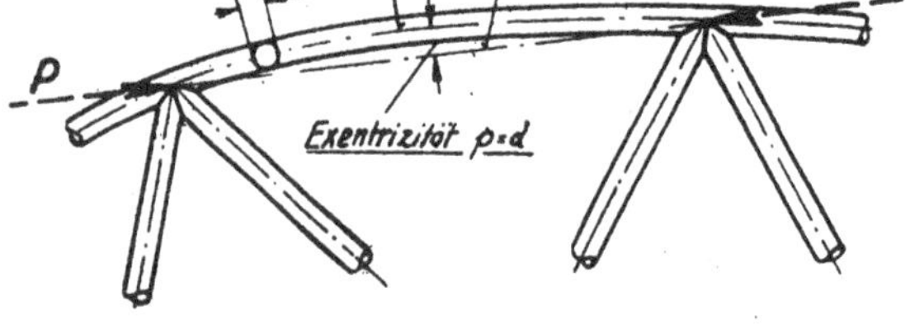

Bild 93. Bestimmung der Beanspruchung eines gekrümmten Rippengurtes.

seinem Durchmesser. Die resultierende Spannung ist:

$$\sigma_{res} = \sigma_z \left(1 + \frac{p}{h/4}\right) = 5 \frac{P}{f}.$$

(f = Querschnitt des Gurtes).

Sind die Fachwerkstabkräfte z. B. für eine Rippe bekannt, so kann man für die vorgebogenen Rippengurte den Einfluß der Exzentrizität der Kraft durch den für die meisten Querschnitte leicht ermittelbaren Vervielfachungsfaktor (in diesem Falle 5) der reinen Längsspannung berücksichtigen (Voraussetzung beachten! Nicht bei schlanken Stäben anwenden).

Beispiel 24; 4: Für ein Knotenblech nach Bild 94 ist die Beanspruchung gesucht.

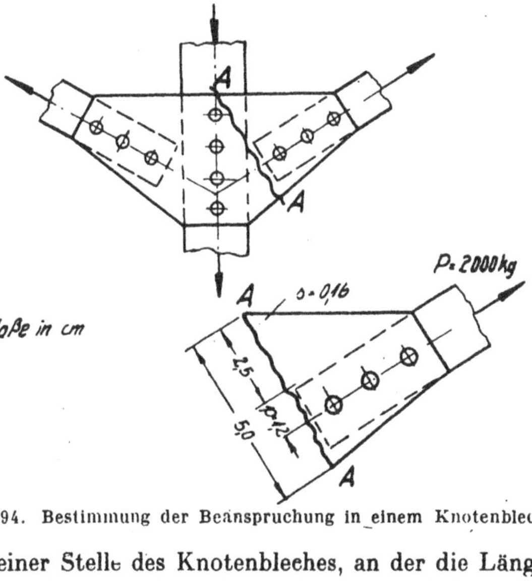

Bild 94. Bestimmung der Beanspruchung in einem Knotenblech.

An einer Stelle des Knotenbleches, an der die Längskraft z. B. des rechten Profils voll eingeleitet ist, wird ein Schnitt A—A senkrecht zur Kraftwirkungslinie geführt und die Exzentrizität p der Kraft bestimmt.

Der Querschnitt der Schnittfläche ist:

$$f = 5 \cdot 0{,}16 = 0{,}8 \text{ cm}^2.$$

Hiermit ist die reine Längsspannung:

$$\sigma_z = \frac{P}{f} = \frac{2000}{0{,}8} = 2500 \text{ kg/cm}^2.$$

Die resultierende Spannung ist also:

$$\underline{\underline{\sigma_{res}}} = \sigma_z \left(1 + \frac{p}{h/6}\right) = 2500 \left(1 + \frac{1{,}2 \cdot 6}{5}\right) = \underline{\underline{6100 \text{ kg/cm}^2}}.$$

Beispiel 24; 5: Für das Winkelblech (Bild 95) der Drahtauskreuzung ist die Beanspruchung gesucht.

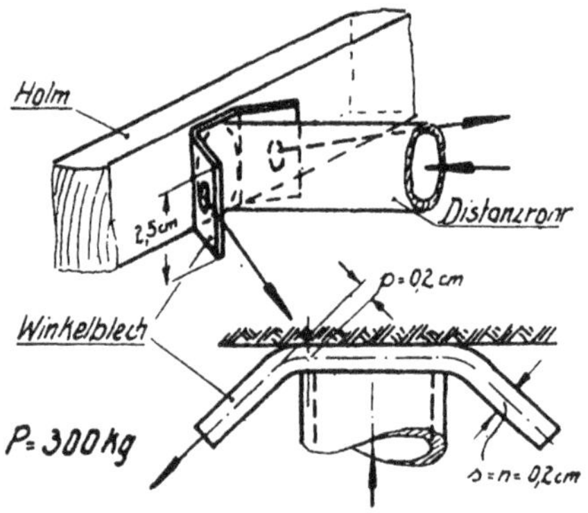

Bild 95a u. b. Bestimmung der Beanspruchung des Winkelblechs einer Drahtauskreuzung.

Das Winkelblech kann zwischen Holm und Distanzrohr als eingespannt angesehen werden, wobei der Einspannbereich bestenfalls bis zur Mitte der Rohrwandstärke gerechnet werden kann.

Der Abstand der Kraftwirkungslinie vom Schwerpunkt des Einspannquerschnitts ist nach Messung $p = 0{,}2$ cm. Mit

$$f = 2{,}5 \cdot 0{,}2 = 0{,}5 \text{ cm}^2$$

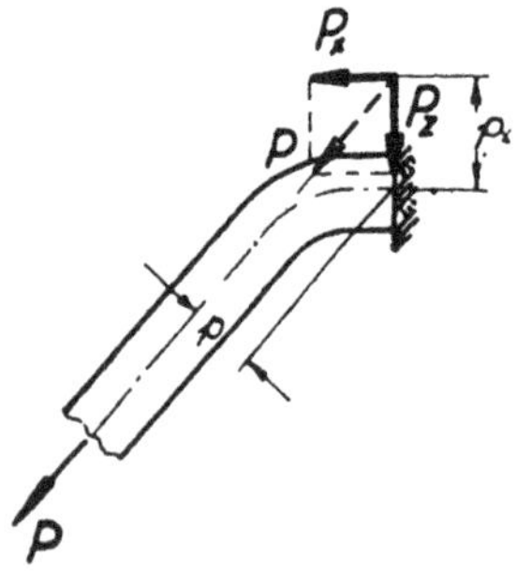

Bild 95c. Zur Bestimmung der Beanspruchung des Winkelblechs einer Drahtauskreuzung.

wird:

$$\sigma_z = \frac{P}{f} = \frac{300}{0{,}5} = 600 \text{ kg/cm}^2.$$

Hiermit erhält man für die resultierende Spannung:

$$\underline{\underline{\sigma_{res}}} = \sigma_z \left(1 + \frac{p}{h/6}\right) = 600 \left(1 + \frac{0{,}2 \cdot 6}{0{,}2}\right) = \underline{\underline{4200 \text{ kg/cm}^2}}.$$

Genaue Berechnung. Bei der überschläglichen Berechnung wurde für die Ermittlung der resultierenden Zug-Biege-Spannung die ganze Kraft P angesetzt, hierdurch wird der Zugspannungsanteil zu groß angegeben.

Zur genauen Berechnung zerlege man P in die Komponente P_z, die in Richtung des Einspannungsquerschnitts fällt, und in die dazu senkrechte Komponente P_x; deren Abstand vom Schwerpunkt des Einspannquerschnitts sei p_x.

Mit:

$$P \cdot p = P_x \cdot p_x$$

erhält man aus:

$$\sigma_{res} = \frac{P_x}{f}\left(1 + \frac{p_x}{h/6}\right) = \frac{P_x}{f} + \frac{P \cdot p}{f \cdot h/6} = \frac{P}{f}\left(\frac{P_x}{P} + \frac{p}{h/6}\right).$$

Im vorliegenden Beispiel ist $P_x = 0{,}5\ P$. Die durch die überschlägliche Rechnung erhaltene Spannung ist also um

$$\frac{1 + 6 - (0{,}5 + 6)}{0{,}5 + 6} \cdot 100 = \frac{50}{6{,}5} = \underline{\underline{7{,}7\,\%}}$$

größer als die nach der exakten Methode ermittelte. Da der Fehler nicht groß ist und man sich außerdem mit der Schätzung des Einspannbereiches unter Umständen auf der unsicheren Seite befindet, kann man ruhig nach der überschlägigen Methode rechnen.

Anmerkung: Die Komponente P_z ruft lediglich Schubspannungen im Querschnitt hervor. Auf die Bestimmung der Schubspannungen wird in 34 noch eingegangen.

25. Allgemeine Betrachtungen.

a) Charakteristische Belastungen.

Für einen linksseitig eingespannten Träger mit konstantem Trägheitsmoment sollen für drei charakteristische Belastungsfälle die Neigungen und Durchsenkungen des freien Endes angegeben werden (Tabelle 25; 1).

b) Balken auf zwei Stützen.

Um bei einem Balken auf zwei Stützen für eine beliebige Stelle x im Abstande x von L (Bild 96) die Durchsenkung z_x zu bestimmen, gehe man folgenden Weg:

Betrachtet man die im Punkte L an die Biegelinie gelegte Tangente als die ursprüngliche Lage des Balkens, so ist

		a)	b)	c)
Belastung		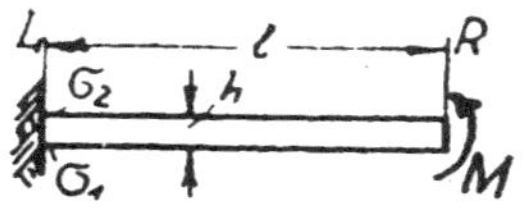		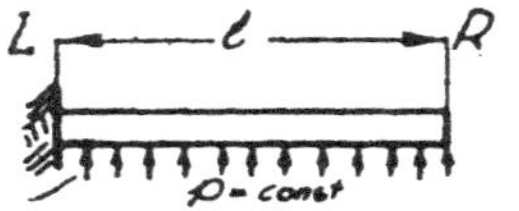
Krümmungsfläche		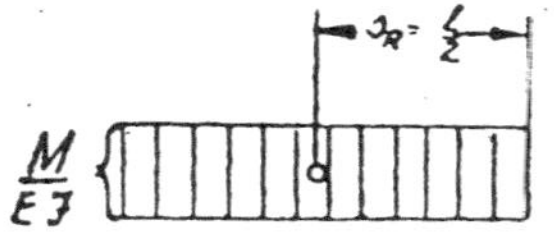 a)	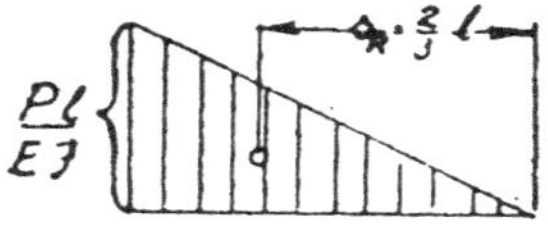 b)	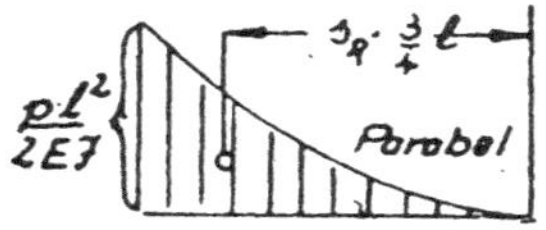 c)
Gegeben: M und J	$\alpha_R =$	$\frac{M}{E \cdot J} \cdot l$	$\frac{P \cdot l^2}{2\,E \cdot J} = \frac{M}{E \cdot J} \cdot \frac{l}{2}$	$\frac{p \cdot l^3}{6\,E \cdot J} = \frac{M}{E \cdot J} \cdot \frac{l}{3}$
	$z_R =$	$\frac{M}{E \cdot J} \cdot \frac{l^2}{2}$	$\frac{P \cdot l^3}{3\,E \cdot J} = \frac{M}{E \cdot J} \cdot \frac{l^2}{3}$	$\frac{p \cdot l^4}{8\,E \cdot J} = \frac{M}{E \cdot J} \cdot \frac{l^2}{4}$
Gegeben: σ und h	$\alpha_R =$	$\left(\frac{\sigma_1 - \sigma_2}{E \cdot h}\right)_L \cdot l$	$\left(\frac{\sigma_1 - \sigma_2}{E \cdot h}\right)_L \cdot \frac{l}{2}$	$\left(\frac{\sigma_1 - \sigma_2}{E \cdot h}\right)_L \cdot \frac{l}{3}$
	$z_R =$	$\left(\frac{\sigma_1 - \sigma_2}{E \cdot h}\right)_L \cdot \frac{l^2}{2}$	$\left(\frac{\sigma_1 - \sigma_2}{E \cdot h}\right)_L \cdot \frac{l^2}{3}$	$\left(\frac{\sigma_1 - \sigma_2}{E \cdot h}\right)_L \cdot \frac{l^2}{4}$

Tabelle 25; 1.

z_R die Durchsenkung an der Stelle R des linksseitig als eingespannt anzusehenden Balkens infolge der gezeichneten $\frac{M}{E \cdot J}$-Fläche.

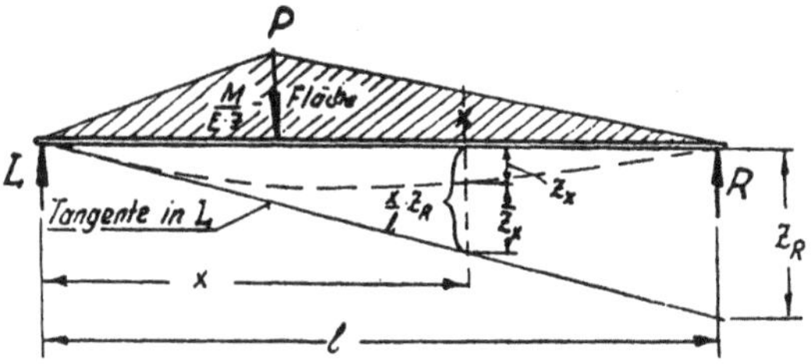

Bild 96. Zur Bestimmung der elastischen Formänderung eines Balkens auf zwei Stützen.

Es ist also:

z_R = Statisches Moment der gesamten $\frac{M}{E \cdot J}$-Fläche bezogen auf R,

$\bar{z}_x$ = Statisches Moment des Teils der $\frac{M}{E \cdot J}$-Fläche links von x bezogen auf x.

Hiermit erhält man für die Durchsenkung an der Stelle x:

$$z_x = \frac{x}{l} \cdot z_R - \bar{z}_x;$$

c) Balken mit veränderlichem Trägheitsmoment.

Ist das Trägheitsmoment eines Biegebalkens veränderlich, so stimmt der Krümmungsverlauf $\left(\frac{M}{E \cdot J}\text{-Verlauf}\right)$ nicht mehr mit dem Momentenverlauf überein.

In solchen Fällen muß man an jeder Stelle das Moment durch die zugehörige Biegesteifigkeit dividieren und erhält damit die Krümmungsfläche (Bild 97).

Ist das Trägheitsmoment sprunghaft veränderlich, so kann man bei Belastungen, für die man die Momentenfläche leicht angeben kann, die Rechenarbeit durch folgenden, an einem Beispiel gezeigten Trick vereinfachen (Bild 98).

Dividiert man die Momente an jeder Stelle konstant durch eine vorhandene Biegesteifigkeit, z. B. $E \cdot J_2$, so erhält man die Krümmungsfläche F_0. Die wirkliche Krümmungsfläche sei F. Für das vorliegende Beispiel ist:

$$F_0 = \frac{P \cdot l^2}{2E \cdot J_2}.$$

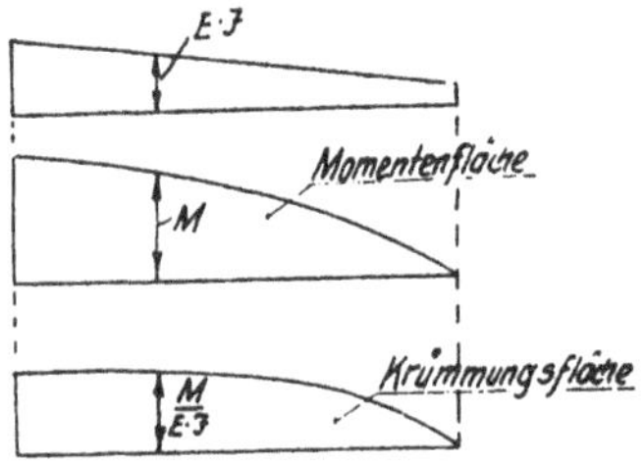

Bild 97. Zur Bestimmung der Krümmungsfläche bei stetig veränderlicher Biegungssteifigkeit.

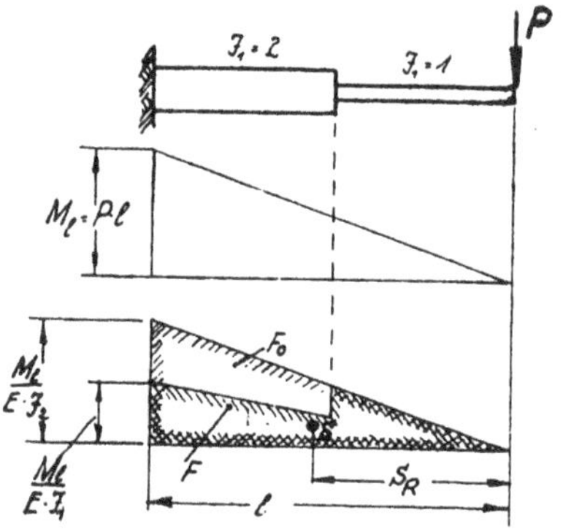

Bild 98. Zur Bestimmung der Krümmungsfläche bei sprunghaft veränderlicher Biegungssteifigkeit.

Hiermit erhält man für die Neigung an der Stelle R:

$$\alpha_R = F \cdot \frac{F_0}{F_0} = \frac{P \cdot l^2}{2E \cdot J_2} \cdot \frac{F}{F_0}.$$

Das Verhältnis $\frac{F}{F_0}$ kann leicht ermittelt werden. Um die Durchsenkung zu bestimmen, schätzt man den Abstand s_R des Schwerpunktes der wirklichen Krümmungsfläche von R und erhält damit:

$$z_R = \alpha_R \cdot s_R = \frac{P \cdot l^2}{2E \cdot J_2} \cdot \frac{F}{F_0} \cdot s_R.$$

d) Das Superpositionsgesetz.

Die unter der Wirkung von zwei gleichzeitig auftretenden Belastungen entstehende Deformation ist gleich der Summe der Deformationen, die durch die einzelnen Belastungen hervorgerufen werden.

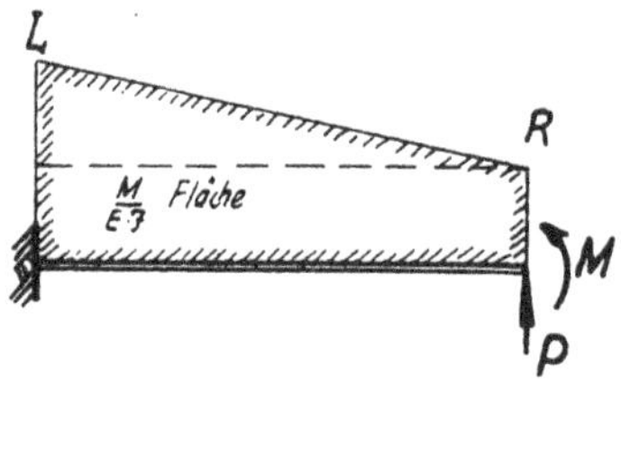

Bild 99. Zum Superpositionsgesetz der elastischen Formänderungen.

Für die nach Bild 97 gegebene Belastung wird:

$$\alpha_R = \alpha_{MR} + \alpha_{PR} = \frac{M}{E \cdot J} \cdot l + \frac{P \cdot l^2}{2E \cdot J} = \frac{l}{E \cdot J}\left(M + \frac{P \cdot l}{2}\right)$$

$$z_R = z_{MR} + z_{PR} = \frac{M}{E \cdot J} \cdot \frac{l^2}{2} + \frac{P \cdot l^3}{3E \cdot J} = \frac{l^2}{E \cdot J}\left(\frac{M}{2} + \frac{P \cdot l}{3}\right).$$

Der erste Zeiger bezeichnet hier wie auch im folgenden die die Deformation hervorrufende Belastung, der zweite Zeiger bezieht sich auf die Stelle, an der die Deformation betrachtet wird.

e) Neue Nullinie.

Im allgemeinen wird die Längsachse des Biegebalkens als Nullinie gewählt, d. h. als die Linie, von der ab die $\frac{M}{E \cdot J}$-Ordinaten aufgetragen werden. Man kann aber auch die Nullinie so annehmen, daß die Endpunkte der $\frac{M}{E \cdot J}$-Ordinaten durch die Längsachse des Balkens begrenzt werden.

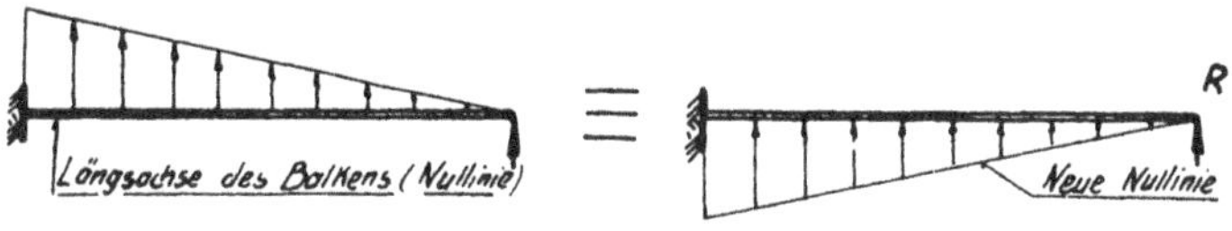

Bild 100a. Neue Nullinie.

Greifen an einem Biegungsbalken mehrere Kräfte an, so ergibt sich durch die neue Nullinie eine Vereinfachung beim Zeichnen der Momenten- bzw. Krümmungsfläche.

Eine Kraft in R ergibt eine Drehung der Nullinie um R.

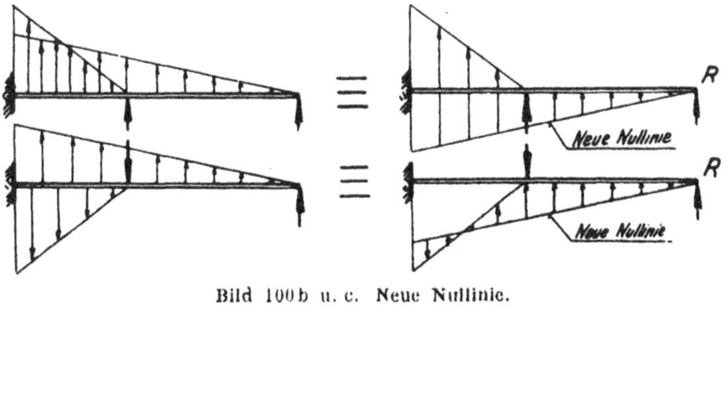

Bild 100b u. c. Neue Nullinie.

Eine Kraft und ein Moment in R ergeben eine Drehung und eine Verschiebung der Nullinie.

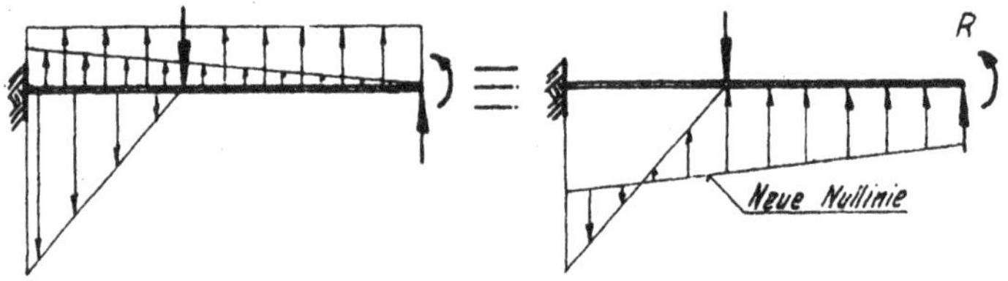

Bild 100d. Neue Nullinie.

26. Statisch unbestimmte Systeme.

a) Einfach statisch unbestimmte Systeme.

»Statisch unbestimmt« heißt: Es sind durch Auflager mehr Freiheitsgrade vernichtet, als zum Halten des Stabes erforderlich sind.

Ein Biegungsträger, als ebenes Problem betrachtet, stellt genau wie ein Fachwerksträger eine mit einem festen Boden verbundene Scheibe dar. Da eine Scheibe drei Freiheitsgrade besitzt, müssen durch die Auflager drei Freiheitsgrade vernichtet werden, damit die Scheibe statisch bestimmt gehalten ist.

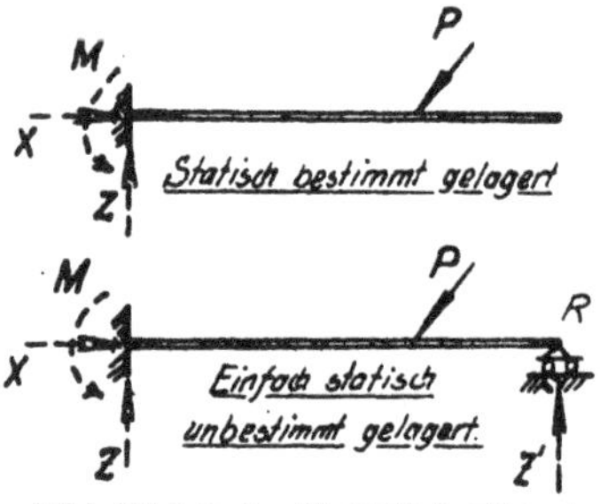

Bild 101a u. b. Statisch bestimmt und einfach statisch unbestimmt gelagerter Biegungsträger.

Eine einseitige starre Einspannung z. B. vernichtet drei Freiheitsgrade, nämlich zwei mögliche Verschiebungen und die Drehung, ist also für eine statisch bestimmte Lagerung hinreichend (Bild 101a). Wird noch ein weiteres Auflager hinzugefügt, z. B. das Auflager bei R in Bild 101b, so ist das System einfach statisch unbestimmt.

Bei einem statisch unbestimmten System ist die Bestimmung der Auflagerkräfte und des Momentenverlaufs aus reinen Gleichgewichtsbetrachtungen ($\Sigma X = 0$; $\Sigma Z = 0$; $\Sigma M = 0$) allein nicht möglich; sie kann nur unter Einbeziehung der Deformationsbedingungen an den Auflagern erfolgen. Der Rechnungsgang wird an einigen Beispielen gezeigt.

Beispiel 26; 1. Ein linksseitig eingespannter Balken besitzt an seinem rechten Ende ein starres Auflager, das eine vertikale Verschiebung dieses Endes verhindert. Da eine Auflagerbedingung zuviel ist, ist das System einfach statisch unbestimmt. Laßt man das als überzählig anzusehende Auflager bei R weg, so erhält man ein statisch bestimmt gelagertes System.

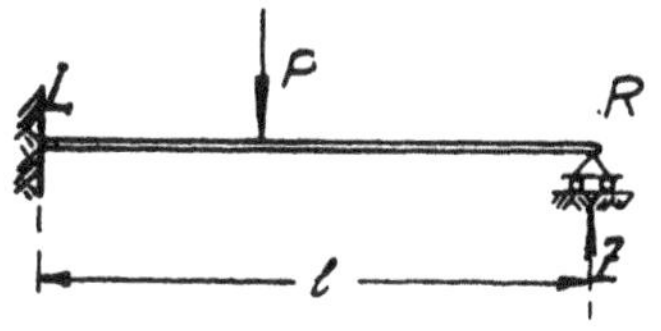

a)

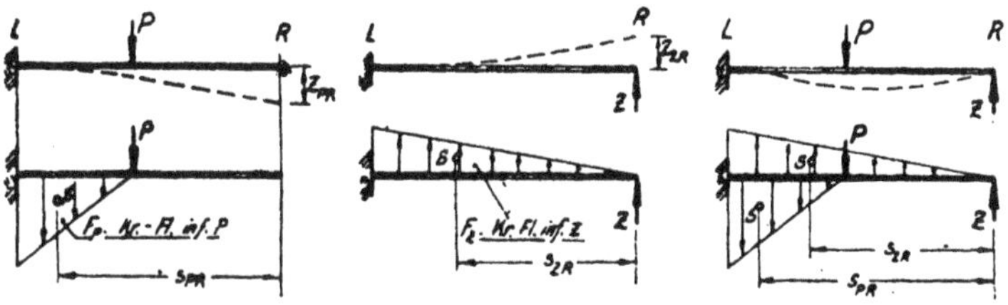

b) Für das statisch bestimmte System ergibt sich bei Belastung durch die Kraft P an der Stelle R die Verschiebung z_{PR}.
$z_{PR} = F_P \cdot s_{PR}$.

c) Die Auflagerkraft Z ruft im statisch bestimmten System die Verschiebung z_{ZR} hervor.
$z_{ZR} = F_Z \cdot s_{ZR}$.

d) Bei gleichzeitiger Wirkung der äußeren Belastung P und der inneren Auflagerkraft Z muß die Verschiebung z_R bei R gleich Null sein.
$z_R = F_P \cdot s_{PR} + F_Z \cdot s_{ZR} = 0$.

Bild 102a bis d. Bestimmung der Auflagerkräfte eines einfach statisch unbestimmt gelagerten Biegungsträgers.

Die Gleichung $F_P \cdot s_{PR} + F_Z \cdot s_{ZR} = 0$ besagt, daß die Summe der statischen Momente der Krümmungsflächen bezogen auf die Stelle R (Auflager: $z_R = 0$) Null werden muß.

Beim geraden Balken mit konstantem Trägheitsmoment ist die Deformation ($F_Z \cdot s_{ZR}$) infolge der Auflagerkräfte in den meisten Fällen in analytischer Form einfach anzugeben (vgl. 25a). Für das vorliegende Beispiel ist:

$$F_z \cdot s_{ZR} = \frac{Z \cdot l^3}{3\,E \cdot J}.$$

Die unbekannte Auflagerkraft ist also:

$$Z = -\frac{3\,E \cdot J}{l^3} \cdot F_p \cdot s_{pR}.$$

$F_p \cdot s_{pR}$ ist das statische Moment der Krümmungsfläche aus der bekannten äußeren Belastung. Diese Deformation läßt sich für die charakteristischen Belastungsfälle (25a) in einfacher Form analytisch anschreiben.

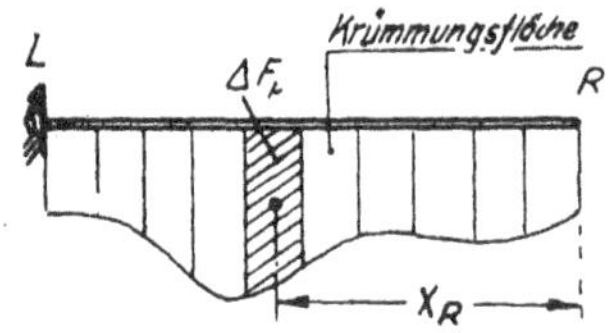

Bild 103. Zur Berechnung statisch unbestimmt gelagerter Biegungsträger bei allgemeiner Belastung.

Für eine allgemeine Belastung mit allgemeiner Krümmungsfläche teilt man zweckmäßigerweise die $\frac{M}{E \cdot J}$-Fläche in Teilflächen ΔF_p auf. deren Schwerpunkte man gut schätzen kann. Mit den Bezeichnungen nach Bild 103 ist dann:

$$F_p \cdot s_{pR} = \sum_L^R \Delta F_p \cdot x_R.$$

Ist die Auflagerkraft bekannt, so kann man auch den Momentenverlauf angeben.

In vielen Fällen ist es jedoch für den Konstrukteur hinreichend, die Auflagerkräfte nach folgender Schätzungsmethode zu bestimmen.

Man zeichne die Krümmungsfläche für die bekannten äußeren Kräfte und lege eine neue Nullinie (entsprechend der unbekannten Auflagerkraft) so, daß schätzungsweise die Deformationsbedingung

$$F_1 \cdot s_{1R} - F_2 \cdot s_{2R} = 0.$$

erfüllt ist (Bild 104 und 105).

Man schätzt die Flächen F_1 und F_2 sowie deren Schwerpunkte und mißt die Schwerpunktsabstände s_{1R} und s_{2R}. Durch Rechnung überprüft man die Richtigkeit der geschätzten Lage der Nullinie. Wird die obengenannte Deformationsbedingung auch nicht annähernd erfüllt, war also die Schätzung schlecht, so wiederholt man das Verfahren unter Annahme einer neuen Nullinie, wobei man sich zweckmäßig auf die alte Lage der Nullinie und den mit ihr gemachten Fehler stützt.

Dieses Schätzungsverfahren ist vor allem immer dann vorteilhaft anzuwenden, wenn man die Krümmungsflächen

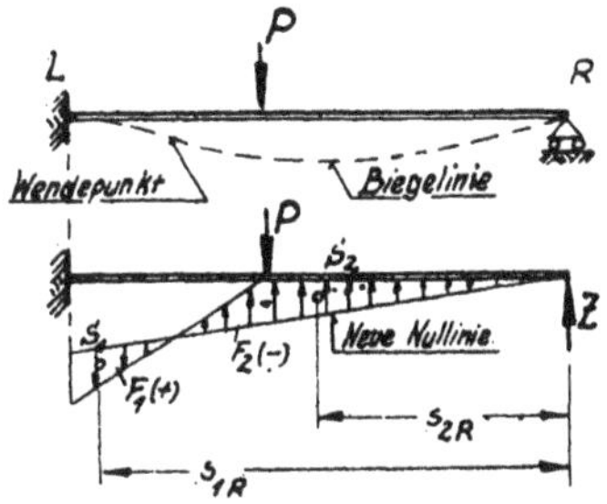

Bild 104. Bestimmung der Krümmungsfläche eines einfach statisch unbestimmt gelagerten Biegungsträgers durch Schätzen der Neuen Nullinie.

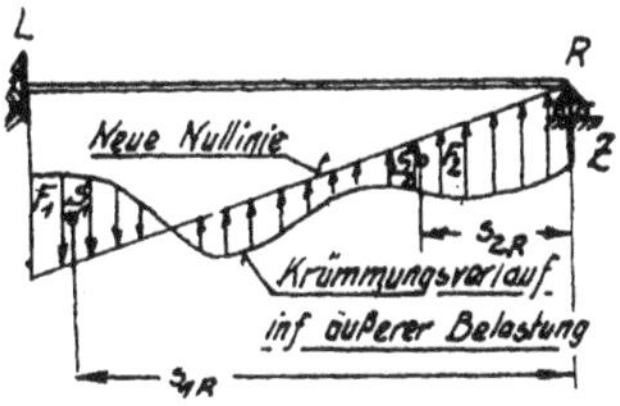

Bild 105. Zur Bestimmung der Krümmungsfläche bei beliebiger äußerer Belastung.

bzw. deren statische Momente in analytischer Form schlecht angeben kann (z. B. Bild 105).

Ist Übereinstimmung erzielt, so kann man die Auflager kraft Z, wenn überhaupt erforderlich, über die Krümmungsordinaten errechnen. Man bestimmt das Verhältnis

$$\lambda = \frac{Z \cdot l}{E \cdot J} : \frac{M_L}{E \cdot J} = \frac{Z \cdot l}{M_L}$$

und erhält daraus die Auflagerkraft

$$Z = \frac{M_L}{l} \cdot \lambda.$$

Hierin ist M_L das Moment der äußeren Kräfte an der Stelle L.

Beispiel 26; 2: Ein linksseitig eingespannter Balken ist an seinem rechten Ende durch eine Lagerung gegen Drehung gehalten.

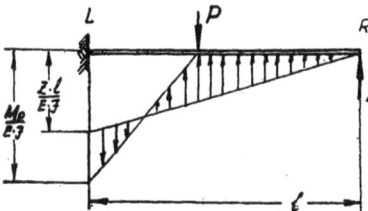

Bild 106.
Zur Bestimmung der Auflagerkräfte aus den Krümmungsordinaten.

Bild 107.
Einfach statisch unbestimmt gelagerter Biegungsträger.

Man betrachtet die Einspannung bei R als überzählige Auflagerbedingung. Das Einspannmoment M wird bestimmt aus der Deformationsbedingung, daß die Neigung an der Stelle R gleich Null sein muß.

$$\alpha_R = \sum\left(\frac{M}{E\cdot J}\text{ Flächen}\right) = 0$$

$$F_1 = F_2.$$

Beispiel 26; 3: Balken auf drei Stützen (Bild 108). Das Auflager bei A werde als überzählig angesehen. Die Auflagerkraft A ergibt sich aus der Deformationsbedingung, daß die Verschiebung bei A gleich Null sein muß.

$$z_A = z_{PA} + z_{AA} = 0.$$

b) Zweifach statisch unbestimmte Systeme.

Sind zwei Auflager mehr vorhanden, als zur statisch bestimmten Lagerung des Balkens erforderlich sind, so ist das System zweifach statisch unbestimmt. Läßt man zwei als überzählig zu betrachtende Auflager weg, so erhält man das statisch bestimmte System, für das die Auflagerkräfte aus den Gleichgewichtsbedingungen bestimmt werden können. Für die beiden überzähligen Auflagerkräfte ergeben sich immer zwei Deformationsbedingungen.

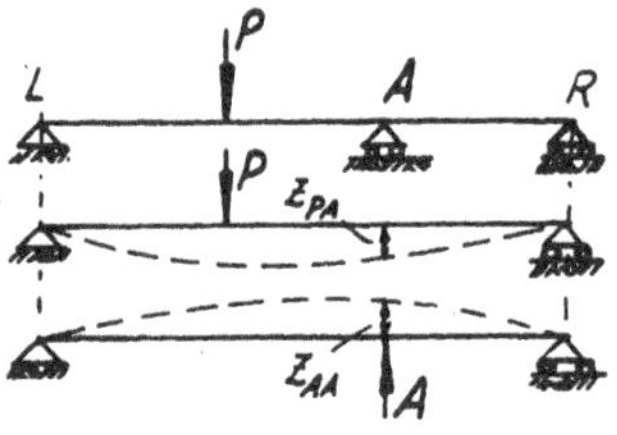

Bild 108.
Balken auf drei Stützen.

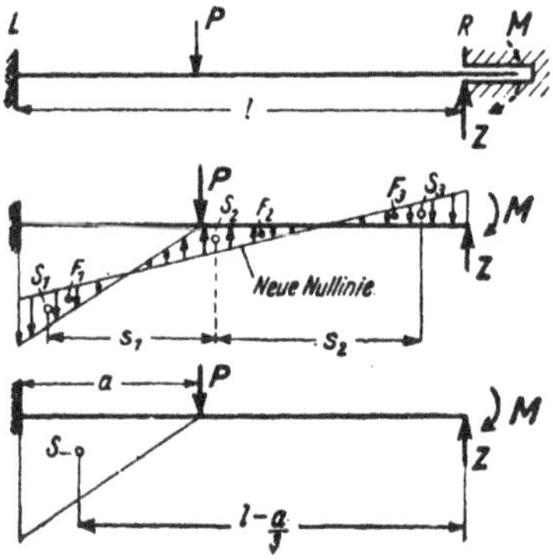

Bild 109. Zweifach statisch unbestimmt gelagerter Biegungsträger.

Beispiel 26; 4: Ein linksseitig eingespannter Balken ist an seinem rechten Ende so geführt, daß eine Vertikalverschiebung z_R und eine Neigung α_R nicht möglich ist.

Die Halterung bei R wird als überzählig angesehen. Die beiden unbekannten Auflagerwirkungen Z und M ergeben sich aus den Deformationsbedingungen

$$\alpha_R = 0 \text{ und } z_R = 0.$$

Beim Schätzen die neue Nullinie so legen, daß

$$F_1 + F_3 = F_2$$

und

$$F_1 \cdot s_1 = F_3 \cdot s_3$$

ist. (Da wegen $\alpha_R = 0$ die Summe der Krummungsflächen Null ist, muß das statische Moment der Krümmungsflächen auch bezogen auf einen beliebigen Punkt Null sein. Praktischerweise wählt man den Schwerpunkt einer Teilfläche als Bezugspunkt.)

Analytisch ergeben sich für das vorliegende Beispiel die beiden Auflagerwirkungen aus den Deformationsgleichungen:

$$1.\quad \alpha_R = 0 = -\frac{P \cdot a^2}{2E \cdot J} + \frac{Z \cdot l^2}{2E \cdot J} - \frac{M \cdot l}{E \cdot J}$$

$$2.\quad z_R = 0 = -\frac{P \cdot a^2}{2E \cdot J}\left(l - \frac{a}{3}\right) + \frac{Z \cdot l^2}{2E \cdot J} \cdot \frac{2}{3} l - \frac{M \cdot l}{E \cdot J} \cdot \frac{l}{2}.$$

Anmerkung. In Hütte Bd. I sind Momentenverlauf und Deformation für verschiedene Belastungen für statisch bestimmte und statisch unbestimmte Systeme angegeben.

C. Der gekrümmte Biegungsbalken.

27. Zusammenhang zwischen den Spannungen und Formänderungen und der Belastung.

a) Gültigkeitsbereich.

Die Ausführungen der folgenden Abschnitte beziehen sich auf Biegungsträger, deren Mittellinie bzw. Schwerlinie nur eine schwache Krümmung aufweist, d. h. auf Träger, deren Querschnittshöhe in der Biegeebene klein ist gegen den Krümmungshalbmesser. Die Betrachtungen werden ferner auf ebene Biegeprobleme (d. h. auf eben gekrümmte und in der Krümmungsebene belastete Träger) beschränkt. Es wird vorausgesetzt, daß die elastischen Formänderungen so klein sind, daß die durch sie bedingte Änderung des Momentenverlaufs vernachlässigbar ist.

b) Bestimmung der Spannungen.

Unter diesen Annahmen gelten für den gekrümmten Biegungsbalken die gleichen Voraussetzungen wie für den geraden Biegungsbalken: die Querschnitte bleiben eben, die Spannungen sind (nahezu) linear über die Querschnittshöhe ver-

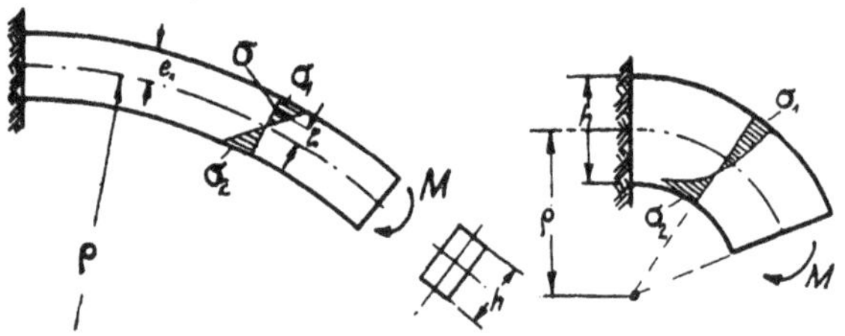

Bild 110a u. b. Verteilung der Biegespannungen beim schwach (*a*) und beim stark gekrümmten (*b*) Biegungsträger.

teilt. Letztere Voraussetzung trifft um so genauer zu, je kleiner das Verhältnis h/ϱ von Querschnittshöhe zu Krümmungshalbmesser ist.

Es gilt also:

$$\boxed{\sigma = \sigma_1 \cdot \frac{\zeta}{e_1}} \quad \ldots\ldots\ldots \quad (27;\ 1)$$

$$\boxed{\sigma_1 = \frac{M}{W_1}} \quad \ldots\ldots\ldots \quad (27;\ 2)$$

c) Bestimmung der Formänderungen.

Für die Bestimmung der Deformationen betrachtet man zwei um ds voneinander entfernte, senkrecht zur Schwerlinie stehende Querschnitte. Bei Belastung neigen sich diese Querschnitte gegeneinander um den Winkel $d\alpha$. Für diese Neigungsänderung gelten im Gültigkeitsbereich der Gln. (27; 1 u. 2) die gleichen Beziehungen wie beim geraden Balken.

Es ist

$$d\alpha = \frac{\Delta\, ds_1 - \Delta\, ds_2}{h}.$$

Mit Gl. (27; 2) und $\Delta ds = \frac{\sigma}{E} \cdot ds$ wird:

$$d\alpha = \frac{\sigma_1 - \sigma_2}{E \cdot h} \cdot ds = \frac{M}{E \cdot J} \cdot ds.$$

$$\boxed{\alpha_R = \int_L^R \frac{\sigma_1 - \sigma_2}{E \cdot h} \cdot ds = \int_L^R \frac{M}{E \cdot J} \cdot ds} \quad . \; . \; (27;3)$$

Die Differenz der Neigungsänderung (Winkel zwischen der Neigung im deformierten und nicht deformierten Zu-

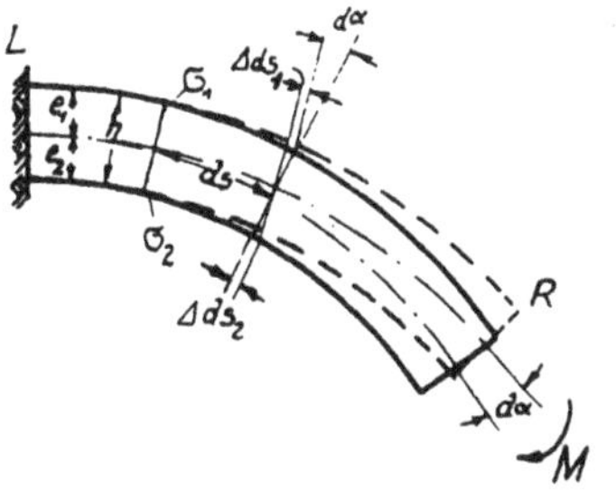

Bild 111. Zur Bestimmung der elastischen Formänderungen beim (schwach) gekrümmten Biegungsbalken.

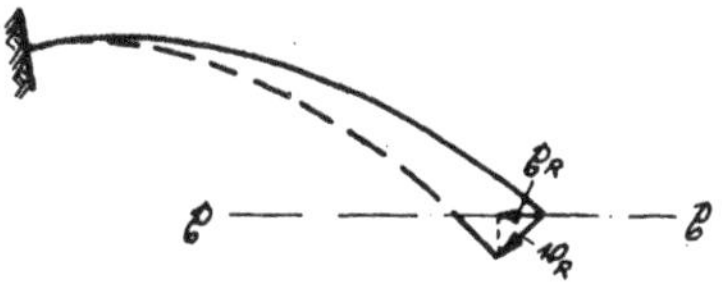

Bild 112. Zur Bestimmung der elastischen Verschiebungen beim gekrümmten Biegungsbalken.

stand) zwischen zwei Stellen (L und R) ist gleich der zugehörigen Krümmungsfläche.

Die Ermittlung der Verschiebungen bei einem krummen Balken wird an einem linksseitig eingespannten Träger gezeigt. Infolge Belastung tritt eine Verschiebung des freien Endes (R) in Richtung des eingezeichneten Verschiebungsvektors $\mathfrak{v}_R$ ein. In den meisten Fällen wird jedoch nur die Verschiebungskomponente z. B. $\mathfrak{x}_R$ für eine bestimmte gegebene Richtung ($\mathfrak{x} - \mathfrak{x}$) gesucht.

Zunächst werden die geometrischen Beziehungen an einer starren Scheibe untersucht.

Wird die Scheibe um den Punkt 0 um den kleinen Winkel $d\alpha$ gedreht, so bewegt sich ein anderer, im Abstand r von 0 gelegener Punkt R

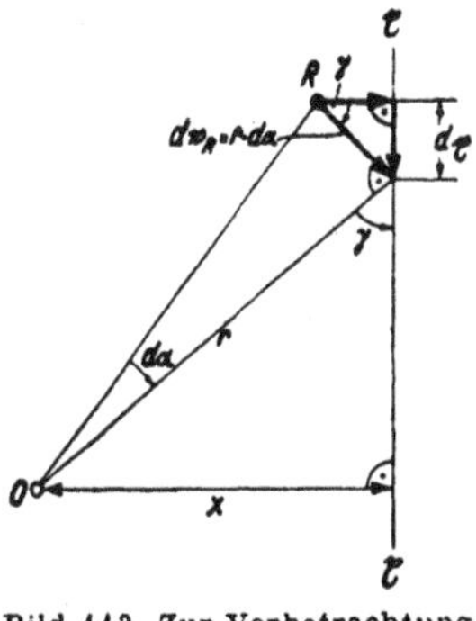

Bild 113. Zur Vorbetrachtung der geometrischen Beziehungen an einer starren Scheibe.

der Scheibe um das Stück $r \cdot d\alpha$ senkrecht zu r. Für die Verschiebungskomponente $d\mathfrak{x}$ des Verschiebungsvektors $d\mathfrak{v}_R = r \cdot d\alpha$ in einer gegebenen Richtung $\mathfrak{x} - \mathfrak{x}$ gelten mit den Bezeichnungen nach Bild 113 folgende Beziehungen:

$$\sin\gamma = \frac{d\mathfrak{x}}{r \cdot d\alpha} = \frac{x}{r}$$

$$d\mathfrak{x} = x \cdot d\alpha.$$

Hierin ist x der senkrechte Abstand des Drehpunktes 0 von der Verschiebungsrichtung $\mathfrak{x} - \mathfrak{x}$.

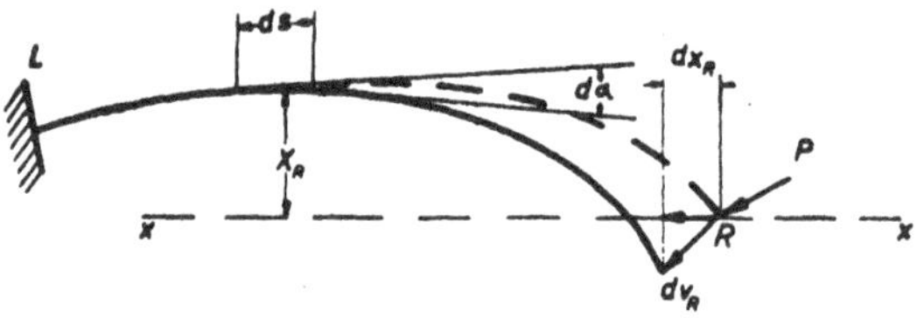

Bild 114. Bestimmung der elastischen Verschiebungen beim gekrümmten Biegungsbalken.

Die für die starre Scheibe ermittelten Beziehungen gelten in gleicher Weise für den elastischen Balken. Erfährt der Balken auf dem Stück ds eine Verbiegung $d\alpha = \frac{M}{E\ J} \cdot ds$ (wobei der Balken bis auf das betrachtete Element ds als starr angesehen werden kann), so ist die Verschiebung der Stelle R in der gegebenen Richtung $\mathfrak{x} - \mathfrak{x}$

$$d\mathfrak{x}_R = x_R \cdot d\alpha.$$

Da bei Belastung an jeder Stelle des Balkens eine Krümmung $d\alpha = \frac{M}{E \cdot J} \cdot ds$ eintritt, ist die Gesamtverschiebung der Stelle R in der gegebenen Richtung:

$$\boxed{\mathfrak{x}_R = \int_L^R x_R \cdot d\alpha = \int_L^R \left(\frac{M}{E \cdot J} \cdot ds\right) \cdot x_R = \int_L^R \left(\frac{\sigma_1 - \sigma_2}{E \cdot h} \cdot ds\right) x_R} \quad \ldots \ (27;\ 4)$$

Denkt man sich die Krümmungsfläche senkrecht zur Zeichenebene über dem Balken aufgetragen (in Bild 115 räumlich dargestellt), so kann man Gl. (4) durch folgenden Satz ausdrücken:

Die Verschiebungskomponente $\mathfrak{x}_R$ des Punktes R infolge der Deformation ist gleich dem statischen Moment der Krümmungsfläche bezogen auf die durch R gehende, in die zugehörige Verschiebungsrichtung $\mathfrak{x}$ fallende Achse.

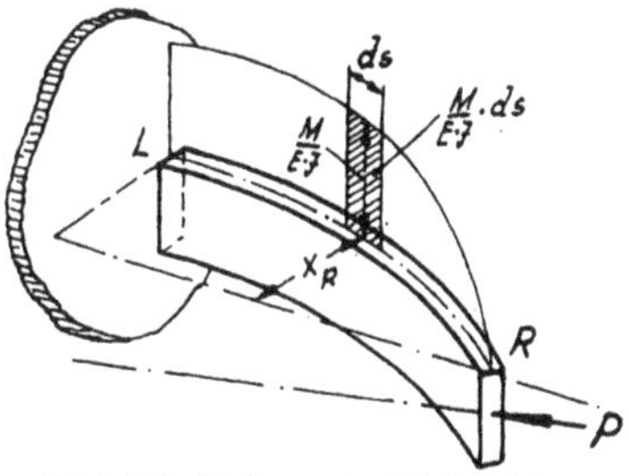

Bild 115. Krümmungsfläche eines gekrümmten Biegungsbalkens in perspektivischer Darstellung.

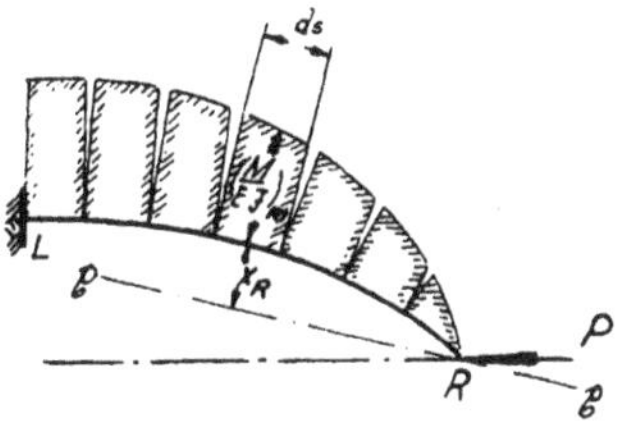

Bild 116. Darstellung der in die Biegungsebene geklappten Krümmungsfläche.

28. Die praktische Berechnung der Deformationen.

a) Für allgemeine Fälle.

Für die praktische Berechnung der Deformationen klappt man die Krümmungsfläche wegen der einfacheren zeichnerischen Darstellung in die Zeichenebene (Bild 116). Die Krümmungsfläche erscheint dann nicht mehr in geschlossener Form, sondern die einzelnen Teilflächen $\frac{M}{E \cdot J} \cdot ds$ sind durch keilförmige Ausschnitte voneinander getrennt.

Trägt man in der Krümmungsebene die für drei Stellen ermittelten $\frac{M}{E \cdot J}$-Ordinaten senkrecht zum Balken auf und verbindet die Endpunkte der Ordinaten durch eine stetige Kurve[1]), so kann man für jede beliebige Stelle die Krümmungsordinate durch Abmessen bestimmen. Teilt man den Balken in gleiche Teile ds auf und bestimmt die Summe aller zu jedem Element ds gehörenden Ordinatenmittelwerte $\left(\frac{M}{E \cdot J}\right)_m$, so ist die Krümmungsfläche, d. h. die Neigung bei

[1]) Bei unstetigem $\frac{M}{E \cdot J}$-Verlauf bzw. bei unstetigem Verlauf der Vorkrümmung des Balkens wendet man die Methode für die einzelnen Stetigkeitsintervalle an.

R angegeben durch:

$$\alpha_R = ds \cdot \sum_L^R \left(\frac{M}{E \cdot J}\right)_m \qquad (28;1)$$

Bestimmt man noch die Schwerpunktsabstände x_R der einzelnen Teilflächen $\frac{M}{E \cdot J} \cdot ds$ von der Bezugsachse ($\mathfrak{x} - \mathfrak{x}$), wobei man deren Schwerpunkte bei genügend kleinem ds auf der Schwerlinie des Balkens annehmen kann, so kann man die Verschiebung $\mathfrak{x}_R$ in gleicher Weise berechnen aus:

$$\mathfrak{x}_R = ds \sum_L^R \left(\frac{M}{E \cdot J}\right)_m \cdot x_R \quad \ldots \quad (28;2)$$

In vielen Fällen kann man hinreichend genau den Schwerpunkt S der gesamten Krümmungsfläche schätzen (Schwer-

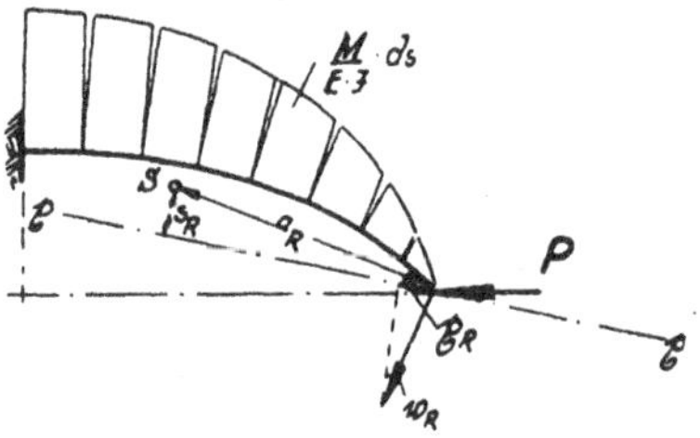

Bild 117. Zum Schätzungsverfahren zur Bestimmung der elastischen Verschiebungen.

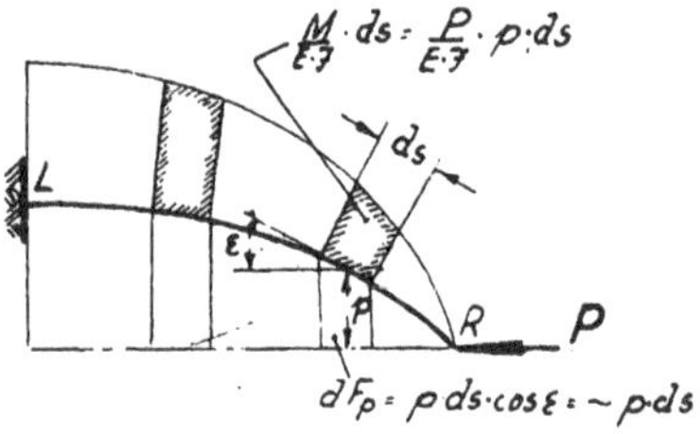

Bild 118. Näherungsverfahren zur Bestimmung der Krümmungsfläche bei Wirkung einer Einzelkraft.

punkt des an jeder Stelle mit den $\frac{M}{E \cdot J}$-Ordinaten belasteten Bogens) und erhält dann die Verschiebung aus:

$$\mathfrak{x}_R = \alpha_R \cdot s_R \quad \ldots\ldots\ldots \quad (28;3)$$

Die Gesamtverschiebung $\mathfrak{v}_R$ der Stelle R ist senkrecht zur Verbindungslinie a_R von R mit dem Schwerpunkt S. Ihre Größe ist gegeben durch

$$\mathfrak{v}_R = \alpha_R \cdot a_r \quad \ldots\ldots\ldots \quad (28;4)$$

b) Für besondere Fälle.

In den Fällen, in denen die Wirkungslinie der belastenden Kraft halbwegs in die Richtung des Balkens fällt, läßt sich eine wesentliche Vereinfachung beim Zeichnen der Krümmungsfläche erzielen.

Mit den Bezeichnungen nach Bild 118 gilt:

$$\alpha_R = \int_L^R d\alpha = \int_L^R \frac{M}{E \cdot J} \cdot ds = \int_L^R \frac{P \cdot p}{E \cdot J} \cdot ds = \frac{P}{E \cdot J} \int_L^R p \cdot ds.$$

Die Projektion von ds auf die Wirkungslinie von P ist $ds \cdot \cos \varepsilon$. Unter der obengenannten Voraussetzung kann man $\cos \varepsilon = \sim 1$ setzen. Man erhält:

$$dF_p = p \cdot ds \cdot \cos \varepsilon = \sim p \cdot ds.$$

Damit wird

$$\boxed{\alpha_R = \frac{P}{E \cdot J} \int_L^R dF_p = \frac{P}{E \cdot J} \cdot F_p} \quad . \; . \; . \; (28; 5)$$

Die Krümmungsfläche ist also gleich dem Produkt aus $\frac{P}{E \cdot J}$ und der Fläche, die zwischen dem Balken und der Wirkungslinie der Kraft liegt. Bei diesem Verfahren wird die Krümmungsfläche um

$$\Delta F = \frac{P}{E \cdot J} \Sigma p \cdot ds - p\, ds \cdot \cos \varepsilon = \frac{P}{E \cdot J} \Sigma p\, ds\, (1 - \cos \varepsilon)$$

zu klein angegeben. Man erkennt, daß eine größere Neigung des Balkens gegen die Wirkungslinie der Kraft in den Bereichen mit kleinem p ohne wesentlichen Einfluß auf den Gesamtwert der Krümmungsfläche ist.

Greifen zwei Kräfte an, so gilt entsprechend:

$$\boxed{\alpha_R = \frac{M}{E \cdot J} = \frac{P_1}{E \cdot J} \cdot F_{P1} + \frac{R}{E \cdot J} \cdot F_R} \quad . \; . \; (28; 6)$$

Die insbesondere bei schätzungsweiser Angabe der Deformationen störende Unterschiedlichkeit der Faktoren von F_{P1} und F_R kann durch eine entsprechende Verzerrung der Fläche

F_R vermieden werden. Durch Erweiterung mit $\frac{P_1}{P_1}$ erhält man für:

$$\frac{R}{E\cdot J}\cdot p_r = \frac{P_1}{E\cdot J}\cdot\frac{R}{P_1}\cdot p_r = \frac{P_1}{E\cdot J}\cdot\bar{p}_r .$$

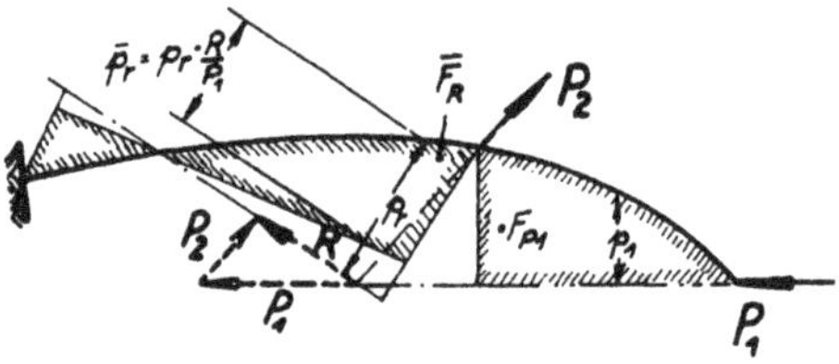

Bild 119. Näherungsverfahren zur Bestimmung der Krümmungsfläche bei Wirkung von zwei Kräften.

Bezeichnet man die zu den Ordinaten

$$\bar{p}_r = p_R\,\frac{R}{P_1}$$

gehörende Fläche mit $\bar{F}_R$, so wird

$$\boxed{\alpha_R = \frac{M}{E\cdot J} = \frac{P_1}{E\cdot J}\,(F_{P1} + \bar{F}_R)} \quad . \; . \; . \; (28;\,7)$$

Die Verschiebung $\mathfrak{x}_R$ ermittelt man nach Gl. (28; 3), wobei man die Lage des Schwerpunktes der gesamten Krümmungsfläche durch Schätzen ermittelt.

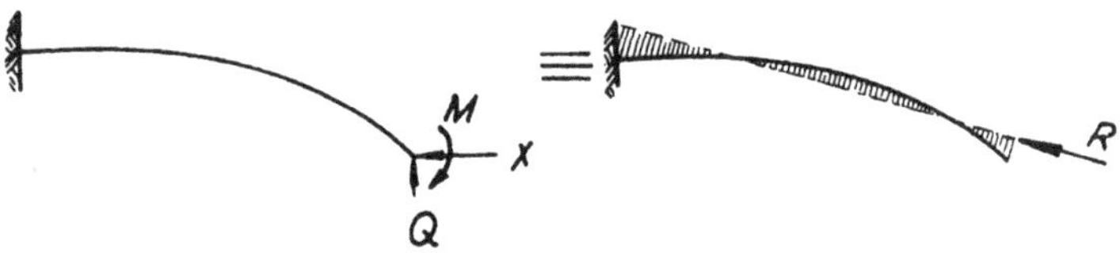

Bild 120. Zusammenfassung mehrerer Kraftwirkungen.

Sind als Belastung Querkraft, Längskraft und Moment gegeben, so können diese zu einer resultierenden Kraft zusammengefaßt werden. Die Krümmungsfläche läßt sich dann nach dem angegebenen Verfahren in einfacher Weise bestimmen.

29. Der ebene Rahmen.

a) Allgemeine Betrachtungen.

Im Flugzeugbau werden oft Spante und Rippen sowie Ausschnitte an Führersitzen usw. als Rahmen ausgebildet, um den Zusammenhang eines Raumes bzw. die Freiheit eines Ausschnittes nicht zu beeinträchtigen. Die Rahmen bestehen aus geraden oder gekrümmten Biegungsbalken, die miteinander oder mit einem anderen (als starr anzusehenden) Bauteil biegungssteif oder gelenkig verbunden sind.

Der an allen Stellen biegungssteife Rahmen ist dreifach statisch unbestimmt. Um die Beanspruchung des Rahmens infolge der äußeren Belastung ermitteln zu können, muß man zunächst für eine beliebige Schnittstelle die inneren Kräfte X, Y, M bestimmen, wozu drei Deformationsbedingungen erforderlich sind.

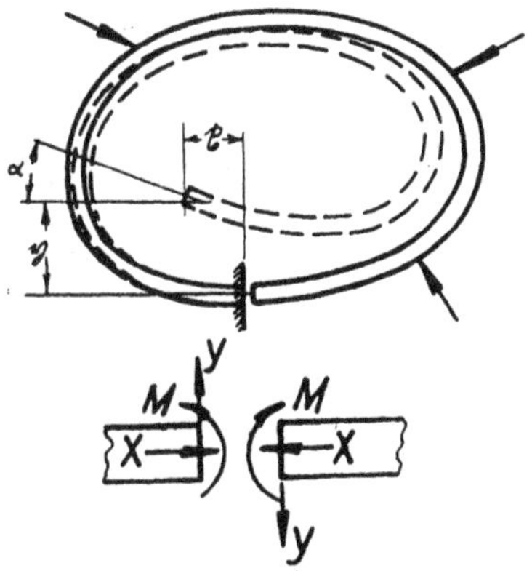

Bild 121. Verformungen im statisch bestimmten System und innere Kräfte im Schnitt eines geschlossenen, an allen Stellen biegesteifen Rahmens.

Schneidet man den Rahmen an irgendeiner Stelle durch und denkt sich das eine Ende statisch bestimmt gehalten, so erhält man ein statisch bestimmtes System (Bild 121), auf das die in den vorangegangenen Abschnitten gezeigten Berechnungsmethoden anwendbar sind.

Im statisch bestimmten System tritt infolge der äußeren Belastung eine Verschiebung des freien Endes $\mathfrak{x}$, $\mathfrak{y}$ und α ein. Die inneren Kräfte müssen so groß sein, daß die durch sie hervorgerufene Deformation entgegengesetzt gleich groß ist wie die infolge der äußeren Kräfte. Damit der Zusammenhang an der Schnittstelle gewahrt bleibt, müssen also beim gleichzeitigen Wirken der inneren und äußeren Kräfte die Deformationen Null werden.

$$1. \quad \alpha = 0 = \int \frac{M}{E \cdot J} \cdot ds$$

$$2.\quad \mathfrak{x} = 0 = \int \frac{M}{E \cdot J} \cdot x \cdot ds$$

$$3.\quad \mathfrak{y} = 0 = \int \frac{M}{E \cdot J} \cdot y \cdot ds.$$

Aus diesen drei Deformationsgleichungen können die drei unbekannten Kräfte ermittelt werden.

Man beachte, daß die an der Schnittstelle vom linken auf den rechten Teil übertragenen Kräfte als innere Kräfte entgegengesetzt gleich den vom rechten auf den linken Teil übertragenen Kräften sind. Von den inneren Kräften ist demnach:

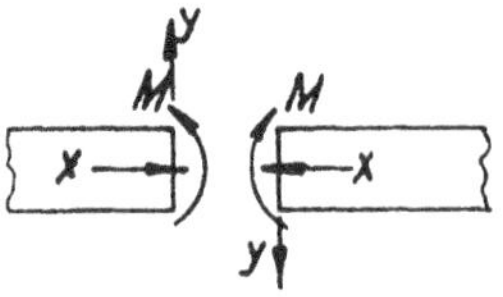

Moment M = symmetrisch,
Längskraft X = symmetrisch,
Querkraft Y = antisymmetrisch.

Bild 122. Zu den inneren Kräften.

Bei symmetrischen Rahmen ergibt die Berücksichtigung dieser Eigenschaft der inneren Kräfte eine Vereinfachung der Berechnung, wie es im folgenden gezeigt wird.

b) Symmetriebetrachtungen.

Die folgenden Ausführungen beziehen sich auf die im Flugzeugbau sehr häufigen symmetrisch aufgebauten und symmetrisch dimensionierten Rahmen. Die getroffenen Annahmen einer symmetrischen bzw. antisymmetrischen Belastung bedeuten keine weitere Beschränkung des Anwendungsbereiches, da, wie bereits im Beispiel 6; 2 gezeigt wurde, jede beliebige Belastung in eine symmetrische und eine antisymmetrische zerlegt werden kann.

1. Symmetrische Belastung. Da bei symmetrischer äußerer Belastung die inneren Kräfte und die Deformationen ebenfalls symmetrisch sein müssen, können im Symmetrieschnitt nur die Längskräfte X und das Moment M auftreten. Von den Deformationen ist nur die Verschiebung $\mathfrak{y} \neq 0$ möglich, da $\mathfrak{x} \neq 0$ und $\alpha \neq 0$ den Zusammenhang stören würden.

Es ist also:

$$\alpha = 0 \qquad M \neq 0$$
$$\mathfrak{x} = 0 \qquad X \neq 0$$
$$\mathfrak{y} \neq 0 \qquad Y = 0$$

Für die Bestimmung der beiden Unbekannten M und X stehen demnach zwei Deformationsgleichungen ($\alpha = 0$, $\mathfrak{x} = 0$) zur Verfügung. Die Symmetrie ergibt für die Berechnung eine Vereinfachung um einen Grad, da man eine Unbekannte ($Y = 0$) sofort angeben kann.

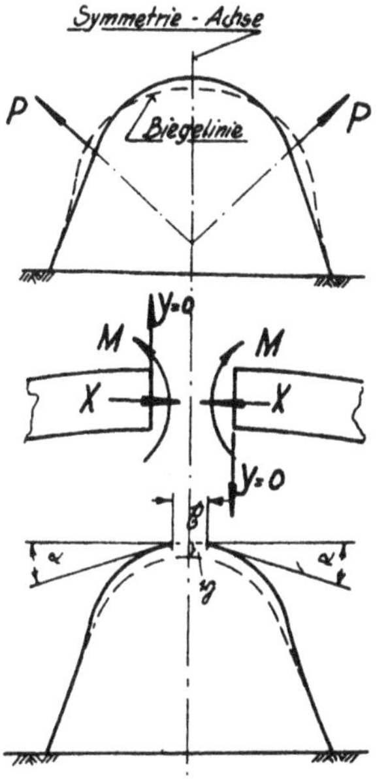

Bild 123. Einfach symmetrischer Rahmen, symmetrisch belastet.

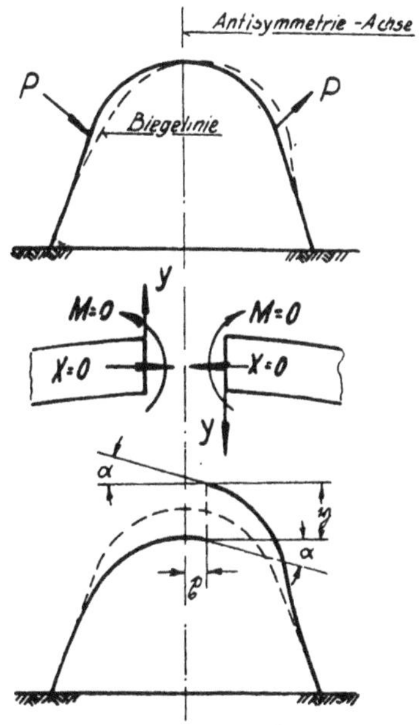

Bild 124. Einfach symmetrischer Rahmen, antisymmetrisch belastet.

2. Antisymmetrische Belastung. Bei antisymmetrischer äußerer Belastung sind die inneren Kräfte und die Deformationen gleichfalls antisymmetrisch. Es kann also nur die Querkraft Y auftreten. Von den Deformationen α, $\mathfrak{x}$ und $\mathfrak{y}$ verhindert nur die Verschiebung $\mathfrak{y}$ den Zusammenhang. Für antisymmetrische Belastung gilt also:

$$\begin{aligned} \alpha &\neq 0 \qquad & M &= 0 \\ \mathfrak{x} &\neq 0 \qquad & X &= 0 \\ \mathfrak{y} &= 0 \qquad & Y &\neq 0. \end{aligned}$$

Für die Berechnung der einen Unbekannten Y steht die Deformationsgleichung $\mathfrak{y} = 0$ zur Verfügung.

Bei antisymmetrischer Belastung ergibt sich für die Berechnung eine Vereinfachung um zwei Grade, da zwei innere Kräfte ($M = 0$, $X = 0$) sofort angegeben werden können.

c) Anwendungen.

Beispiel 29; 1: Symmetrischer Zweigelenkbogen, symmetrisch belastet.

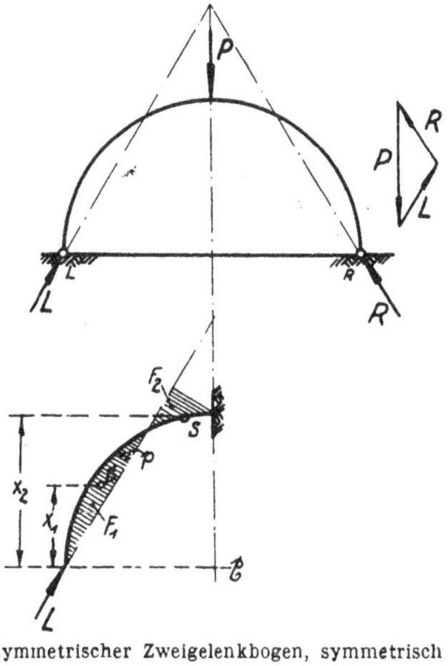

Bild 125. Symmetrischer Zweigelenkbogen, symmetrisch belastet.

Da durch die beiden Gelenke ein Freiheitsgrad zuviel vernichtet wird (z. B. Verschiebung von L in $\mathfrak{x}$-Richtung), ist das System einfach statisch unbestimmt.

a) Gleichgewichtsbedingung. Die Kräfte P, L und R müssen durch einen Punkt gehen, ihr Kraftteck muß sich schließen.

$$L \leftrightarrow R \leftrightarrow P = 0.$$

b) Deformationsbedingung. Die unbekannte Richtung der Wirkungslinie der Auflagerkräfte ist festgelegt durch die Bedingung, daß die Verschiebung von L in $\mathfrak{x}$-Richtung Null ist.

$$\mathfrak{x}=0=\int\frac{M}{E\cdot J}\cdot ds\cdot x=\frac{L}{E\cdot J}\int p\cdot ds\cdot x=\frac{L}{E\cdot J}(F_1\cdot x_1-F_2\cdot x_2),$$

oder, da $\frac{L}{E\cdot J}\neq 0$ ist:

$$F_1\cdot x_1=F_2\cdot x_2.$$

Die Wirkungslinie von L so legen, daß diese Bedingung erfüllt wird.

(Wegen der Symmetrie genügt es, den halben Bogen zu betrachten, den man sich im Symmetrieschnitt ($\alpha=0$, $\mathfrak{x}=0$) eingespannt denken kann. Die Deformation des Bogens infolge der Druckspannungen wird vernachlässigt.)

Beispiel 29; 2: Symmetrischer beidseitig eingespannter Bogen, symmetrisch belastet. (Allgemein dreifach statisch unbestimmt.)

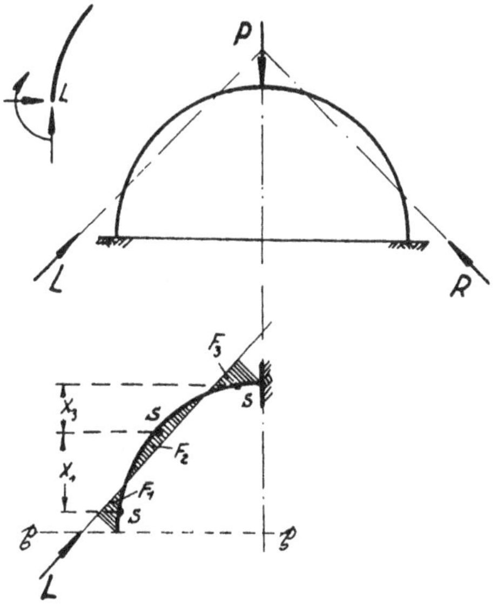

Bild 126. Symmetrischer, beidseitig eingespannter Bogen, symmetrisch belastet.

a) Gleichgewichtsbedingung:

$$L \mathrel{+\!\!\!\rightarrow} R \mathrel{+\!\!\!\rightarrow} P=0.$$

b) Deformationsbedingung: Die noch unbekannte Richtung und Lage der Auflagerkraft L (oder R) ist festgelegt durch die beiden für den Symmetrieschnitt oder für die Stelle L oder R gültigen Deformationsbedingungen.

$$1.\ \alpha = \frac{L}{E \cdot J}(F_1 - F_2 + F_3) = 0, \text{ d. h. } F_1 + F_3 = F_2$$

$$2.\ \mathfrak{x} = \frac{L}{E \cdot J}(F_1 \cdot x_1 - F_3 \cdot x_3) = 0, \text{ d. h. } F_1 \cdot x_1 = F_3 \cdot x_3.$$

(Da die Gesamtfläche gleich Null ist, ist die Bezugsachse für x beliebig. Aus praktischen Gründen wählt man die Achse durch den Schwerpunkt von F_2.)

Die Wirkungslinie von L so legen (verschieben und drehen), daß die Deformationsbedingungen erfüllt werden.

Satz vom Minimum der Formänderungsarbeit. Von allen statisch möglichen Gleichgewichtszuständen besitzt der wirklich auftretende (d. h. der, der die Deformationsbedingungen erfüllt) die kleinste Formänderungsarbeit. Vernachlässigt man die Arbeit der Längskräfte, so muß sein:

$$A_i = \frac{1}{2}\int \frac{M^2}{E \cdot J} \cdot ds = \frac{L^2}{E \cdot J}\int p^2 \cdot ds = \text{Min.}$$

Die Bedingung wird erfüllt, wenn $\int p^2 \cdot ds$ ein Minimum wird. Tip für das Zeichnen der Wirkungslinie: Die Wirkungslinie schließt sich eng an die Konstruktion an.

Beispiel 29; 3: Eckiger symmetrischer Rahmen mit konstantem Trägheitsmoment, symmetrisch belastet.

Für den waagerechten Teil des Rahmens wird die Voraussetzung, daß die Wirkungslinie der Kraft halbwegs in die Richtung des Balkens fällt, sehr schlecht erfüllt. Deswegen ist eine Korrektur der Fläche für diesen Teil angebracht.

Man beachte dabei, daß das Moment in der Ecke für den schrägen und den waagerechten Teil gleich groß ist. Da die Nullstelle erhalten bleibt, ist das Umzeichnen sehr einfach.

Die Deformationsbedingungen z. B. für die Stelle L ergeben:

$$1.\ \alpha = 0 = F_1 - F_2 - F_3 + F_4 = 0: \ F_1 + F_4 = F_2 + F_3$$

$$2.\ \mathfrak{x} = 0 = F_1 \cdot x_1 - F_2 \cdot x_2 = 0: \ F_1 \cdot x_1 = F_2 \cdot x_2.$$

Als Bezugsachse für x wurde der waagerechte Teil des Rahmens gewählt (wegen $\alpha = 0$ möglich), da hierdurch die statischen Momente von F_3 und F_4 fortfallen.

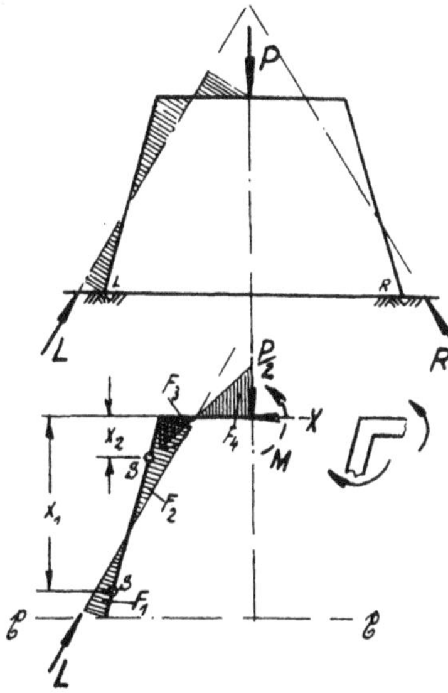

Bild 127. Eckiger symmetrischer Rahmen mit konstantem Trägheitsmoment, symmetrisch belastet.

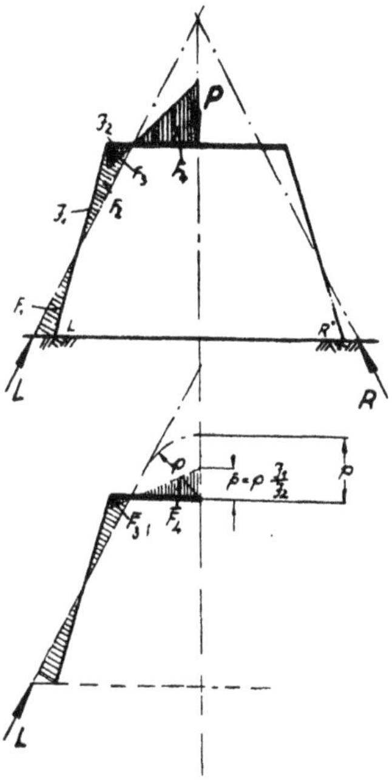

Bild 128. Eckiger symmetrischer Rahmen mit veränderlichem Trägheitsmoment.

B e i s p i e l 29; 4: Eckiger symmetrischer Rahmen mit veränderlichem Trägheitsmoment, symmetrisch belastet.

Es ist:

$$\alpha = \frac{L}{E \cdot J_1}(F_1 - F_2) + \frac{L}{E \cdot J_2}(-F_3 + F_4) = 0$$

oder

$$F_1 - F_2 = \frac{J_1}{J_2}(F_3 - F_4).$$

Für ein Schätzungsverfahren ist die Unterschiedlichkeit der Faktoren der Flächen F störend. Es ist vorteilhaft, die Flächen F_3 und F_4 im umgekehrten Verhältnis der Trägheitsmomente zu verzerren.

Man trägt z. B. im Symmetrieschnitt statt p die Ordinate

$$\overline{p} = p \cdot \frac{J_1}{J_2}$$

senkrecht zum Rahmen auf und erhält damit die Flächen:

$$\overline{F}_3 = F_3 \cdot \frac{J_1}{J_2} \text{ und } \overline{F}_4 = F_4 \cdot \frac{J_1}{J_2}.$$

Die Schätzung wird dann in der üblichen Weise durchgeführt.

Beispiel 29; 5: Zweifach symmetrischer Rahmen mit konstantem Trägheitsmoment, symmetrisch belastet (Bild 129).

Im Symmetrieschnitt können bei symmetrischer äußerer Belastung grundsätzlich Längskräfte und Momente auftreten.

Gleichgewichtsbedingung:

1. $\Sigma x \;= 0: \quad X_0 - X_u = 0,$
2. $\Sigma M = 0: \quad M_0 - M_u + (X_0 - X_u) \cdot r = 0.$

Wegen der Symmetrie in bezug auf die waagerechte Achse ist:

$$X_0 = X_u = 0 \text{ (wegen Gl. (1))},$$
$$M_0 = M_u = M.$$

Das unbekannte Moment ergibt sich aus der Deformationsbedingung:

$$\alpha = 0 = \int \frac{M}{E \cdot J} \cdot ds$$

oder

$$F_1 + F_1 = F_2.$$

Die Wirkungslinie von $P/2$ parallel zur Symmetrieachse soweit verschieben, daß diese Deformationsbedingung erfüllt wird.

Für das Zeichnen der Flächen beachte man, daß für den Bereich rechts von $P/2$ die Wirkungslinie nahezu senkrecht zum Rahmen verläuft. In diesem Bereich muß die Fläche (F_1) richtig gezeichnet werden (an zwei Stellen die Abstandsordinaten p auftragen und die Endpunkte durch eine stetige Kurve verbinden).

Die zweifache Symmetrie bringt also für die Berechnung eine Vereinfachung um zwei Grade.

Beispiel 29; 6: Einfach symmetrischer Rahmen mit konstantem Trägheitsmoment, antisymmetrisch belastet.

Im Antisymmetrieschnitt wirkt nur die innere Querkraft Y. Durch den Schnittpunkt der Wirkungslinien von P und

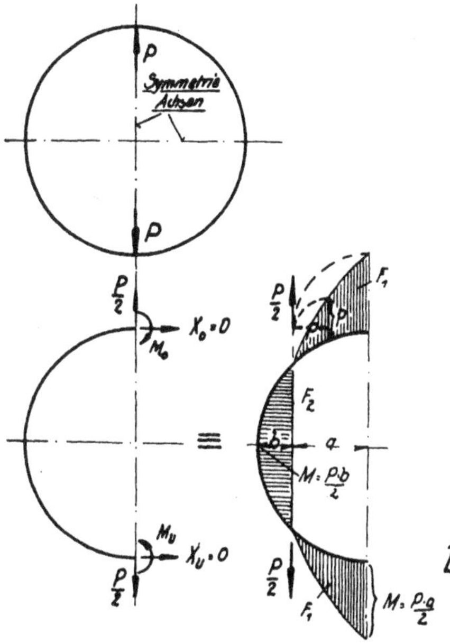

Bild 129. Zweifach symmetrischer Rahmen mit konstantem Trägheitsmoment, symmetrisch belastet.

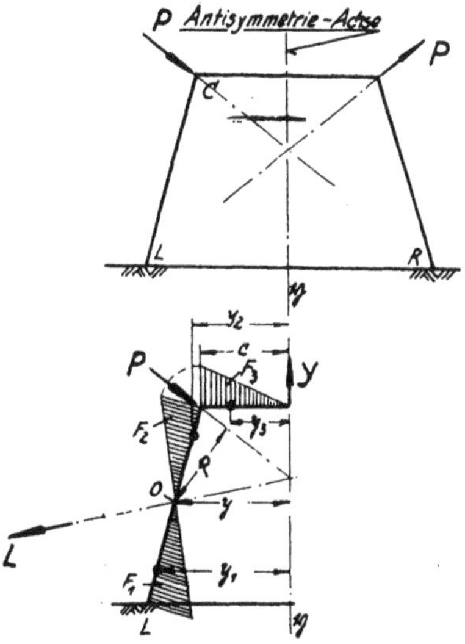

Bild 130. Einfach symmetrischer Rahmen mit konstantem Trägheitsmoment, antisymmetrisch belastet.

Y muß auch die Wirkungslinie der Auflagerkraft L gehen. Die Richtung der Wirkungslinie von L, d. h. ihren Schnittpunkt 0 mit dem schrägen Teil des Rahmens so bestimmen, daß im Antisymmetrieschnitt die Deformationsbedingung

$$\mathfrak{y} = 0 = F_1 \cdot y_1 - F_2 \cdot y_2 - F_3 \cdot y_3$$

erfüllt ist. Dann Größe von Y ermitteln aus der Gleichgewichtsbedingung

$$P \nrightarrow Y \nrightarrow L = 0 \text{ (Krafteck)}$$

oder:

$$\sum_{(0)} M = 0 = Y \cdot y - P \cdot p: \quad Y = P \frac{p}{y}.$$

Das Moment an der Stelle C ist: $M_c = Y \cdot c$. Das Moment an der Stelle L findet man aus: $M_L = M_c \cdot \frac{M_L}{M_c}$, wobei man $\frac{M_L}{M_c}$ aus der Momentenfigur entnimmt.

Zahlenbeispiel. Einfach symmetrischer Rahmen mit veränderlichem Trägheitsmoment, beliebig belastet.

Die allgemeine Belastung wird zerlegt in die symmetrische Belastung und antisymmetrische Belastung

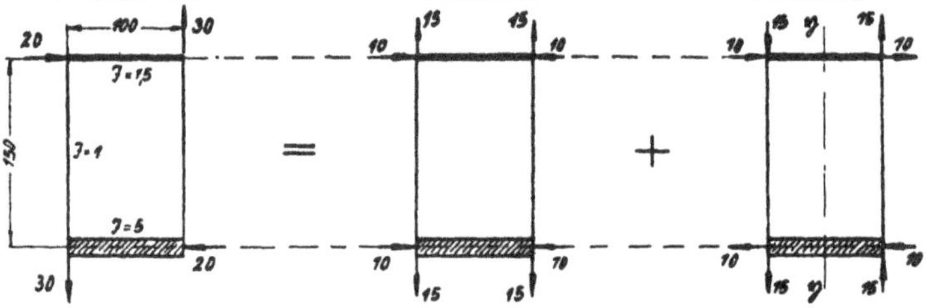

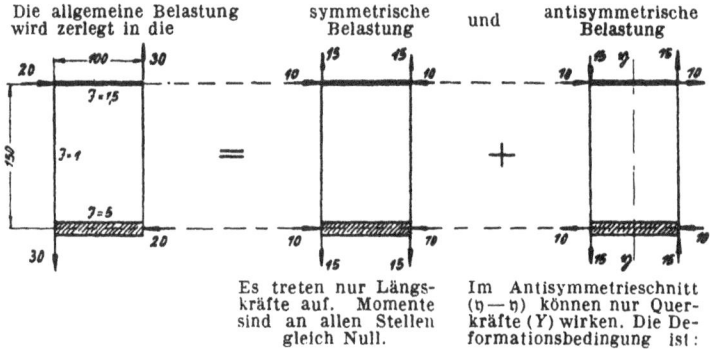

Es treten nur Längskräfte auf. Momente sind an allen Stellen gleich Null.

Im Antisymmetrieschnitt (η — η) können nur Querkräfte (Y) wirken. Die Deformationsbedingung ist:

$$\eta = 0 = \int \frac{M}{E \cdot J} \cdot ds \cdot y .$$

Bild 131. Berechnungsbeispiel: Einfach symmetrischer Rahmen mit veränderlichem Trägheitsmoment, beliebig belastet.

Die Ermittlung der Beanspruchung für den antisymmetrischen Belastungsteil wird analytisch durchgeführt, da die Krümmungsflächen sich sehr einfach angeben lassen.

$$\eta = 0 = \int \frac{M}{E \cdot J} \cdot ds \cdot y = \frac{1}{E} \int \frac{M}{J} \cdot ds \cdot y, \text{ d. h.}$$

$$\int \frac{M}{J} ds \cdot y = 0 = \frac{Y_1 \cdot 50^3}{2 \cdot 1{,}5} \cdot \frac{2}{3} + \frac{Y_1 \cdot 50^2 \cdot 150}{1} + \frac{Y_1 \cdot 50^3}{2 \cdot 5} \cdot \frac{2}{3}$$

$$- \frac{10 \cdot 150^2 \cdot 50}{2 \cdot 1} - \frac{10 \cdot 150 \cdot 50 \cdot 25}{5} + \frac{30 \cdot 50^3}{2 \cdot 5} \cdot \frac{1}{3}$$

$$Y_1 = \frac{5875}{411} = 14{,}3 \text{ kg}$$

$$Y_2 = 30 - 14{,}3 = 15{,}7 \text{ kg}.$$

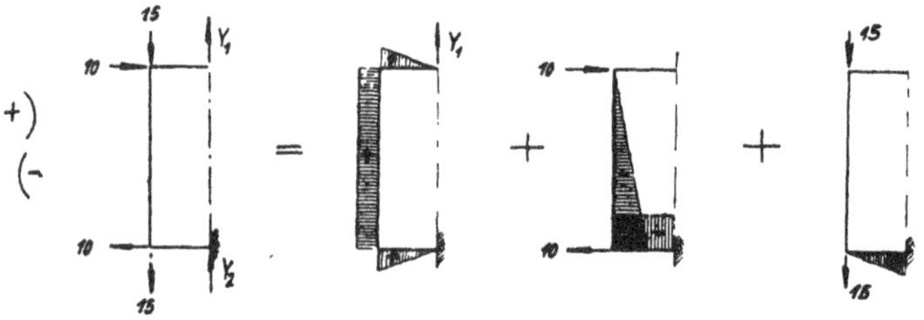

Bild 131a. Zur Bestimmung der Krümmungsflächen für den antisymmetrischen Belastungsanteil.

Beispiel 29; 7: Zweifach symmetrischer Rahmen mit konstantem Trägheitsmoment, symmetrisch zur einen Achse belastet.

Die zur senkrechten Achse symmetrische Belastung wird zerlegt in die Belastungsanteile: symmetrisch zur senkrechten Achse, symmetrisch zur waagerechten Achse, symmetrisch zur senkrechten Achse, antisymmetrisch zur waagerechten Achse.

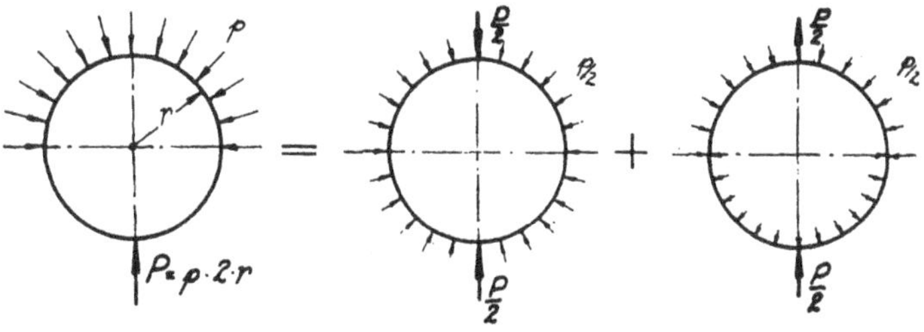

$p/2$ ergibt kein Moment, sondern nur Druckkräfte im Ring. Beanspruchung infolge $P/2$ wie im Beispiel 29; 5.

Im Antisymmetrieschnitt kann nur eine Querkraft (Y) wirken. Die Deformationsbedingung ist:

$$\mathfrak{y} = 0 = \int \frac{M}{E \cdot J} \cdot ds \cdot y.$$

Bild 132. Zweifach symmetrischer Rahmen mit konstantem Trägheitsmoment, symmetrisch zur einen Achse belastet.

Tip für die Rechnung bei gleichmäßig verteilter Belastung.

Für einen einseitig eingespannten Kreisbogen belastet durch die gleichmäßig verteilte Last p gilt: Resultierende von p bis zur Stelle *1*.

$$R = p \cdot 2\,r \cdot \sin\frac{\alpha}{2}.$$

Moment an der Stelle *1*.

$$M_p = R \cdot r \cdot \sin\frac{\alpha}{2} = p \cdot 2\,r^2 \cdot \sin^2\frac{\alpha}{2}$$
$$= p \cdot r^2 (1 - \cos\alpha).$$

Die verteilte Belastung p ist in bezug auf den Momentenverlauf (aber nicht bezüglich des Querkraftverlaufs) identisch mit einer am freien Ende angreifenden Einzelkraft $X = p \cdot r$, denn es ist

$$M_x = X \cdot r\,(1 - \cos\alpha)$$
$$= p \cdot r^2 (1 - \cos\alpha).$$

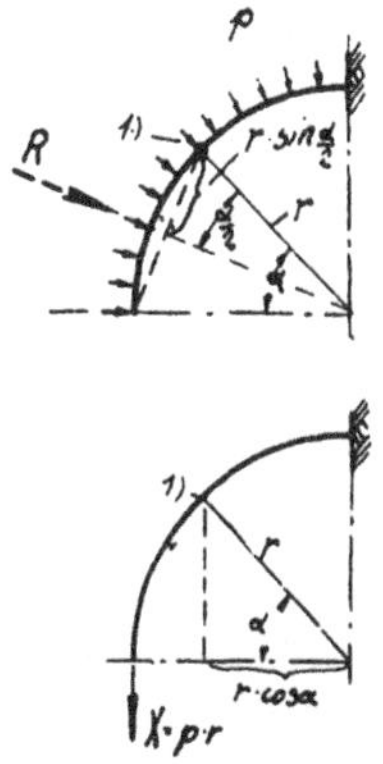

Bild 133. Zum Tip für die Berechnung des Momentenverlaufs bei gleichmäßig verteilter Belastung.

Anwendung auf den antisymmetrischen Lastanteil (Bild 132).

Die Deformationsbedingung für die Stelle L ist: $\mathfrak{y} = 0$.

Man muß die Wirkungslinie so legen, daß

$$F_1 \cdot y_1 = F_2 \cdot y_2.$$

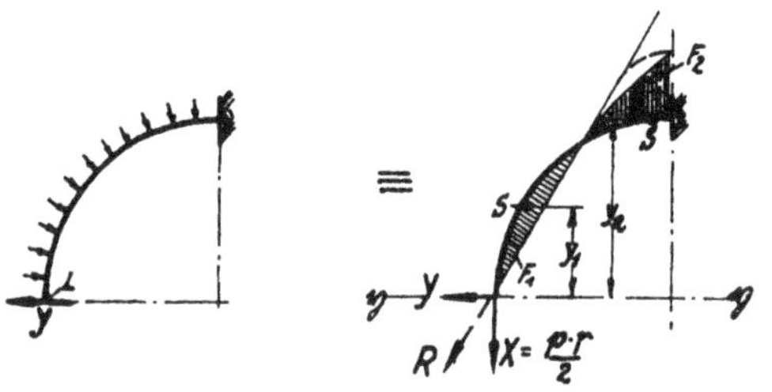

Bild 134. Zur Bestimmung der Krümmungsfläche für den antisymmetrischen Belastungsanteil unter Anwendung des Tips.

Die Größe von R findet man aus dem Krafteck. Da Größe und Richtung von R bekannt sind, kann jetzt das Moment für jede Stelle angegeben werden.

D. Die Festigkeit von Biegungsträgern.

30. Allgemeine Betrachtungen.

Da die Bruchlast beim Biegungsträger im allgemeinen bestimmt ist durch die größte, in der Randfaser auftretende Längsspannung, liegt es nahe, die aus einem Zerreißversuch ermittelte Bruchspannung als zulässige Grenze einzuführen. Für diejenigen Werkstoffe, für die Zug- und Druckspannungen gleich hoch liegen (Walz- und Schmiedeteile), wählt man für die Bestimmung der zulässigen Beanspruchung den Zugversuch, der sich durch eine große Einfachheit in der Versuchsdurchführung auszeichnet. Werkstoffe, für die die Bruchspannung auf Zug und Druck verschieden hoch liegt (Holz, Guß), müssen zwangsläufig auch einem Druckversuch unterworfen werden.

(Auf die Herabminderung der zulässigen Druckspannungen bei schlanker Ausbildung der Bauteile wird in diesem Abschnitt nicht eingegangen.)

Für die Beurteilung der Zulässigkeit dieses Verfahrens sollen zunächst die durch einen Zugversuch ermittelten

Zusammenhänge zwischen den Spannungen und Formänderungen erläutert werden.

31. Spannungs-Dehnungsdiagramm.

Beim Zugversuch werden beim allmählichen Aufbringen der Belastung die zu jeder Last P gehörigen Längungen Δl des Stabes fortlaufend oder auch nur für einzelne Laststufen gemessen. Mit den vor Belastung gemessenen Werten für die Meßlänge l und den Querschnitt f des Stabes errechnet man die Spannung: $\sigma = \frac{P}{f}$ und die zugehörige Dehnung: $\varepsilon = \frac{\Delta l}{l}$. Trägt man die Spannungen in Abhängigkeit von den Dehnungen auf, so erhält man das Spannungs-Dehnungsdiagramm, das z. B für Dural die in Bild 135 wiedergegebene typische Gestalt aufweist. Für die Abhängigkeit der Dehnungen von den Spannungen lassen sich danach folgende charakteristische Grenzen feststellen.

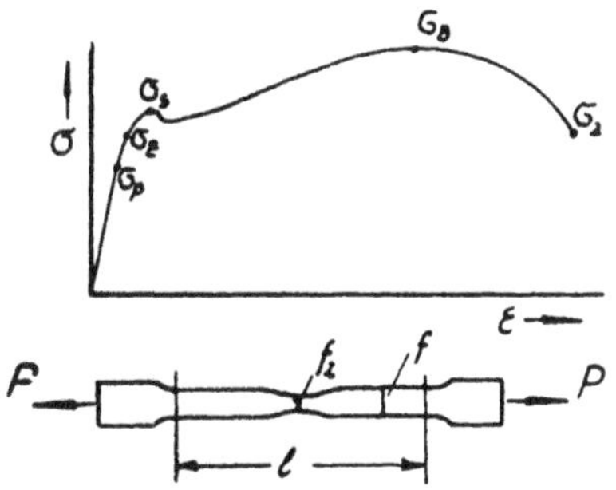

Bild 135. Spannungs-Dehnungsdiagramm für einen Zugstab.

σ_P = Proportionalitätsgrenze.

Bis zu dieser Spannung ist die Dehnungszunahme direkt proportional der Spannungszunahme. Dieses lineare Verhalten wird ausgedrückt durch das Hookesche Gesetz

$$\frac{d\sigma}{d\varepsilon} = E = \text{const oder auch } \sigma = E \cdot \varepsilon.$$

Die vom Werkstoff abhängige Größe E wird mit Elastizitätsmodul bezeichnet und besitzt die Dimension einer Spannung (kg/cm^2). Setzt man die Dehnung

$$\varepsilon = \frac{\Delta l}{l} = 1; \text{ d. h. } \Delta l = l, \text{ so ist } \sigma = E \cdot 1.$$

Man kann also den Elastizitätsmodul als die Spannung definieren, bei der der Stab um den Betrag seiner ursprünglichen Länge gelängt wird.

σ_E = Elastizitätsgrenze.

Bis zu dieser Spannung nimmt der Stab nach dem Entlasten seine ursprüngliche Länge ein, d. h. es treten keine bleibenden Dehnungen auf. Wegen der Schwierigkeit der Bestimmung dieser Grenze hat man diese so festgelegt, daß nach dem Entlasten die bleibende Dehnung $\varepsilon \leqq 0{,}02\%$ ist.

σ_S = Streckgrenze.

Diese ist festgelegt durch die Bestimmung, daß die bleibende Dehnung $\varepsilon \leqq 0{,}2\%$ ist. Nach Erreichen dieser Grenze wird die Dehnung trotz verringerter Spannung größer; das Material fließt. Infolge innerer Kaltverfestigung kommt ein Haltepunkt, von dem aus die Dehnungen nur mit zunehmender Spannung ansteigen.

σ_B = Zugfestigkeit.

$\sigma_B = \frac{P_{max}}{f}$ ist die größte, auf den ursprünglichen Querschnitt bezogene Festigkeit. Nach dem Überschreiben der σ_B-Grenze fängt der Stab an, sich an einer Stelle einzuschnüren. Infolge der Querschnittsverminderung kann der Stab trotz steigender Spannung nicht mehr soviel Last aufnehmen. Das Diagramm weist über σ_B hinaus einen Abfall der Kurve auf, da die errechneten Spannungen auf den Ursprungsquerschnitt bezogen sind.

σ_Z = ist die rechnerische Bruchfestigkeit $\frac{P_Z}{f}$, bei der der Stab zerreißt.

Werden die Spannungen auf den jeweilig eingeschnürten Querschnitt bezogen, so erhält man

$\sigma_Z' = \frac{P_Z}{f_Z}$, die größte wirkliche Materialfestigkeit; sie ist jedoch für den Konstrukteur vollkommen bedeutungslos.

Die gleichen Betrachtungen gelten für gedrückte Stäbe, ausgenommen die schlanken Stäbe, die eine andere Bruchform aufweisen (Knickstäbe).

32. Zulässige Spannungen beim Biegungsträger.

Dimensioniert man einen auf Biegung beanspruchten Stab nach der aus einem Zerreißversuch ermittelten Zugfestigkeit (σ_B), so hält der Stab beim Biege-Bruchversuch je nach seiner Querschnittsform ein mehr oder weniger höheres Moment (M_B) als das in Rechnung gesetzte aus. Demnach erscheint die aus dem Biegeversuch errechnete zulässige Festigkeit

$$\sigma_r = \frac{M_B}{W}$$

größer als die der Rechnung zugrunde gelegte, aus dem Zugversuch ermittelte Zugfestigkeit σ_B. Der Unterschied in den ermittelten Festigkeiten hat zwei Ursachen.

a) Einfluß einer Behinderung der Querdehnung auf die zulässigen Spannungen.

Wird ein Stab durch eine Zugbeanspruchung in Längsrichtung gedehnt, so tritt gleichzeitig eine Querdehnung, d. h. eine Zusammenziehung in Querrichtung ein; Längsdehnung und Querdehnung stehen für jeden Werkstoff in einem bestimmten Verhältnis.

$$\text{Querdehnung: } \varepsilon_q = \frac{1}{m} \cdot \varepsilon .$$

Die dimensionslose Konstante m, auch Poissonsche Zahl genannt, hat für die meisten Werkstoffe einen Wert zwischen 3 und 4.

Wird die Querdehnung ganz oder teilweise verhindert, wie es z. B. bei dem Zerreißstab nach Bild 136a der Fall ist — wegen der Veränderlichkeit der Längsspannungen und damit der Längsdehnungen in der Kerbe, ist auch die Querdehnung für die einzelnen Querschnitte der Kerbe unterschiedlich —, so wächst die Zugfestigkeit.

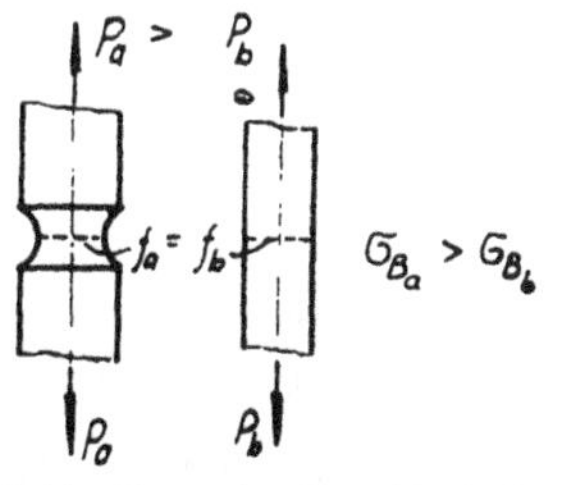

Bild 136a u. b. Zum Einfluß der behinderten Querdehnung auf die Größe der Zugfestigkeit.

Bei Stäben, die auf Biegung beansprucht werden, ist die Längsspannung über den Querschnitt, also auch die Querdehnung veränderlich; hierdurch tritt je nach Querschnittsform eine stärkere oder geringere Behinderung der Querdehnung ein.

b) Einfluß der Überschreitung der Elastizitätsgrenze auf die zulässigen Spannungen.

Die in der Biegetheorie gemachte Annahme vom Ebenbleiben der Querschnitte hat auch nach Überschreiten der Elastizitätsgrenze Gültigkeit. Da jedoch im überelastischen Bereich der Zusammenhang zwischen Spannungen und Dehnungen nicht mehr linear ist, die Dehnungen vielmehr stärker als die Spannungen zunehmen, ist auch die Spannungsverteilung nicht mehr linear.

Mit steigender Belastung tritt eine Überschreitung der Elastizitätsgrenze zunächst in den Randfasern ein, die sich dann nach der neutralen Faser zu fortsetzt; nach dem Überschreiten der σ_E-Grenze in den Randfasern ist demzufolge der proportionale Spannungszuwachs für die Innenfasern größer als für die Außenfasern. Der Bruch tritt ein, wenn in

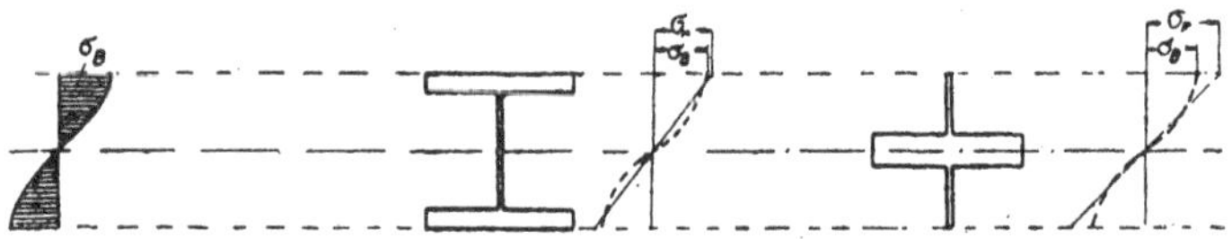

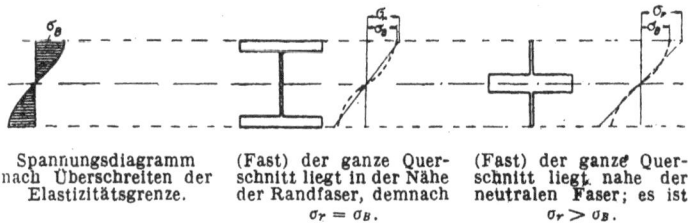

Spannungsdiagramm nach Überschreiten der Elastizitätsgrenze.

(Fast) der ganze Querschnitt liegt in der Nähe der Randfaser, demnach $\sigma_r = \sigma_B$.

(Fast) der ganze Querschnitt liegt nahe der neutralen Faser; es ist $\sigma_r > \sigma_B$.

Bild 136c. Einfluß der Querschnittsform auf den Größenunterschied zwischen der — aus einem Biegebruchversuch ermittelten — rechnerischen Bruchspannung σ_r und der wirklichen Bruchfestigkeit σ_B.

der Außenfaser die zulässige Zugfestigkeit überschritten wird. Die aus diesem Bruchmoment unter Zugrundelegung einer linearen Spannungsverteilung errechnete Spannung $\sigma_r = \frac{M_B}{W}$ ist immer größer als die wirkliche Zugfestigkeit σ_B, und zwar ist der Unterschied um so größer, je geringer der im Bereich hoher Spannungen liegende Teil des Querschnitts ist, wie es aus den beiden Extremfällen (Bild 136c) leicht ersichtlich ist.

c) Zusammenfassung.

Die Behinderung der Querdehnung und die Überschreitung der Elastizitätsgrenze ergeben zusammen eine unter Umständen erhebliche Erhöhung der aus einem Biegebruchversuch errechneten Spannung gegenüber der wirklichen Zugfestigkeit. Die rechnerische Biegefestigkeit ist in starkem Maße von der Querschnittsform abhängig, wie es an den folgenden Querschnitten erläutert wird.

a. Bei aufgelösten Querschnitten wird die Querdehnung kaum behindert. Die hohen Spannungen treten in einem großen Bereich auf. Es ist also σ_r nicht viel größer als σ_B.

b. Beim schmalen hohen Rechteck ist der Bereich hoher Längsspannungen gegenüber *a* kleiner; Unterschied zwischen σ_r und σ_B etwas größer als bei *a*.

c. Bei diesen Querschnitten ist im Bereich der hohen Längsspannungen die Querdehnung stark behindert; Bereich hoher Längsspannungen außerdem klein. σ_r sehr viel größer als σ_B.

d. Bei sehr dünnwandigen Querschnitten ist $\sigma_r = \sigma_B$; sie schalten jedoch für diese Betrachtungen aus, da sich ihre Bruchfestigkeit nach der Verbeulungsgefahr an der Druckseite richtet.

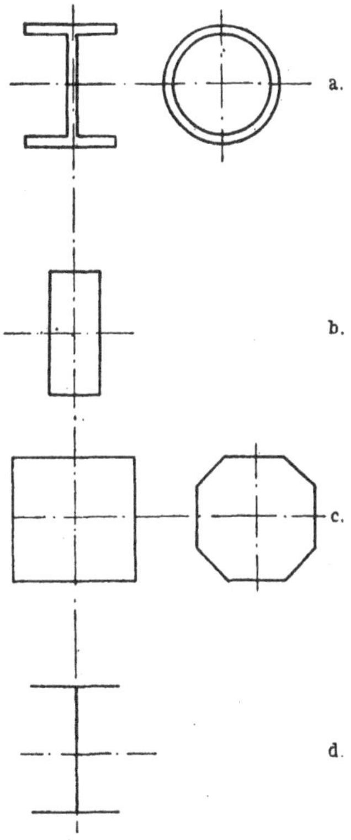

Bild 137. Zum Einfluß der Querschnittsformen auf die Größe der rechnerischen Bruchspannung.

Im Flugzeugbau wählt man jedoch die zulässige Spannung nicht größer als die Zugfestigkeit σ_B. Andernfalls würden bei den auf Biegung beanspruchten Elementen plastische Deformationen früher eintreten als bei den durch reine Längskräfte belasteten Baugliedern.

Gestaltet sich bei kompliziert aufgebauten Konstruktionsteilen die Berechnung zu schwierig oder ist der Kraftverlauf nicht eindeutig zu überblicken, so wird die Berechnung in Praxis durch einen Versuch ersetzt oder zumindest bekräftigt. Ist in solchen Fällen die Bruchbeanspruchung zum größten Teil durch Biegespannungen gegeben, und weist der Bruchquerschnitt die unter Bild 137c charakterisierte Form auf, so ist es notwendig, die Bruchlast durch Schätzen auf einen solchen zulässigen Wert zu reduzieren, daß die danach errechnete Bruchspannung mit der Zugfestigkeit σ_B ungefähr übereinstimmt.

E. Schubverbände von Biegungsträgern.

33. Vergleichende Betrachtung zwischen Fachwerk- und Schubwandträger.

Der Forderung nach geringem Gewicht Rechnung tragend, legt man im allgemeinen beim Biegungsbalken den Querschnitt möglichst in den Bereich hoher Spannungen, d. h. in die Randfaser. Als Grenzfall eines solchen Biegungsbalkens erhält man den Schubwandträger, bestehend aus zwei großquerschnittigen Gurten, die durch einen dünnen Steg verbunden sind. Die Längskräfte im Steg eines derartigen Schubwandträgers sind einmal wegen des geringen Querschnittsanteils des Steges, zum andernmal wegen der im Mittel geringen Spannungen vernachlässigbar klein. Dem Steg fällt lediglich die Aufgabe eines Schubverbandes zu, wie z. B. dem Fachwerkverband eines Fachwerkträgers mit geraden durchlaufenden Randstäben (Gurten). Man erkennt dies am besten durch eine vergleichende Betrachtung von einem Fachwerkträger und einem Schubwandträger mit parallelen Gurten.

a) Fachwerkträger mit parallelen Gurten.

Die Aufgaben, die den einzelnen Baugliedern (Gurte, Schubverband) zufallen, werden deutlich bei einer Stabkraftermittlung (Gleichgewichtsbetrachtung) offenbar.

α) Bestimmung der Gurtkräfte (Ritterschnittverfahren).

Man denkt sich nacheinander Schnitte durch die Knoten (*1*, *2* usw.) gelegt und die in den Schnittstellen wirkenden inneren Kräfte als äußere Kräfte angebracht. Vernachlässigt man hier wie auch im folgenden die Biegesteifigkeit der Knoten, so ergibt das Momentengleichgewicht um den jeweilig betrachteten Knoten (Bild 138a):

$$\Sigma \underset{(1)}{M} = 0:\ L_1 = \frac{Q \cdot x_1}{h}$$

$$\Sigma \underset{(2)}{M} = 0:\ L_2 = \frac{Q \cdot x_2}{h} = \frac{Q \cdot (x_1 + t)}{h} = L_1 + \Delta L.$$

Man erkennt: Die Größe der Gurtkräfte ist von der Größe des äußeren Moments abhängig.

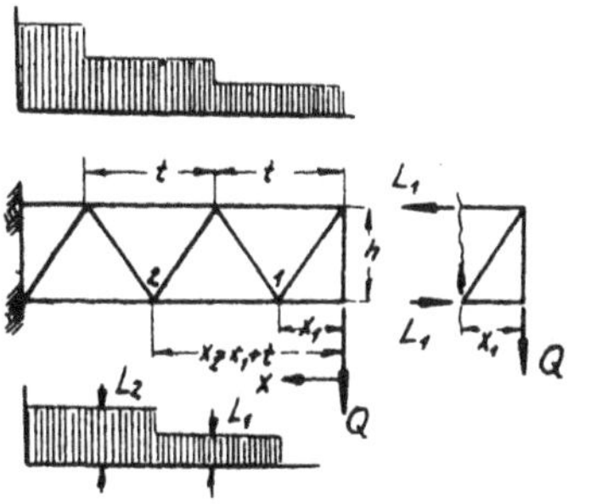

Bild 138a.
Bestimmung der Gurtkräfte beim Fachwerkträger mit parallelen Gurten.

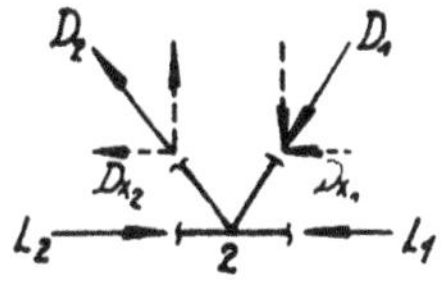

Bild 138b. Bestimmung der Kräfte im Schubverband aus dem Gleichgewicht der horizontalen Kräfte.

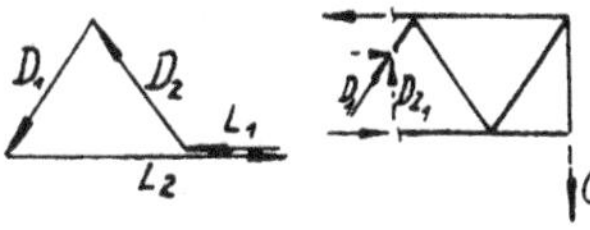

Bild 138c. Bestimmung der Kräfte im Schubverband aus dem Gleichgewicht der vertikalen Kräfte.

β) Bestimmung der Kräfte im Schubverband.

1. Man denkt sich die einzelnen Knoten nacheinander herausgeschnitten und durch die inneren Kräfte ins Gleichgewicht gesetzt. Aus dem Gleichgewicht in horizontaler Richtung findet man z. B. für Knoten *2* (Bild 138b):

$$\Sigma x = 0:\ L_2 - L_1 = D_{x2} + D_{x1} = \Delta L.$$

Der Unterschied der Gurtkräfte links und rechts von einem Knoten entspricht den horizontalen Komponenten der Stabkräfte des Schubverbandes.

(Bemerkung: Die Diagonalkräfte lassen sich auch aus den für die einzelnen Knoten gezeichneten Kraftecken ermitteln.)

2. Man führt neben einem Knoten einen Schnitt durch den Träger. Das Gleichgewicht in vertikaler Richtung ergibt:

$$\Sigma Z = 0:\ D_{z1} = Q.$$

Die Vertikalkomponente jeder Diagonalstabkraft entspricht der äußeren Querkraft.

b) Schubwandträger mit parallelen Gurten.

Die analogen Beziehungen findet man auch beim Schubwandträger, wenn man für diesen voraussetzt, daß der Steg so dünn ist, daß die in ihm auftretenden Längskräfte gegen die Gurtkräfte vernachlässigbar klein sind. Desgleichen sei vorausgesetzt, daß die Gurthöhe klein sei gegen die Trägerhöhe, die Änderung der Längskraft über die Gurthöhe also vernachlässigbar sei.

α) Bestimmung der Gurtkräfte.

Man denkt sich einen Schnitt an der Stelle x durch den Schubwandträger geführt und den abgeschnittenen Teil mit den inneren und äußeren Kräften ins Gleichgewicht gesetzt.

Dem äußeren Moment entspricht ein Kräftepaar in den Gurten. Man findet aus (Bild 139a):

$$\Sigma M = 0:\; L_o = L_u = L = \frac{Q \cdot x}{h}.$$

Für einen Schnitt an der Stelle $x + \Delta x$ gilt entsprechend:

$$L + \Delta L = \frac{Q\,(x + \Delta x)}{h} = L + \frac{Q \cdot \Delta x}{h}$$

$$\Delta L = \frac{Q \cdot \Delta x}{h}.$$

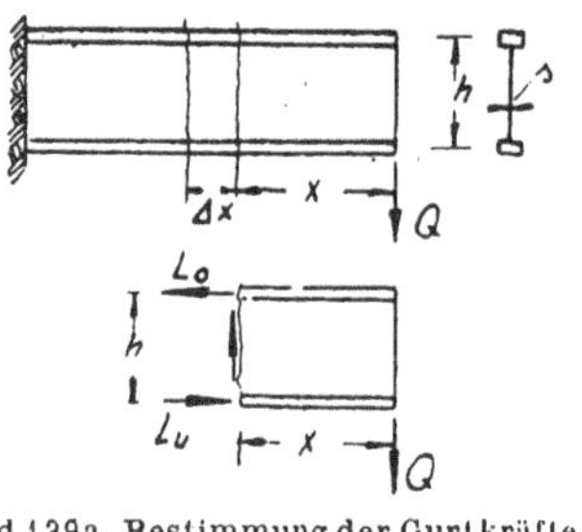

Bild 139a. Bestimmung der Gurtkräfte beim Schubwandträger mit parallelen Gurten.

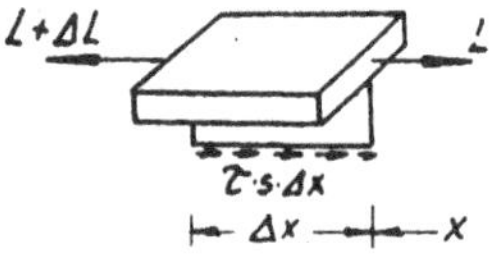

Bild 139b. Bestimmung der Schubkräfte im Steg aus dem Gleichgewicht der horizontalen Kräfte.

β) Bestimmung der Schubkräfte im Steg.

1. Dem Unterschied der Gurtkräfte an den Stellen x und $x + \Delta x$ entspricht eine horizontale Schubkraft im Steg. Das

Gleichgewicht der horizontalen Kräfte ergibt (Bild 139b):

$$\Sigma X = 0: \Delta L = \frac{Q \cdot \Delta x}{h} = \tau \cdot s \cdot \Delta x$$

$$\tau \cdot s = \frac{Q}{h}.$$

2. Die vertikale Schubkraft im Steg ist an jeder Stelle x gleich der äußeren Querkraft. Man erhält aus (Bild 139c):

$$\Sigma Z = 0: \tau \cdot s \cdot h = Q$$

$$\tau \cdot s = \frac{Q}{h}.$$

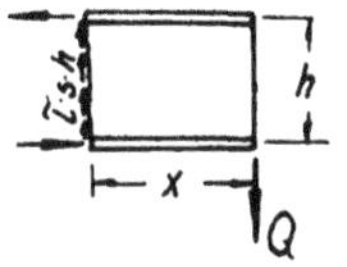

Bild 139c. Bestimmung der Schubkräfte im Steg aus dem Gleichgewicht der vertikalen Kräfte.

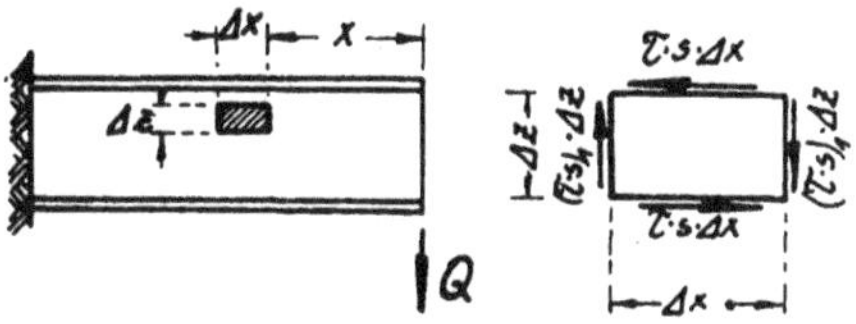

Bild 139d. Gleichgewicht eines Stegelements.

Bemerkung: Der Wert $\tau \cdot s$ ist unter den getroffenen Voraussetzungen an jeder Stelle x für die vertikale und horizontale Richtung gleich groß. Die gleiche Bedingung erhält man auch aus dem Gleichgewicht eines Stegelements $\Delta x \Delta z$.

Das Momentengleichgewicht ergibt (Bild 139d):

$$\tau \cdot s \cdot \Delta x \cdot \Delta z = (\tau \cdot s)_1 \cdot \Delta z \cdot \Delta x$$

$$\tau \cdot s = (\tau \cdot s)_1.$$

c) Zusammenfassung.

Das äußere Moment wird durch Längskräfte in den Gurten aufgenommen. Das Anwachsen der Gurtkräfte wird durch den Schubverband ermöglicht. Die Größe der Gurtkräfte kann sich dementsprechend beim Fachwerkträger nur sprunghaft von Knoten zu Knoten ändern; beim Schubwandträger ändern sich die Gurtkräfte wie das Moment. Der Schubverband dient ferner zur Weiterleitung der Querkräfte.

Für die Bemessung der Querschnitte ist folglich für die Gurte der Momentenverlauf, für den Schubverband der Querkraftverlauf maßgebend.

34. Bestimmung der Schubspannung bei Biegung.

Für die Ermittlung der Beanspruchung einer Schubwand ist es im allgemeinen zweckmäßig, zunächst immer erst den Verlauf der Größe $\tau \cdot s$, die in Anlehnung an den hydrodynamischen Vergleich (siehe Abschnitt 34, γ) mit Schubfluß bezeichnet wird, qualitativ und bzw. auch quantitativ zu bestimmen; hierdurch gestaltet sich die Rechnung einfach und übersichtlich, wie es aus dem folgenden zu ersehen ist. Aus dem errechneten Schubfluß und den bekannten Wandstärken kann man dann ohne weiteres die Beanspruchung (Schubspannung) angeben bzw. nach der zulässigen Schubspannung die Wandstärken bemessen.

a) Schubfluß bei Querkraftbiegung.

α) Schubwandträger mit zwei parallelen Gurten.

Für den in 33, b behandelten Schubwandträger ergab sich für einen beliebigen Längsschnitt der Schubfluß zu

$$q = \tau \cdot s = \frac{Q}{h} \text{ (kg/cm).}$$

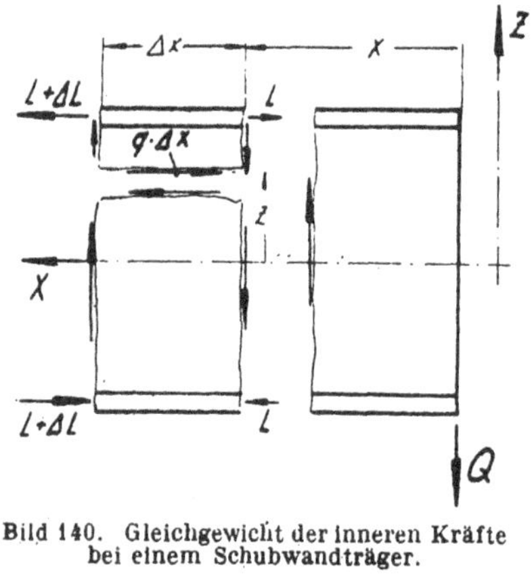

Bild 140. Gleichgewicht der inneren Kräfte bei einem Schubwandträger.

Da nach Voraussetzung die Längskräfte im Steg vernachlässigbar klein sind, also gleich Null gesetzt werden, ergibt das Gleichgewicht der horizontalen Kräfte für jede Stelle z die gleiche Größe für q. Der Schubfluß ist also über die Steghöhe konstant. Ändert sich die Querkraft in Längsrichtung des Trägers nicht, so ist q auch in Längsrichtung des Trägers konstant, wie es ohne weiteres aus dem Gleichgewicht der vertikalen Kräfte zu ersehen ist.

β) Schubwandträger mit mehreren parallelen Gurten.

1. Symmetrische Querschnittsformen. Die Lage der Hauptträgheitsachsen Z, H ist durch die Symmetrieachse gegeben. Die Richtung der Querkraft Q falle mit der Rich-

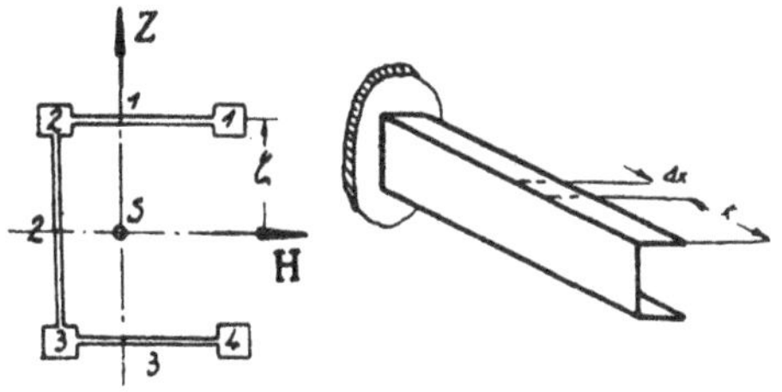

Bild 141 a. Schubwandträger mit mehreren parallelen Gurten: einfach symmetrische Querschnittsform.

tung der Hauptachse Z zusammen (einfache Biegung). Für jeden Schnitt an einer beliebigen Stelle x wird der lineare Spannungszustand vorausgesetzt. Die Spannungen in den Gurten ergeben sich demnach aus:

$$\sigma = \frac{M}{W} = \frac{Q \cdot x}{J} \zeta.$$

Die Spannung an der Stelle $x + \Delta x$ ist entsprechend:

$$\sigma + \Delta \sigma = \frac{Q(x + \Delta x)}{J} \cdot \zeta = \sigma + \frac{Q \cdot \Delta x}{J} \cdot \zeta$$

oder:

$$\Delta \sigma = \frac{Q \cdot \zeta}{J} \cdot \Delta x.$$

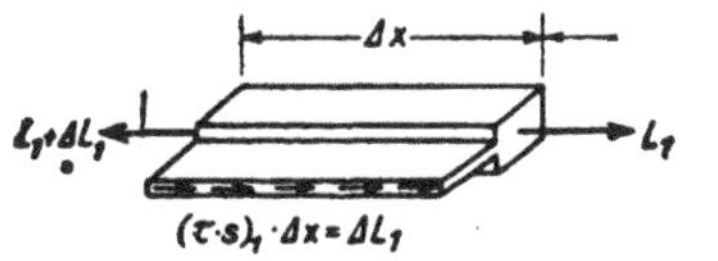

Bild 141 b. Zusammenhang zwischen den Längskräften in einem Randgurt und den Schubkräften im Steg.

Ist f_1 der Querschnitt des Gurtes »1«, so kann man den Unterschied der Gurtkraft ΔL_1 zwischen den Stellen x und $x + \Delta x$ angeben durch:

$$\Delta L_1 = \Delta \sigma_1 \cdot f_1 = \frac{Q}{J} \cdot f_1 \cdot \zeta_1 \cdot \Delta x.$$

Der Gurtkraftdifferenz ΔL_1 entspricht eine Schubkraft im Steg »1« (vgl. Bild 141b):

$$(\tau \cdot s)_1 \cdot \Delta x = \Delta L_1 = \frac{Q}{J} \cdot f_1 \cdot \zeta_1 \cdot \Delta x$$

oder

$$(\tau \cdot s)_1 = \frac{Q}{J} \cdot f_1 \cdot \zeta_1 .$$

In gleicher Weise erhält man aus der Gleichgewichtsbetrachtung für den Gurt »2«:

$$\Delta L_2 = (\tau \cdot s)_2 \cdot \Delta x - (\tau \cdot s)_1 \cdot \Delta x = \Delta \sigma_2 \cdot f_2$$

$$[(\tau \cdot s)_2 - (\tau \cdot s)_1] \; \Delta x = \frac{Q}{J} \cdot f_2 \cdot \zeta_2 \cdot \Delta x$$

$$\tau \cdot s_2 = \frac{Q}{J} \cdot f_2 \cdot \zeta_2 + \frac{Q}{J} \cdot f_1 \cdot \zeta_1$$

oder allgemein:

$$\boxed{q = \tau \cdot s = \frac{Q}{J} \Sigma f \cdot \zeta = \frac{Q}{J} \cdot S_\eta} \quad . \; . \; . \; (34;\, 1)$$

(Cousinenformel.)

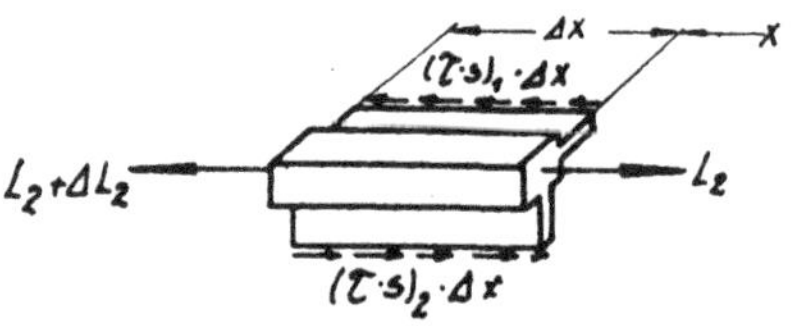

Bild 141c. Zusammenhang zwischen den Längskräften in einem Zwischengurt und den Schubkräften in den Stegen.

Hierin ist S_η das auf die Hauptträgheitsachse H bezogene statische Moment aller Gurtquerschnitte, die vor dem betrachteten Schnitt liegen, für den man die Größe des Schubflusses ermitteln will.

2. Unsymmetrische Querschnittsformen. Bei unsymmetrischen Querschnittsformen kann man grundsätzlich zuerst die Lage der Hauptträgheitsachsen nach Gl. (20; 17) bestimmen und dann den Schubfluß nach der Cousinenformel (Gl. 34; 1)) berechnen. Fällt die Richtung der Querkraft Q nicht mit der Richtung einer Hauptachse zusammen, so zerlegt man Q nach den Richtungen der Hauptachsen in die Kom-

ponenten Q_η und Q_ζ und berechnet den Schubfluß in den einzelnen Stegen aus:

$$q = (\tau \cdot s) = (\tau \cdot s)_\eta + (\tau \cdot s)_\zeta = \frac{Q_\eta \cdot S_\zeta}{J_\zeta} + \frac{Q_\zeta \cdot S_\eta}{J_\eta} \quad (34;\,2)$$

Zuweilen ist es rechnungsmäßig einfacher, den Schubfluß ohne direkte Bezugnahme auf das Hauptachsensystem nach der im folgenden entwickelten Gleichung zu bestimmen.

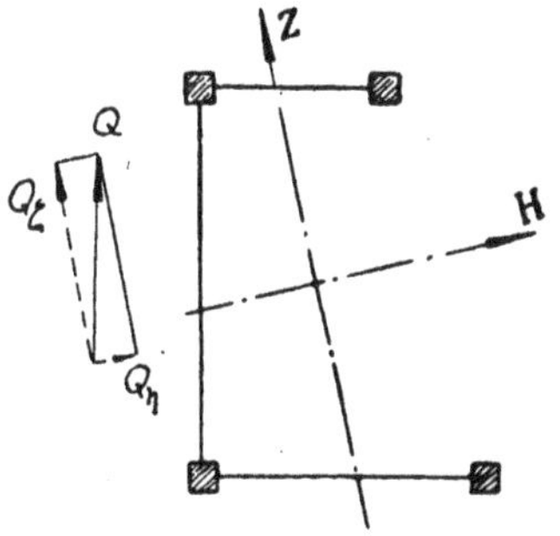

Bild 142. Unsymmetrischer Querschnitt mit Hauptträgheitsachsen.

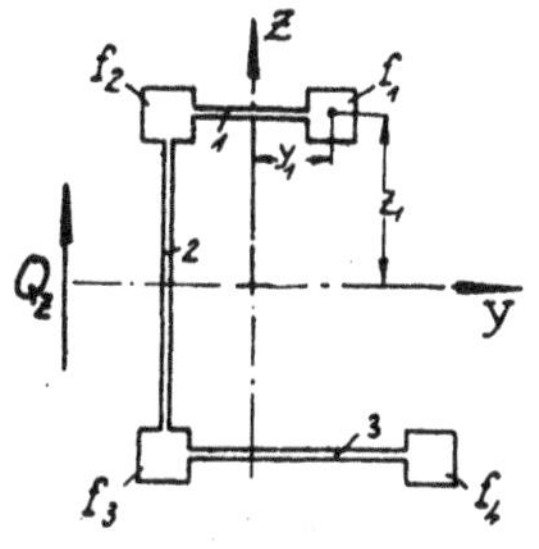

Bild 143. Zur Bestimmung der Schubflüsse in den Stegen eines mehrgurtigen Schubwandträgers mit unsymmetrischer Querschnittsform.

Fällt die Richtung der Querkraft z. B. mit der Richtung der Z-Achse des beliebig gewählten Achsensystems Y, Z zusammen (Bild 143), so kann man unter Bezugnahme auf Gl. (22; 6) die Spannung des Gurtes »1« für die Stellen x und $x + \Delta x$ angeben durch (vgl. Abschnitt β, 1):

$$\sigma_1 = \frac{z_1 \cdot J_z - y_1 \cdot J_{yz}}{J_y \cdot J_z - J_{yz}^2} \cdot Q_z \cdot x$$

$$\sigma_1 + \Delta \sigma_1 = \frac{z_1 \cdot J_z - y_1 \cdot J_{yz}}{J_y \cdot J_z - J_{yz}^2} \cdot Q_z \cdot (x + \Delta x)$$

oder

$$\Delta \sigma_1 = \frac{z_1 \cdot J_z - y_1 \cdot J_{yz}}{J_y \cdot J_z - J_{yz}^2} \cdot Q_z \cdot \Delta x.$$

Hiermit erhält man für die Änderung der Gurtkraft auf dem Stück Δx:

$$\Delta L_1 = \Delta \sigma_1 \cdot f_1 = \frac{z_1 \cdot J_z \cdot f_1 - J_{yz} \cdot f_1 \cdot y_1}{J_y \cdot J_z - J_{yz}^2} \cdot Q_z \cdot \Delta x.$$

Dieser Gurtkraftänderung entspricht eine Schubkraft $(\tau\cdot s)_1 \cdot \Delta x$ im Steg »1«. Man erhält nach Kürzung von Δx:

$$q_1 = (\tau\cdot s)_1 = \frac{J_z\cdot f_1\cdot z_1 - J_{yz}\cdot f_1\cdot y_1}{J_y\cdot J_z - J_{yz}^2}\cdot Q_z .$$

Führt man die gleichen Betrachtungen auch für den Gurt »2« durch, so erhält man:

$$q_2 = (\tau\cdot s)_2 = \frac{J_z\cdot f_1\cdot z_1 - J_{yz}\cdot f_1\cdot y_1}{J_y\cdot J_z - J_{yz}^2}\cdot Q_z + \\ + \frac{J_z\cdot f_2\cdot z_2 - J_{yz}\cdot f_2\cdot y_2}{J_y\cdot J_z - J_{yz}^2}\cdot Q_z$$

oder allgemein:

$$q = (\tau\cdot s) = \frac{J_z\cdot \Sigma f\cdot z - J_{yz}\,\Sigma f\cdot y}{J_y\cdot J_z - J_{yz}^2}\cdot Q_z$$

$$\boxed{q_r = (\tau\cdot s)_z = \frac{Q_z}{J_y\cdot J_z - J_{yz}^2}\,(J_z\cdot S_y - J_{yz}\cdot S_z} \quad (34;\,3)$$

Fällt die Querkraft mit der Y-Achse zusammen, so erhält man ganz analog:

$$\boxed{q_y = (\tau\cdot s)_y = \frac{Q_y}{J_y\cdot J_z - J_{yz}^2}\,(J_y\cdot S_z - J_{yz}\cdot S_y)} \quad (34;\,4)$$

γ) Hydrodynamischer Vergleich.

Die Ausführungen dieses Abschnitts beziehen sich auf den Fall der einfachen Biegung (Belastung in Richtung einer Hauptachse). Für den Fall der schiefen Biegung zerlegt man die Querkraft nach den Richtungen der Hauptachsen und kann dann für jede Komponente getrennt den Vergleich anwenden.

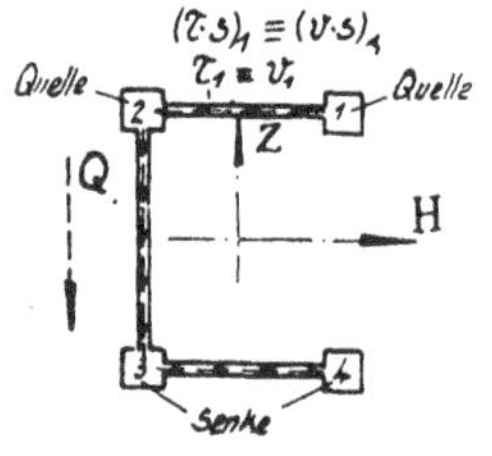

Bild 144. Zum hydrodynamischen Vergleich.

Man denke sich in den einzelnen Flächenelementen[1]) df Quellen bei $+\zeta$ und Senken bei $-\zeta$, von einer Stärke, die $\eta\cdot df$ proportional ist. Es entspricht dann die durchfließende Menge $(v\cdot s)$ der Stärke des Schubflusses $(\tau\cdot s)$ oder die Geschwindigkeit v der Schubspannung τ.

[1]) Man beachte hierbei, daß man für Stege, deren Längskräfte vernachlässigt werden, keine Quellen und Senken annehmen darf.

Satz: Die Schubspannungen in einem Querschnitt entsprechen dem drehungsfreien Geschwindigkeitsfeld einer Flüssigkeitsbewegung, die durch flächenhafte Quellen (bzw. Senken) von der Stärke ζ $\left(\text{bzw. } \frac{Q}{J}\zeta\right)$ pro Flächeneinheit entstanden ist.

Will man nur den qualitativen Verlauf der Schubspannungen ermitteln, so genügt es, nur mit ζ zu rechnen. Hieraus findet man den quantitativen Verlauf durch Multiplikation mit $\frac{Q}{J}$.

δ) Beispiel.

Für den nebenstehenden Duraluminiumholm (Bild 145) ist die Beanspruchung des Steges und der Nietung gesucht.

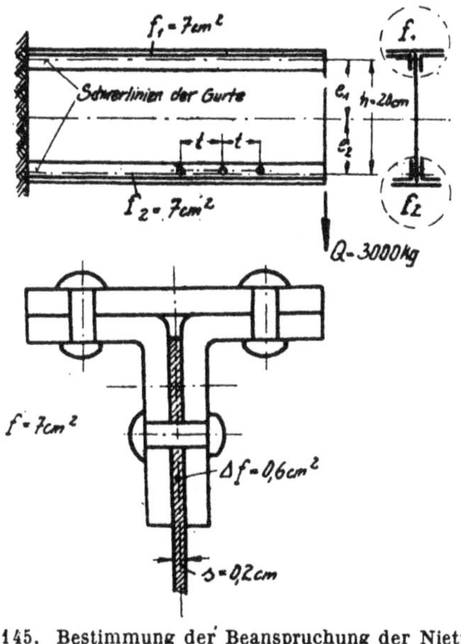

Bild 145. Bestimmung der Beanspruchung der Nietung in einem zweigurtigen Schubwandträger.

1. Ermittlung der Schubspannung im Steg. Es wird vorausgesetzt, daß die Längskräfte im Steg gegen die im Gurt vernachlässigbar klein sind. Der Schubfluß über die Steghöhe ist also konstant. Desgleichen wird die Längsspannung im ganzen Gurtquerschnitt als konstant betrachtet.

Mit $f_1 \cdot e_1 = f_2 \cdot e_2$ und $e_1 + e_2 = h$ folgt für den Schubfluß im Steg:

$$(\tau \cdot s)_s = q_s = Q \frac{f_1 \cdot e_1}{f_1 \cdot e_1^2 + f_2 \cdot e_2^2} = Q \frac{1}{e_1 + e_2} = \frac{Q}{h}$$

$$q_s = \frac{3000}{20} = 150 \text{ kg/cm.}$$

Die Schubspannung im Steg ist demnach:

$$\tau = \frac{q_s}{s} = \frac{150}{0{,}2} = 750 \text{ kg/cm}^2.$$

2. Beanspruchung der Nietung. Die Beanspruchung der Niete zwischen Gurt und Steg ist aus der vom Steg auf den Gurt abzusetzenden Schubkraft pro Längeneinheit leicht zu ermitteln. Entsprechend der Annahme konstanter Längsspannung über den Gurtquerschnitt ist dieser Schubfluß gleich dem Schubfluß im Steg multipliziert mit dem Verhältnis des Gurtteilquerschnitts $f - \Delta f$ zum Gurtgesamtquerschnitt f (Δf = Fläche des zum Gurt gerechneten Stegquerschnittes).

$$q_N = q_s \cdot \frac{f - \Delta f}{f}$$

$$q_N = 150 \frac{7 - 0{,}6}{7} = 150 \cdot \frac{6{,}4}{7} = 137 \text{ kg/cm.}$$

Nimmt man den Nietdurchmesser zu $d = 4$ mm an, so kann pro Niet einschnittig eine Schubkraft von 320[1]) kg übertragen werden. Da die Nietverbindung zweischnittig ist, überträgt jedes Niet $N = 640$ kg. Die erforderliche Nietteilung t ergibt sich aus:

$$q_N \cdot t = N$$

oder

$$t = \frac{N}{q_N} = \frac{640}{137} = 4{,}66 \text{ cm.}$$

Gewählt wird $t = 4{,}5$ cm.

In gleicher Weise kann die Beanspruchung der Niete zwischen den Gurtwinkeln und der Gurtlasche ermittelt werden.

---

[1]) Versuchswert.

Ist jedoch der Querschnitt der Lasche nicht groß gegen den Querschnitt der Winkel, so ist die aus dieser Festigkeitsrechnung erhaltene Nietteilung sehr groß und für die praktische Ausführung nicht maßgebend. Bei zu großer Nietteilung tritt bei Druckbeanspruchung ein örtliches Ausknicken der Lasche ein, auf das im Kapitel V, 51 noch eingegangen wird.

b) Schubfluß bei Längskraftbiegung.

Im Flugzeugbau treten häufig durch Längskräfte beanspruchte stabförmige Bauglieder auf, die örtliche Verstärkungen aufweisen (Bild 146), weil z. B. durch Bolzenlöcher

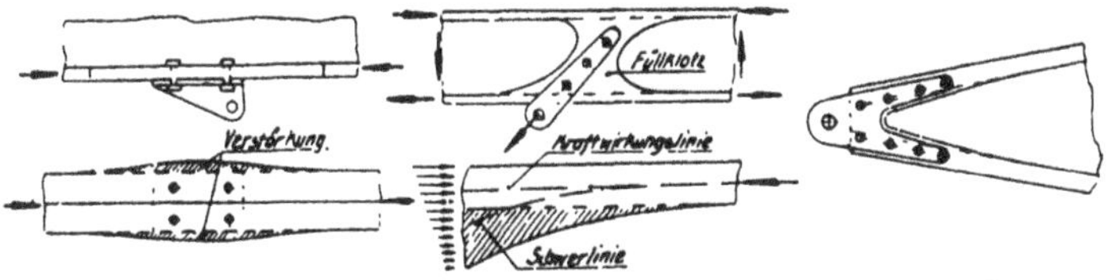

Symmetrische Verstärkung bei einem durch Bolzenlöcher geschwächten Gurt.

Die Enden eines Füllklotzes (notwendig für den Beschlageinbau) stellen ebenfalls eine Verstärkung des Gurtes dar.

Der Füllklotz dient zur Einleitung der Kräfte aus dem Holmanschluß-Beschlag. Die Enden des Füllklotzes dienen gleichzeitig zur Verstärkung der durch die Bolzenlöcher geschwächten Gurte.

Bild 146. Verschiedene Beispiele für Gurtverstärkungen.

usw. der ursprüngliche Querschnitt zu sehr geschwächt ist. Oft können mit Rücksicht auf die anschließenden Bauglieder oder aus Gründen der äußeren Gestaltung derartige Verstärkungen nur einseitig angebracht werden[1]). Die Schwerlinie eines solchen Stabes weicht dann im verstärkten Teil von der ursprünglichen, mit der Kraftwirkungslinie zusammenfallenden Geraden ab. In diesem Bereich tritt also außer der Längskraftbeanspruchung noch Biegebeanspruchung auf.

Der Einlauf der Verstärkungen in den ursprünglichen Stab muß sehr sorgfältig durchgebildet sein, sonst treten in der Schubverbindung zu große Beanspruchungen auf, wie es aus dem folgenden ersichtlich ist.

---

[1]) Bei symmetrischer Verstärkung kann die Rechnung in ähnlicher Weise durchgeführt werden; sie gestaltet sich jedoch wegen der fehlenden Biegespannung wesentlich einfacher.

Für die Rechnung wird vorausgesetzt, daß die Biegespannungen sich linear über den Querschnitt verteilen; die Richtung der Längsspannungen wird an allen Stellen parallel zur geraden Stabachse angenommen, obwohl sie in Wirklichkeit z. B. in den Randfasern in die Richtung derselben fällt.

Da im allgemeinen die durch die Verstärkung bedingte Exzentrizität des Kraftangriffs und ebenfalls bedingte Querschnittsänderung sich in analytisch geschlossener Form schlecht

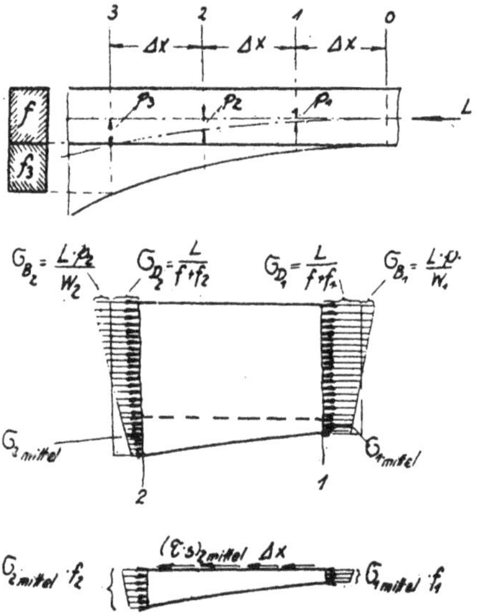

Bild 147a, b u. c. Bestimmung der Schubbeanspruchung zwischen Gurt und Verstärkung.

ausdrücken läßt, wählt man für die Ermittlung der Beanspruchung den graphisch-analytischen Weg.

Man bestimmt in dem zu untersuchenden Bereich für eine Anzahl praktischerweise gleich weit voneinander entfernt liegender Stellen durch Messung die Exzentrizität der Kraft und den Querschnitt der Verstärkung (Bild 147a). Aus den gemessenen Werten ermittelt man die Spannungsverteilung über den jeweiligen Querschnitt, insbesondere die mittlere Spannung im Verstärkungsquerschnitt (Bild 147b) und erhält hiermit die in den einzelnen Stellen wirkende Längskraft in der

Verstärkung. Der Längskraft bzw. der Änderung derselben über den Verstärkungsbereich entsprechen Schubkräfte in der Verbindung (Bild 147c). Aus der Gleichgewichtsbetrachtung in Längsrichtung des Stabes erhält man:

$$\sigma_{2m} \cdot f_2 - \sigma_{1m} \cdot f_1 = (\tau \cdot s)_{2m} \cdot \varDelta x$$

oder

$$(\tau \cdot s)_{2m} = \frac{\sigma_{2m} \cdot f_2 - \sigma_{1m} \cdot f_1}{\varDelta x}.$$

Je kleiner man die einzelnen Intervalle ($\varDelta x$) wählt, um so genauer ist die Rechnung, wobei es hinreichend ist, die Schnitte nur im Bereich hoher Schubspannungen (evtl. noch nachträglich) enger zu legen. Die Rechnung führt man am besten in Zahlentafelform durch, wie es auch in den folgenden Beispielen gezeigt ist.

Beispiel 34; 1: Füllklotz in einem Holzholm (Bild 148a). Gesucht ist die Schubbeanspruchung der Leimung zwischen Füllklotz und Gurt.

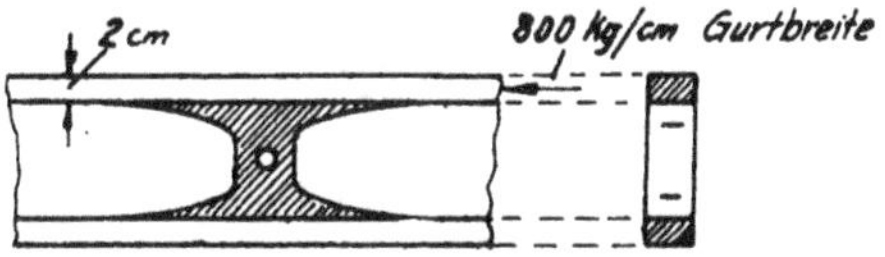

Bild 148a. Berechnungsbeispiel: Holzholm mit Füllklotz.

Da der Füllklotz und der Gurt die gleiche Breite aufweisen, genügt es, mit der Belastung pro cm Breite zu rechnen. Die Flächen f ($= e \cdot 1$ cm²) sind dann gleich ihren Höhen e. Die Biegespannungen werden aus $\sigma_B = \frac{6 \cdot p}{h} \cdot \sigma_d$ (vgl. 24b) errechnet (h = Höhe des Gesamtquerschnittes). Die mittleren Spannungen σ_m werden am einfachsten aus dem aufgetragenen Spannungsschaubild (Bild 148b) durch Messen ermittelt.

Die Schubspannung ist am Ende am größten. Die Beanspruchung $\tau = 32$ kg/cm² ist für eine gute Leimung zulässig.

Die Schubbeanspruchung, die sich aus der Einleitung einer Längskraft durch den Füllklotz in die Gurte ergibt, wurde

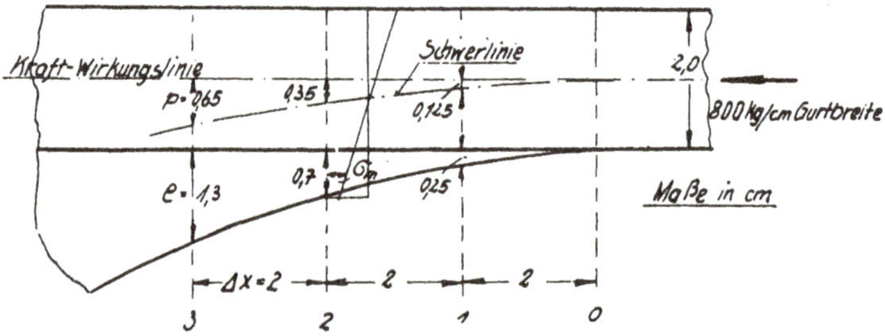

Bild 148b. Gurtstück mit Füllklotzeinlauf (Abmessungen).

Bereich	3	2	1	0
$\sigma_d = \frac{800}{20 + e}$ (kg)	240	295	355	400
$\sigma_b = \frac{6 \cdot p}{h} \cdot \sigma_D$ (kg)	285	230	117	0
$\sigma_m = \sigma_{\text{mittel im Keil}}$ (kg)	60	125	255	0
$\sigma_m \cdot e =$ { Längskraft im Keil pro cm Breite (kg)	78	88	64	0
$(\tau \cdot s)_m = \tau_m = \frac{\sigma_m \cdot e}{\Delta x} =$ { Schubfluß pro cm Breite = Schubspannung	5 →	12 ←	32 ←	

Tabelle **34**; 1.

nicht berücksichtigt. Diese ist im allgemeinen auch klein, da für die Überleitung der Längskraft die gesamte Leimfläche zwischen Gurt und Füllklotz und die Sperrholzstege in Rechnung zu setzen sind.

Beispiel 34; 2: Für die geschweißte Stütze (Bild 149) ist die Beanspruchung in der Schweißnaht gesucht.

Man ermittelt die Längskraft im Flansch (f_F) für fünf Stellen, wobei man die geringe Änderung der Biegespannungen über die Dicke des Flansches vernachlässigt.

Der Schubfluß ist am Ende am größten. Die Schubspannung an dieser Stelle ist:

$$\tau = \frac{120}{0,15} = 800 \text{ kg/cm}^2.$$

Die Schweißnaht ist ausreichend fest.

Bild 149. Berechnungsbeispiel: Bestimmung der Beanspruchung der Schweißnaht einer geschweißten Stütze.

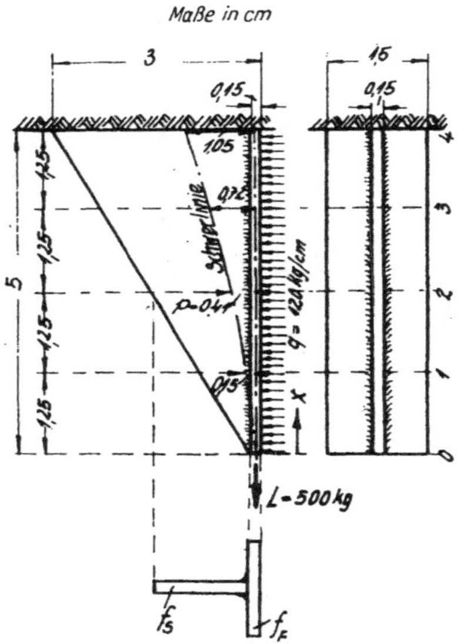

f_S	f_F	$f = f_S + f_F$	J	W	$L \cdot p$	$q \cdot \frac{x^2}{2}$	$M = L \cdot p + q \cdot \frac{x^2}{2}$	$\sigma_z = L/f$	$\sigma_b = \frac{M}{W}$	$\sigma = \sigma_z + \sigma_b$	$\sigma \cdot f_F = L_F$	$(\tau \cdot s) \cdot \Delta x = \Delta L$	$\tau \cdot s = \frac{\Delta L}{\Delta x}$
cm²	cm²	cm²	cm⁴	cm³	cmkg	cmkg	cmkg	kg/cm²	kg/cm²	kg/cm²	kg	kg	kg/cm
0,45	0,23	0,68	0,72	0,72	505	1500	2005	740	2790	3530	810		
												20	16
0,34	0,23	0,57	0,34	0,47	360	840	1200	880	2560	3440	790		
												60	48
0,23	0,23	0,46	0,12	0,28	205	380	585	1090	2090	3180	730		
												80	64
0,11	0,23	0,34	0,022	0,13	75	100	175	1470	1350	2820	650		
												150	120
0	0,23	0,23	0	0	0	0	0	2170	0	2170	500		

Tabelle 34; 2.

c) Schubwandträger mit nicht parallelen Gurten.

Im allgemeinen werden Flugzeugholme (ebenso auch andere auf Biegung beanspruchte Bauglieder) besonders bei freitragenden Flügeln mit veränderlicher Höhe gebaut, um die Konstruktion günstiger dem Momentenverlauf anpassen zu können Ist in solchen Fällen die Neigung der Gurte gegeneinander gering, so kann die Bemessung des Steges direkt nach dem Querkraftverlauf vorgenommen werden. Ist jedoch die Neigung der Gurte nicht mehr vernachlässigbar klein, so kann der von den Gurten aufgenommene Querkraftanteil erheblich werden; dies ist aus den beiden folgenden Grenzfällen ersichtlich.

1. Grenzfall. Die Gurte sind zueinander parallel (Schnittpunkt im Unendlichen). Die Gurte nehmen keine Querkraft auf. Die Querkraft im Steg ist an jeder Stelle gleich der äußeren Querkraft.

$$Q_s = Q.$$

Der Schubfluß im Steg ist also:

$$q = \tau \cdot s = \frac{Q_s}{h} = \frac{Q}{h}$$

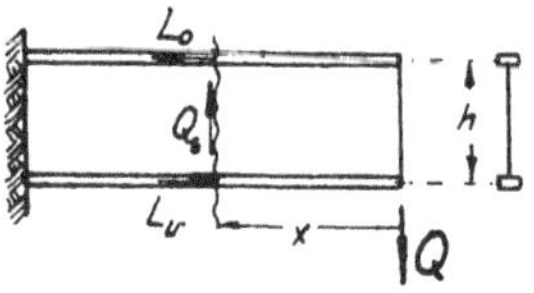

Bild 150. Größe der Querkraft im Steg beim Schubwandträger mit parallelen Gurten.

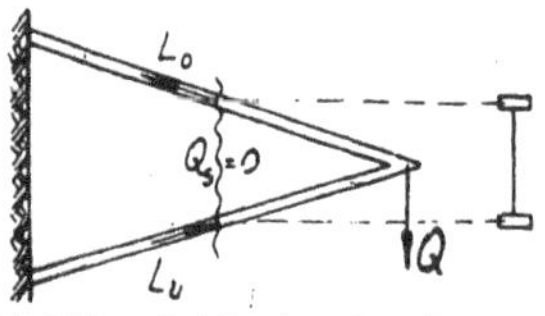

Bild 151. Größe der Querkraft im Steg beim Schubwandträger mit zusammenlaufenden Gurten.

2. Grenzfall. Die Schwerlinien der Gurte schneiden sich auf der Wirkungslinie der Querkraft.

Die Gurte nehmen die gesamte Querkraft auf; da die drei Kräfte L_o, L_u und Q durch einen Punkt gehen, ist ein Gleichgewicht nur möglich, wenn

$$L_o + L_u = Q \quad \text{oder} \quad Q_s = 0$$

ist. Die Querkraft im Steg ist also Null.

Allgemeiner Fall. Die Neigung der Gurte ist nicht vernachlässigbar klein. Der Schnittpunkt der Schwerlinien der Gurte liegt nicht auf der Wirkungslinie der Querkraft.

Die äußere Querkraft wird zum Teil von den Gurten und zum Teil vom Steg aufgenommen. Die Anteile sind von der gegenseitigen Neigung der Gurte abhängig. Die Bestimmung des Querkraftanteils des Steges erfolgt nach einer der beiden folgenden Methoden.

1. **Graphische Lösung.** Die Resultierende von L_u und Q_S muß durch den Schnittpunkt der Wirkungslinien von L_o und Q gehen. Zeichnet man das Krafteck aus L_o, Q und R und trägt die Richtung von L_u ein, so begrenzt diese auf Q die Anteile Q_S und Q_L.

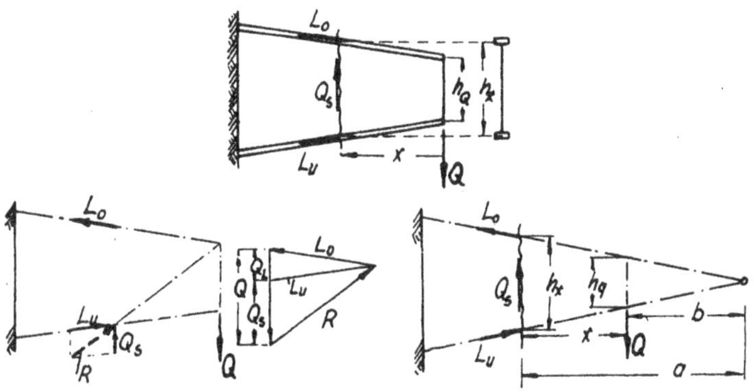

Bild 152a, b u. c. Bestimmung der Größe der Querkraft im Steg beim Schubwandträger mit geneigten Gurten.

2. **Analytische Lösung.** Die in einem Schnitt an einer Stelle x im Steg wirkende Querkraft Q_S findet man aus dem Momentengleichgewicht der im Schnitt wirkenden Querkraft Q_S und der äußeren Querkraft Q bezogen auf den Schnittpunkt der Wirkungslinien von L_o und L_u (L_o und L_u ergeben in bezug auf diesen Punkt kein Moment). Mit den Bezeichnungen nach Bild 152 gilt:

$$Q_S \cdot a = Q \cdot b$$

oder

$$\boxed{Q_S = Q \cdot \frac{b}{a} = Q \frac{h_Q}{h_x}} \quad \ldots\ldots \quad (34;5)$$

Der Schubfluß im Steg ist:

$$\boxed{q_x = (\tau \cdot s)_x = Q \cdot \frac{h_Q}{h_x^2}} \quad \ldots\ldots \quad (34;6)$$

d) Schubwandträger mit gekrümmten Gurten.

Aus Gründen der äußeren Formgebung weisen die Gurte von Rippen, Schwimmerspanten usw. zuweilen einen gekrümmten Verlauf auf. Auch in diesen Fällen kann die im Steg wirkende Querkraft für jede beliebige Stelle sehr leicht ermittelt werden.

Man kann im allgemeinen voraussetzen, daß die Gurtkräfte in Richtung der Schwerlinien der Gurte verlaufen. Diese Voraussetzung trifft zu, wenn eine Umlenkung der Gurtkräfte an jeder Stelle möglich ist. Bei geringer Krümmung der Gurte

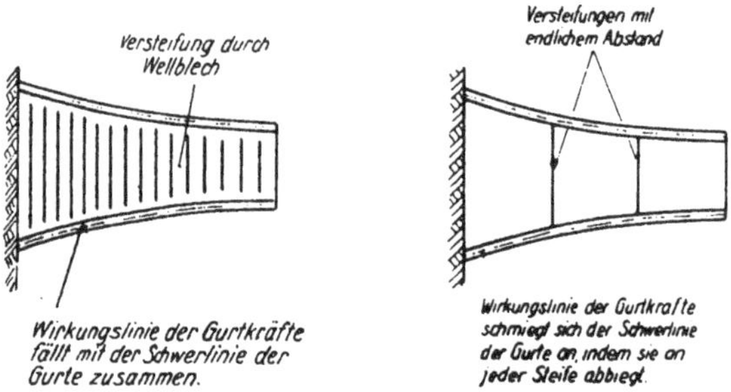

Bild 153a u. b. Schubwandträger mit gekrümmten Gurten.

kann die Umlenkung u. U. durch den unversteiften Steg erfolgen. Bei stärkerer Krümmung muß der Steg z. B. durch vertikale Sicken oder durch Ausbildung als Wellblech versteift werden. Erfolgt die Versteifung durch Sicken oder Vertikalstäbe, die einen endlichen Abstand voneinander haben, so kann die Gurtkraft immer nur an einer Versteifung umgelenkt werden. Sie verläuft dann zwischen den Steifen geradlinig, wobei sich ihre Wirkungslinie möglichst dem Verlauf der Schwerlinie des Gurtes anpaßt.

Die Querkraft im Steg an einer Stelle x bestimmt man in Anlehnung an Abschnitt c aus dem Momentengleichgewicht der inneren und äußeren Kräfte und dem Schnittpunkt der Wirkungslinien der Gurtkräfte (Tangenten an die Schwerlinien der Gurte an der Stelle x). Man erhält:

$$Q_s = Q \cdot \frac{h_Q}{h_x}.$$

Hierin ist h_Q das von den Wirkungslinien der Gurtkräfte L_o und L_u begrenzte Stück der Wirkungslinie der äußeren Querkraft Q (vgl. Bild 153c).

Greifen mehrere Kräfte an, so kann man jede einzelne Kraft nach den drei Wirkungslinien (Q_s, L_o, L_u) zerlegen und superponieren. Es ist:

$$Q_s = \Sigma Q \frac{h_Q}{h_x} = \frac{1}{h_x} \Sigma Q \cdot h_Q \quad \text{. . . . (34; 7)}$$

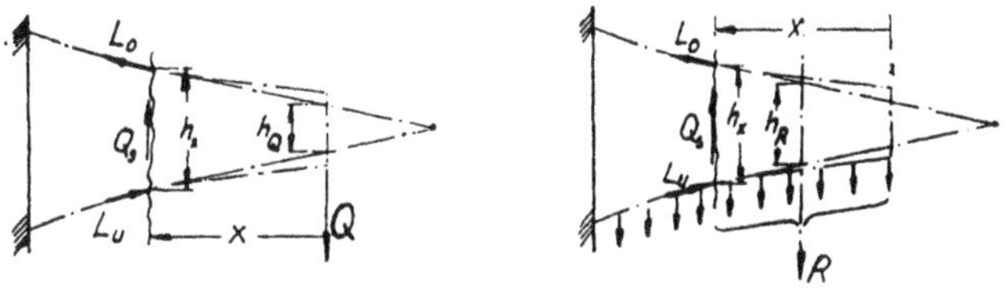

Bild 153c u. d. Bestimmung der Größe der Querkraft im Steg beim Schubwandträger mit gekrümmten Gurten.

Man kann auch die bis zum betrachteten Schnitt wirkenden Querkräfte zu einer Resultierenden (R) zusammenfassen. Man erhält dann:

$$Q_s = R \cdot \frac{h_R}{h_x} \quad \text{. . . . . . . (34; 8)}$$

Hierin ist h_R das von den Wirkungslinien der Gurtkräfte begrenzte Stück der Wirkungslinie der Resultierenden (vgl. Bild 153d). Größe und Lage der Resultierenden lassen sich für jeden Schnitt sehr leicht aus der Querkraftkurve bestimmen.

e) Schubwandträger mit gekrümmten Stegen.

Setzt man auch für den Träger mit gekrümmtem Steg voraus, daß die Längskräfte im Steg vernachlässigbar klein sind gegen die im Gurt, so folgt daraus:

1. Der Schubfluß im Steg ist konstant,
2. der Momentenvektor $\mathfrak{M}$ steht senkrecht zur Verbindungslinie der beiden Gurte. d. h. die belastende Querkraft liegt zu dieser parallel.

Denkt man sich den Steg in eine Anzahl Teile von der Größe Δu aufgeteilt, so wirkt bei der Belastung in einem jeden Teilchen die Schubkraft $\tau \cdot s \cdot \Delta u$. Die der äußeren Querkraft entsprechende Resultierende aller in den einzelnen Stegteilchen wirkenden Schubkräfte erhält man unter Anwendung des Kraftecks. Es ist:

$$Q = R = \Sigma \tau \cdot s \cdot \vec{\Delta u} = \tau \cdot s \Sigma \vec{\Delta u} = \tau \cdot s \cdot \vec{h}$$

($\vec{\Delta u}$ bedeutet: Vektor Δu).

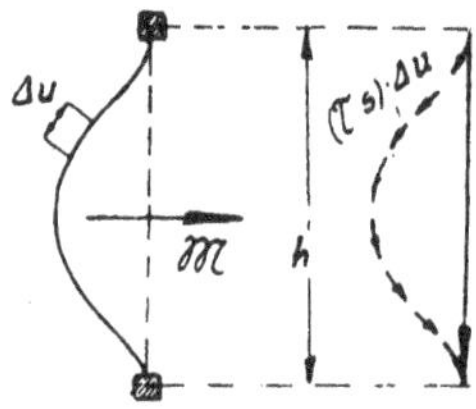

Bild 154. Richtung der Schubkraftresultierenden beim Schubwandträger mit gekrümmtem Steg.

Die Größe des Schubflusses findet man also wie beim Träger mit ebenem Steg aus:

$$q = \tau \cdot s = \frac{Q}{h}.$$

Die Richtung der Querkraft sowie die Größe des Schubflusses sind nicht abhängig vom Verlauf des Steges zwischen den Gurten.

35. Bestimmung des Schubmittelpunktes.

a) Lage der Schubkraftresultierenden bei zweigurtigen Biegungsträgern.

Zweigurtige Biegungsträger können, wenn man von der örtlichen Belastungsmöglichkeit einzelner Teile des Trägers durch beliebige Kräfte von nur geringer Größe absieht, nur Querkräfte aufnehmen, deren Richtung parallel zur Verbindungslinie der Gurte ist. Da ferner die Verdrehsteifigkeit eines solchen Biegungsträgers als vernachlässigbar angesehen werden kann, muß die Querkraft auch so gelegen sein, daß keine Verdrehmomente auftreten, d. h. in jedem Schnitt muß die äußere Querkraft mit der Resultierenden der im Steg wirkenden inneren Schubkräfte zusammenfallen. Bei einem Träger mit ebenem Steg muß demnach die Querkraft in Stegmitte angreifen.

Die Lage der Schubkraftresultierenden bzw. der Querkraft beim Träger mit gekrümmtem Steg findet man entsprechend der Bedingung der drillfreien Biegung aus dem Momentengleichgewicht der äußeren Querkraft und den inneren, im Steg wirkenden Schubkräften in bezug auf einen beliebigen Punkt, wobei man diesen aus praktischen Gründen auf der Verbindungslinie der Gurte annimmt.

Das Moment der in einem Stegelement von der Länge Δu wirkenden Schubkraft $(\tau \cdot s \cdot \Delta u)$ in bezug auf den Punkt P ist:

$$\Delta M = \tau \cdot s \cdot \Delta u \cdot r = \tau \cdot s \cdot 2 \Delta F.$$

(ΔF ist die in Bild 155a schraffiert gezeichnete Fläche.) Das Gesamtmoment aller im Steg wirkenden Schubkräfte ist demnach

$$M = \Sigma \tau \cdot s \cdot 2 \Delta F = 2 \tau \cdot s \, \Sigma \Delta F = \tau \cdot s \cdot 2 F$$

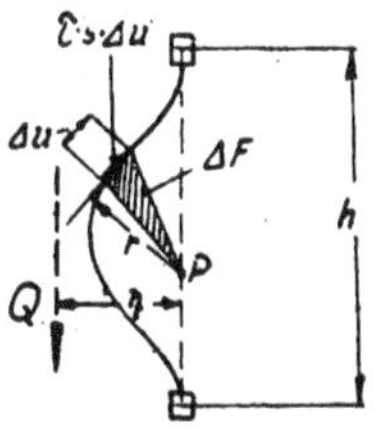

Bild 155a. Lage der Schubkraftresultierenden bei drillfreier Biegung beim Schubwandträger mit gekrümmtem Steg.

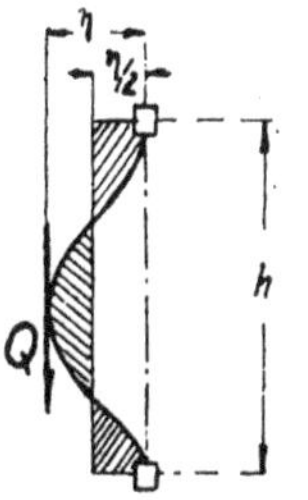

Bild 155b. Zur Schätzung der Lage der Schubkraftresultierenden.

Hierin ist F die vom Steg und der Verbindungslinie der Gurte eingeschlossene Fläche.

Das Momentengleichgewicht ergibt:

$$Q \cdot \eta = \tau \cdot s \cdot 2F.$$

Mit $\tau \cdot s = \frac{Q}{h}$ findet man hieraus:

$$Q \cdot \eta = \frac{Q}{h} \cdot 2F$$

oder

$$\boxed{\eta = \frac{2F}{h}} \quad \ldots\ldots\ldots \quad (35;\,1)$$

Um die Lage der Querkraft abzuschätzen, ersetzt man die Fläche F durch ein flächengleiches Rechteck mit der Basis h.

Der Abstand der Querkraft von der Verbindungslinie der Holmgurte ist dann gleich zweimal der Rechteckhöhe.

b) Lage der Schubkraftresultierenden bei mehrgurtigen Biegungsträgern (Schubmittelpunkt).

Ein Biegungsträger mit vier oder mehr Gurten kann beliebig gerichtete und beliebig gelegene Kräfte aufnehmen. Soll der Träger jedoch drillfreie Biegung erfahren, so muß die Querkraft für jede Richtung immer durch einen bestimmten Punkt gehen (Bild 156). Dieser Punkt ist als der Schubmittelpunkt M des Querschnitts gekennzeichnet.

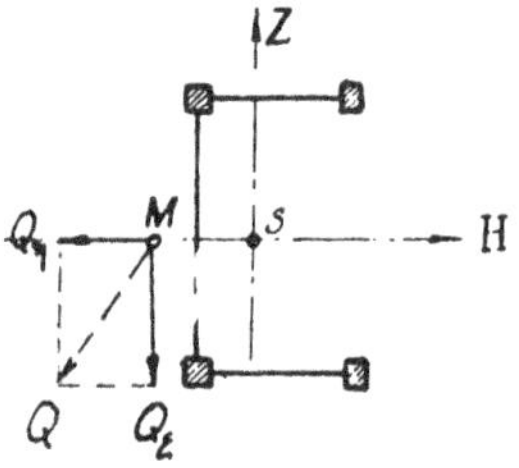

Bild 156.
Lage der Schubkraftresultierenden bei drillfreier Biegung (Schubmittelpunkt) bei mehrgurtigen Biegungsträgern.

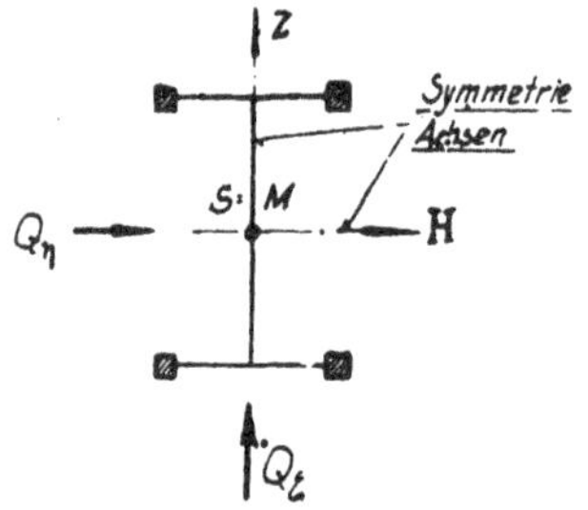

Bild 157.
Schubmittelpunkt bei zweifach symmetrischen Querschnittsformen.

α) Symmetrische Querschnittsformen.

Liegt bei symmetrischen Querschnitten die Querkraft in der Symmetrieachse, so erfährt der Biegungsträger reine Biegung, da innere Drillmomente als antisymmetrische Kräfte bei symmetrischer äußerer Belastung nicht möglich sind. Bei symmetrischen Querschnittsformen muß der Schubmittelpunkt also immer auf der Symmetrieachse liegen. Demnach ist bei zweifach symmetrischen Querschnitten (Bild 157) der Schubmittelpunkt ohne weiteres durch den Schnittpunkt der Symmetrieachsen gegeben. Der Schubmittelpunkt M fällt hierbei mit dem Schwerpunkt S zusammen.

Um bei einfach symmetrischen Querschnitten die Lage des Schubmittelpunktes auf der Symmetrieachse zu bestimmen, denkt man sich den Träger durch eine Querkraft Q um die Symmetrieachse auf drillfreie Biegung belastet. Die den Längsspannungen der drillfreien Biegung entsprechenden Schubspannungen kann man nach 34 (β, 1 oder γ) bestimmen.

$$\boxed{\tau \cdot s = \frac{Q_\zeta}{J_\zeta} S_\zeta = k \cdot S_\zeta} \quad . \; . \; . \; . \; . \; (35;\,2)$$

Die hieraus errechneten inneren Schubkräfte

$$T = (\tau \cdot s) \cdot u$$

müssen mit der Querkraft in der Querschnittsebene einen Gleichgewichtszustand bilden. Die Momentengleichung

$$\boxed{Q_\zeta \cdot \eta = \Sigma\, T \cdot r} \quad . \; . \; . \; . \; . \; . \; (35;\,3)$$

ergibt die Lage (η) der Querkraft bei drillfreier Biegung. In der Momentengleichung sind η und r die senkrechten Abstände eines beliebig gewählten Bezugspunktes P von den äußeren und inneren Kräften (Q_ζ; $T_1 \ldots$). Der

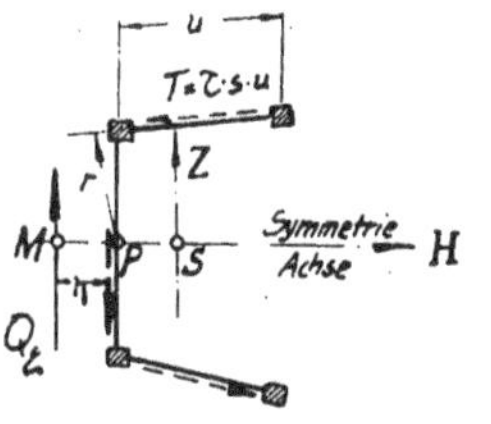

Bild 158.
Zur Bestimmung der Lage des Schubmittelpunktes bei einfach symmetrischen Querschnittsformen.

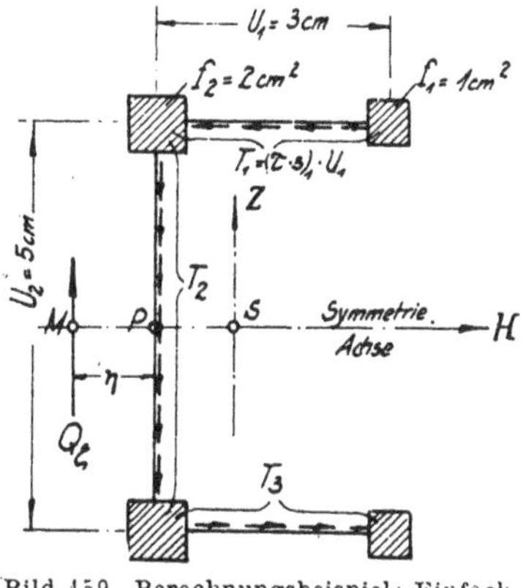

Bild 159. Berechnungsbeispiel: Einfach symmetrischer Querschnitt.

Schnittpunkt der Querkraft mit der Symmetrieachse ist der Schubmittelpunkt, durch den auch jede beliebig gerichtete Querkraft gehen muß, damit drillfreie Biegung vorliegt.

Beispiel 35; 1: Für den Querschnitt nach Bild 159 erhält man nach Gl. (35; 2) für die Schubflüsse in den einzelnen Stegen:

$$(\tau \cdot s)_1 = k \cdot 1 \cdot 2{,}5 = 2{,}5\,k$$
$$(\tau \cdot s)_2 = k\,(2{,}5 + 2 \cdot 2{,}5) = 7{,}5\,k$$
$$(\tau \cdot s)_3 = k\,(7{,}5 - 2 \cdot 2{,}5) = 2{,}5\,k.$$

Die Schubkräfte in den einzelnen Stegen werden hiermit:

$$T_1 = (\tau \cdot s)_1 u_1 = 2{,}5\,k \cdot 3 = 7{,}5\,k$$
$$T_2 = (\tau \cdot s)_2 u_2 = 7{,}5\,k \cdot 5 = 37{,}5\,k$$
$$T_3 = (\tau \cdot s_3) u_3 = 2{,}5\,k \cdot 3 = 7{,}5\,k.$$

Wählt man als Momentenbezugspunkt P den Schnittpunkt des Steges »2« mit der Symmetrieachse, so erhält man nach Gl. (35;3)

$$\Sigma M = 0: \quad Q_\zeta \cdot \eta = 7{,}5\,k \cdot 2{,}5 \cdot 2 = 37{,}5\,k.$$

Das Gleichgewicht der vertikalen Kräfte ergibt:

$$\Sigma Z = 0: \; Q = 37{,}5\,k.$$

Damit erhält man für den Abstand des Schubmittelpunktes vom gewählten Bezugspunkt:

$$\underline{\underline{\eta}} = \frac{37{,}5\,k}{37{,}5\,k} = \underline{\underline{1\text{ cm.}}}$$

β) Unsymmetrische Querschnittsformen.

Zur Bestimmung des Schubmittelpunktes bei unsymmetrischen Querschnittsformen legt man durch den Schwerpunkt S des Querschnittes zwei beliebige Achsen und bestimmt wie vorher unter der Voraussetzung der drillfreien Biegung nacheinander die Lage der Querkraft bezüglich jeder der beiden gewählten Achsen. Der Schnittpunkt der Wirkungslinien der beiden Querkräfte ergibt die Lage des Schubmittelpunktes M.

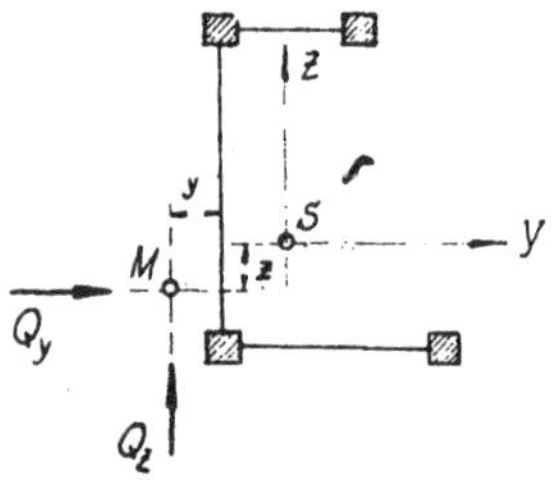

Bild 160. Zur Bestimmung der Lage des Schubmittelpunktes bei unsymmetrischen Querschnittsformen.

Die Bestimmung des Schubmittelpunktes gestaltet sich rechnungsmäßig einfacher, wenn man zwei zueinander senkrechte Achsen YZ (Bild 160) wählt, die jedoch nicht Hauptachsen zu sein brauchen. Man ermittelt den qualitativen Verlauf der Schubspannungen entsprechend den Gln. (34; 3 u. 4) aus:

$$(\tau \cdot s)_z = \frac{Q_z}{J_y \cdot J_z - J_{yz}^2} (J_z \cdot S_y - J_{yz} \cdot S_z)$$

$$\boxed{q_z = (\tau \cdot s)_z = k_z (J_z \cdot S_y - J_{yz} \cdot S_z)} \qquad (35;\,4)$$

und entsprechend

$$\boxed{q_y = (\tau \cdot s)_y = k_y \,(J_y \cdot S_z - J_{yz} \cdot S_y)} \quad . \; . \; (35;\,5)$$

Beispiel 35; 1: Für den Querschnitt nach Bild 161a wird das Achsensystem YZ praktischerweise so gelegt, daß die Achsen parall zu den Stegen liegen. Die Trägheitsmomente,

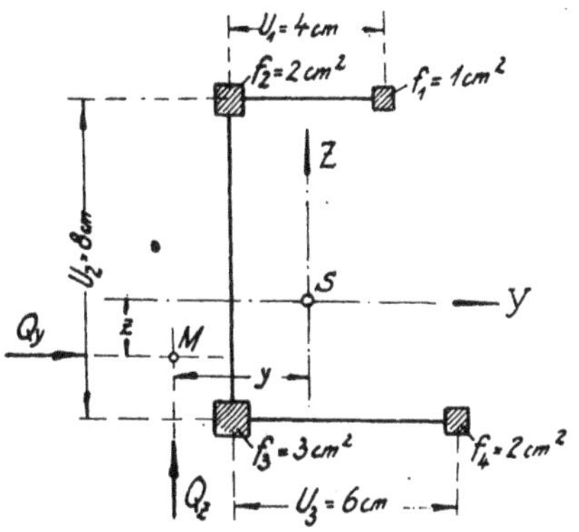

Bild 161a. Berechnungsbeispiel: Unsymmetrischer Querschnitt (Abmessungen).

das Zentrifugalmoment sowie die statischen Momente werden am besten tabellarisch ermittelt.

Gurt	f cm²	y cm	z cm	$f \cdot y$ cm³	S_z cm³	$f \cdot y^2$ cm⁴	$f \cdot z$ cm³	S_y cm³	$f \cdot z^2$ cm⁴	$f \cdot y \cdot z$ cm⁴
1	1	2	5	2	2	4	5	5	25	10
2	2	—2	5	—4	—2	8	10	15	50	—20
3	3	—2	—3	—6	—8	12	—9	6	27	18
4	2	4	—3	8	0	32	—6	0	18	—24

$J_z = \Sigma f \cdot y^2 = \underline{\underline{56}}$ $\quad J_y = \Sigma f \cdot z^2 = \underline{\underline{120}}$

$J_{yz} = \Sigma f \cdot y \cdot z = \underline{\underline{-16}}$

Tabelle 35; 1.

Bei Biegung um die Y-Achse erhält man für die Schubkräfte in den einzelnen Stegen nach Gl. (35; 4)

$$T_z = (\tau \cdot s)_z \cdot u = k_z \cdot u \,(J_z \cdot S_y - J_{yz} \cdot S_z)$$
$$T_1 = k_z \cdot 4\,(56 \cdot 5 + 16 \cdot 2) = 1248\, k_z$$
$$T_2 = k_z \cdot 8\,(56 \cdot 15 - 16 \cdot 2) = 6464\, k_z$$
$$T_3 = k_z \cdot 6\,(56 \cdot 6 - 16 \cdot 8) = 1248\, k_z$$

Wählt man den Schwerpunkt S als Momentenbezugspunkt, so ist:

$$\underset{(S)}{\Sigma M} = 0: \; Q_z \cdot y = k_z (1248 \cdot 5 + 6464 \cdot 2 + 1248 \cdot 3) = 22912\, k_z.$$

Mit

$$\Sigma Z = 0: \; Q_z = 6464\, k_z$$

erhält man für den Abstand der Querkraft Q_z von der Z-Achse

$$\underline{\underline{y}} = \frac{22912\, k_z}{6464\, k_z} = \underline{\underline{3{,}54 \text{ cm}}}$$

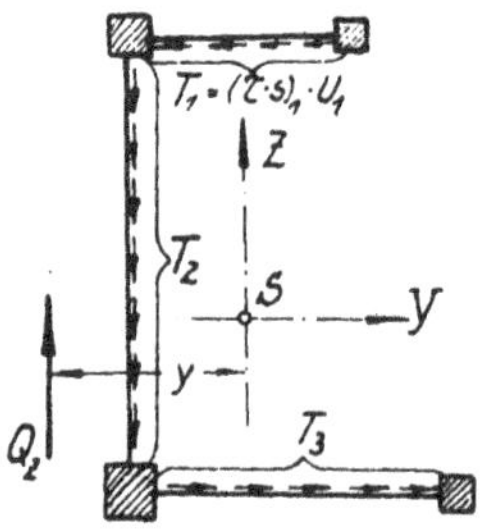

Bild 161 b. Schubflußverlauf bei Biegung um die Y-Achse.

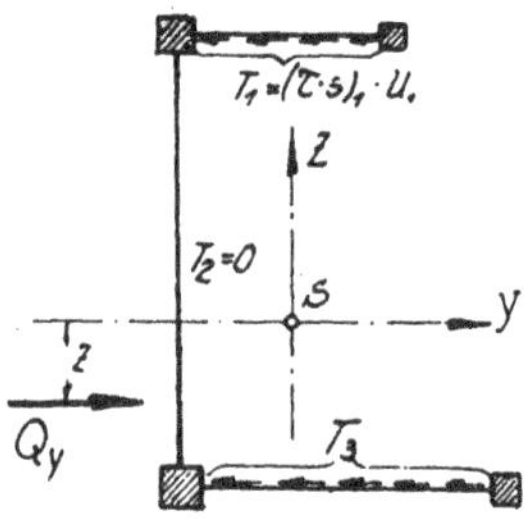

Bild 161 c. Schubflußverlauf bei Biegung um die Z-Achse.

Die gleiche Rechnung wird auch für die Biegung um die Z-Achse durchgeführt. Man erhält nach Gl. (35; 5)

$$T_y^{\cdot} = (\tau \cdot s)_y \cdot u = k_z \cdot u \, (J_y \cdot S_z - J_{yz} \cdot S_y)$$
$$T_1 = k_z \cdot 4 \; (120 \cdot 2 + 16 \cdot 5) = 1280\, k_z$$
$$T_2 = k_z \cdot 8 \; (-120 \cdot 2 + 16 \cdot 15) = 0$$
$$T_3 = k_z \cdot 6 \; (-120 \cdot 8 + 16 \cdot 6) = -5184\, k_z.$$

Bemerkung: Das negative Vorzeichen bei T_3 besagt, daß der Schubfluß entgegengesetzt der ursprünglichen Richtung fließt (vgl. Bild 161 c).

$$\underset{(S)}{\Sigma M} = 0: -Q_y \cdot z = k_y \; (1280 \cdot 5 - 5184 \cdot 3) = -9152\, k_y$$
$$\Sigma Y = 0: \quad Q_y = k_y \; (1280 + 5184) = 6464\, k^y.$$

Der Abstand der Querkraft Q_y von der Y-Achse ist also:

$$\underline{\underline{z}} = \frac{9152\, k_y}{6464\, k_y} = \underline{\underline{1{,}42 \text{ cm.}}}$$

c) Lage des Schubmittelpunktes bei offenen Profilen mit konstanter Wandstärke.

Die Ermittlung des Schubmittelpunktes erfolgt bei offenen Profilen in der gleichen Weise wie bei mehrgurtigen Biegungsträgern. Der qualitative Verlauf des Schubflusses ist in den meisten Fällen sehr leicht zu ermitteln. Bei konstanter Wandstärke ist:

$$\tau \cdot s = \frac{Q}{J} \int \zeta \cdot df = \frac{Q}{J} \cdot s \int \zeta \cdot du = k \cdot \int \zeta \cdot du$$

Für das Profil nach Bild 162 ist der Verlauf des Schubflusses über den Profilumfang eingetragen. Die zwischen der eingezeichneten Kurve $\tau \cdot s = f(u)$ und der Profillinie liegenden, schraffiert gezeichneten Flächen stellen die in den einzelnen Querschnittsbereichen wirkenden resultierenden Schubkräfte $T = \int \tau \cdot s \cdot du$ dar. Für die weitere Berechnung beachte man, daß die in der Ecke an die Parabel gelegte Tangente den gleichen Anstieg α hat wie die Gerade über dem Schenkel, wie es leicht aus folgendem zu ersehen ist. Es ist:

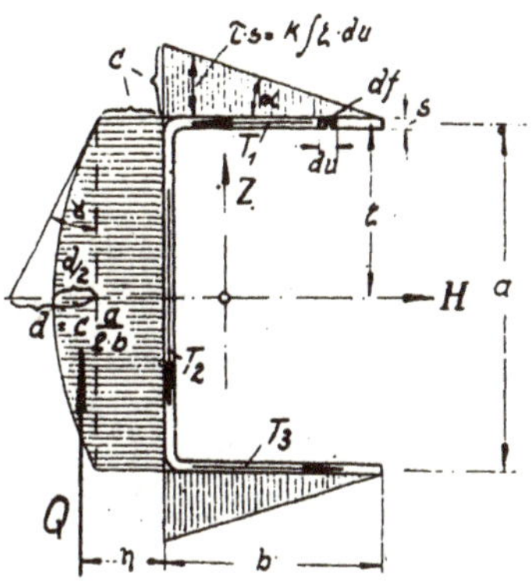

Bild 162. Bestimmung der Lage des Schubmittelpunktes eines offenen Profils mit konstanter Wandstärke.

$$\alpha = \frac{d(\tau \cdot s)}{du} = \frac{k \cdot d \int \zeta \cdot du}{du} = k \cdot \zeta.$$

Führt man für den allgemeinen Schubfluß in der Ecke als Abkürzung c ein, so erhält man für die einzelnen resultierenden Schubkräfte:

$$T_1 = \frac{1}{2} b \cdot c$$

$$T_2 = a\left(c + \frac{2}{3} \cdot \frac{1}{2} c \cdot \frac{a}{2b}\right) = a \cdot c \left(1 + \frac{a}{6b}\right)$$

$$T_3 = \frac{1}{2} b \cdot c.$$

Aus $\Sigma M = 0$ folgt:

$$Q \cdot \eta = \frac{1}{2} b \cdot c \cdot a$$

Mit

$$\Sigma Z = 0: \; Q = a \cdot c \left(1 + \frac{a}{6b}\right)$$

erhält man hieraus:

$$\eta = \frac{b}{2 + \frac{a}{3b}}$$

36. Vergleichende Betrachtung von offenen und geschlossenen Trägern mit mehreren Gurten bei Belastung durch Querkräfte.

a) Offene Träger mit mehreren Gurten.

Aus der folgenden Zusammenstellung ist ersichtlich, wieviel Bauglieder (Träger oder Scheiben) man anordnen muß, um bestimmte gegebene Kräfte aufnehmen bzw. weiterleiten zu können. Es ist dabei gleichgültig, ob zwei benachbarte Träger, wie in Bild 163 dargestellt, einen Gurt gemeinsam haben oder nicht; es ist auch gleichgültig, ob die Stege gerade sind oder krumm.

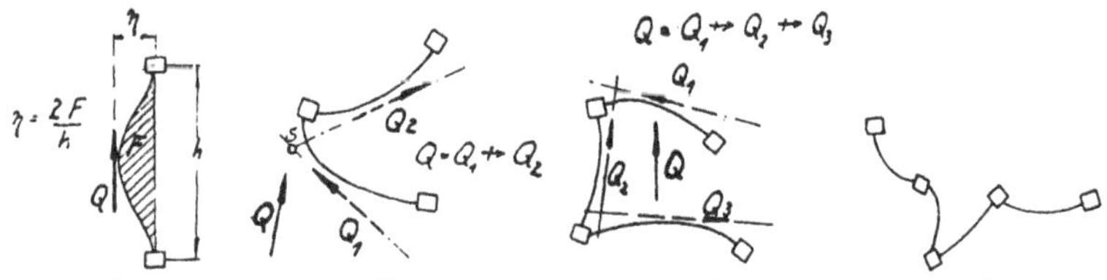

a) b) c) d)

a) ein Steg.
Der einstegige Träger kann nur eine Querkraft von bestimmter Lage und Richtung aufnehmen.

b) zwei Stege.
Der zweistegige Träger kann jede durch den Schubpunkt S gehende Querkraft von beliebiger Richtung aufnehmen.

c) drei Stege.
Der dreistegige Träger kann jede beliebig gelegene und beliebig gerichtete Querkraft aufnehmen.

d) vier Stege.
Der vierstegige Träger ist bereits statisch unbestimmt, da eine Kraft eindeutig nur nach drei Richtungen zerlegt werden kann.

Bild 163. Vergleich von offenen Trägern mit verschiedener Gurtzahl.

Bemerkung zu b). Um die Beanspruchung in einem solchen zweistegigen Träger zu ermitteln, zerlegt man die Querkraft Q in zwei Komponenten Q_1 und Q_2 nach den für jeden Steg gültigen Wirkungslinien. Den zweistegigen Träger denkt man sich in zwei einstegige Träger aufgelöst, indem man den Gurt, der zwei Stege zugleich begrenzt, sowohl dem einen wie auch dem anderen Träger zuordnet (Bild 164). Man bestimmt dann für jeden Träger die unter der zugehörigen Querkraftkomponente auftretenden Gurtkräfte. Die Gurtkraft im gemeinsamen Gurt ergibt sich durch Superposition der beiden Teilgurtkräfte.

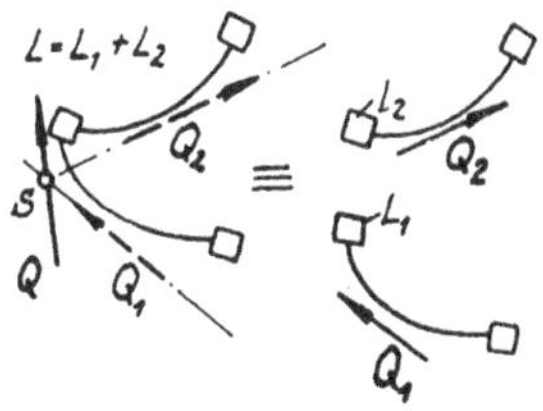

Bild 164. Zur Berechnung des zweistegigen Trägers.

In der gleichen Weise bestimmt man auch die Beanspruchung für den Träger nach Bild 163c. Es sei noch hervorgehoben, daß im allgemeinen bei diesem Träger keine drillfreie Biegung auftritt.

Bei einer großen Anzahl von Gurten bzw. Stegen ist das oben gezeigte Verfahren der Zerlegung der äußeren Kraft nach den Wirkungslinien der einzelnen Stege nicht anwendbar. Bei solchen hochgradig statisch unbestimmten Biegungsträgern setzt man voraus, daß sich in einem Querschnitt die Biegespannungen linear verteilen und berechnet diesen Träger nach den in den vorhergehenden Abschnitten gezeigten Methoden als gewöhnlichen Biegungsträger. Hierzu zerlegt man die äußere Belastung in eine im Schubmittelpunkt angreifende Querkraft (drillfreie Biegung) und in ein Verdrehmoment.

b) Geschlossene Träger mit mehreren Gurten.

Läßt man die beiden Gurte eines Trägers mit gekrümmtem Steg (Bild 165) sich unbegrenzt nähern, so erhält man im Grenzfall den geschlossenen Träger mit einem Gurt bzw. einem Steg. Ein solcher Träger kann, wie es im folgenden gezeigt wird, nur ein reines Verdrehmoment aufnehmen.

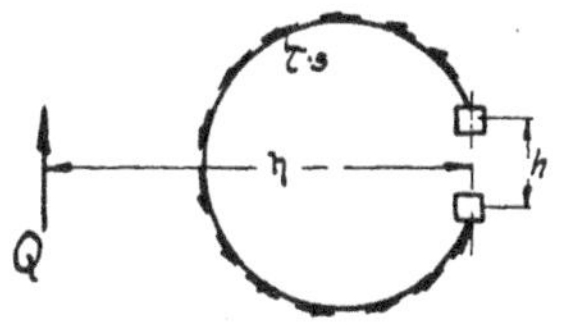

Bild 165. Zur Berechnung des geschlossenen Trägers.

Für einen bestimmten Abstand h der Holmgurte gilt nach 35 a:

$$Q = \tau \cdot s \cdot h;\ \eta = \frac{2F}{h};\ M = \tau \cdot s \cdot 2F.$$

Erfolgt die Annäherung der Gurte auf einer Geraden, so bleibt die vom Steg und der Verbindungslinie der Gurte eingeschlossene Fläche F konstant. Bleibt während der Annäherung der Gurte auch der Schubfluß im Steg konstant, so wird die zu diesem Schubfluß gehörende Querkraft immer kleiner, ihr Abstand von der Verbindungslinie der Gurte immer größer. Im Grenzfall $h = 0$ wird $Q = 0$ und $\eta = \infty$, d. h. fallen die beiden Gurte zu einem einzigen zusammen, so kann der Träger nur noch ein reines Verdrehmoment von der Größe

$$\boxed{M = \tau \cdot s \cdot 2F} \quad \ldots\ldots\ldots \quad (36;\ 1)$$

aufnehmen. Zur Aufnahme des Moments ist es gleichgültig, ob der eine Gurt vorhanden ist oder nicht, da der Gurt keine Längskräfte erhält. Der geschlossene Steg ohne Gurt wird wegen seiner Fähigkeit, Verdrehmomente aufnehmen zu können, als Torsionsröhre bezeichnet.

Bei Hinzufügen eines zweiten Gurtes kann man durch diesen geschlossenen Träger eine parallel zur Verbindungslinie der Gurte gerichtete, beliebig gelegene Querkraft aufnehmen (Bild 166a). Die Bestimmung der Gurtkräfte erfolgt genau wie

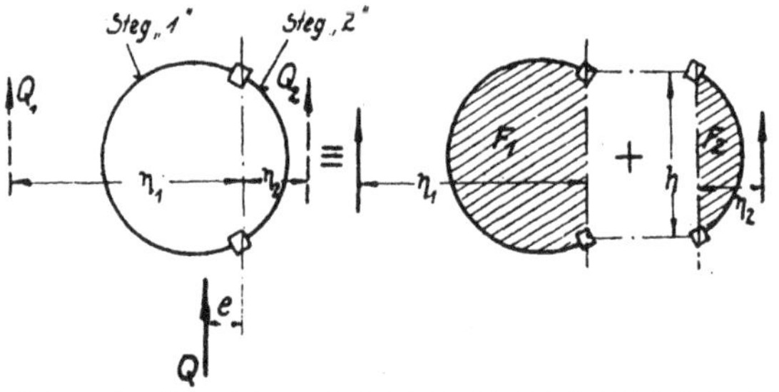

Bild 166a u. b. Berechnung des geschlossenen zweigurtigen Trägers durch Zerlegung in zwei offene zweigurtige Träger.

bei einem einstegigen offenen Träger mit zwei Gurten. Zur Berechnung der Schubkräfte in den Stegen denkt man sich z. B. den zweistegigen geschlossenen Träger in zwei einstegige offene Träger zerlegt (Bild 166b). Die Abstände η_1 und η_2

der zu jedem Träger gehörenden Querkraft von der Verbindungslinie ermittelt man aus:

$$\eta_1 = \frac{2\,F_1}{h}; \quad \eta_2 = \frac{2\,F_2}{h}.$$

Danach kann man die gegebene Querkraft Q in die beiden Querkraftanteile Q_1 und Q_2 zerlegen. Man erhält die beiden Bestimmungsgleichungen:

$$Q_1 + Q_2 = Q$$

$$Q_1 \cdot \eta_1 - Q_2 \cdot \eta_2 = Q \cdot e$$

oder auch:

$$Q_1 = Q\,\frac{e + \eta_2}{\eta_1 + \eta_2}; \quad Q_2 = Q\left(1 - \frac{e + \eta_2}{\eta_1 + \eta_2}\right).$$

Hiermit wird:

$$(\tau \cdot s)_1 = \frac{Q_1}{h} = \frac{Q}{h}\left(\frac{e + \eta_2}{\eta_1 + \eta_2}\right); \quad (\tau \cdot s)_2 = \frac{Q}{h}\left(1 - \frac{e + \eta_2}{\eta_1 + \eta_2}\right).$$

Man kann aber auch den geschlossenen zweigurtigen Träger in einen offenen einstegigen Träger und eine Torsionsröhre zerlegen (Bild 166c).

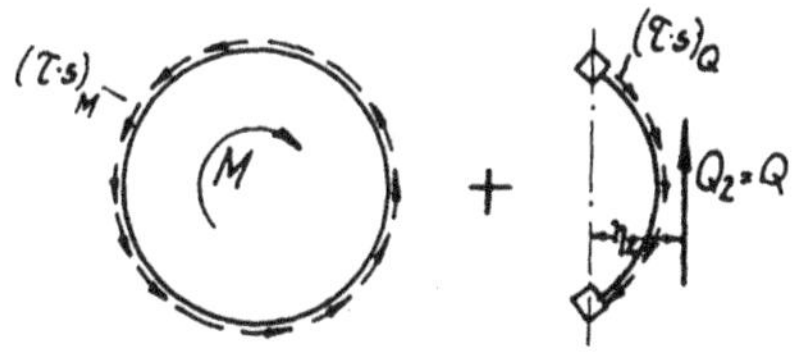

Bild 166c. Zerlegung des geschlossenen zweigurtigen Trägers in eine Torsionsröhre und in einen offenen zweigurtigen Träger.

Der Schubfluß im Steg »1« ist dann:

$$(\tau \cdot s)_1 = (\tau \cdot s)_M = \frac{M}{2\,F}.$$

Mit:

$$M = Q\,(e + \eta_2); \quad 2\,F = 2\,F_1 + 2\,F_2 = h\,(\eta_1 + \eta_2)$$

erhält man:

$$(\tau \cdot s)_1 = \frac{Q}{h}\left(\frac{e + \eta_2}{\eta_1 + \eta_2}\right)$$

Der Schubfluß im Steg »2« ist:

$$(\tau \cdot s)_2 = (\tau \cdot s)_o - (\tau \cdot s)_u$$

$$(\tau \cdot s)_2 = \frac{Q}{h} - \frac{Q}{h}\left(\frac{e + \eta_2}{\eta_1 + \eta_2}\right) = \frac{Q}{h}\left(1 - \frac{e + \eta_2}{\eta_1 + \eta_2}\right).$$

Man gelangt selbstverständlich bei beiden Betrachtungsweisen zum gleichen Ergebnis.

Fügt man noch einen dritten Gurt hinzu, so kann dieser Träger jede beliebig gerichtete und beliebig gelegene Querkraft aufnehmen. Zur Berechnung der Gurt- und Stegkräfte denkt man sich diesen Träger z. B. in drei einzelne offene zweigurtige Träger und die Querkraft nach den zu diesen Trägern gehörenden Wirkungslinien zerlegt. Die Schubkräfte in den einzelnen Stegen sind damit sofort bestimmt, die Gurtkräfte ergeben sich aus der Superposition der entsprechenden, für jeden der einzelnen Träger errechneten Teilgurtkräfte.

Man kann aber auch, ähnlich wie vorher, den gesamten Träger in zwei einstegige Träger und eine Torsionsröhre zerlegen. Entsprechend zerlegt man die Belastung (Bild 167) in

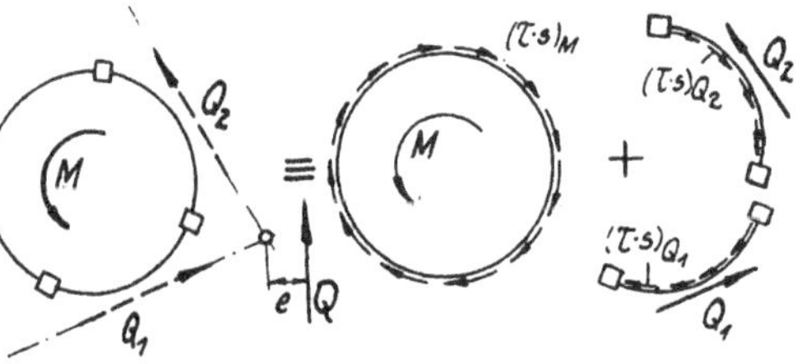

Bild 167. Berechnung des geschlossenen dreigurtigen Trägers.

die zu den beiden Trägern gehörenden Querkräfte Q_1 und Q_2 und in das Torsionsmoment

$$M = Q \cdot e.$$

Das Ergebnis ist selbstverständlich wieder unabhängig von der Betrachtungsweise.

Die letzte Betrachtungsweise läßt sehr klar den Einfluß der Lage der Querkraft erkennen. Eine Verschiebung der Querkraft in der Querschnittsebene, d. h. eine Änderung von e, bedingt nur eine Änderung des Verdrehmoments, hierdurch werden jedoch nur die Schubkräfte in den Stegen, aber nicht die Längskräfte in den Gurten berührt. Im Gegensatz hierzu würde beim offenen dreistegigen Träger eine Vergrößerung des Verdrehmoments auch eine Vergrößerung der Gurtkräfte hervorrufen.

Besitzt der Träger eine größere Anzahl von Gurten, so erfolgt die Berechnung nach der Biegelehre. Die Bestimmung des Schubmittelpunktes gestaltet sich beim geschlossenen Träger wegen der unbekannten Schubfluß-Nullstellen nicht so einfach wie beim offenen Träger. Man kann jedoch, ohne auf den Schubmittelpunkt einzugehen, die Berechnung wie folgt durchführen.

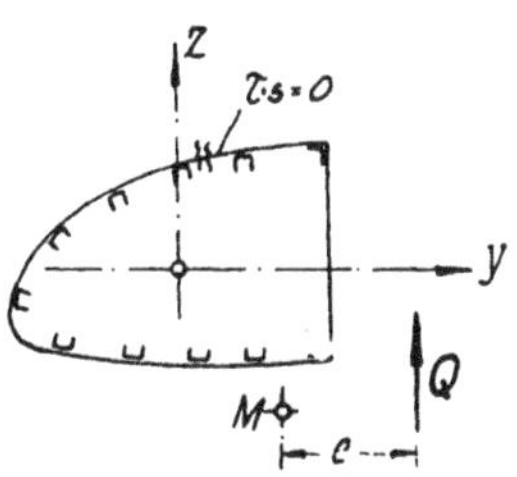

Bild 168. Geschlossener vielgurtiger Träger.

Man setzt den Schubfluß an einer beliebigen Stelle Null und denkt sich den Träger an dieser Stelle aufgeschnitten. Für diesen offenen Träger bestimmt man nach 35 b, β die Lage des Schubmittelpunktes. Wählt man die eine Achse, z. B. die Z-Achse, parallel der belastenden Querkraft Q, so genügt es, nur den Abstand der Schubkraftresultierenden von dieser Achse zu bestimmen. Hierzu ermittelt man praktischerweise den quantitativen Verlauf der Schubflüsse infolge Q. Die äußere Belastung zerlegt man in eine Querkraft, die mit der Schubkraftresultierenden zusammenfällt, und in eine Torsionsmoment $M_T = Q \cdot e$. Die Querkraft-Schubflüsse sind bereits ermittelt. Diesen wird noch der in allen Stegen konstante Schubfluß

$$\tau \cdot s = \frac{M_T}{2F}$$

des Torsionsmomentes überlagert. Die Längskräfte in den Gurten werden ebenfalls nach der elementaren Biegetheorie berechnet. Abgesehen von einer Störung im Bereich der Einspannstelle hat die Wahl der Nullstelle keinen Einfluß auf deren Größe, da das Torsionsmoment im größten Bereich des Trägers von der Röhre aufgenommen wird.

Zusammenstellung:

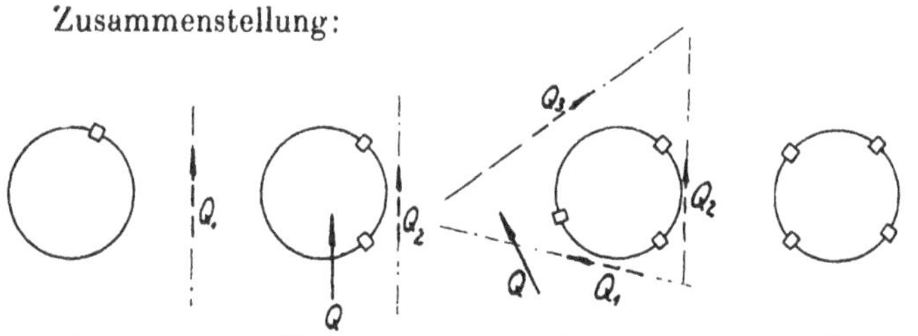

a) ein Steg.
Der einstegige Träger hat keinen Sinn, da er keine Querkraft aufnehmen kann. Die Röhre kann auch ohne Gurt ein Verdrehmoment aufnehmen.

b) zwei Stege.
Der zweistegige Träger kann nur eine Querkraft parallel zur Verbindungslinie der Gurte in beliebiger Lage aufnehmen.

c) drei Stege.
Der dreistegige Träger kann jede beliebig gerichtete und beliebig gelegene Querkraft eindeutig aufnehmen.

d) vier Stege.
Der vierstegige Träger ist bereits statisch unbestimmt.

Bild 169. Vergleich von geschlossenen Trägern mit verschiedener Gurtzahl.

37. Einleitung von Querkräften.

a) Krafteinleitung mittels krafteinleitender Bauglieder.

In den vorangegangenen Abschnitten wurde stillschweigend vorausgesetzt, daß der durch die elementare Biegetheorie bestimmte Spannungszustand auch im Einleitungsbereich einer Querkraft Gültigkeit hat. Diese Voraussetzung wird jedoch nur erfüllt, wenn die Querkraft bzw. die ihr entsprechenden Schubkräfte entsprechend der elementaren Biegetheorie verteilt eingeleitet werden. Für eine derartige Krafteinleitung sind jedoch besondere Bauglieder notwendig, die in bezug auf die die Querkaft weiterleitenden Elemente (Stege) als starr vorausgesetzt werden dürfen. Wird diese Voraussetzung nicht erfüllt, so treten an der Einleitungsstelle noch Zusatzspannungen im Steg auf; in diesem Bereich ergibt sich demzufolge eine mehr oder weniger große Abweichung vom Spannungszustand der elementaren Biegetheorie. Allerdings klingt diese Störung sehr schnell ab, so daß in geringer Entfernung von der Einleitungsstelle der elementare Spannungszustand wieder vorausgesetzt werden kann.

Die Krafteinleitung stellt im allgemeinen ein hochgradig statisch unbestimmtes Problem dar. Die exakte Bestimmung des wirklichen Spannungszustandes im Krafteinleitungsbereich gestaltet sich für die meisten der in Praxis vorkommenden Fälle sehr schwierig, wenn nicht gar unmöglich. Man begnügt sich daher für die technische Berechnung mit einer Näherungslösung, die im allgemeinen die Bruchlast genügend genau angibt.

Man trennt grundsätzlich die Kraftweiterleitung und die Krafteinleitung und dimensioniert dementsprechend die zugehörigen Bauglieder ohne Rücksicht auf die gegenseitige Beeinflussung, die durch den Zusammenhang bedingt ist. Diese willkürliche Trennung entspricht zwar nicht den wirklichen Verhältnissen; sie ergibt jedoch für die einzelnen Bauglieder einen übersichtlichen Kraftverlauf, der rechnerisch leicht zu erfassen ist. Auch kann der Einfluß der Annahme auf die wirkliche Festigkeit der gesamten Konstruktion in den meisten Fällen gut abgeschätzt werden.

Im allgemeinen werden bei diesem Verfahren die krafteinleitenden Bauglieder sicher bemessen. Für die kraftweiterleitenden Bauglieder ist die errechnete Beanspruchung im Bereich der Einleitung kleiner als die wirkliche. Man beachte aber, daß die durch die eingeleitete Querkraft bedingten Biegespannungen im Steg erst außerhalb der Einleitungszone größere Werte annehmen, dort also eine größere resultierende Beanspruchung vorliegt. Aus baulichen Gründen kann man das Stegblech nicht fortlaufend veränderlich entsprechend der Beanspruchung bemessen, sondern muß über bestimmte Bereiche nach der auftretenden größten Beanspruchung die Querschnitte gleichmäßig festlegen. Hinzu kommt noch, daß die zulässige Schubspannung im Steg aus Stabilitätsgründen meistens sehr viel unterhalb der zulässigen Bruchspannung liegt, so daß eine örtliche zusätzliche Beanspruchung durch die Krafteinleitung im allgemeinen ungefährlich ist.

Im folgenden wird die Ermittlung der durch die Einleitung von Querkräften bedingten Beanspruchung an verschiedenen Beispielen gezeigt.

Beispiel 37; 1: Für die Einleitung einer Querkraft in einen I-Träger ist ein Stab nach Bild 170a vorgesehen.

Man trennt den Stab vom Träger ab und setzt ihn mit den im Schnitt wirkenden inneren Kräften und der äußeren Querkraft Q ins Gleichgewicht (Bild 170b). Die Verteilung der vertikalen Schubkräfte erfolgt entsprechend der elementaren

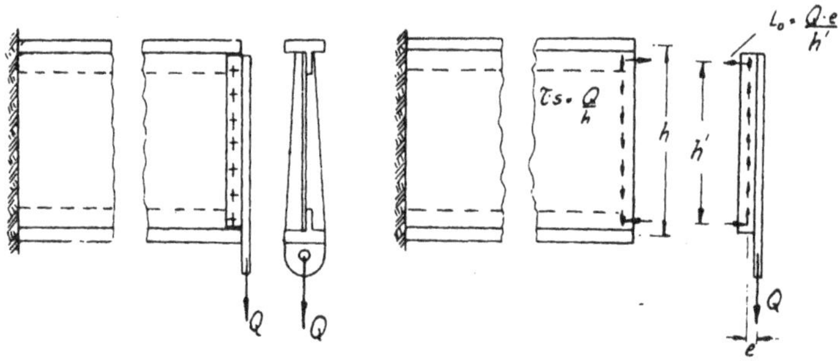

Bild 170a u. b. Querkrafteinleitung in einen zweigurtigen Biegungsträger.

Biegetheorie. Der Querschnitt des Steges kann als vernachlässigbar klein gegen den Querschnitt der Gurte angesehen werden. Vernachlässigt man dementsprechend die Längskräfte im Steg gegen die im Gurt, so ist der Schubfluß über die Steghöhe konstant. Die Verteilung der Schubkräfte am Einleitungsstab ist als gleichmäßig anzusetzen.

Die am Einleitungsstab angebrachten inneren Kräfte werden mit dem entgegengesetzten Richtungssinn auch am Biegungsträger angebracht. Hiermit ist die gesamte Beanspruchung zerlegt in eine Beanspruchung infolge Krafteinleitung und eine infolge Kraftweiterleitung.

Beispiel 37; 2: In einen kreisförmigen zweigurtigen Rumpf soll eine Querkraft von $Q = 2000$ kg eingeleitet werden.

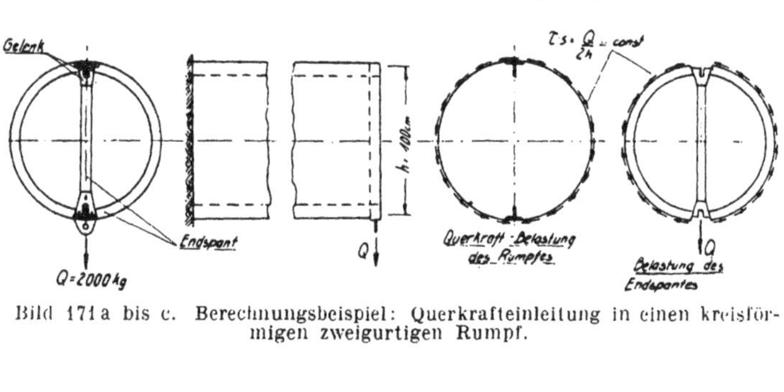

Bild 171a bis c. Berechnungsbeispiel: Querkrafteinleitung in einen kreisförmigen zweigurtigen Rumpf.

Hierzu ist ein als Rahmen ausgebildeter Endspant nach Bild 171 vorgesehen.

Man trennt den Einleitungsspant ab und bringt in der Trennstelle sowohl am Rumpf wie am Spant die inneren Schubkräfte als äußere Belastung an. Da der Gurtquerschnitt sehr viel größer als der Stegquerschnitt ist, können die Längskräfte im Steg vernachlässigt werden; demnach ist der Schubfluß über die Steghöhe konstant.

Da die Verbindung der einzelnen Spantteile am Gurt nur vernachlässigbar geringe Momente übertragen kann, wird an dieser Stelle für die Rechnung ein Gelenk vorausgesetzt.

Die Berechnung des Endspantes wird durch Ausnutzung der Symmetrie sehr vereinfacht.

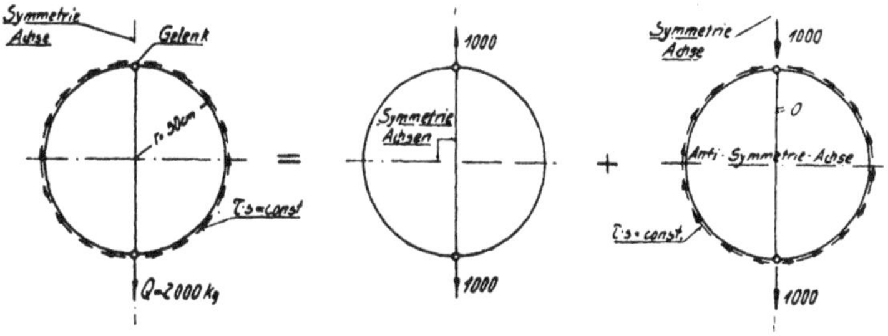

$\tau \cdot s = \frac{Q}{2h} = \frac{Q}{4r} = \frac{2000}{4 \cdot 50}$
$= 10$ kg/cm.

Nur die Diagonale wird beansprucht.

Da die Diagonale die Anti-Symmetrieachse schneidet, bleibt sie unbelastet. Die weitere Berechnung des Rahmens folgt unten.

Bild 172a bis c. Berechnung der Beanspruchung des Endspantes infolge Querkrafteinleitung.

Berechnung des antisymmetrischen Teils. Im Symmetrieschnitt können nur Längskräfte Y und Momente M auftreten. Des Gelenkes wegen sind letztere gleich Null.

Die Längskraft erhält man aus:

$$\Sigma M = 0: \; 2r \cdot Y = \tau \cdot s \cdot r^2 \cdot \pi$$

$$Y = \frac{\tau \cdot s \cdot r \cdot \pi}{2} = \frac{10 \cdot 50 \cdot \pi}{2} = 785 \text{ kg.}$$

Wegen der Symmetrie bzw. Antisymmetrie genügt es, die Biegemomente für einen, z. B. für den linken oberen Quadranten zu berechnen. Man teilt den Quadranten in vier Teile und

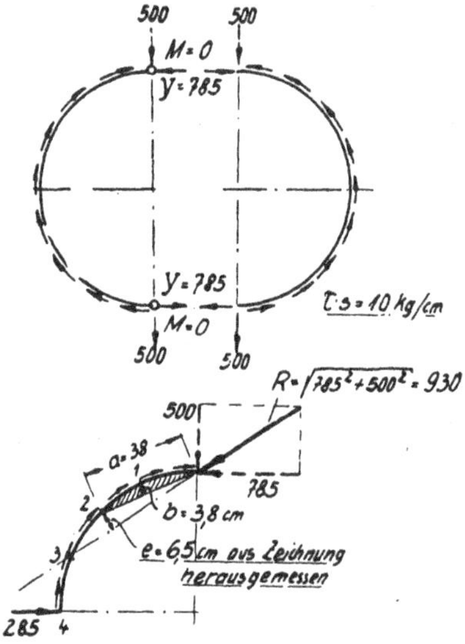

Bild 172d u. e. Beanspruchung des Endspantes durch den antisymmetrischen Belastungsanteil.

mißt für diese Stellen aus der Zeichnung die Größen a, b und e heraus. Das Moment für eine Stelle, z. B. »2« ist:

$$M_2 = R \cdot e + \tau \cdot s \cdot 2F.$$

Hierin ist F die in Bild 172e schraffiert gezeichnete Fläche, die mit guter Näherung als Parabel angesehen werden kann. Mit $F = \frac{2}{3} a \cdot b$ erhält man:

$$M_2 = R \cdot e + \tau \cdot s \cdot \frac{4}{3} a \cdot b$$

$$M_2 = 930 \cdot 6{,}5 + 10 \cdot \frac{4}{3} \cdot$$
$$\cdot 38 \cdot 3{,}8 = 6040 + 1930$$
$$= 7970 \text{ cm kg}.$$

In gleicher Weise kann man die Momente an den übrigen Stellen ermitteln. An den Stellen »0« (Gelenk) und »4« (Antisymmetrie) sind die Momente Null. Trägt man die errechneten

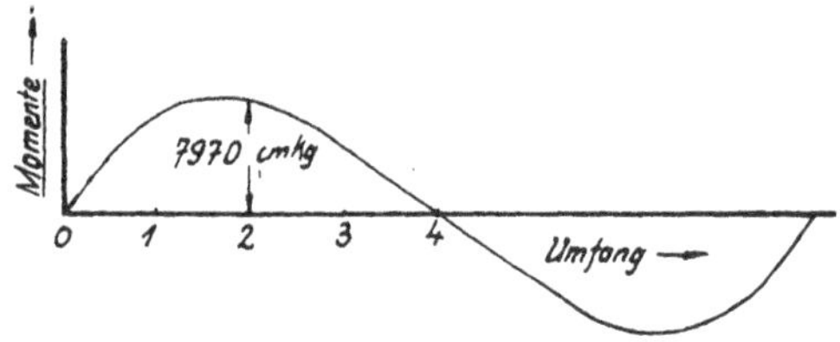

Bild 173. Verlauf des Biegungsmomentes über den Umfang des Endspantes.

Werte über dem abgewickelten Umfang auf, so erhält man obenstehendes Schaubild. Entsprechend dem bekannten Momentenverlauf kann die Bemessung des Einleitungsspantes vorgenommen werden. Längskräfte und Querkräfte haben, abgesehen von den Stellen an den Gurten, für die Bemessung der Querschnitte keine Bedeutung.

b) Krafteinleitung mittels kraftverteilender Bauglieder.

Nicht immer erfolgt die Krafteinleitung, wie es in dem vorhergehenden Abschnitt gezeigt wurde, durch besondere krafteinleitende Bauglieder. In manchen Fällen sind aus Gründen einer baulichen Einfachheit nur kraftverteilende Bauglieder vorgesehen, während die eigentliche Krafteinleitung durch das kraftweiterleitende Bauglied selbst erfolgt. Dies ist natürlich nur dann möglich, wenn letzteres durch die Kraftweiterleitung nicht restlos ausgenutzt ist, da es sonst die oftmals erheblichen Zusatzspannungen aus der Krafteinleitung nicht aufnehmen kann.

Auch in diesen Fällen trennt man grundsätzlich in der Berechnung Krafteinleitung und Kraftweiterleitung. Im Bereich der einzuleitenden Querkraft trennt man durch einen Schnitt einen Streifen vom kraftweiterleitenden Bauglied ab und behandelt diesen genau wie im vorangegangenen Abschnitt ohne Rücksicht auf den Zusammenhang als selbständiges, krafteinleitendes Bauglied. Hierbei ergibt sich zuweilen eine gewisse Unsicherheit über die anzunehmende Breite des Streifens. Je größer die in Rechnung gesetzte Breite des Einleitungsbereiches ist, um so geringer erscheint die Beanspruchung aus der Krafteinleitung. Dies kann in Praxis zu einer Überbeanspruchung des Einleitungsbereiches führen. In zweifelhaften Fällen wird man also die Breite des Streifens so gering, als es noch wahrscheinlich ist, annehmen und außerdem mit der rechnerischen Spannung nicht bis zur Bruchgrenze herangehen. Sollte der Einleitungsbereich nur unter Ausnützung der zulässigen Bruchgrenze zum Halten zu bringen sein, so wird man, zumindest bei lebenswichtigen Bauteilen, den Versuch heranziehen, falls man es nicht vorzieht, den konstruktiven Aufbau umzugestalten.

In den folgenden Beispielen ist der Rechnungsgang veranschaulicht.

Beispiel 37; 3: Für die Einleitung einer Querkraft in einen zweigurtigen Biegungsträger mit Wellblechsteg ist ein gerades ⊏-Profil vorgesehen (Bild 174). Gesucht ist die Beanspruchung des Wellbleches im Einleitungsbereich.

Voraussetzungen: Längskräfte im Steg vernachlässigbar klein gegen die in den Gurten, d. h. $\tau \cdot s = \frac{Q}{h} = \text{const.}$

Die Nieten ergeben kein Einspannmoment. Verlauf der Wellen sei sinusförmig.

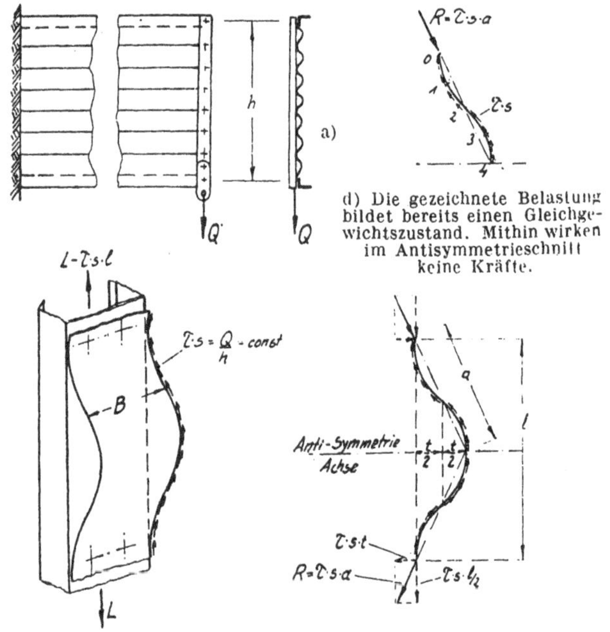

d) Die gezeichnete Belastung bildet bereits einen Gleichgewichtszustand. Mithin wirken im Antisymmetrieschnitt keine Kräfte.

b) Die im Schnitt des Wellblechs wirkenden inneren Schubkräfte werden als äußere Belastung angebracht.

c) Da die äußeren Kräfte antisymmetrisch sind, sind auch die inneren Querkräfte im Blech ($\tau \cdot s \cdot l$) und die Nietkräfte ($\tau \cdot s \cdot l/2$) antisymmetrisch.

Bild 174a bis d. Querkrafteinleitung in einen zweigurtigen Biegungsträger mit Wellblechsteg.

Die Änderung der Spannungen aus der Krafteinleitung über die Breite B wird vernachlässigt.

Wegen der Antisymmetrie genügt es, die Beanspruchung in der einen Hälfte des Streifens (Bild 174d) zu ermitteln; ferner ist es ausreichend, das größte Moment zu bestimmen. Dieses tritt in dem Punkt auf, in dem die von A (Antisymmetrieschnitt) an die Wellblechkurve gelegte Tangente erstere berührt (Bild 174e). Das Moment an dieser Stelle ist:

$$M_{max} = \tau \cdot s \cdot 2F$$

Bei einem sinusförmigen oder angenähert sinusförmigen Verlauf des Wellblechs erhält man:

$$2F \approx \frac{1}{2} l \cdot t - \frac{7}{16} l \cdot t = \frac{1}{16} l \cdot t$$

Mithin ist:

$$\boxed{M_{max} = \frac{1}{16} \tau \cdot s \cdot l \cdot t}$$

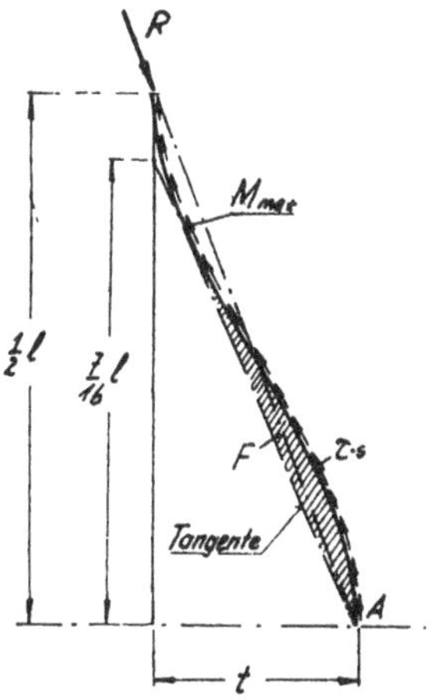

Bild 174e. Bestimmung der Beanspruchung des Wellblechs im Einleitungsbereich der Querkraft.

Zahlenbeispiel: Gegeben:

$l = 3$ cm $\quad \tau = 400$ kg/cm²
$t = 0{,}6$ cm $\quad \tau \cdot s = 16$ kg/cm
$s = 0{,}04$ cm

Das größte Moment ist:

$$M_{max} = \frac{1}{16} \cdot 16 \cdot 0{,}6 \cdot 3 = 1{,}8 \text{ cm kg}.$$

Für die Bestimmung des Widerstandsmomentes muß die rechnerische Breite B des Einleitungsbereiches geschätzt werden. Man wird zu beiden Seiten der zweireihigen Nietung (Abstand $= 3\,d$) noch ca. $2\,d$ zur Einleitungszone hinzurechnen, d. h. $B = 7\,d$ annehmen können. Ist der Nietdurchmesser $d = 3$ mm, so erhält man:

$$B = 3 \cdot 7 = 21 \text{ mm}.$$

Nimmt man $B = 2$ cm an, so ist:

$$W = \frac{B \cdot s^2}{6} = \frac{2 \cdot 0{,}04^2}{6} = \frac{0{,}53}{1000} \text{ cm}^3.$$

Hiermit wird:

$$\underline{\underline{\sigma_B}} = \frac{1{,}8 \cdot 1000}{0{,}53} \underline{\underline{= 3500 \text{ kg/cm}^2.}}$$

Man erkennt, daß bereits bei einer relativ geringen Schubspannung im Steg eine bis nahezu an die Bruchgrenze gehende Beanspruchung im Einleitungsbereich auftritt.

Beispiel 37; 4: Ein langes, an den Enden gestütztes Rohr ist in der Mitte durch eine Querkraft Q belastet. Für die Einleitung der Querkraft ist ein angeschweißter Lappen vorgesehen (Bild 175). Welche Beanspruchung tritt in der Mitte des Rohres infolge der Querkrafteinleitung auf?

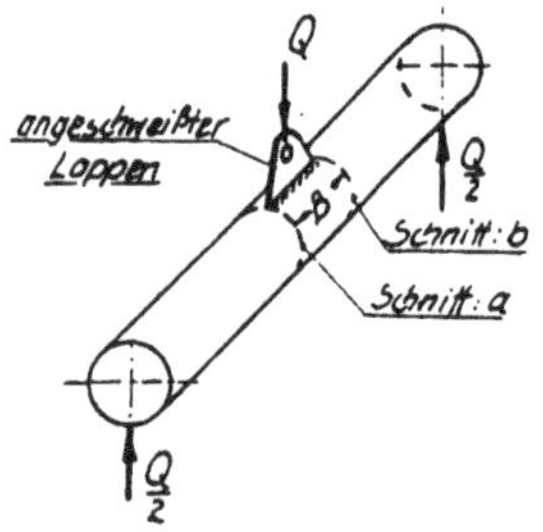

Bild 175. Querkrafteinleitung in ein Rohr.

Der angeschweißte Lappen hat die Aufgabe, die konzentrierte Querkraft auf einen größeren Bereich (Breite B des Lappens) zu verteilen. Die eigentliche Krafteinleitung erfolgt durch das Rohr selbst. Der Einleitungsbereich wird für die Rechnung durch die Schnitte a und b zu beiden Enden des Lappens begrenzt. Mit dieser willkürlichen Begrenzung

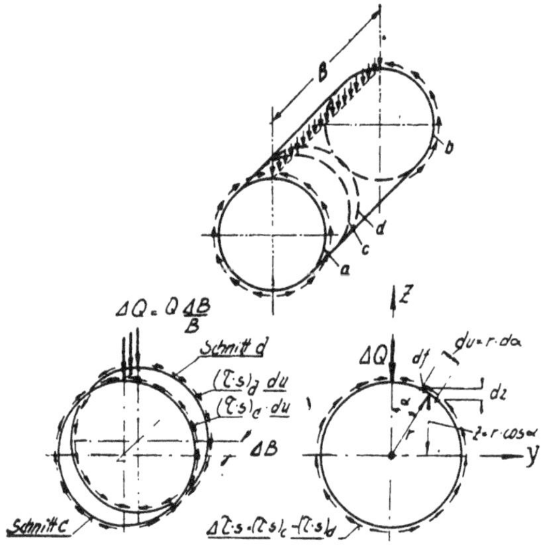

Bild 176a bis c. Bestimmung der Beanspruchung des Rohres im Einleitungsbereich der Querkraft.

bewegt man sich auf der sicheren Seite, da die Beanspruchungen aus der Querkrafteinleitung erst außerhalb des Bereiches des Lappens abklingen.

Man bringt in den Schnitten a und b die inneren Schubkräfte in einer der elementaren Biegetheorie entsprechenden Verteilung als äußere Belastung an. Ferner denkt man sich den Lappen abgetrennt und in der Trennstelle die Querkraft gleichmäßig über die Breite B verteilt angebracht (Bild 176a). Man setzt voraus, daß die Deformationen und damit die Biegespannungen aus der Querkrafteinleitung über die Breite B konstant sind. Es genügt demnach, für die Rechnung einen Ring von der Breite ΔB zu betrachten. Dieser werde durch die Schnitte c und d begrenzt. Die Beanspruchung dieses Ringes erfolgt durch die Teilquerkraft

$$\Delta Q = \frac{Q}{B} \cdot \Delta B$$

und durch die Differenz der in den Schnitten c und d wirkenden Schubkräfte

$$\Delta \tau \cdot s \cdot du = [(\tau \cdot s)_c - (\tau \cdot s)_d] \cdot du.$$

Aus $\Sigma Z = 0$ folgt:

$$\Sigma (\tau \cdot s)_c \cdot dz - (\tau \cdot s)_d \cdot dz = \Sigma \Delta \tau \cdot s \cdot dz = \Delta Q$$

Die Verteilung des Differenzschubflusses errechnet man nach Gl. (34) (vgl. Bild 176c):

$$(\Delta \tau \cdot s)_a = \frac{\Delta Q}{J} \int_0^a z \cdot df.$$

Mit:

$$df = s \cdot du = s \cdot r \cdot d\alpha \quad \text{und} \quad z = r \cdot \cos\alpha$$

erhält man:

$$(\Delta \tau \cdot s)_a = \frac{\Delta Q}{J} \cdot \int_0^a r^2 \cdot s \cdot \cos\alpha \, d\alpha = \frac{\Delta Q}{J} \cdot r^2 \cdot s \cdot \sin\alpha.$$

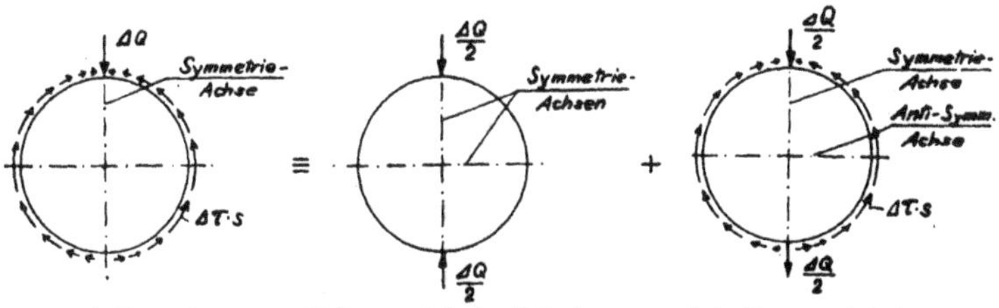

a) Gesamtbelastung. b) Symmetrische Belastung (siehe Beispiel 29; 5). c) Antisymmetrische Belastung.

Bild 177a bis c Belastungszerlegung zur Ermittlung des Momentenverlaufs.

Für diese Belastung kann man jetzt den Verlauf der Biegemomente bestimmen, wobei man die Rechnung unter Ausnutzung der Symmetrie vereinfacht.

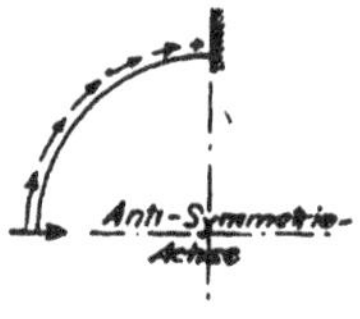

Bild 177d. Belastung eines Quadranten.

Die Berechnung des Momentenverlaufs für die antisymmetrische Belastung führt man wieder nur für einen Quadranten durch. Man denkt sich den Quadranten in der Symmetrieachse eingespannt (Bild 177d). Im Antisymmetrieschnitt wirkt nur eine (innere) Querkraft; deren Größe ermittelt man aus der Deformationsbedingung, daß das statische Moment der Krümmungsfläche $\left(\frac{M}{E \cdot J}\text{-Fläche}\right)$ bezogen auf die Antisymmetrieachse Null sein muß.

III. Verdrehung.

38. Prismatische Hohlkörper.

Die Ausführungen dieses Abschnittes beziehen sich nur auf solche prismatischen Hohlkörper, deren Wandstärke im Vergleich zu den übrigen Querschnittsabmessungen sehr gering ist.

a) Bestimmung der Schubspannung.

Ein dünnwandiger Hohlkörper werde an beiden Enden durch gleich große, aber entgegengesetzt drehende Drillmomente belastet (Bild 178a). Die Einleitung der Drillmomente

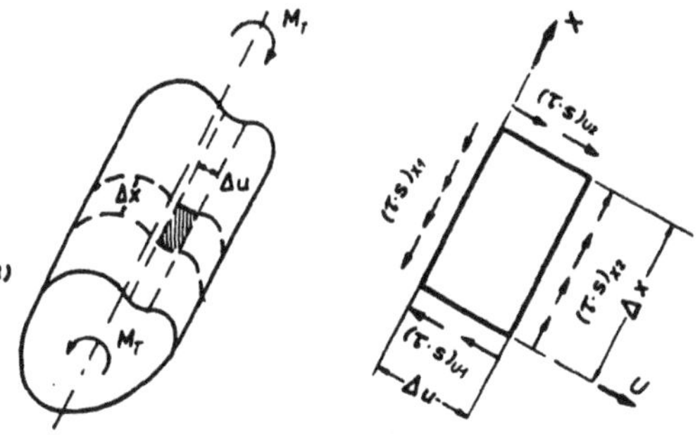

Bild 178a u. b. Auf Verdrehung (Drillung) beanspruchter dünnwandiger prismatischer Hohlkörper (*a*). Gleichgewicht der inneren Schubkräfte an einem Element der Röhre (*b*).

erfolge durch Endspante, die nur in ihrer Ebene als biegungssteif anzusehen sind, d. h. ohne Behinderung einer möglichen Querschnittswölbung. Unter dieser Voraussetzung treten in der Röhre keine Längsspannungen auf. Allein die in jedem Schnitt wirkenden Schubkräfte halten dem äußeren Verdrehmoment M_T das Gleichgewicht. (Diese Art der Weiterleitung eines Verdrehmoments ohne Ausbildung von Längsspannungen wird als reine Verdrehung oder auch St. Venantsche Verdrehung bezeichnet.)

Für ein durch je zwei Längs- und Querschnitte begrenztes Element der Röhre (Bild 178b) ergeben die Gleichgewichtsbedingungen:

$$\Sigma X = 0: \quad -(\tau \cdot s)_{x1} \cdot \Delta x + (\tau \cdot s)_{x2} \cdot \Delta x = 0$$

$$(\tau \cdot s)_{x1} = (\tau \cdot s)_{x2} = (\tau \cdot s)_x$$

$$\Sigma U = 0: \quad -(\tau \cdot s)_{u1} \cdot \Delta u + (\tau \cdot s)_{u2} \cdot \Delta u = 0$$

$$(\tau \cdot s)_{u1} = (\tau \cdot s)_{u2} = (\tau \cdot s)_u$$

$$\Sigma M = 0: \quad (\tau \cdot s)_x \cdot \Delta x \cdot \Delta u - (\tau \cdot s)_u \cdot \Delta u \cdot \Delta x = 0$$

$$\boxed{(\tau \cdot s)_x = (\tau \cdot s)_u} \quad \ldots\ldots\ldots \quad (38;\ 1)$$

Der Schubfluß ist also für jede Stelle der Röhre gleich groß.

Um zu einer Beziehung zwischen den Schubspannungen und dem Verdrehmoment zu gelangen, trennt man durch einen Schnitt ein Stück der Röhre ab und bringt im Schnitt die inneren Schubkräfte als äußere Belastung an. Das Momentengleichgewicht in bezug auf einen beliebigen Punkt P ergibt:

$$\underset{(P)}{\Sigma M} = 0: \quad M = \Sigma \tau \cdot s \cdot \Delta u \cdot r = \tau \cdot s \cdot \Sigma \Delta u \cdot r.$$

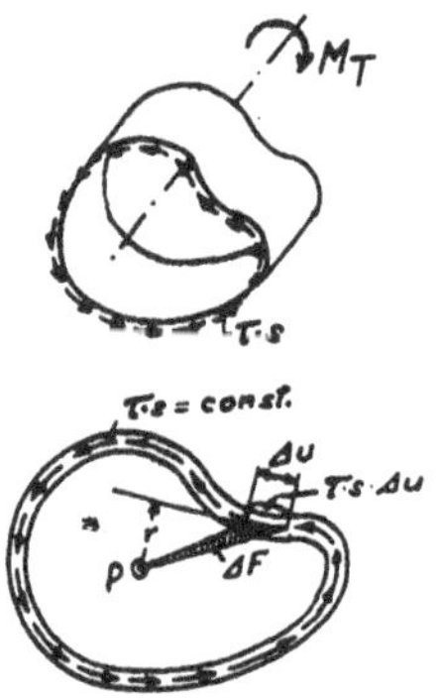

Bild 178c. Zur Bestimmung des Drillschubflusses.

Es ist (vgl. Bild 178c):

$$r \cdot \Delta u = 2 \Delta F$$

Man erhält also:

$$M = \tau \cdot s \Sigma 2 \Delta F = \tau \cdot s \cdot 2 F$$

oder

$$\boxed{\tau \cdot s = \frac{M}{2F}} \quad \ldots \quad (38;\ 2)$$

Hierin ist F die von der Röhre eingeschlossene Fläche (vgl. 36b).

Bemerkung: Unter der getroffenen Voraussetzung einer geringen Wandstärke ist die Änderung der Schubspannung über die Wandstärke vernachlässigbar klein.

b) Bestimmung der Formänderung.

α) **Kreisrohr.**

(Voraussetzung: Wandstärke s über den Umfang und über die Länge konstant.)

Werden die Drillmomente durch Endspante eingeleitet, die in ihrer Ebene als starr oder nahezu starr anzusehen sind, so bleibt die Kreisform des Querschnitts auch bei eintretender Formänderung erhalten, und zwar nicht nur für die Endquerschnitte, sondern für jeden beliebigen Querschnitt.

Die inneren Schubkräfte stellen in bezug auf jeden Durchmesser eine antisymmetrische Belastung dar, können also auch nur antisymmetrische Verformungen hervorrufen, die wegen der zentrischen Symmetrie an allen Stellen des Umfangs gleich groß sein müssen. Aus dem gleichen Grunde können Längsverschiebungen (Verschiebungen parallel zur Körperachse) nicht eintreten, d. h. ein ursprünglich ebener Querschnitt bleibt auch bei Belastung eben. Die Formänderung besteht lediglich in einer gegenseitigen Verdrehung benachbarter Querschnitte, wobei die ursprünglich geraden Erzeugenden des Zylindermantels in Schraubenlinien übergehen.

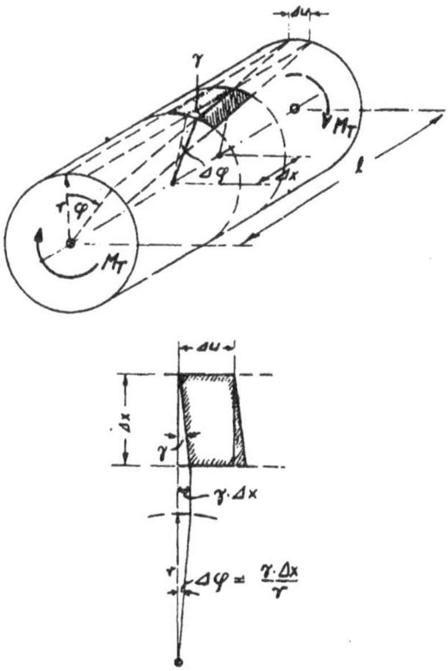

Bild 179 a u. b. Zur Bestimmung der Formänderung eines auf Verdrehung beanspruchten Kreisrohres.

Die rechten Winkel eines Elementes $\Delta x \Delta u$ der Röhre, das durch je zwei Ringschnitte und Längsschnitte begrenzt wird (Bild 179) gehen bei der Verformung in schiefe Winkel über, wobei nur die durch die Längsschnitte begrenzten Seiten gegen die ursprüngliche Lage geneigt werden; und zwar um den Winkel:

$$\gamma = \frac{\tau}{G}.$$

Im Zusammenhang mit dieser Gleitung γ steht die gegenseitige Verdrehung $\Delta\varphi$ der beiden um Δx voneinander entfernten

Ringschnitte. Mit den Bezeichnungen nach Bild 179 gilt:

$$\boxed{\frac{\Delta\varphi}{\Delta x}=\frac{\gamma\cdot\Delta x}{r\cdot\Delta x}=\frac{\tau}{r\cdot G}=\vartheta} \quad .\ .\ .\ .\ (38;\ 3)$$

Der auf die Längeneinheit bezogene Verdrehwinkel ϑ wird als Drilling (cm^{-1}) bezeichnet. Da die Schubspannung über die Länge konstant ist, ist auch die Drillung über die Länge konstant. Die Verdrehung der Endquerschnitte gegeneinander ist somit:

$$\boxed{\varphi=\vartheta\cdot l=\frac{\tau}{r\cdot G}\cdot l} \quad .\ .\ .\ .\ .\ .\ (38;\ 4)$$

Führt man Gl. (38; 2) in Gl. (38; 3) ein, so erhält man die Beziehung zwischen Moment und Drillung. Mit $F=\pi\cdot r^2$ wird:

$$\boxed{\vartheta=\frac{M_T}{2F\cdot r\cdot s\cdot G}=\frac{M_T}{2\pi r^3\cdot s\cdot G}} \quad .\ .\ .\ (38;\ 5)$$

Die nur vom Querschnitt abhängige Größe $J_d=2\pi\cdot r^3\cdot s$ (cm^4) wird allgemein mit »Drillungswiderstand«[1] bezeichnet. $T=G\cdot J_d$ ist die »Drillungssteifigkeit« des Querschnitts.

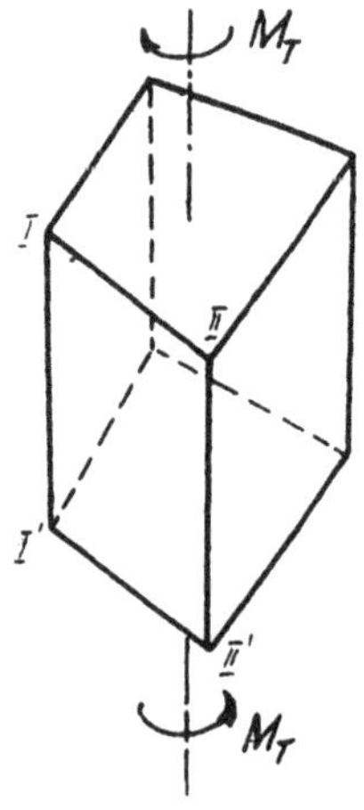

Bild 180a. Zur Bestimmung der Formänderung eines auf Verdrehung beanspruchten prismatischen Hohlkörpers mit beliebigem Querschnitt.

β) Beliebiger Querschnitt.

Unter der Annahme, daß die beiden Endscheiben der Röhre in ihrer Ebene als starr angesehen werden können, bleibt auch bei allgemeinen prismatischen Körpern bei Verdrehung die Querschnittsform an jeder Stelle erhalten. Im Gegensatz zum Kreisrohr jedoch ist mit der gegenseitigen Verdre-

[1]) Die Bezeichnung Drillungswiderstand ist im Vergleich mit den Bezeichnungen aus der Biegelehre nicht ganz zutreffend, da der Drillungswiderstand eine Beziehung zwischen dem Moment und den Formänderungen, nicht aber mit den Spannungen angibt.

hung der Querschnitte im allgemeinen auch eine Verwölbung derselben verbunden. Zur Bestimmung der Verformung wird diese zerlegt:

1. in die Verschiebung der einzelnen Flächen,
2. in die Verzerrung der einzelnen Flächen.

Zu 1.: Man denke sich den Körper längs der Kante I, I' geschlitzt und den oberen gegen den unteren Querschnitt um eine beliebige Drehachse[1]) um den Winkel $\varphi = \vartheta \cdot l$ verdreht.

Denkt man sich die Ecke I' — für die betrachtete Fläche $I\ I'\ II'\ II$ — ge-

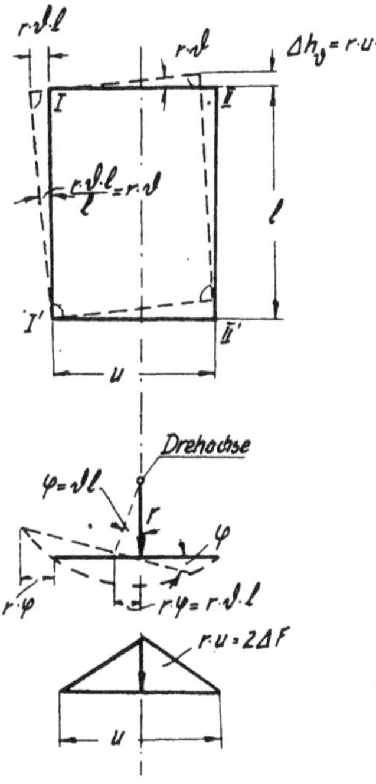

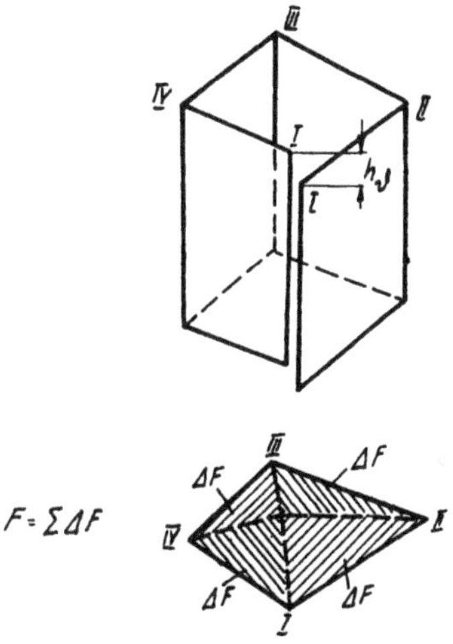

Bild 180b u. c. Verschiebung der Mantelflächen infolge der gegenseitiger Verdrehung der Endquerschnitte.

halten, so wird die Fläche in ihrer Ebene um den Punkt I' gedreht und hierdurch die Ecke II gegenüber der Ecke I um den Betrag

$$\Delta h_\vartheta = \vartheta \cdot r \cdot u$$

gehoben. Die dabei gleichzeitig auftretende Verdrehung der oberen Kante $I\ II$ gegen die untere Kante $I'\ II'$ um den

[1]) Die Wahl der Drehachse hat auf das Endergebnis, wie aus der weiteren Rechnung zu ersehen ist, keinen Einfluß.

Winkel φ hat auf die Verschiebung Δh_ϑ keinen Einfluß, da Δh_ϑ lediglich die Verschiebung der Mittelfläche der betreffenden Seitenwand darstellt. Auch ist der für diese Verdrehung erforderliche Momentenanteil vernachlässigbar klein (vgl. 40).

Setzt man entsprechend Bild 180b

$$r \cdot u = 2\Delta F,$$

so erhält man:

$$\Delta h_\vartheta = \vartheta \cdot 2\Delta F.$$

Führt man obige Betrachtung auch für die übrigen Mantelebenen durch, so erkennt man, daß die Eckpunkte *II*, *III*, *IV* und *I* ansteigend höher liegen. Die gegenseitige Verschiebung der Eckpunkte an der Kante *I* ist also gleich der Summe der gegenseitigen Verschiebungen aufeinander folgender Eckpunkte:

$$\boxed{h_\vartheta = \Sigma\,\Delta h_\vartheta = \vartheta\,\Sigma\,2\,\Delta F = \vartheta \cdot 2F} \quad . \; . \quad (38;\,6)$$

Zu 2.: Die in den Mantelebenen wirkenden Schubspannungen τ bedingen eine Verzerrung der einzelnen Ebenen um den Winkel.

$$\gamma = \frac{\tau}{G}.$$

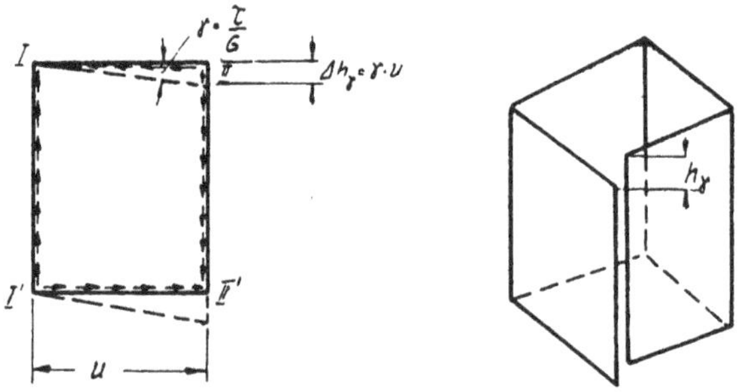

Bild 180d u. e. Verzerrung der Mantelflächen infolge der — durch das Verdrehmoment bedingten — Schubspannungen.

Denkt man sich die Mantelfläche in *I*, *I'* gehalten (Bild 180d), so wird die Ecke *II* gegen die Ecke *I* um den Betrag

$$\Delta h_\gamma = \gamma \cdot u = \frac{\tau}{G} \cdot u$$

gesenkt. Wendet man diese Betrachtung auch für die übrigen Wände an, so sieht man, daß jede nachfolgende Ecke um $\gamma \cdot u = \frac{\tau}{G} \cdot u$ tiefer liegt als die vorhergehende. An der Kante I ist demnach der Gesamtunterschied gleich der Summe der einzelnen Senkungen:

$$\boxed{h_\gamma = \Sigma\, \Delta\, h_\gamma = \Sigma\, \gamma \cdot u = \frac{1}{G} \Sigma\, \tau \cdot u} \quad . \ . \ (38;\ 7)$$

Beim wirklichen Verformungszustand, d. h. beim gleichzeitigen Auftreten der Verschiebungen und Verzerrungen, muß der Höhenunterschied an der Kante $I\,I'$ Null sein:

$$0 = h_\vartheta - h_\gamma = \vartheta \cdot 2\,F - \frac{1}{G} \Sigma\, \tau \cdot u$$

oder

$$\boxed{\vartheta = \frac{1}{2\,F\,G} \cdot \Sigma\, \tau \cdot u = \frac{\tau \cdot s}{2\,F\,G} \cdot \sum \frac{u}{s}} \quad . \ . \ (38;\ 8)$$

Durch Einführung von Gl. (38; 2) geht Gl. (38; 8) in folgende über:

$$\boxed{\vartheta = \frac{M}{4\,F^2\,G} \cdot \sum \frac{u}{s}} \quad . \ . \ . \ . \ . \ (38;\ 9)$$

Die Bedingung, daß der Zusammenhang gewahrt bleiben muß, schließt im allgemeinen nicht aus, daß zwei benachbarte Ecken verschieden hoch liegen, und zwar ist die Höhendifferenz bei gleichzeitiger Verschiebung und Verzerrung einer Fläche:

$$\Delta\, h = \Delta\, h_\vartheta - \Delta\, h_\gamma = \vartheta \cdot 2\,\Delta\, F - \frac{\tau}{G} \cdot u.$$

Unter Einführung von Gl. (38; 8) erhält man:

$$\boxed{\Delta\, h = \frac{\Delta\, F}{F\,G} \cdot \Delta\, \tau \cdot u - \frac{\tau}{G} u} \quad . \ . \ . \ (38;\ 10)$$

Bemerkung. Die gegenseitige Verschiebung Δh der Ecken in Längsrichtung, die durch die Gl. (38; 10) gegeben ist, ist von der Lage der Drehachse abhängig. Solange der Querschnitt sich frei verwölben kann, ist jede Achse als Drehachse möglich. Erst bei Behinderung der Querschnittswölbung erfolgt die Verdrehung um eine bestimmte Achse, die Schubachse des Körpers.

Beispiel 38; 1: Gegeben: Geschweißtes Profil nach Bild 181.

$G = 860000\ \mathrm{kg/cm^2}$;

$\tau_{zul} = 1000\ \mathrm{kg/cm^2}$.

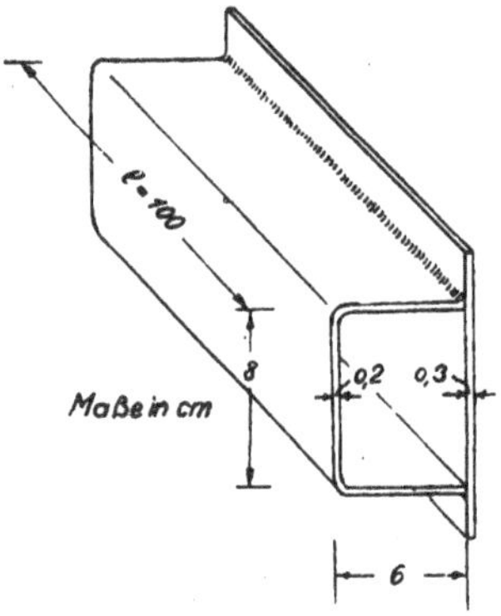

Bild 181. Berechnungsbeispiel: Geschweißtes Profil.

Gesucht: Welches Verdrehmoment kann das Profil aufnehmen und wie groß ist der dabei auftretende Verdrehwinkel.

Lösung: Nach Gl. (38; 2) ist:

$$M = 2F \cdot \tau \cdot s = 2 \cdot 48 \cdot 1000 \cdot 0{,}2 = 19200\ \mathrm{cm\ kg}.$$

Die Schubspannung im stärkeren Blech ist:

$$\underline{\underline{\tau}} = \frac{1000 \cdot 2}{3} = \underline{\underline{667\ \mathrm{kg/cm^2}}}.$$

Der spezifische Verdrehwinkel errechnet sich nach Gl. (38;8) zu:

$$\vartheta = \frac{\Sigma \tau \cdot u}{2FG} = \frac{1000\,(6+8+6) + 667 \cdot 8}{2 \cdot 48 \cdot 860000} = \frac{0{,}33}{1000}.$$

Demnach ist:

$$\underline{\underline{\varphi}} = \vartheta \cdot l = 0{,}033 \equiv 0{,}033 \cdot 57{,}3^0 = \underline{\underline{1{,}92^0.}}$$

c) Einleitung von Verdrehmomenten.

Für die Einleitung von Verdrehmomenten gilt grundsätzlich das gleiche wie für diè Einleitung von Querkräften (vgl. 37). Auch hier wird man, um die Beanspruchungsermittlung einfach und übersichtlich zu gestalten, durch einen geeigneten, im allgemeinen willkürlich gelegten Schnitt die Einleitung von der Weiterleitung des Moments trennen. Der Gang der Rechnung wird durch das folgende Beispiel veranschaulicht.

Beispiel 38; 2: In eine kreisförmige Röhre von konstanter Wandstärke wird durch eine als Ring ausgebildete Endscheibe ein Torsionsmoment eingeleitet (Bild 182). Welche Beanspruchungen treten im Einleitungsbereich auf?

Man trennt durch einen Schnitt a—a die Endscheibe von der Röhre und setzt sie mit den inneren Schubkräften und

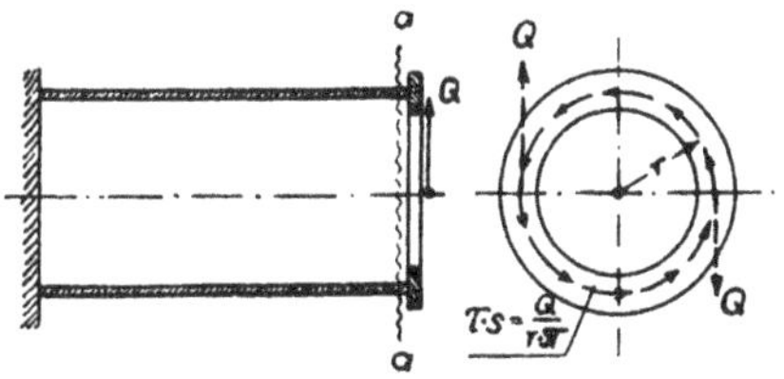

Bild 182a u. b. Einleitung eines Verdrehmomentes in eine kreisförmige Röhre.

dem äußeren Kräftepaar ins Gleichgewicht (Bild 182b). Man setzt voraus, daß die durch das Moment bedingten Schubspannungen auch im Schnitt a—a nach St. Venant verlaufen. Nach Gl. (38; 2) ist:

$$\tau \cdot s = \frac{M}{2F} = \frac{Q \cdot 2 \cdot r}{2 \cdot \pi \cdot r^2} = \frac{Q}{r \cdot \pi}.$$

Die Berechnung des Ringes gestaltet sich bei Beachtung der Symmetrie sehr einfach. Wegen der zweifachen Antisymmetrie können die in den Antisymmetrieschnitten wirkenden inneren Kräfte allein aus den Gleichgewichtsbedingungen ermittelt werden (vgl. Bild 182c).

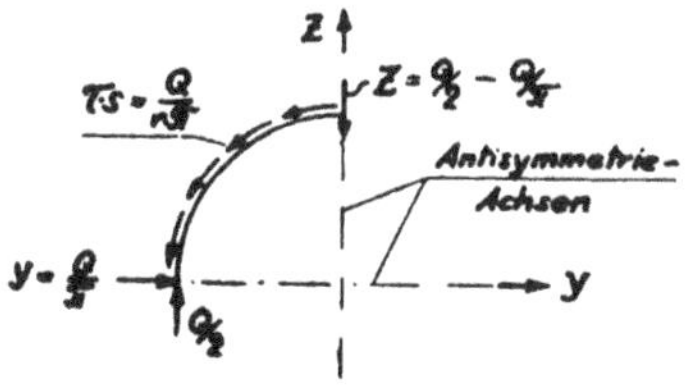

Bild 182c. Bestimmung der Beanspruchung des Endspantes aus der Einleitung des Verdrehmomentes.

$$\Sigma Y = 0: \quad Y = \tau \cdot s \cdot r = \frac{Q}{\pi}$$

$$\Sigma Z = 0: \quad Z = Q/2 - \tau \cdot s \cdot r = Q/2 - Q/\pi.$$

Die Berechnung des Momentenverlaufs ist in ähnlicher Form wie im Beispiel 37; 2 durchzuführen.

39. Prismatische Hohlkörper mit Zwischenstegen.

a) Ein Zwischensteg.

Das Problem, die Drillschubspannungen in einem Hohlkörper mit einem Zwischenstieg zu bestimmen, ist unter der

Voraussetzung einer unbehinderten Querschnittswölbung einfach statisch unbestimmt.

Man denkt sich den Hohlkörper durch den Zwischensteg in zwei Teilröhren mit den Querschnitten F_1 und F_2 aufgeteilt und das den gesamten Hohlkörper belastende Drillmoment M_T in die beiden (unbekannten) Anteile M_{T1} und M_{T2} zerlegt. Die Teilmomente M_{T1} und M_{T2} rufen in den Teilröhren

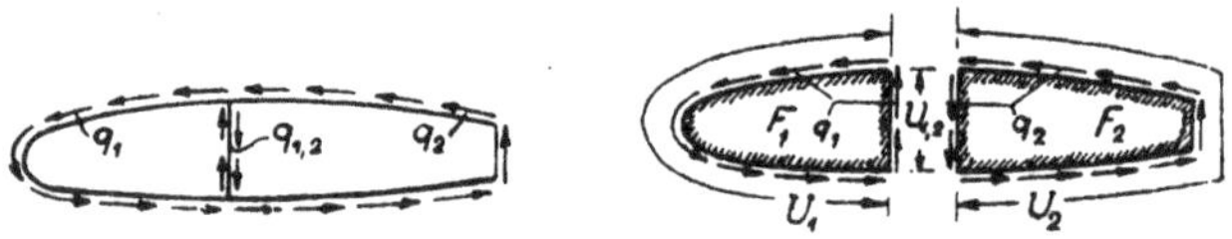

Bild 183a u. b. Prismatischer Hohlkörper mit Zwischensteg.

konstante, stetig umlaufende Schubflüsse q_1 und q_2 hervor (Bild 183b). Die Gleichgewichtsbedingung zwischen dem äußeren Moment und den inneren Schubkräften ergibt somit:

$$\boxed{M_T = 2F_1 \cdot q_1 + 2F_2 \cdot q_2} \quad . \; . \; . \; . \; (39;\,1)$$

Die Schubflüsse q_1 und q_2 sind für die Außenelemente des Hohlkörpers endgültig. Der Schubfluß $q_{1,2}$ in dem beiden Teilröhren gemeinsam angehörenden Zwischensteg ergibt sich aus der Kontinuitätsbedingung:

$$\boxed{q_{1,2} = q_1 - q_2} \quad . \; . \; . \; . \; . \; . \; . \; . \; (39;\,2)$$

Die noch fehlende Bestimmungsgleichung erhält man aus der Deformationsbedingung, daß die Drillung für beide Teilröhren gleich groß sein muß. Mit Gl. (38; 8) gilt:

$$\vartheta = \sum_1 \frac{\tau \cdot \Delta u}{2F_1 \cdot G} = \sum_2 \frac{\tau \cdot \Delta u}{2F_2 \cdot G}.$$

Beachtet man, daß die Schubflüsse jeweils über die Teilumfänge U_1, U_2, $U_{1,2}$ konstant sind, so kann man letzte Gleichung auch wie folgt anschreiben ($q = \tau \cdot s$; $G = \text{const}$):

$$\boxed{\frac{1}{F_1}\left[q_1 \sum_1 \frac{\Delta u}{s} + q_{1,2} \sum_{1,2} \frac{\Delta u}{s}\right] = \frac{1}{F_2}\left[q_2 \sum_2 \frac{\Delta u}{s} - q_{1,2} \sum_{1,2} \frac{\Delta u}{s}\right]} \quad . \; . \; . \; (39;\,3)$$

Sind insbesondere die Wandstärken s über die Teilumfänge konstant, so wird:

$$\frac{1}{F_1}\cdot\left[q_1\cdot\frac{U_1}{s_1}+q_{1,2}\cdot\frac{U_{1,2}}{s_{1,2}}\right]=\frac{1}{F_2}\cdot\left[q_2\cdot\frac{U_2}{s_2}-q_{1,2}\frac{U_{1,2}}{s_{1,2}}\right] \quad \ldots (39;\,3\,\text{a})$$

Aus den drei Gln. (39; 1 bis 3) lassen sich die drei unbekannten Schubflüsse q_1, q_2, $q_{1,2}$ eindeutig bestimmen.

Durch Einführung von Gl. (39; 2) in Gl. (39; 3) ergibt sich nach den entsprechenden Umformungen:

$$q_1\left[F_2\left(\sum_1\frac{\Delta u}{s}+\sum_{1,2}\frac{\Delta u}{s}\right)+F_1\sum_{1,2}\frac{\Delta u}{s}\right]= =q_2\left[F_1\left(\sum_2\frac{\Delta u}{s}+\sum_{1,2}\frac{\Delta u}{s}\right)+F_2\sum_{1,2}\frac{\Delta u}{s}\right] \quad (39;\,4)$$

Man erkennt: Bei einer bestimmten Lage des Zwischensteges, für die die Klammerwerte in Gl. (39; 4) auf beiden Seiten gleich groß werden, ist $q_1 = q_2$ und damit $q_{1,2} = 0$, d. h. der Zwischensteg hat keinen Einfluß auf die Festigkeit und die Steifigkeit der Röhre (unbehinderte Querschnittswölbung vorausgesetzt).

b) Mehrere Zwischenstege.

Bei mehreren Zwischenstegen geht man in gleicher Weise vor. Bei n Zwischenstegen erhält man $n + 1$ Teilröhren. Zur Bestimmung der $2\,n + 1$ unbekannten Schubflüsse stehen eine Gleichgewichtsbedingung sowie n Kontinuitätsbedingungen und n Deformationsbedingungen zur Verfügung.

40. Prismatische Stäbe.

a) Kreisquerschnitt.

Ein kreiszylindrischer Stab werde an den Enden durch gleich große, aber entgegengesetzt drehende Drillmomente M_T belastet. Bei der Verformung tritt wegen der zentrischen Symmetrie keine Querschnittswölbung auf. Man kann voraussetzen, daß die einzelnen Querschnitte als Ganzes verdreht werden. — Diese Voraussetzung trifft in einiger Entfernung von der Krafteinleitung zu. In der Einleitungszone wird sie bei zweckentsprechender Krafteinleitung angenähert erfüllt. —

1. Bestimmung der Schubspannung. Man denkt sich den Kreisquerschnitt in einzelne konzentrische Ringe zerlegt, den Kreiszylinder also in einzelne Röhren aufgeteilt (Bild 184b).

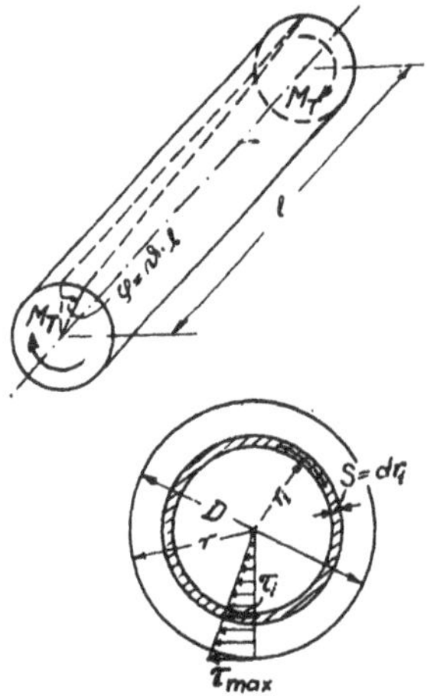

Bild 184 a u. b. Auf Verdrehung beanspruchter prismatischer Stab mit Kreisquerschnitt.

Unter der obengenannten Voraussetzung erfahren alle Röhren die gleiche Drillung ϑ; zwischen den einzelnen Röhren treten keine Kräfte auf. Für eine Röhre mit dem mittleren Radius r_i und der Wandstärke $s = dr_i$ gilt nach Gl. (38; 3):

$$\tau_i = r_i \cdot G \cdot \vartheta,$$

d. h. die Schubspannungen nehmen von der Zylinderachse nach außen linear zu. Mit den Bezeichnungen nach Bild 184b gilt also:

$$\frac{\tau_i}{\tau_{max}} = \frac{r_i \cdot G \cdot \vartheta}{r \cdot G \cdot \vartheta}$$

oder

$$\boxed{\tau_i = \frac{r_i}{r} \cdot \tau_{max}} \quad \ldots\ldots\ldots \quad (40;\ 1)$$

Der auf die $i$te Röhre entfallende Momentenanteil ist nach Gl. (38; 2):

$$d\,M_T = (\tau \cdot s)_i \cdot 2\,F_i = \tau_i \cdot d\,r_i \cdot 2\,\pi \cdot r_i^2.$$

Mit Gl. (40; 1) erhält man:

$$d\,M_T = \frac{2\,\pi \cdot \tau_{max}}{r} \cdot r_i^3 \cdot d\,r_i$$

$$M_T = \int\limits_{r_i=0}^{r_i=r} d\,M_T = \frac{2\,\pi \cdot \tau_{max}}{r} \int\limits_{r_i=0}^{r_i=r} r_i^3 \cdot d\,r_i = \frac{1}{2}\,\pi \cdot r^3 \cdot \tau_{max}$$

$$\boxed{\tau_{max} = \frac{M_T}{\pi \cdot r^3/2} = \frac{M_T}{\pi \cdot D^3/16}} \quad \ldots \quad (40;\ 2)$$

2. Bestimmung des Verdrehwinkels. Entsprechend Gl. (38; 5) ist:

$$d\,M_T = 2\,\pi \cdot r_i^3 \cdot d\,r_i \cdot G \cdot \vartheta$$

$$M_T = \int_{r_i=0}^{r_i=r} d\,M_T = 2\pi \cdot G \cdot \vartheta \int_{r_i=0}^{r_i=r} r_i^3 \cdot d\,r_i$$

$$\boxed{M_T = \frac{\pi}{2} \cdot r^4 \cdot G \cdot \vartheta = \frac{\pi}{32} D^4 \cdot G \cdot \vartheta = \sim \frac{1}{10} D^4 \cdot G \cdot \vartheta} \qquad (40;3)$$

b) Beliebige Querschnitte.

Auch bei prismatischen Stäben mit beliebiger Querschnittsform treten (von allfälligen Störungen an der Krafteinleitungsstelle abgesehen) keine Längsspannungen auf; somit muß nach dem unter 34 Gesagtem das Schubfeld quellenfrei sein.

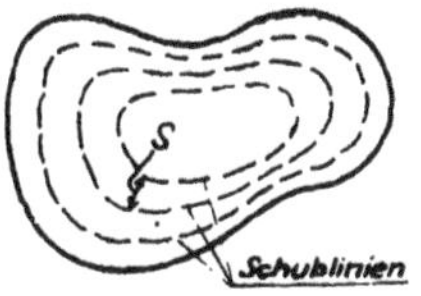

Bild 185. Schublinien (Niveaulinien) in einem beliebigen Querschnitt.

Zeichnet man also in den Querschnitt, den Schubspannungsrichtungen überall folgend, die sogenannten Schublinien ein, so erhält man geschlossene Linien, die den Vollquerschnitt in einzelne Ringe mit im allgemeinen veränderlicher Wandstärke aufteilen. In jedem dieser Ringe ist der Schubfluß längs des Umfanges konstant. Nach den beiden folgenden Methoden kann man eine Vorstellung über den Verlauf der Schublinien gewinnen und kommt dann durch Anwendung der im Vorhergehenden für die Ringflächen gezeigten Zusammenhänge leicht zu angenäherten Rechnungsergebnissen für den Gesamtquerschnitt.

α) Das hydrodynamische Gleichnis von Prandtl.

Ähnlich wie beim Querkraftschubfluß kann man auch beim Drillschubfluß einen Vergleich zwischen den Schubspannungen und den Geschwindigkeiten einer Flüssigkeitsbewegung anstellen. Dem Charakter des Drillschubflusses entsprechend muß jedoch für diesen Vergleich die Bewegung der Flüssigkeit quellenfrei erfolgen und in sich geschlossen sein.

Satz. Bei de St. Venantscher Verdrehung entsprechen die Schubspannungslinien den geschlossenen Stromlinien und die Schubspannungen den Geschwindigkeiten bei der quellenfreien Bewegung einer Flüssigkeit, deren Teilchen sich mit konstanter Winkelgeschwindigkeit drehen.

Das hydrodynamische Gleichnis kann folgendermaßen experimentell dargestellt werden.

Man stellt einen mit Wasser gefüllten Bottich von der Form des zu untersuchenden Querschnittes auf einen Drehschemel. Um die Bewegung des Wassers relativ zum Bottich besser sichtbar zu machen, wird die Oberfläche mit Korkmehl bestreut. Wird der ursprünglich sich in Ruhe befindende Schemel in Drehung versetzt, so sieht ein gleichfalls auf dem Drehschemel stehender Beobachter die Flüssigkeit kreisen (Bild 186).

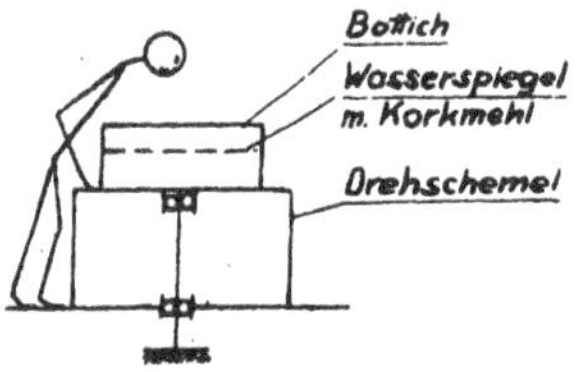

Bild 186.
Experimentelle Darstellung des hydrodynamischen Gleichnisses.

Bemerkung. Die Geschwindigkeit ist innen kleiner als außen. Bei kreisförmigen Querschnitten scheint die Flüssigkeit als fester Körper zu rotieren. Bei rechteckigen Querschnitten ist die Geschwindigkeit an den Schmalseiten kleiner als an den Breitseiten. In den Ecken tritt eine Stauung ein.

β) Seifenhautgleichnis.

1. Experimentelle Darstellung des Seifenhautgleichnisses. Das Seifenhautgleichnis kann wie folgt dargestellt werden. Der Blechdeckel eines Gefäßes wird mit einem Ausschnitt in der Form des zu untersuchenden Querschnittes versehen und der Ausschnitt mit einer Seifenhaut überzogen. Wird das Gefäß unter leichten Druck gesetzt, so baucht sich die Seifenhaut aus (Bild 187).

Die Niveaulinien des über dem Ausschnitt infolge des Überdruckes entstandenen Seifenhauthügels entsprechen den Schublinien (Bild 185) bei de St. Venantscher Verdrehung. Die Größe der Schubspannung ist an jeder Stelle des Querschnitts jeweils verhältnisgleich der Neigung der Seifenhaut an der gleichen Stelle. Mithin ist der Abstand der Niveaulinien umgekehrt verhältnisgleich zur Größe der Schubspannungen.

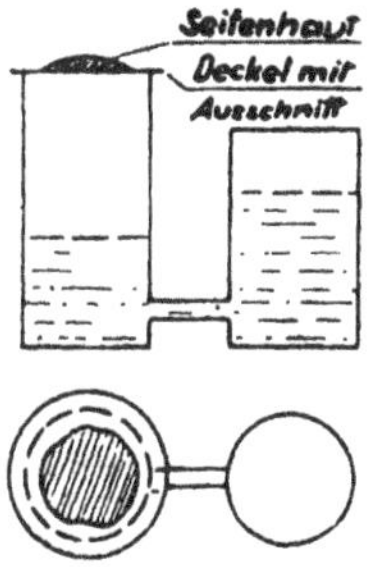

Bild 187. Experimentelle Darstellung des Seifenhautgleichnisses.

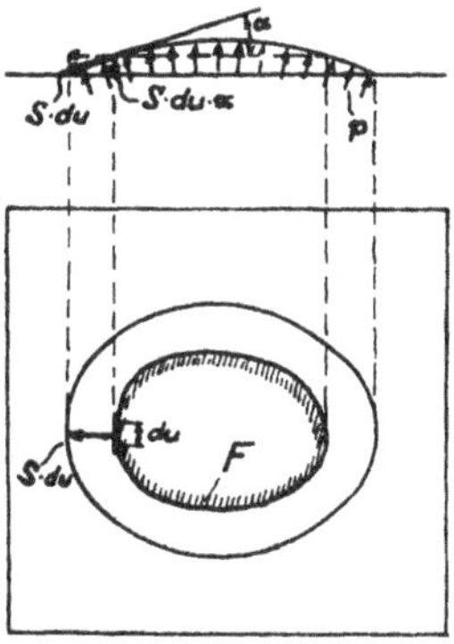

Bild 188. Zu den Betrachtungen über die Seifenhaut.

2. Allgemeine Betrachtungen über die Seifenhaut. Die Spannung in einer Seifenhaut ist an allen Stellen und nach allen Richtungen gleich groß. Die Seifenhaut kann keinen Schub aufnehmen. Der Überdruck p ist über die ganze Seifenhaut konstant. Das Gleichgewicht einer durch einen Höhenschnitt abgetrennten Kalotte des Seifenhauthügels ergibt sich dann folgendermaßen:

Im Schnitt wirkt pro Umfangseinheit die Spannkraft S (kg/cm). Unter der Voraussetzung, daß die Neigung der Seifenhaut an jeder Stelle so gering ist, daß man $\sin \alpha = \sim \alpha$ setzen kann, erhält man aus dem Gleichgewicht der vertikalen Kräfte:

$$p \cdot F = \oint S \cdot du \cdot \alpha = S \oint \alpha \cdot du$$

oder

$$\boxed{\frac{p \cdot F}{S} = \oint \alpha \cdot du} \quad \ldots\ldots \quad (40;\,4)$$

Um den Zusammenhang zwischen der Neigung α der Seifenhaut und der Schubspannung τ zu veranschaulichen, werde ein durch zwei benachbarte Schublinien (Niveaulinien) begrenzter Ring betrachtet. Für diesen gilt nach der de St. Venantschen Drilltheorie (vgl. Gl. (38; 8)):

$$\boxed{\vartheta \cdot 2F \cdot G = \oint \tau \cdot du} \quad \ldots\ldots \quad (40;\,5)$$

Ein Vergleich der beiden Gln. (40; 4 und 5) läßt die Ähnlichkeit im Aufbau erkennen. Ist der Abstand s der beiden Schublinien gering, was durch ein entsprechend enges Legen der Höhenschnitte erreicht werden kann, so kann die Neigung α der Seifenhaut bzw. die Schubspannung τ über die Breite s des Ringes als konstant angesehen werden. Da unter dieser Annahme der Wert $\alpha \cdot s$ bzw. $\tau \cdot s$ über den Umfang eines Ringes unveränderlich ist, kann man die Gl. (40; 4 und 5) auch wie folgt schreiben:

$$\frac{p \cdot F}{S} = \alpha \cdot s \oint \frac{du}{s}$$

$$\vartheta \cdot 2F \cdot G = \tau \cdot s \oint \frac{du}{s}$$

Aus diesen Gleichungen erhält man durch Division:

$$\frac{\vartheta \cdot 2F \cdot G}{\frac{p \cdot F}{S}} = \frac{\tau \cdot s \oint \frac{du}{s}}{\alpha \cdot s \oint \frac{du}{s}}$$

oder

$$\boxed{\tau \cdot s = \alpha \cdot s \frac{2G \cdot \vartheta}{p/S} = \alpha \cdot s \cdot k} \quad . \; . \; . \; (40; 6)$$

Das Ergebnis zeigt, daß die Schublinien an allen Stellen identisch sind mit den Niveaulinien.

3. Bedeutung des Seifenhauthügel-Volumens. Der von einem — durch zwei Schublinien begrenzten — Ring aufgenommene Anteil vom Gesamtmoment ist:

$$\Delta M = 2F \cdot \tau \cdot s.$$

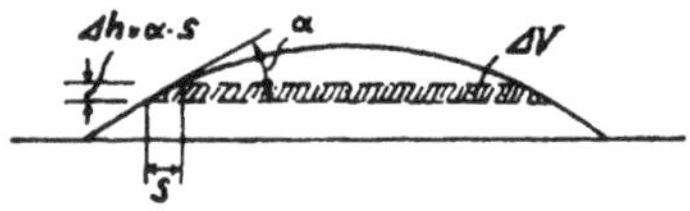

Bild 189. Zur Bedeutung des Seifenhauthügel-Volumens.

Nach Gl. (40; 6) ist:

$$\tau \cdot s = k\,\alpha \cdot s = k \cdot \Delta h.$$

Mithin ist:

$$\Delta M_T = k \cdot 2F \cdot \Delta h = k \cdot 2\Delta V$$

oder

$$\boxed{M_T = k\,\Sigma\, 2F \cdot \Delta h = k \cdot 2\,V} \quad . \; . \; . \; . \; (40; 7)$$

d. h. das Moment ist verhältnisgleich dem Volumen der Seifenhaut.

Wie bereits vorher gezeigt, ist:

$$M_T = G \cdot J_d \cdot \vartheta.$$

Hiermit erhält man:

$$M_T = k \cdot 2\,V = \frac{4G \cdot \vartheta}{p/S}\,V = G \cdot J_d \cdot \vartheta$$

$$\boxed{G \cdot J_d = k' \cdot V,} \quad \ldots\ldots \quad (40;\,8)$$

d. h. die Drillungssteifigkeit $G \cdot J_d$ eines Querschnittes ist verhältnisgleich dem Volumen des Seifenhauthügels. Bildet man für zwei Querschnitte die Seifenhauthügel bei gleichem Überdruck, so verhalten sich die Volumina der Seifenhauthügel wie die Drillungssteifigkeiten der Querschnitte.

4. Anwendungen.

Beispiel 40; 1: Bestimmung der Schubspannung und der Drillung für einen Rechteckquerschnitt mit großem Seitenverhältnis $\lambda = u/s$.

Die Seifenhaut baucht sich über die Breite s parabolisch aus; dementsprechend ist der Verlauf der Schubspannungen über die Breite linear. Mit den Bezeichnungen nach Bild 190 gilt also:

$$\boxed{\tau = \tau_{max} \cdot \frac{a}{a_0}}$$

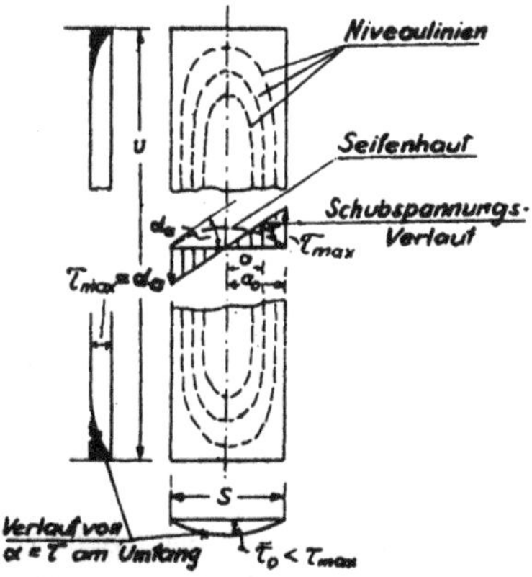

Bild 190. Verlauf der Schublinien (Niveaulinien) und der Schubspannungen in einem Rechteckquerschnitt.

Dieser Verlauf der Schubspannungen ist nahezu über die ganze Länge u konstant. Da voraussetzungsgemäß $u \gg s$ ist, kann man die Abnahme der Länge für die inneren, von zwei benachbarten Niveaulinien (Schublinien) begrenzten Ringe vernachlässigen; desgleichen kann man die von den Ringen eingeschlossenen Flächen als Rechtecke ansehen, deren Inhalt somit angenähert angegeben wird durch:

$$F = 2\,a \cdot u.$$

Das von einem Ring aufgenommene Moment ist demnach:

$$d\,M_T = 2\,F \cdot \tau \cdot d\,a = 4\,a \cdot u \cdot \tau_{max} \cdot \frac{a}{a_0} \cdot d\,a$$

Mithin ist:

$$M_T = \int\limits_{a=0}^{a=a_0=s/2} d\,M_T = 8\,\frac{u}{s} \cdot \tau_{max} \int\limits_{a=0}^{a=s/2} a^2\,d\,a$$

$$\boxed{M_T = \frac{1}{3}\,u \cdot s^2 \cdot \tau_{max}} \quad \ldots\ldots \quad (40;\,9)$$

Da die Drillung ϑ für alle Ringe gleich groß ist, kann man ϑ aus der Verformung des äußeren Ringes herleiten. Nach Gl. (38; 8) ist:

$$\vartheta = \frac{1}{2\,F\,G} \sum \tau \cdot u = \frac{1}{2\,F\,G}\,(2 \cdot \tau_{max} \cdot u + 2 \cdot \bar{\tau}_0 \cdot s).$$

Den Einfluß der Schmalseiten kann man vernachlässigen, um so mehr, als bei den langen Seiten die im Bild 190 schraffiert gezeichneten Flächen zuviel gerechnet wurden. Es ist also:

$$\boxed{\vartheta = \frac{1}{2 \cdot u \cdot s \cdot G} \cdot 2\,\tau_{max} \cdot u = \frac{\tau_{max}}{s \cdot G}} \quad \ldots \quad (40;\,10)$$

Durch Einführung von Gl. (40; 9) erhält man:

$$\boxed{\vartheta = \frac{M_T}{1/3\,u \cdot s^3 \cdot G}} \quad \ldots\ldots \quad (40;\,11)$$

Die Drillungssteifigkeit $J_d = 1/3\,u \cdot s^3$ wird durch diese primitive Rechnung für das Rechteck mit dem Seitenverhältnis $\lambda = \infty$ sehr genau angegeben; das gleiche trifft für die Größe der Schubspannung zu. Bei kleinem Seitenverhältnis ist der Einfluß der gemachten Vernachlässigungen sehr erheblich (vgl. hierzu die genauen Werte in Hütte Bd. I).

B e i s p i e l e für die Darstellung des Seifenhauthügels bei verschiedenen Querschnitten.

Rohr von gleicher Wandstärke: | geschlitztes Rohr gleicher Wandstärke: | Rohr mit verschiedener Wandstärke:

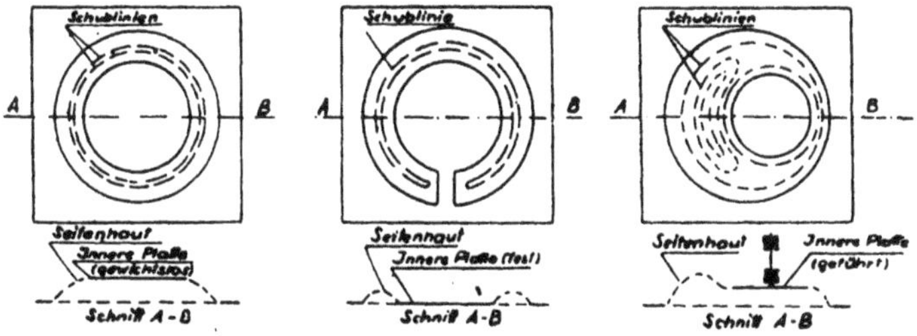

a) Die innere gewichtslose Platte ist frei von der äußeren und hebt sich aus der Ebene der äußeren heraus.

b) Die innere Platte ist fest mit der äußeren verbunden und bleibt demzufolge in der Ebene der äußeren Platte.

c) Die innere Platte ist gegen Schrägstellen geführt. Eine Schrägstellung würde einen falschen Vergleich ergeben.

Bild 191 a bis c.

Beispiel 40; 2: Profil mit gleicher Wandstärke.

Da es für das Volumen des Seifenhauthügels gleichgültig ist, ob das Profil abgewickelt ist oder nicht, entspricht die Drillungssteifigkeit des Profils der des abgewickelten Rechtecks.

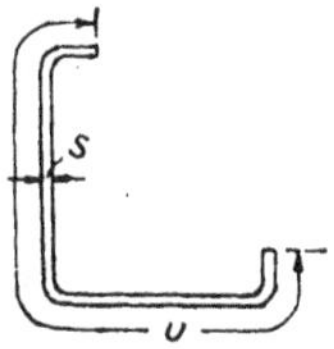

Bild 192.
Profil mit gleicher Wandstärke.

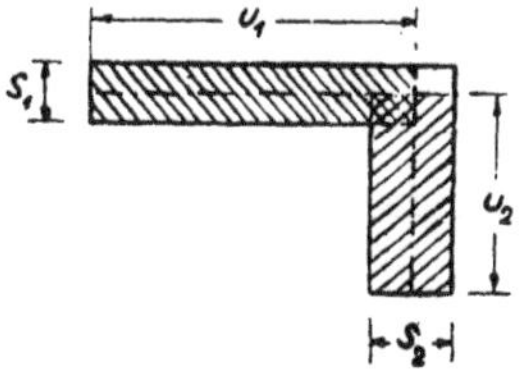

Bild 193. Aus Rechtecken zusammengesetzter Querschnitt.

Beispiel 40; 3: Aus Rechtecken zusammengesetzte Profile.

Das Seifenhauthügel-Volumen über dem gesamten Querschnitt ist gleich der Summe der Seifenhauthügel-Volumen über den einzelnen Rechtecken; demnach ist die Drillungssteifigkeit des ganzen Querschnitts gleich der Summe der Drillungssteifigkeiten der einzelnen Rechtecke. Es gilt also:

$$\boxed{M_T = \vartheta \Sigma G \cdot J_d = 1/3\, \vartheta \cdot G\, [u_1 \cdot s_1^3 + u_2 \cdot s_2^3]} \quad (40;\ 12)$$

Nach Gl. (40; 10) ist:

$$\tau_{max} = s \cdot G \cdot \vartheta.$$

Da die Drillung ϑ für beide Rechtecke gleich groß ist, gilt:

$$\boxed{\frac{\tau_{max\,1}}{\tau_{max\,2}} = \frac{s_1 \cdot G \cdot \vartheta}{s_2 \cdot G \cdot \vartheta} = \frac{s_1}{s_2}} \quad . \; . \; . \; . \; (40;\,13)$$

Die Schubspannungen verhalten sich wie die Breiten.

B e m e r k u n g e n : Um den Fehler, der sich rechnungsmäßig durch das Überschneiden der Rechtecke in den Ecken ergibt, zu vermindern, mißt man die Längen der einzelnen Rechtecke auf der Mittellinie des Querschnitts (vgl. Bild 193).

Wird die innere Ecke, an der zwei Rechtecke zusammenstoßen, sehr scharfkantig ausgebildet, so ist die Neigung der Seifenhaut und damit die Schubspannung an dieser Stelle sehr viel größer als an allen anderen Stellen des Randes. Bei wechselnder Belastung tritt in solchen Ecken bereits bei geringer allgemeiner Beanspruchung des Querschnitts der Bruch infolge der häufigen Überschreitung der Streckgrenze ein (Beginn eines Dauerbruchs). Bei stationärer Belastung macht sich die Spannungssteigerung in der Ecke wegen der nur einmaligen Überschreitung der Streckgrenze kaum bemerkbar (Unzulänglichkeit des statischen Versuchs). Durch Ausrunden der Ecke kann man die Spannungen in derselben vermindern.

B e i s p i e l 40; 4: Vergleich zwischen einem geschlossenen und einem geschlitzten Rohr.

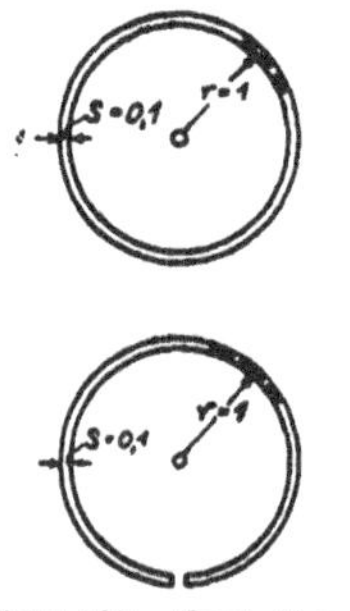

Bild 194. Zum Vergleich zwischen einem geschlossenen und einem geschlitzten Rohr.

a) Geschlossenes Rohr.

$$(\text{Gl. } 38;\,2):\quad M_{T\,\mathrm{I}} = 2\,F \cdot s \cdot \tau = 2\,\pi \cdot r^2 \cdot s \cdot \tau.$$

$$(\text{Gl. } 38;\,5):\quad \vartheta_{\mathrm{I}} = \frac{M_T}{2\,\pi \cdot r^3 \cdot s \cdot G}.$$

b) Geschlitztes Rohr.

$$(\text{Gl. } 40;\,9):\quad M_{T\,\mathrm{II}} = 1/3\,u \cdot s^2 \cdot \tau = 2/3 \cdot \pi \cdot r \cdot s^2 \cdot \tau.$$

$$(\text{Gl. } 40;\,10):\quad \vartheta_{\mathrm{II}} = \frac{M_T}{1/3\,u \cdot s^3 \cdot G} = \frac{M_T}{2/3 \cdot \pi \cdot r \cdot s^3 \cdot G}.$$

1. Vergleich der Festigkeit:

$$\frac{M_{T\mathrm{I}}}{M_{T\mathrm{II}}} = \frac{2\pi \cdot r^2 \cdot s \cdot \tau}{2/3\,\pi \cdot r \cdot s^2 \cdot \tau} = \frac{3\,r}{s} = 30.$$

Das geschlossene Rohr ist 30mal so fest wie das geschlitzte.

2. Vergleich der Steifigkeiten:

$$\frac{\vartheta_{\mathrm{I}}}{\vartheta_{\mathrm{II}}} = \frac{2/3 \cdot \pi \cdot r \cdot s^3 \cdot G \cdot M_T}{2 \cdot \pi \cdot r^3 \cdot s \cdot G \cdot M_T} = \frac{s^2}{3\,r^2} = \frac{1}{300}.$$

Das geschlossene Rohr ist 300mal so steif wie das geschlitzte.

Beispiel 40; 5: Für das Profil nach Bild 195 ist gegeben:

$$\text{Länge} \quad l = 100 \text{ cm},$$
$$G = 850\,000 \text{ kg/cm}^2,$$
$$M_T = 25\,000 \text{ cm kg}.$$

Gesucht ist der Verdrehwinkel φ und die größte Schubspannung τ_{max}.

(Gl. 40; 12) $$\vartheta = \frac{M_T}{1/3\,G\,\Sigma u \cdot s^3} = \frac{25\,000 \cdot 3}{850\,000\,(2 \cdot 15 \cdot 2{,}5^3 + 20 \cdot 1^3)}$$

$$= \frac{1{,}83}{10\,000} \cdot 57{,}3 = 0{,}01^0$$

$$\underline{\underline{\varphi = \vartheta \cdot l = 1^0.}}$$

(Gl. 40; 10): $\tau_{max} = s \cdot G \cdot \vartheta = 2{,}5 \cdot 850\,000 \cdot 1{,}83 \cdot 10^{-4}$

$$\underline{\underline{\tau_{max} = 390 \text{ kg/cm}^2.}}$$

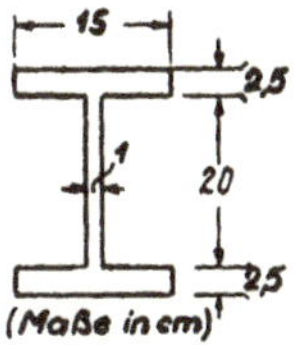

Bild 195. I-Querschnitt.

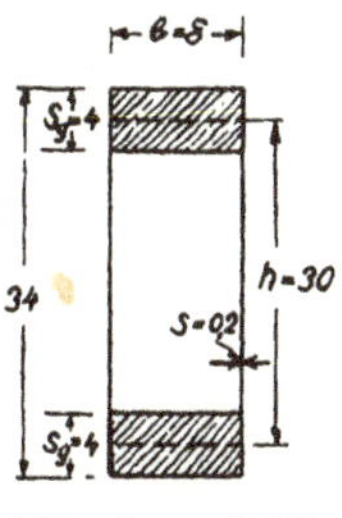

Bild 196. Querschnitt eines Kastenholms mit dicken Gurten.

Beispiel 40; 6: Drillsteifigkeit eines Kastenholms mit dicken Gurten.

1. Drillsteifigkeit des Hohlkörpers (auf Mitte Gurt gerechnet):

$$\underline{\underline{T_H}} = G \cdot J_{dH} = \frac{G \cdot 4 F^2}{\sum \frac{u}{s}} = G \cdot \frac{4 b^2 \cdot h^2}{2 \frac{h - s_g}{s} + 2 \frac{b}{s_g}} = \sim \underline{\underline{G \frac{2 b^2 \cdot h^2 \cdot s}{h - s_g}}}.$$

Das zweite Glied im Nenner kann wegen seiner Kleinheit zum ersten Glied vernachlässigt werden.

2. Drillsteifigkeit der Gurte:

$$\underline{\underline{T_G}} = G \cdot J_{dG} = \underline{\underline{G \cdot 2/3\, b \cdot S_g^3.}}$$

Zahlenbeispiel:

$$T_H = G \cdot \frac{2 \cdot 8^2 \cdot 30^2 \cdot 0{,}2}{30 - 4} = 890\, G$$

$$T_G = G \cdot 2/3 \cdot 8 \cdot 4^3 = 340\, G.$$

$$\underline{T_{gesamt}} = T_H + T_G = (890 + 340)\, G = \underline{1230\, G.}$$

Die Berücksichtigung der Eigendrillsteifigkeit der Gurte erbringt eine um 38 vH größere Gesamtdrillsteifigkeit des Kastenholms.

IV. Biegungsverdrehung.

41. Gerader Träger mit offenem symmetrischen Querschnitt.

Ein Träger mit symmetrischem I-Querschnitt sei an einem Ende eingespannt und am freien Ende durch ein Drillmoment M belastet (Bild 197a).

Das äußere Moment M bedingt erstens im Querschnitt umlaufende Schubspannungen τ_T infolge de St. Venantscher Verdrehung (Bild 197b) und zweitens (bei Vernachlässigung des Steges) über die Breite u der Flansche veränderliche Biegespannung σ_{BT} als Folge der Behinderung der Querschnittswölbung an der Einspannstelle (Bild 197c); die letztere Art der Aufnahme des Drillmomentes wird als Bie-

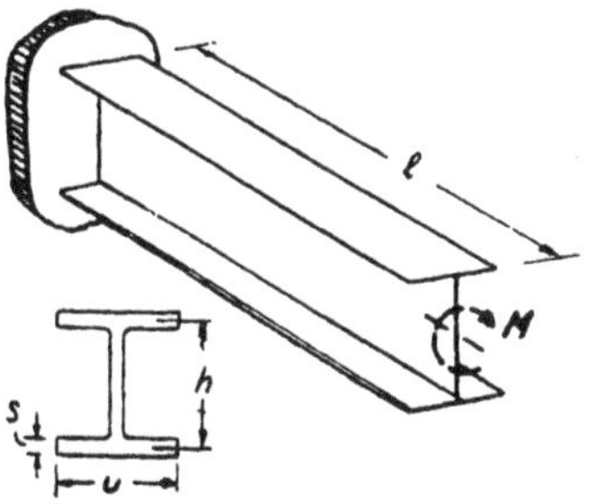

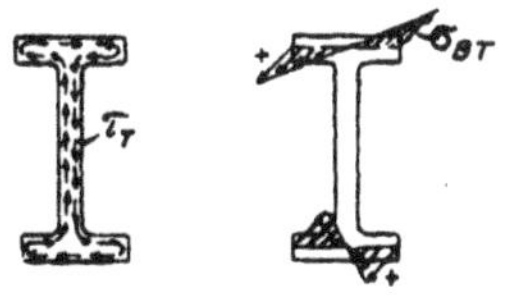

Bild 197a bis c. Auf Verdrehung beanspruchter gerader Träger mit offenem symmetrischen Querschnitt (a). Verteilung der Drillschubspannungen (b) und der Biegeverdrehspannungen (c).

gungsverdrehung bezeichnet. Das Verhältnis der auf Drillung und auf Biegungsverdrehung aufgenommenen Anteile ist abhängig von den Abmessungen des Querschnitts und der Länge des Trägers.

Durch eine Näherungsrechnung soll hier gezeigt werden, daß in den für die Praxis wichtigen Fällen die Drillsteifigkeit des Querschnitts vernachlässigt werden kann. Man gelangt dadurch zu einfachen Rechenergebnissen, was besonders für die in den folgenden Abschnitten angeführten Probleme von Bedeutung ist, da für diese eine exakte Lösung in allgemeingültiger Form nicht angegeben werden kann.

Unter der genannten Vernachlässigung wird dem äußeren Moment M durch ein inneres, in den Flanschen wirkendes Kräftepaar $Q \cdot h$ das Gleichgewicht gehalten. Für die durch

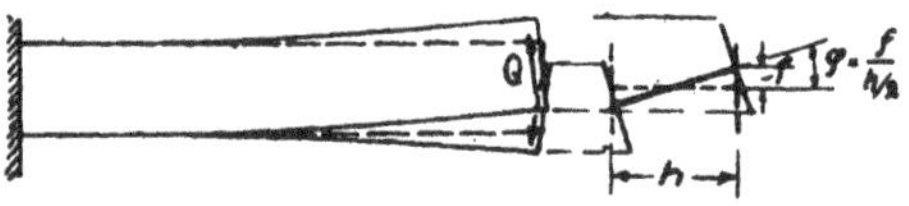

Bild 197d. Zur Bestimmung des Verdrehwinkels bei Biegungsverdrehung

das Kräftepaar bedingte Verdrehung des Endquerschnitts gilt mit den Bezeichnungen nach Bild 197d:

$$\varphi_{BT} = \frac{f}{h/2} = \frac{1}{h/2} \cdot \frac{Q \cdot l^3}{3E \cdot J} = \frac{2 M_{BT} \cdot l^3}{3 h^2 \cdot E \cdot J}$$

mit $J = \frac{s \cdot u^3}{12}$ wird:

$$\boxed{\varphi_{BT} = \frac{8 \cdot l^3}{E \cdot s \cdot u^3 \cdot h^2} \cdot M_{BT}} \quad . \; . \; . \quad (41;\,1)$$

(Der Zeiger BT bedeutet, daß das Moment durch Biegungsverdrehung aufgenommen wird.)

Für einen an beiden Enden freien Träger ergab sich für die Abhängigkeit des Verdrehwinkels vom Moment (der Steg werde wieder vernachlässigt):

$$\boxed{\varphi_T = \vartheta \cdot l \cdot \frac{3 l M_T}{G \Sigma u \cdot s^3} = \frac{3 l}{2 G \cdot u \cdot s^3} \cdot M_T} \quad (41;\,2)$$

(Der Zeiger T bedeutet, daß das Moment durch Drillung nach de St Venant aufgenommen wird.)

Setzt man gleiches φ voraus, so ist das Verhältnis:

$$\boxed{\frac{M_{BT}}{M_T} = \frac{3 \cdot E \cdot u^2 \cdot h^2}{16 G \cdot s^2 \cdot l^2}} \quad . \; . \; . \; . \; . \quad (41;\,3)$$

Der Näherungsvergleich zeigt, daß bei — im Vergleich zu den Querschnittsabmessungen — kurzen Trägern $\left(l < \frac{u \cdot h}{s}\right)$ der größte Teil des Momentes durch Biegungsverdrehung aufgenommen wird. Solange man also die Näherungsrechnung auf solche Träger beschränkt, erbringt die Vernachlässigung der Drillsteifigkeit keinen nennenswerten Fehler. Die Begrenzung der Rechnung auf Stäbe geringer Länge bedeutet jedoch für die praktischen Fälle im allgemeinen keine Einschränkung der Anwendung. Offene Profile besitzen nur eine geringe Drillsteifigkeit, erfahren also bei größeren Längen eine für gute Konstruktionen nicht mehr tragbare Verformung (φ). Demnach bleibt die Verdrehung offener Profile in der Praxis auf Stäbe von geringer Länge beschränkt.

Es sei noch bemerkt, daß Gl. (41; 3) das Verhältnis M_{BT}/M_T nur für den Endquerschnitt angibt. Nach der Einspannung zu wird der auf Biegungsverdrehung aufgenommene Anteil immer größer und ist am Einspannquerschnitt selbst gleich dem äußeren Moment.

Die durch die Querkraft Q im Flansch bedingten Biegespannungen haben ihren Größtwert an der Einspannstelle. Mit den Bezeichnungen nach Bild 197a ist:

$$\boxed{\sigma_{BT\,max} = \frac{Q \cdot l}{W} = \frac{6\,M \cdot l}{h \cdot s \cdot u^2}} \quad \text{. . . . (41; 4)}$$

Die der Querkraft Q entsprechenden Schubspannungen sind parabolisch über die Breite u verteilt. In der Flanschmitte haben sie den Wert

$$\boxed{\tau_{BT\,max} = \frac{3}{2}\,\frac{Q}{u \cdot s} = \frac{3\,M}{2\,u \cdot s \cdot h}} \quad \text{. . . (41; 5)}$$

Im allgemeinen sind jedoch diese Schubspannungen vernachlässigbar klein.

Durch ein Zahlenbeispiel sollen die vorstehenden Ausführungen veranschaulicht werden.

Beispiel 41; 1:

Gegeben: Profil mit I-Querschnitt:

$l = 10$ cm; $h = 4$ cm; $u = 2$ cm; $s = 0{,}2$ cm.

$E = 0{,}7 \cdot 10^6$ kg/cm²; $G = 0{,}28 \cdot 10^6$ kg/cm²; $M = 100$ cm kg.

$$\frac{M_{BT}}{M_T} = \frac{3 \cdot 0{,}7 \cdot 10^6 \cdot 2^2 \cdot 4^2}{16 \cdot 0{,}28 \cdot 10^6 \cdot 0{,}2^2 \cdot 10^2} = \underline{\underline{7{,}5.}}$$

Vom Gesamtmoment werden also ~ 90 vH durch Biegungsverdrehung aufgenommen. Die Drillsteifigkeit kann also ohne großen Fehler vernachlässigt werden.

Der Verdrehwinkel bei St. Venantscher Verdrehung ist:

$$\underline{\varphi_T} = \frac{3 \cdot 10 \cdot 100}{2 \cdot 0{,}28 \cdot 10^6 \cdot 2 \cdot 0{,}2^3} = 0{,}336 \equiv 0{,}336 \cdot 57{,}3 = \underline{\underline{19{,}2^0}}.$$

Für den einseitig eingespannten Träger wird:

$$\underline{\varphi_{BT}} = \frac{8 \cdot 10^3 \cdot 100}{0{,}7 \cdot 10^6 \cdot 0{,}2 \cdot 2^3 \cdot 4^2} = 0{,}0446 \equiv 0{,}0446 \cdot 57{,}3 = \underline{\underline{2{,}56^0}}.$$

In einer praktischen Konstruktion ist der Verdrehwinkel mit $\varphi = 2{,}56^0$ im allgemeinen nicht mehr tragbar. Dabei ist die Beanspruchung des Querschnitts

$$\underline{\sigma_{BT}} = \frac{6 \cdot 100 \cdot 10}{4 \cdot 0{,}2 \cdot 2^2} = \underline{\underline{1880 \text{ kg/cm}^2}}$$

noch unterhalb der zulässigen Grenze.

Die Schubspannungen

$$\underline{\tau_{BT}} = \frac{3 \cdot 100}{2 \cdot 2 \cdot 0{,}2 \cdot 4} = \sim \underline{\underline{94 \text{ kg/cm}^2}}$$

sind vernachlässigbar.

Die dem auf Drillung aufgenommenen Momentenanteil entsprechenden Schubspannungen

$$\underline{\tau_T} = \frac{M_T}{\Sigma\, 1/3\, u \cdot s^2} = \frac{0{,}1 \cdot 100}{2 \cdot 1/3 \cdot 2 \cdot 0{,}2^2} = \sim \underline{\underline{188 \text{ kg/cm}^2}}$$

sind ebenfalls ohne Bedeutung.

42. Gekrümmter Träger mit offenem symmetrischen Querschnitt.

Im folgenden wird ein Träger betrachtet, der aus zwei in ihrer Ebene biegungsfesten gekrümmten Gurten besteht, die durch ein dünnes, zylindrisches Stegblech verbunden sind. Die Drillsteifigkeit des Querschnitts sei vernachlässigbar.

a) Belastung durch ein Moment.

Da die Biegungssteifigkeit des Steges vernachlässigbar ist gegen die der Gurte, kann man sich den Steg wegdenken. Man erhält zwei gekrümmte, durch die Kraft P belastete Biegungsbalken. In Bild 198b ist der obere Gurt herausgezeichnet. Die Resultierende der inneren Kräfte ist für jeden Schnitt entgegengesetzt gleich groß der äußeren Kraft ihre Wirkungslinie fällt mit der der äußeren Kraft zusammen.

Zerlegt man die Resultierende R in das Moment $M_{BT} = P \cdot e$, in die Normalkomponente $N = P \cdot \cos \alpha$ und in die

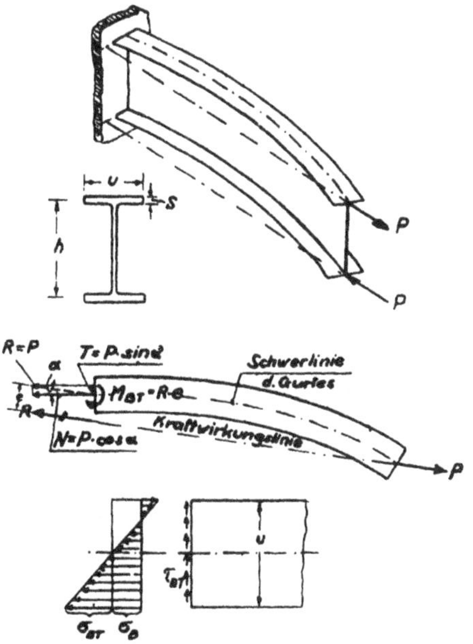

Bild 198a bis c. Gekrümmter Träger mit offenem symmetrischen Querschnitt: Belastung durch ein Moment.

Tangentialkomponente $T = P \cdot \sin \alpha$, so erhält man mit den Bezeichnungen nach Bild 198 folgende Beanspruchungen für einen beliebigen Schnitt:

$$\boxed{\sigma_B = \frac{N}{f} = \frac{P \cdot \cos \alpha}{u \cdot s}} \quad \boxed{\sigma_{BT} = \frac{M_{BT}}{W} = \frac{P \cdot e}{1/6\, u^2 \cdot s}}$$

$$\boxed{\tau_{max} = \frac{3\, T}{2\, f} = \frac{3}{2}\, \frac{P \cdot \sin \alpha}{u\,;\,s}} \qquad (42;\ 1—3)$$

Durch Zusammenfassung der Gln. 42; (1) und (2) erhält man für die resultierende Normalspannung:

$$\boxed{\sigma_{res} = \sigma_B + \sigma_{BT} = \frac{P}{u \cdot s}\left(\cos\alpha + \frac{6e}{u}\right)} \quad . \; . \; (42;\, 4)$$

Diese hat ihren größten Wert an der Stelle, für die der Klammerausdruck ein Maximum wird, d. h. also an der Stelle des größten Abstandes e der Kraftwirkungslinie von der Schwerlinie des Gurtes.

b) Belastung durch eine im Steg wirkende Querkraft.

Man trennt durch einen beliebigen Normalschnitt ein Stück des Trägers ab. Die Gleichgewichtsbedingungen ergeben folgende im Schnitt wirkende Kräfte:

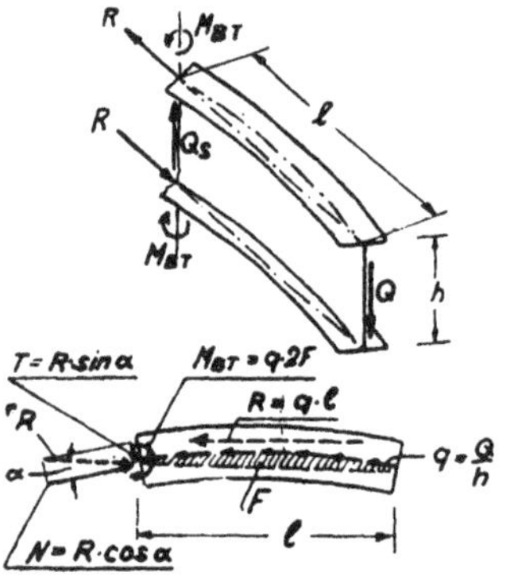

Bild 199 a u. b. Gleichgewicht eines Trägerstückes (a) und eines Gurtstückes (b) eines gekrümmten Trägers bei Belastung durch eine im Steg wirkende Querkraft.

$$\Sigma V = 0: \quad Q_s = q \cdot h = Q$$

$$\boxed{q = \frac{Q}{h}}^{1)} \quad . \; . \; . \; . \; . \; (42;\, 5)$$

$$\Sigma M = 0: \quad R \cdot h = Q \cdot l$$

$$\boxed{R = \frac{Q}{h} \cdot l = q \cdot l} \quad (42;\, 6)$$

Außer diesen, dem Gleichgewicht des abgeschnittenen Stückes entsprechenden Kräften treten in den Gurten noch Momente M_{BT} auf, die von dem Verlauf des Trägers vom Angriffspunkt der Querkraft bis zum betrachteten Schnitt abhängig sind. Zur Bestimmung dieser Momente führt man dicht

[1]) Da die Biegesteifigkeit des Steges vernachlässigbar klein ist gegen die der Gurte, wird der Schubfluß als konstant über die Höhe des Trägers vorausgesetzt. Beim ebenen Biegungsträger trifft diese Voraussetzung nur dann zu, wenn die Querschnittsfläche des Steges klein ist gegen die der Gurte. Beim krummen Biegungsträger ist die genannte Voraussetzung nur abhängig von dem Verhältnis der Biegungssteifigkeiten, nicht aber abhängig von dem Verhältnis der Querschnittsflächen von Steg und Gurt.

am Gurt entlang einen Schnitt durch den Steg und bringt in diesem Schnitt die inneren Schubkräfte als äußere Belastung an (Bild 199b). Die Resultierende R der Schubkräfte bedingt im Normalschnitt des Gurtes die Kraft:

$$\boxed{R = q \cdot l = \frac{Q}{h} \cdot l} \quad \text{(vgl. 42; 6)}$$

und das Moment:

$$\boxed{M_{BT} = q \cdot 2F = \frac{Q}{h} \cdot 2F} \quad \ldots\ldots \quad (42;\,7)$$

Die Momente M_{BT} sind in beiden Gurten entgegengesetzt gleich groß, ergeben also für das ganze Trägerstück keine Resultierende. Man zerlegt wieder die Resultierende R in eine Normalkomponente $N = R \cdot \cos\alpha$ und in eine Tangentialkomponente $R \cdot \sin\alpha$; die entsprechenden Spannungen sind:

$$\boxed{\sigma_B = \frac{R \cdot \cos\alpha}{u \cdot s} = \frac{Q \cdot l}{h \cdot u \cdot s} \cdot \cos\alpha} \quad . \quad (42;8)$$

$$\boxed{\tau_{BT\,max} = \frac{3}{2}\,\frac{R \cdot \sin\alpha}{u \cdot s} = \frac{3}{2}\,\frac{Q \cdot l}{h \cdot u \cdot s} \cdot \sin\alpha} \quad . \quad (42;9)$$

Das Moment M_{BT} bedingt die Biegungsverdrehungsspannungen:

$$\boxed{\sigma_{BT} = \frac{M_{BT}}{W} = \frac{Q}{1/6 \cdot h \cdot u^2 \cdot s} \cdot 2F} \quad . \; . \quad (42;\,10)$$

c) Anwendungen.

Beispiel 42; 1: Ein Viertel-Kreisring von I-Querschnitt ist nach Bild 200 belastet. Gesucht ist die Beanspruchung des Trägers.

Die größte Beanspruchung tritt an der Einspannstelle auf. Man erhält dafür:

(Gl. 42; 8): $$\sigma_B = \frac{Q \cdot l}{h \cdot u \cdot s} \cdot \cos\alpha = \frac{100 \cdot 40\sqrt{2}}{10 \cdot 6 \cdot 0{,}3} \cdot \frac{1}{\sqrt{2}}$$

$$\underline{\underline{\sigma_B = 222 \text{ kg/cm}^2}}$$

(Gl. 42; 9): $\tau_{BT\,max} = \frac{3}{2}\,\frac{Q \cdot l}{h \cdot u \cdot s} \cdot \sin\alpha = \frac{3 \cdot 100 \cdot 40\sqrt{2}}{2 \cdot 10 \cdot 6 \cdot 0{,}3} \cdot \frac{1}{\sqrt{2}}$

$\underline{\underline{\tau_{BT\,max} = 333\ \mathrm{kg/cm^2}}}$

(Gl. 42; 10): $\sigma_{BT} = \frac{Q}{1/6 \cdot h \cdot u^2 \cdot s} \cdot 2F$

$$2F = 2\frac{\pi \cdot r^2}{4} - r^2 = r^2\left(\frac{\pi}{2} - 1\right) = 0{,}57\,r^2$$

$$\sigma_{BT} = \frac{100 \cdot 6}{10 \cdot 36 \cdot 0{,}3} \cdot 0{,}57 \cdot 1600$$

$\underline{\sigma_{BT} = 5060\ \mathrm{kg/cm^2}}$.

$\underline{\underline{\sigma_{res}}} = \sigma_{BT} + \sigma_b = 5060 + 222 = \underline{\underline{5282\ \mathrm{kg/cm^2}}}$

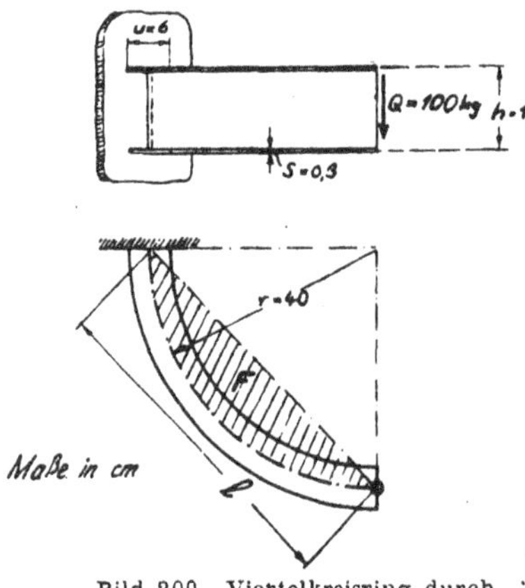

Bild 200. Viertelkreisring durch Querkraft belastet.

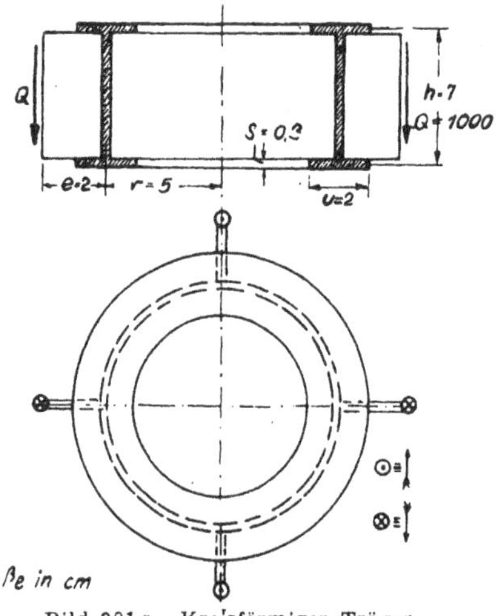

Bild 201 a. Kreisförmiger Träger mit Querkraftbelastung.

Beispiel 42; 2: Gegeben kreisförmiger Träger mit Belastung nach Bild 201 a.

Gesucht ist die größte Beanspruchung im Ring.

Zunächst trennt man die vier Lappen ab und bringt in den Trennstellen die inneren Kräfte als äußere Belastung an (Bild 201 b; man beachte dabei, daß die am Träger anzubringenden Kräfte den entgegengesetzten Richtungssinn aufweisen wie die entsprechenden Kräfte an den Lappen).

Die Kräfte P ergeben sich aus dem Gleichgewicht des Lappens.

$$\Sigma M = 0: \quad \underline{\underline{P}} = \frac{Q \cdot e}{h} = \frac{1000 \cdot 2}{7} = \underline{\underline{286 \text{ kg.}}}$$

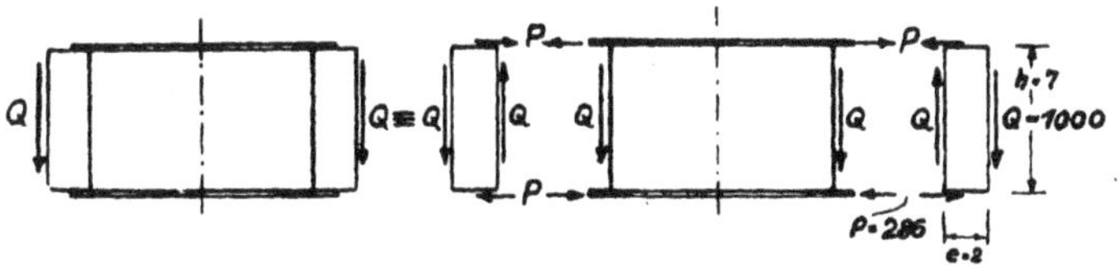

Bild 201 b. Trennung in Krafteinleitung und Kraftweiterleitung.

Um die Rechnung übersichtlich zu gestalten, zerlegt man die Kräfte am Träger in die Gleichgewichtsgruppen P und Q (Bild 201 c).

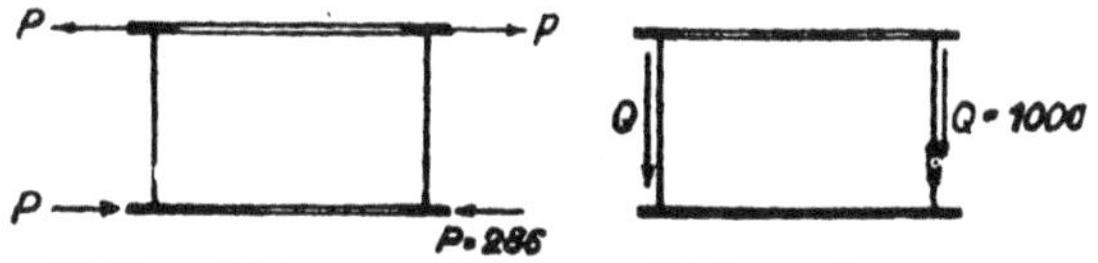

Gleichgewichtsgruppe P. Gleichgewichtsgruppe Q.

Bild 201 c. Zerlegung der Belastung in übersichtliche Gleichgewichtsgruppen.

1. Die Gleichgewichtsgruppe P beansprucht nur den oberen bzw. den unteren Ring. In Bild 201 d ist der obere Ring herausgezeichnet. (Den Steg kann man sich fortdenken.) Beachtet man die Symmetrie, so erkennt man sofort, daß im

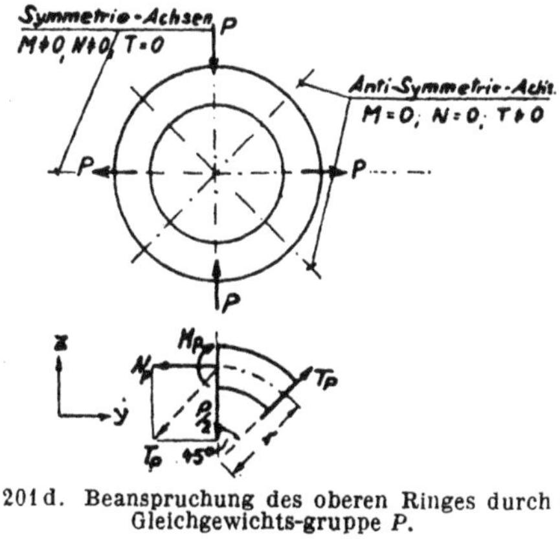

Bild 201 d. Beanspruchung des oberen Ringes durch die Gleichgewichts-gruppe P.

Symmetrieschnitt das größte Moment und die größte Normalkraft auftreten.

$$\Sigma Z = 0: \quad T_P = \frac{P}{2} \cdot \sqrt{2} = \frac{Q \cdot e}{h \cdot \sqrt{2}}$$

$$\Sigma Y = 0: \quad N_P = \frac{T_P}{\sqrt{2}} = P/2 = \frac{Q \cdot e}{2 \cdot h}$$

$$\Sigma M = 0: \quad M_P = T_P \cdot \frac{r}{\sqrt{2}} = \frac{Q \cdot e \cdot r}{2 \cdot h}$$

2. Beanspruchung des Ringes infolge der Gleichgewichtsgruppe Q. Wegen der doppelten Antisymmetrie ist der Querkraftverlauf im Steg sofort anzugeben (Bild 201e). Der Schubfluß ist über den ganzen Stegumfang konstant.

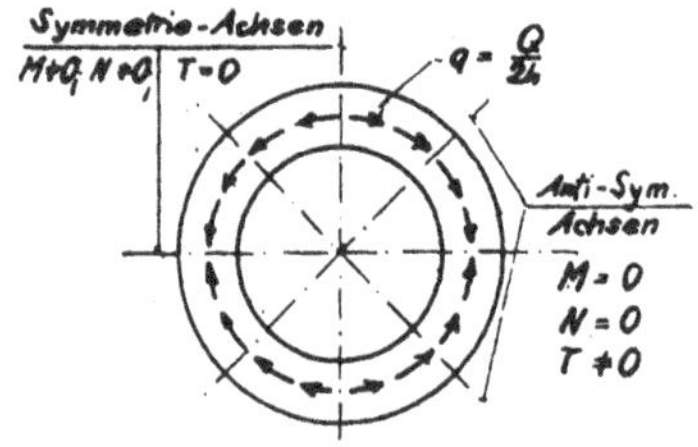

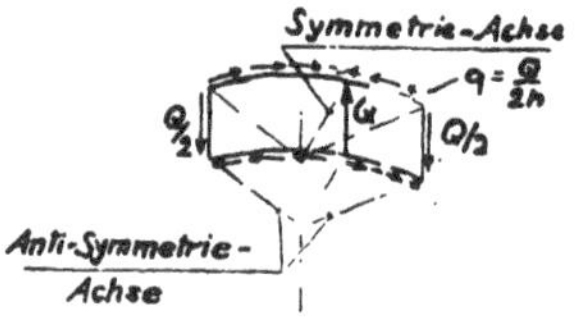

Bild 201e. Querkraftverlauf im Steg.

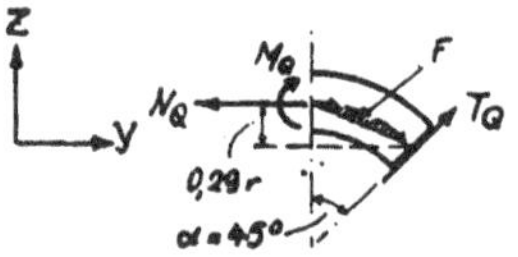

Bild 201f. Beanspruchung des oberen Ringes durch die Gleichgewichtsgruppe Q.

$$q = \frac{Q}{2h} = \text{const.}$$

In Bild 201f ist der obere Ring mit den im Schnitt wirkenden Schubkräften herausgezeichnet. Die Lage der Symmetrie- bzw. Antisymmetrieachsen ist die gleiche wie für die Gleichgewichtsgruppe P.

$$\Sigma Z = 0: \quad T_Q = 0{,}29\, r \cdot q \sqrt{2} = \frac{0{,}29 \sqrt{2} \cdot r \cdot Q}{2h} = 0{,}206 \frac{r \cdot Q}{h}$$

$$\Sigma Y = 0: \quad N_Q = \frac{T_Q}{\sqrt{2}} + \frac{r}{\sqrt{2}} \cdot q = \frac{0{,}206 \cdot r \cdot Q}{\sqrt{2} \cdot h} + \frac{r \cdot Q}{2\sqrt{2} \cdot h} = 0{,}5 \cdot \frac{r \cdot Q}{h}$$

$$\Sigma M = 0: \quad M_Q = T_Q \cdot \frac{r}{\sqrt{2}} - q \cdot 2F$$

Nach Hütte I ist:

$$F = \frac{r^2}{2}\left[\frac{\alpha^0}{180}\cdot\pi - \sin\alpha\right] = \frac{r^2}{2}\left[\frac{45}{180}\cdot\pi - \frac{1}{\sqrt{2}}\right]$$

$$F = \frac{r^2}{2}[0{,}79 - 0{,}71] = 0{,}04\, r^2.$$

Hiermit wird:

$$M_Q = \frac{0{,}206}{\sqrt{2}}\cdot\frac{r^2\cdot Q}{h} - 0{,}04\frac{r^2\cdot Q}{h} = \frac{r^2\cdot Q}{h}\left[0{,}145 - 0{,}04\right]$$

$$M_Q = 0{,}105\,\frac{r^2\cdot Q}{h}$$

3. Beanspruchung des Ringes infolge der gesamten Belastung.

$$N = N_P + N_Q = 0{,}5\frac{Q\cdot e}{h} + 0{,}5\frac{Q\cdot r}{h} = 0{,}5\frac{Q}{h}(e + r)$$

$$\sigma_B = \frac{N}{f} = \frac{0{,}5\cdot Q}{s\cdot u\cdot h}(e + r) = \frac{0{,}5\cdot 1000}{0{,}3\cdot 2\cdot 7}(2 + 5)$$

$$\underline{\underline{\sigma_B = 830\ \text{kg/cm}^2.}}$$

$$M_{BT} = M_P + M_Q = 0{,}5\frac{Q\cdot r\cdot e}{h} + 0{,}105\frac{Q\cdot r^2}{h} = \frac{Q\cdot r}{h}(0{,}5e + 0{,}105r)$$

$$W = \frac{s\cdot u^2}{6} = \frac{0{,}3\cdot 2^2}{6}\ \underline{\underline{0{,}2\ \text{cm}^3}}$$

$$\sigma_{BT} = \frac{M_{BT}}{W} = \frac{Q\cdot r}{0{,}2h}(0{,}5e + 0{,}105r) = \frac{1000\cdot 5}{0{,}2\cdot 7}(0{,}5\cdot 2 + 0{,}105\cdot 5)$$

$$\underline{\underline{\sigma_{BT} = 5440\ \text{kg/cm}^2.}}$$

$$\underline{\underline{\sigma_{res}}} = \sigma_B + \sigma_{BT} = 830 + 5440 = \underline{\underline{6270\ \text{kg/cm}^2.}}$$

Die größte Tangentialkraft tritt im Antisymmetrieschnitt auf.

$$T = T_P + T_Q = \frac{Q\cdot e}{\sqrt{2}\cdot h} + 0{,}206\cdot\frac{Q\cdot r}{h} = \frac{Q}{h}\left(\frac{e}{\sqrt{2}} + 0{,}206\cdot r\right)$$

$$\tau_{max} = \frac{3}{2}\cdot\frac{T}{f} = \frac{3Q}{2\cdot s\cdot u\cdot h}\left(\frac{e}{\sqrt{2}} + 0{,}206\cdot r\right) =$$

$$= \frac{3\cdot 1000}{2\cdot 0{,}3\cdot 2\cdot 7}\left(\frac{2}{\sqrt{2}} + 0{,}206\cdot 5\right)$$

$$\underline{\underline{\tau_{max} = 870\ \text{kg/cm}^2.}}$$

43. Ebenes Blech.

Ein ebenes Blech sei an einem Ende eingespannt und am freien Ende durch ein Verdrehmoment M belastet. Das Moment werde durch eine biegesteife Endplatte eingeleitet, der Endquerschnitt werde also in seiner Ebene nicht verformt. Die Länge l des Bleches sei klein gegen seine Höhe h $\left(\frac{l}{h} < 0{,}4\right)$; die Drillungssteifigkeit des Bleches ist somit vernachlässigbar.

Bei der Verformung geht die Ebene in eine verwölbte Fläche über. Hierbei bleibt der Endquerschnitt und somit

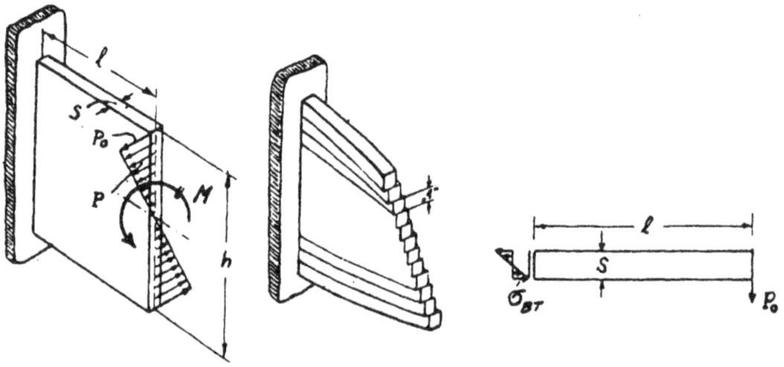

Bild 202a bis c. Ebenes, durch ein Verdrehmoment belastetes Blech.

auch jeder beliebige andere Querschnitt in Richtung von h gerade. Es treten also in dieser Richtung keine Biegespannungen auf.

Denkt man sich das Blech durch Längsschnitte in eine Anzahl von Streifen von der Höhe »1« aufgeteilt, so wird jeder Streifen durch die zugehörige spezifische Belastung p (kg/cm) um ein bestimmtes Maß durchbogen (Bild 202b). Die dabei gleichzeitig auftretende Verdrehung der Streifen werde vernachlässigt. Wegen der biegesteifen Endplatte sind die Durchbiegungen und folglich auch die spezifischen Belastungen p linear über die Höhe verteilt. Die Belastung ist in den Endstreifen am größten. Man erhält

$$M = 1/2 \cdot p_0 \cdot h/2 \cdot 2/3 \cdot h = 1/6 \cdot p_0 \cdot h^2$$

$$\boxed{p_0 = \frac{M}{1/6 \cdot h^2}} \quad \ldots\ldots\ldots\ldots \quad (43;\ 1)$$

p_0 ruft über die Wandstärke s veränderliche Biegespannungen hervor. Ihr Größtwert an der Einspannung ist:

$$\boxed{\sigma_{BT} = \frac{p_0 \cdot l}{W} = \frac{M \cdot l}{1/6\, h^2 \cdot 1/6 \cdot s^2} = \frac{M \cdot l}{1/36\, h^2 \cdot s^2}} \qquad (43;\, 2)$$

Die mit den Biegespannungen in Zusammenhang stehenden Schubspannungen

$$\boxed{\tau_{BT} = 3/2 \frac{p_0}{s}} \quad \ldots\ldots\ldots \quad (43;\, 3)$$

sind in den meisten Fällen vernachlässigbar klein.

Beispiel 43; 1: Gegeben ein Beschlag mit äußeren Kräften nach Bild 203a.

Man zerlegt P auf Mitte Stegdicke des Beschlages in die beiden Komponenten P_v und P_h. Die Beanspruchungen infolge P_h sind vernachlässigbar klein gegen die infolge P_v.

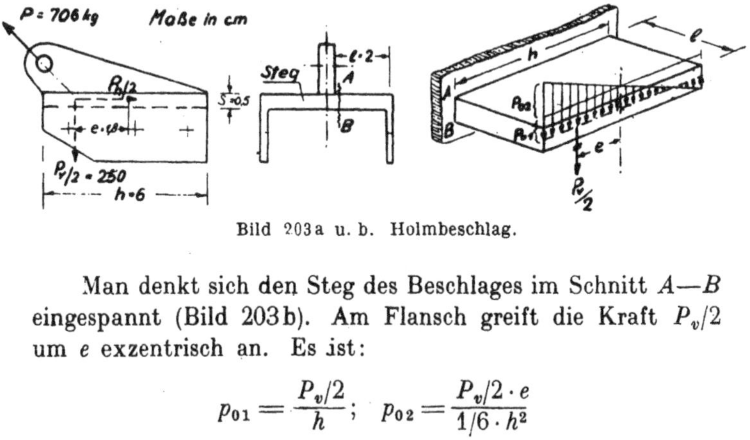

Bild 203a u. b. Holmbeschlag.

Man denkt sich den Steg des Beschlages im Schnitt $A—B$ eingespannt (Bild 203b). Am Flansch greift die Kraft $P_v/2$ um e exzentrisch an. Es ist:

$$p_{01} = \frac{P_v/2}{h}; \quad p_{02} = \frac{P_v/2 \cdot e}{1/6 \cdot h^2}$$

$$p_0 = p_{01} + p_{02} = \frac{P_v/2}{h}\left[1 + \frac{6\,e}{h}\right]$$

$$\sigma_{res} = \sigma_B + \sigma_{BT} = \frac{p_0 \cdot l}{W} = \frac{P_v/2 \cdot l}{1/6\, s^2 \cdot h}\left[1 + \frac{6\,e}{h}\right]$$

$$\underline{\underline{\sigma_{res}}} = \frac{250 \cdot 2}{1/6 \cdot 0{,}5^2 \cdot 6}\left[1 + \frac{6 \cdot 1{,}8}{6}\right] = \underline{\underline{5600\ \text{kg/cm}^2.}}$$

44. Gekrümmtes Blech.

a) Belastung durch ein Moment.

Ein gekrümmtes Blech sei an einem Ende eingespannt und am freien Ende durch ein Moment M belastet (Bild 204a). Das Moment werde durch eine biegesteife Endplatte eingeleitet. Die Länge l des Bleches sei klein gegen seine Höhe h.

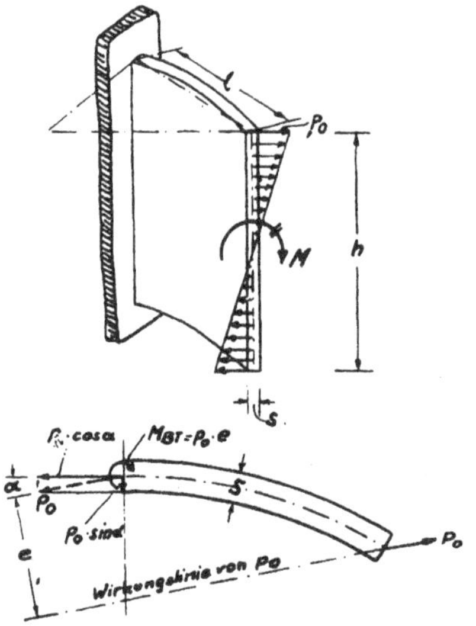

Bild 204a u. b. Gekrümmtes, durch ein Verdrehmoment belastetes Blech.

Die Drillsteifigkeit des Bleches kann wieder vernachlässigt werden. Wie beim ebenen Blech, so bleiben auch hier die Erzeugenden bei der Verformung gerade. Denkt man sich das Blech wieder in einzelne Streifen von der Höhe »1« zerschnitten, so erhält man für die spezifische Belastung p_0 am Rande den gleichen Wert wie beim ebenen Blech:

$$p_0 = \frac{M}{1/6\,h^2} \qquad (44;\ 1)$$

Die Berechnung der Biegespannung geschieht in der gleichen Weise, wie sie für den gekrümmten Träger gezeigt wurde (vgl. 42). Mit den Bezeichnungen nach Bild 204b erhält man:

$$\sigma_B = \frac{p_0}{s}\cdot\cos\alpha = \frac{M\cdot\cos\alpha}{1/6\,h^2\cdot s} \qquad \sigma_{BT} = \frac{p_0\cdot e}{1/6\,s^2} = \frac{M\cdot e}{1/36\,h^2\cdot s^2} \quad \ldots\ (44;\ 2\text{ u. }3)$$

$$\tau_{max} = \frac{3}{2}\,\frac{p_0}{s}\cdot\sin\alpha = 9\,\frac{M\cdot\sin\alpha}{h^2\cdot s} \quad \ldots\ (44;\ 4)$$

$$\sigma_{res} = \sigma_B + \sigma_{BT} = \frac{M}{1/6\,h^2\cdot s}\left[\cos\alpha + \frac{6\,e}{s}\right] \qquad (44;\ 5)$$

b) Belastung durch eine Querkraft in Richtung von h.

Wird in das gekrümmte Blech am freien Ende eine Querkraft Q durch eine in ihrer Ebene starre Lasche eingeleitet, so kann man voraussetzen, daß die durch die Querkraft bedingten Schubspannungen über die Höhe h parabolisch verteilt sind.

Im folgenden werde ein schmaler Streifen betrachtet, der durch die Längsschnitte an den Stellen z und $z + dz$ begrenzt wird. In den Schnitten wirken die Schubspannungen $\tau + \Delta\tau$ bzw. τ. Die Resultierende der Schubkräfte ist (Bild 205b):

$$\boxed{R = \Delta\tau \cdot s \cdot l = \Delta q \cdot l} \quad (44;\,6)$$

Diese steht im Gleichgewicht mit der im Einspannquerschnitt angreifenden Resultierenden

$$\boxed{R = \sigma \cdot s' \cdot dz} \quad (44;\,7)$$

und dem Moment

$$\boxed{M_{BT} = \Delta q \cdot 2F = \frac{R}{l} \cdot 2F} \quad \ldots (44;\,8)$$

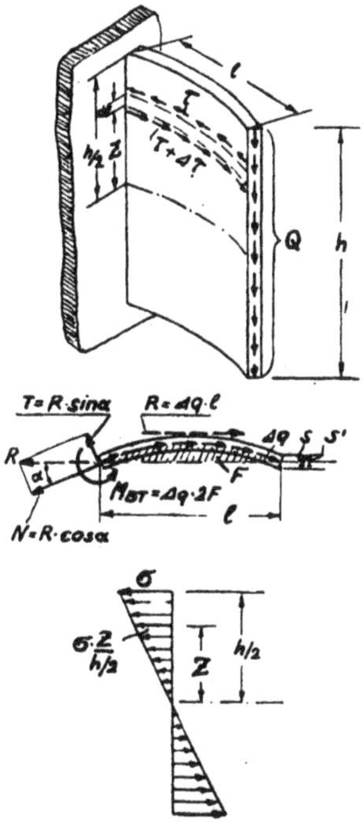

Bild 205a bis c. Gekrümmtes, durch eine Querkraft belastetes Blech.

Die Längsspannungen σ sind wie beim ebenen Blech linear über die Höhe verteilt. Es ist:

$$\boxed{\sigma = \frac{Q \cdot l}{1/6\, s' \cdot h^2} \cdot \frac{z}{h/2}} \quad \ldots\ldots (44;\,9)$$

Aus den Gln. (44; 7) bis (9) erhält man:

$$R = \frac{Q \cdot l \cdot z}{1/6 \cdot h^3/2} \cdot dz; \qquad M_{BT} = \frac{Q \cdot z \cdot 2F}{1/6 \cdot h^3/2} \cdot dz.$$

Die größten Beanspruchungen treten in den Randstreifen ($z = \pm h/2$) auf. Man erhält für einen Streifen von der Breite $dz =$ »1«:

$$\boxed{R_0 = \frac{Q \cdot l}{1/6\, h^2}} \quad \boxed{M_{BT_0} = \frac{Q \cdot 2F}{1/6\, h^2}} \quad (44;\ 10\ \text{u.}\ 11)$$

Zerlegt man wieder R_0 in die Komponenten $N = R_0 \cdot \cos\alpha$ und $T = R_0 \cdot \sin\alpha$ (Bild 205b), so erhält man mit den Gln. (44; 10) und (11) folgende Beanspruchungen im Querschnitt:

$$\boxed{\sigma_B = \frac{N}{s} = \frac{Q \cdot l \cdot \cos\alpha}{1/6\, h^2 \cdot s}} \quad \boxed{\sigma_{BT} = \frac{M_{BT}}{1/6\, s^2} = \frac{Q \cdot 2F}{1/36\, h^2 \cdot s^2}}$$

$$\boxed{\tau_{BT} = \frac{3}{2}\,\frac{T}{s} = 9 \cdot \frac{Q \cdot l \cdot \sin\alpha}{h^2 \cdot s}} \quad (44;\ 12\ \text{bis}\ 14)$$

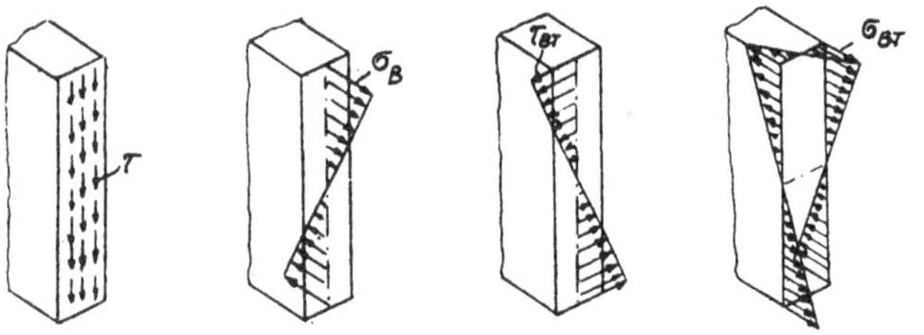

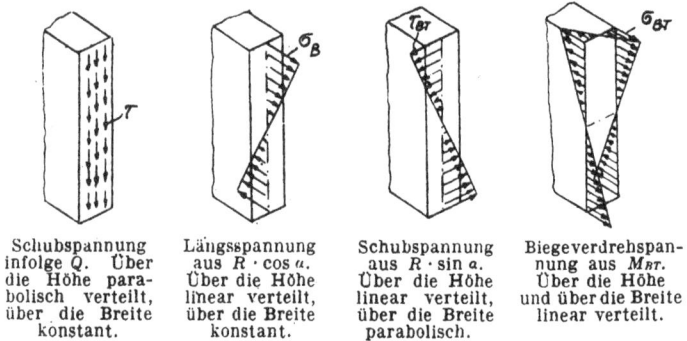

Schubspannung infolge Q. Über die Höhe parabolisch verteilt, über die Breite konstant.

Längsspannung aus $R \cdot \cos\alpha$. Über die Höhe linear verteilt, über die Breite konstant.

Schubspannung aus $R \cdot \sin\alpha$. Über die Höhe linear verteilt, über die Breite parabolisch.

Biegeverdrehspannung aus M_{BT}. Über die Höhe und über die Breite linear verteilt.

Bild 206. Zeichnerische Zusammenstellung der Spannungen im Querschnitt.

c) Anwendungen.

Beispiel 44; 1: In einen einseitig eingespannten Viertelkreiszylinder wird eine Querkraft Q durch eine biegesteife Endlasche eingeleitet (Bild 207).

Längsspannung aus Biegung:

$$\underline{\underline{\sigma_B}} = \frac{Q \cdot l \cdot \cos\alpha}{1/6\, h^2 \cdot s} = \frac{Q \cdot r}{1/6\, h^2 \cdot s} = \frac{10 \cdot 3}{1/6 \cdot 10^2 \cdot 0{,}1} = \underline{\underline{18\ \text{kg/cm}^2.}}$$

Längsspannung aus Biegungsverdrehung:

$$\underline{\underline{2F}} = \left(\frac{\pi}{2} - 1\right) \cdot r^2 = \left(\frac{\pi}{2} - 1\right) \cdot 3^2 = \underline{\underline{5{,}13\ \text{cm}^2}}$$

$$\underline{\underline{\sigma_{BT}}} = \frac{Q \cdot 2F}{1/36 \cdot h^2 \cdot s^2} = \frac{10 \cdot 5{,}13}{1/36 \cdot 10^2 \cdot 0{,}1^2} = \underline{\underline{1850\ \text{kg/cm}^2}}$$

Resultierende Längsspannung:

$$\underline{\underline{\sigma_{res}}} = \sigma_B + \sigma_{BT} = 18 + 1850 = \underline{\underline{1868\ \text{kg/cm}^2}}.$$

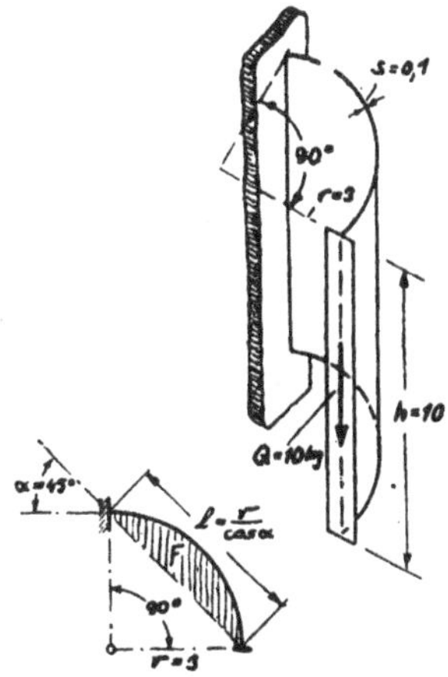

Bild 207. Viertelkreiszylinder durch Querkraft belastet.

Beispiel 44; 2: In einen Holm wird eine Längskraft P durch einen Beschlag nach Bild 208a eingeleitet. Gesucht ist die Beanspruchung der Holmgurte aus der Krafteinleitung.

Es wird vorausgesetzt, daß am Ende des Beschlages, d. h. nach einer Länge von 40 cm die Längskraft P gleichmäßig

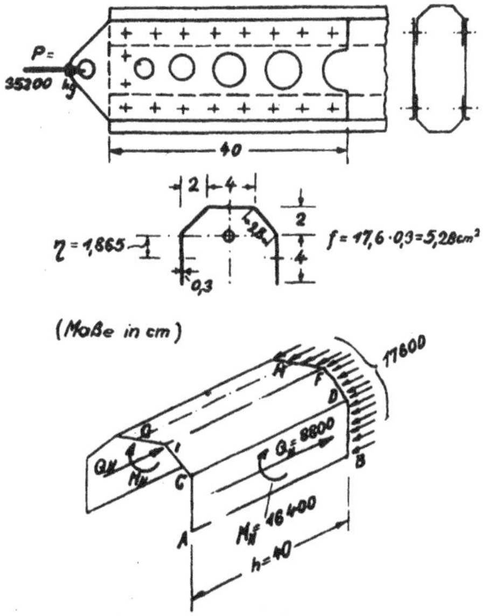

Bild 208a u. b. Einleitung einer Längskraft in einen Holm.

über den Gurtquerschnitt verteilt eingeleitet ist (der Längskraftanteil der Stege ist vernachlässigbar klein).

Wegen der Symmetrie genügt es, die Berechnung für einen z. B. für den oberen Gurt durchzuführen. Man schneidet das im Bereich des Beschlages liegende Gurtstück heraus und setzt es mit den im Schnitt wirkenden inneren Kräften ins Gleichgewicht (Bild 208b). Im Querschnitt wirken die gleichmäßig verteilten Druckspannungen:

$$\underline{\sigma_D} = \frac{P/2}{f} = \frac{17600}{5{,}28} = \underline{3333 \text{ kg/cm}^2}.$$

In den Nietschnitten wirken die Längskräfte

$$\underline{Q_N} = P/4 = \underline{8800 \text{ kg}}$$

und die zum Momentengleichgewicht um die Querachse notwendigen Momente

$$\underline{M_N} = P/4 \cdot \eta = 8800 \cdot 1{,}865 = \underline{16400 \text{ cm kg}}.$$

Für die Ermittlung der Beanspruchung denkt man sich das Gurtstück im Symmetrieschnitt $G \div H$ eingespannt.

Kräfte im Schnitt $C \div D$ (Bild 208c):

$$\Sigma X = 0: \; Q = 8800 - 4000 = 4800 \text{ kg}.$$

Die Schubspannungen infolge der Querkraft Q sind über h parabolisch verteilt.

$$\Sigma M = 0: \; M = 16400 - 4800 \cdot 2 = 6800 \text{ cm kg}.$$

Mithin ist nach Gl. (44; 1)

$$p_0 = \frac{M}{1/6\, h^2} = \frac{6800}{1/6 \cdot 40^2} = 25{,}5 \text{ kg/cm}.$$

Die Beanspruchung des Lappens $ABCD$ (ebene Platte) ist bedeutungslos.

Im restlichen Gurtstück ($CDGH$) werden die gleichmäßig über den Querschnitt verteilten Längskräfte $\sigma \cdot s \cdot du$ jeweilig für ein ebenes Flächenstück zu einer Resultierenden $\sigma \cdot s \cdot u$ vereinigt (Bild 208d).

Die nach den Gln. (44; 12) und (14) zu errechnenden Biegespannungen σ_B und Schubspannungen τ_{BT} infolge Q sind vernachlässigbar klein; die Schubspannungen (Gl. (44; 4)) infolge p_0 werden ebenfalls nicht berechnet.

Biegeverdrehspannung infolge p_0.

$$\sigma_{BTp_0} = \mp \frac{p_0 \cdot e}{1/6\, s^2} = \mp \frac{25{,}5 \cdot 4}{1/6 \cdot 0{,}3^2} = \mp 6800 \text{ kg/cm}^2.$$

Biegeverdrehspannung infolge Querkraft.

$$\sigma_{BTQ} = \pm \frac{Q\, 2F}{1/36 \cdot h^2\; s^2} = \pm \frac{\Sigma Q \cdot 2F}{1/36 \cdot h^2 \cdot s^2} =$$

$$= \pm \frac{4800 \cdot 4 - 2800 \cdot 2}{1/36 \cdot 0{,}3^2 \cdot 40^2} = \pm 3400 \text{ kg/cm}^2.$$

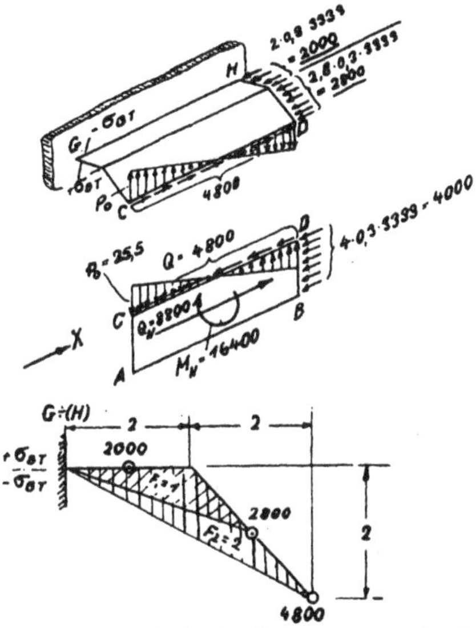

Bild 208c u. d. Beanspruchung des Holmgurtes aus der Einleitung der Längskraft.

Da die Biegeverdrehspannungen infolge p_0 und infolge Q verschiedene Vorzeichen aufweisen, ergibt sich als größte resultierende Spannung:

$$\underline{\underline{\sigma_{B\,Tres}}} = \sigma_{BTp_0} + \sigma_{BTQ} = \mp 6800 \pm 3400 = \underline{\underline{\mp 3400 \text{ kg/cm}^2}}.$$

Die Begrenzung des Krafteinleitungsbereiches auf die Länge des Beschlages ist eine willkürliche Annahme. Es ist mit Sicherheit anzunehmen, daß die Kräfte erst außerhalb des angenommenen Bereiches abklingen. Da dem größeren Einleitungsbereich geringere Spannungen entsprechen, bewegt man sich mit der Annahme auf der sicheren Seite.

Beispiel 44; 3: In ein Rohr wird durch eine eingeschweißte Lasche eine Kraft P eingeleitet (Bild 209a). Die Beanspruchung des Rohres aus der Krafteinleitung ist gesucht.

Es wird vorausgesetzt, daß am Ende der Lasche die Längskraft P gleichmäßig über den Rohrquerschnitt verteilt

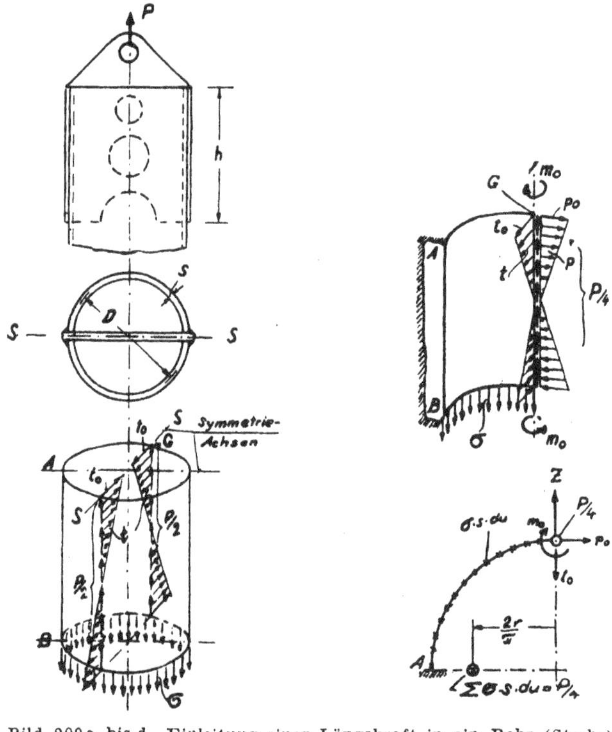

Bild 209a bis d. Einleitung einer Längskraft in ein Rohr (Strebe).

eingeleitet ist. Man schneidet das Rohr am Ende der Lasche durch und bringt im Schnitt die gleichmäßig verteilten Längsspannungen an:

$$\sigma_z = \frac{P}{f} = \frac{P}{\pi \cdot D \cdot s}.$$

Desgleichen schneidet man die Lasche in den Schweißnähten durch und bringt in diesen die Schubkräfte $P/2$ in parabolischer Verteilung an sowie die über die Höhe linear verteilten spezifischen Kräfte t (Bild 209b). Die Verteilung der letzteren steht in Zusammenhang mit der Verteilung der spezifischen Kräfte p (Bild 209c), wie es ohne weiteres aus dem folgenden zu ersehen ist.

Man denke sich ein durch zwei Symmetrieschnitte begrenztes Stück des Rohres (Viertelkreiszylinder) im Symmetrieschnitt $A \div B$ eingespannt und die bereits genannten Kräfte angebracht. Im freien Symmetrieschnitt wirken außerdem noch die spezifischen Kräfte p und Momente m, beide linear über die Höhe verteilt (Bild 209c).

p_0 ergibt sich mit Gl. (44; 1) aus dem Momentengleichgewicht:

$$\Sigma M_z = 0: \quad M = P/4 \cdot \frac{2r}{\pi} = 1/6\, h^2 \cdot p_0$$

$$p_0 = \frac{P/4 \cdot \frac{2r}{\pi}}{1/6\, h^2} = \frac{3\, P \cdot r}{\pi \cdot h^2}.$$

t_0 und m_0 bestimmt man entsprechend den Deformationsbedingungen, daß die Verschiebung des Punktes C in Richtung der Z-Achse (wegen der Lasche) und die Winkeländerung bei C (wegen Symmetrie) Null sein müssen. Der Rechnungsgang gestaltet sich, von der Ermittlung der statisch unbestimmten Größen t_0 und m_0 abgesehen, wie im vorangegangenen Beispiel.

V. Knickung und Knickbiegung.

45. Grundlegende Betrachtungen über Biegung, Knickbiegung und Knickung.

Bei den in den vorangegangenen Kapiteln behandelten Problemen bestand die Aufgabe des Konstrukteurs darin, für eine gegebene Konstruktion und Belastung einen Gleichgewichtszustand zwischen inneren und äußeren Kräften zu bestimmen, d. h. die im Innern eines Konstruktionsgliedes unter der äußeren Belastung auftretende Spannungsverteilung zu ermitteln. Die in diesem Kapitel zur Behandlung kommenden Probleme sind von grundlegend anderer Art, wie dies aus der im folgenden gezeigten Gegenüberstellung der oben genannten Probleme ersichtlich ist. Um die Ausführungen möglichst anschaulich zu gestalten, werde hierzu zunächst ein starrer Stab mit elastischer Einspannung betrachtet.

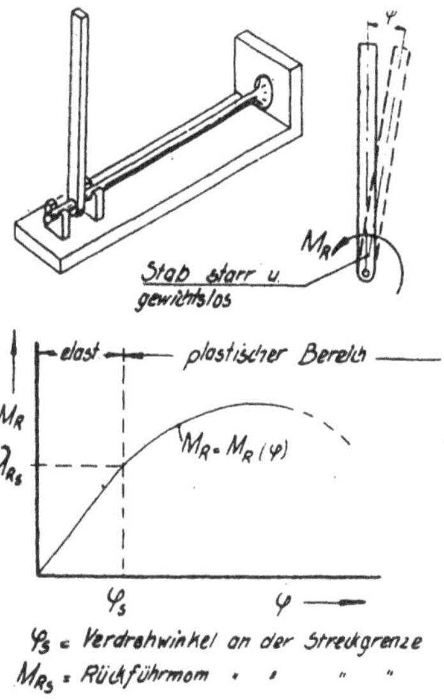

Bild 210a u. b. Starrer, gegen Ausdrehung elastisch gelagerter Stab (*a*). Abhängigkeit des Rückführmomentes vom Verdrehwinkel (*b*).

Ein starrer Stab sei z. B. durch eine deformierbare Torsionswelle gegen Drehung elastisch gelagert (Bild 210a). Wird der Stab um einen Winkel φ aus seiner Mittellage ausgelenkt, so tritt in der Einspannung ein Rückführmoment (inneres Moment) $M_R = M_R(\varphi)$ auf. Nach Gl. (38; 5) ist:

$$M_R = G \cdot J_d \cdot \vartheta = \frac{G \cdot J_d}{l} \cdot \varphi.$$

Bild 210b gibt den charakteristischen Verlauf des Rückführmomentes in Abhängigkeit vom Verdrehwinkel (Auslenkung) φ wieder. Bis ungefähr zur Streckgrenze ist das Rückführmoment linear vom Verdrehwinkel abhängig ($M_R = k \cdot \varphi$); darüber hinaus verläuft das Rückführmoment nach der vom Werkstoff abhängigen Funktion $M_R = M_R(\varphi)$.

In der folgenden Tabelle sind die den drei Problemen entsprechenden Belastungsarten dieses Stabes besprochen.

Man kann zusammenfassend die drei Probleme wie folgt kennzeichnen:

1. Biegung: Das Moment der Belastung ist unabhängig von φ.
2. Knickbiegung: Das Moment der Belastung besteht aus einem von φ abhängigen und einem von φ unabhängigen Moment.
3. Knickung: Das Moment der Belastung ist Null. Das bei willkürlicher Auslenkung φ auftretende Belastungsmoment ist von φ abhängig.

Bemerkung. Die Deformationsbetrachtung bei der Knickbiegung ist zur Bestimmung des Belastungsmomentes, nicht aber, wie z. B. bei der Biegung statisch unbestimmter Systeme, für die Ermittlung des Kraftverlaufs erforderlich.

Genaue Betrachtungen großer Auslenkungen bei Knickung durch Längskraft.

Im elastischen Bereich besteht nach Überschreitung der Knicklast Gleichgewicht für:

$$M_R = M_B,$$

also für:

$$k \cdot \varphi = P \cdot l \cdot \sin \varphi$$

$$P = \frac{k}{l} \cdot \frac{\varphi}{\sin \varphi} = P_k \cdot \frac{\varphi}{\sin \varphi}.$$

Wächst P weiterhin an, so wird der elastische Bereich überschritten. Das Rückführmoment M_R fällt gegenüber dem Wert $k \cdot \varphi$ ab; die getragene Last P ist dann kleiner als $P_k \cdot \frac{\varphi}{\sin \varphi}$. Man erkennt aus Bild 211:

Die Knicklast P_k ist die größte Last, die der Stab in der Mittellage gerade noch im stabilen Gleichgewicht halten kann.

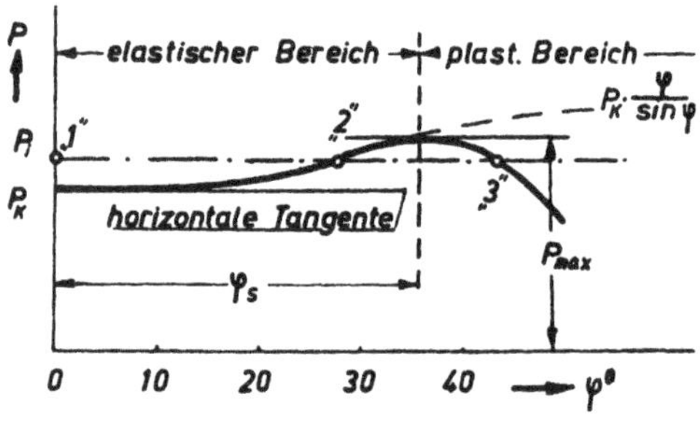

Bild 211. Zu den Betrachtungen großer Auslenkungen bei Knickung durch Längskraft.

Sie ist nahezu die größte Last, die der Stab überhaupt aufnehmen kann. Für technische Zwecke kann gesetzt werden: $P_{max} = P_k$.

Bemerkung (technisch bedeutungslos).

Für $P_k < P_i < P_{max}$ gibt es mehrere Gleichgewichtslagen (vgl. Bild 211):

1. die unstabile Mittellage »1«,
2. die stabile Gleichgewichtslage »2«.
3. (gänzlich bedeutungslos) die unstabile Gleichgewichtslage »3«.

46. Knickung elastischer Stäbe.

a) Belastung durch eine konstante Längskraft *P* in Richtung der Stabachse.

Wird ein gerader, an beiden Enden gelenkig gelagerter, prismatischer Stab auf Druck belastet, so ist bei Erreichen einer bestimmten Last neben der geraden auch eine gekrümmte Gleichgewichtslage möglich. Bei schlanken Stäben tritt diese Erscheinung bereits weit unterhalb der Streckgrenze ein. Die Last, bei der auch noch im ausgelenkten Zustand ein Gleichgewicht zwischen den inneren und äußeren Kräften möglich ist, bezeichnet man als die kritische Last oder die Knicklast des Stabes.

Das Vorhandensein zweier oder mehrerer benachbarter Gleichgewichtslagen bei ein und derselben Last deutet darauf hin, daß das Gleichgewicht des Stabes bei einer bestimmten Last indifferent wird. Diese Last stellt demnach die größte Last dar, die von technischen Konstruktionen getragen werden kann, da für diese stabiles Gleichgewicht für die Mittellage gefordert werden muß; andernfalls brechen sie bei kleinen,

Belastung durch	Von der Größe der Auslenkung unabhängige **konstante Querkraft**	**konst. Querkr** Stabachse wirkend
	Das gleiche Problem beim elastischen Stab (ver **Biegung**	 **Knick -**
Moment der Belastung $= M_B$	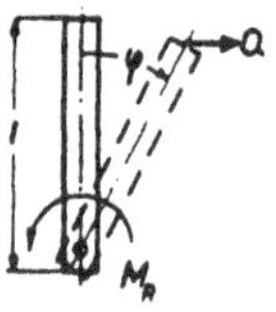 $M_B = P \cdot l \cdot \cos\varphi \approx Q \cdot l$ ist (für kleines φ) unabhängig von φ. Die Aufgabe $M_R = M_B$ zu finden, ist also ein ohne Deformationsbedingungen lösbares reines **Gleichgewichtsproblem** 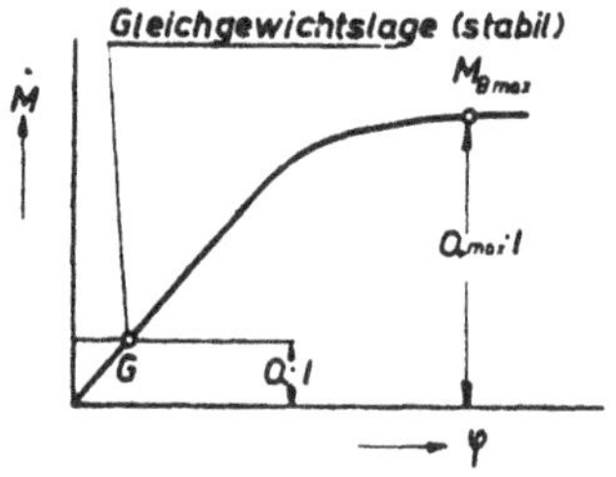	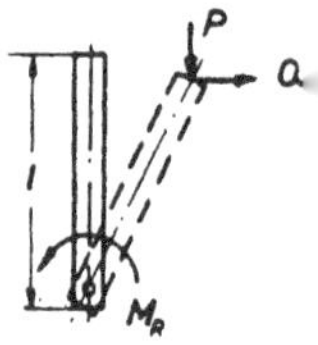 **Deformat** 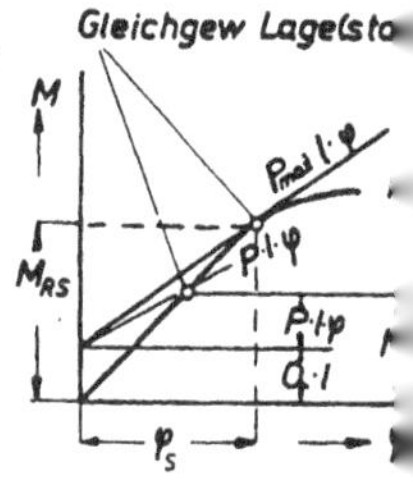
Bruchlast	Die größtmögliche Querkraft (Bruchlast) entspricht $M_{R\,max}$ $Q_{max} = \frac{M_{R\,max}}{l}$	Ist die Querkraft reichen der Streckg last angenähert die
Konstruktive Forderung	Sie ist von der Steifigkeit (von k) unabhängig. Gefordert ist **Festigkeit** d. h. großes Widerstandsmoment.	Die Bruchbelast Steifigkeit (k) und **Steifigk** wobei es vorw der Streckgrenz

…ung der ursprünglichen **Längskraft**	In Richtung der ursprünglichen Stabachse wirkende **konstante Längskraft**
…ßt	Dieses Problem heißt **Knickung**
$\cdot Q \cdot l \cdot \cos\varphi \approx P \cdot l \cdot \varphi + Q \cdot l$ …einem von φ abhängi- von φ unabhängigen Berechnung von $= M_B$ möglich, nachdem	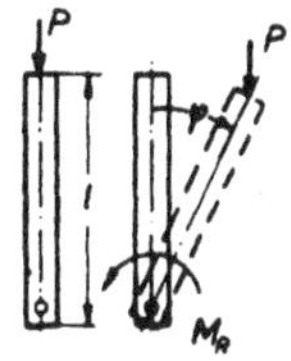 Bei $\varphi = 0$ besteht Gleichgewicht für jede Größe der Belastung P. Dabei ist das Moment der Belastung $M_B = 0$ Damit diese Gleichgewichtslage auch bei kleinen Störungen erhalten bleibt, muß Stabilität gefordert werden. Man löst das
…chtung $M_R = M_R(\varphi)$ φ ermit- …gl. nebenst. Abb.). …last. Bereich: $= P \cdot l \cdot \varphi + Q \cdot l$ und daraus $= \frac{Q \cdot l}{1 - \frac{P \cdot l}{k}} = \frac{Q \cdot l}{1 - \frac{P}{P_k}}$ Steifigkeit k abhängig.	**Stabilitätsproblem** 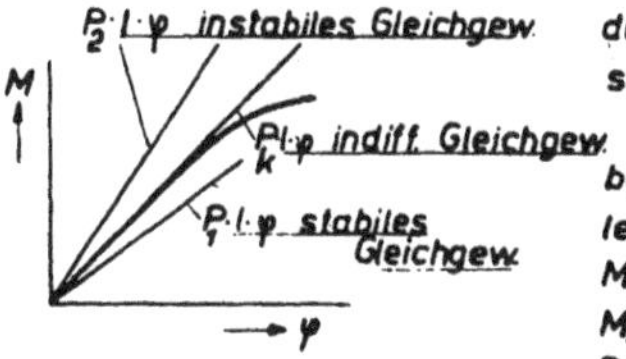 durch Betrachtung des Gesamtmomentes $M_R - M_B$ bei kleiner willkürlicher Auslenkung φ. $M_R = k \cdot \varphi$ (im elast. Bereich) $M_B = P \cdot l \cdot \sin\varphi \approx P \cdot l \cdot \varphi$ Das Gleichgewicht ist also stabil, wenn $M_R - M_B > 0$, also wenn $k \cdot \varphi - P \cdot l \cdot \varphi > 0$ indifferent, " " $= 0$, " " " $= 0$ instabil, " " < 0, " " " < 0
…o tritt knapp nach Er- …. Es gilt also für Bruch- $= \frac{Q \cdot l}{1 - \frac{P \cdot l}{k}} = \frac{Q \cdot l}{1 - \frac{P}{P_K}}$	Die größte Last, die der Stab eben noch im stabilen Gleichgewicht halten kann, ist die Last, die dem indifferenten Gleichgewicht entspricht. Sie heißt **Knicklast** P_k. Aus $\varphi(k - P_k \cdot l) = 0$ ergibt sich: $P_k = \frac{k}{l}$
… größer, je großer …nd. Gefordert sind **…tigkeit,** …gkeit beim Erreichen	Die Knicklast P_k (Bruchlast) ist nur von der Steifigkeit (von k) abhängig. Gefordert ist **Steifigkeit.**

immer vorhandenen Störungen zusammen. Um die kritische Last zu bestimmen, muß man also untersuchen, unter welchen Umständen eine von der geraden verschiedene Gleichgewichtsform des Stabes möglich ist. Man denkt sich den Stab in der Mitte um y_0 ausgelenkt. An einer beliebigen Stelle x des Stabes sei die Durchbiegung y und die zugehörige Krümmung y''. Die willkürliche Auslenkung y_0 (und damit die Krümmung) sei so gering, daß das Rückführmoment mit genügender Genauigkeit durch die abgekürzte Differentialgleichung der Biegelinie angegeben werden kann:

$$M_R = -E \cdot J \cdot y''.$$

Das Moment der Belastung ist:

$$M_B = P \cdot y.$$

Die ausgelenkte Lage ist eine Gleichgewichtslage, wenn an jeder Stelle x $M_B = M_R$ oder

$$\boxed{P \cdot y = -E \cdot J \cdot y''} \quad \ldots (46;\ 1)$$

ist, d. h. wenn die Durchbiegungen y den Krümmungen y'' verhältnisgleich sind. Dies ist bekanntermaßen nur bei der Sinuslinie[1]) der Fall. Mit den Bezeichnungen nach Bild 212 lautet diese:

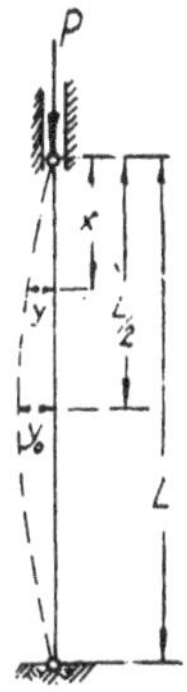

Bild 212. Gerader, an beiden Enden gelenkig gelagerter, zentrisch gedrückter prismatischer Stab.

$$y = y_0 \cdot \sin \frac{\pi \cdot x}{L}$$

$$y'' = -y_0 \cdot \frac{\pi^2}{L^2} \cdot \sin \frac{\pi \cdot x}{L} = -\frac{\pi^2}{L^2} \cdot y$$

Hiermit lautet Gl. (46; 1):

$$P \cdot y = E \cdot J \frac{\pi^2}{L^2} \cdot y$$

Die kritische Last ist also:

$$\boxed{P_k = \frac{\pi^2 \cdot E \cdot J}{L^2} = P_E} \quad \ldots\ldots (46;\ 2)$$

---

[1]) Die Cosinuslinie scheidet wegen der gewählten Zählung der x vom festgehaltenen Ende ab aus.

Die kritische Last ist unabhängig von der angenommenen Auslenkung y_0; d. h. besteht Gleichgewicht für eine bestimmte Auslenkung y_0, so besteht auch Gleichgewicht für jede andere Auslenkung y_0, solange y_0 der Voraussetzung entsprechend selbst klein ist.

Diese Gleichung wurde zuerst von Euler (1757) gefunden; die durch sie angegebene Last wird allgemein auch als Euler-Last bezeichnet.

Durch Gl. (46; 2) können auch die Knicklasten für andere Festhaltungen der Enden angegeben werden, wenn man be-

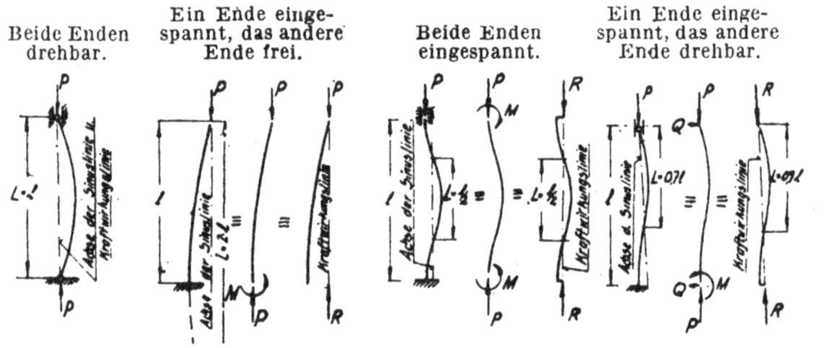

$$P_k = \frac{\pi^2 \cdot E \cdot J}{l^2} \qquad P_k' = \frac{\pi^2 \cdot E \cdot J}{4 \cdot l^2} \qquad P_k' = \frac{4 \cdot \pi^2 \cdot E \cdot J}{l^2} \qquad P_k = \frac{\pi^2 \cdot E \cdot J}{0{,}49 \cdot l^2} \approx \frac{2 \cdot \pi^2 \cdot E \cdot J}{l^2}$$

Bild 213a bis d. Biegelinien und Knicklasten zentrisch gedrückter prismatischer Stäbe mit verschiedener Halterung der Stabenden.

achtet, daß L immer die Länge der Sinus-Halbwelle der Biegelinie (Entfernung zweier benachbarter Wendepunkte der Sinuslinie) darstellt. Die Achse der Sinuslinie fällt immer mit der Wirkungslinie der resultierenden Kraft zusammen. In Bild 213a bis d sind für die verschiedenen Festhaltungen die Biegelinien gezeichnet und die zugehörigen Knicklasten angegeben. In den Gleichungen bezeichnet l immer die Länge des Stabes.

b) Belastung durch Proportionalitätsfaktoren.

Die Belastung durch Längskräfte P in Richtung der ursprünglichen Stabachse ist nur eine, allerdings die den meisten geläufigste Art der Knickbelastung. Aber auch die jetzt zu besprechenden Fälle der Knickbelastung durch »Proportionalitätsfaktoren« stellen Stabilitätsprobleme mit den in der Tabelle 45; 1 unter Knickung besprochenen Eigenheiten dar.

α) Der Ausbiegung y proportionale Querkraft $Q = \varkappa \cdot y$.

Ein Stab von konstanter Biegesteifigkeit $E \cdot J$ sei am linken Ende eingespannt. Am freien Ende wirke im Falle des Auftretens einer Ausbiegung von einem angeschlossenen Bauglied herrührend eine ausbiegende, der Ausbiegung y proportionale Querkraft $Q = \varkappa \cdot y$ (Bild 214).

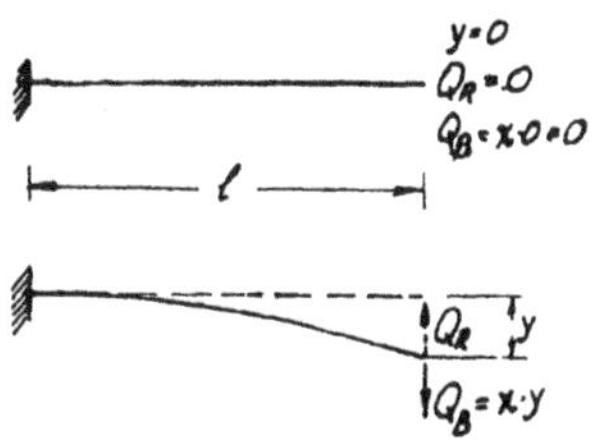

Bild 214. Zur Knickung eines prismatischen Stabes infolge Belastung durch eine, der Ausbiegung y proportionale Querkraft $Q = \varkappa \cdot y$.

In der Ursprungslage ($y = 0$) besteht Gleichgewicht für jede Größe von $\varkappa$, da für $y = 0$ auch $Q_B = 0$ und $Q_R = 0$ ist. Die Stabilität des Gleichgewichts ist abhängig von der Größe von $\varkappa$.

Die bei Auslenkung aus der Ursprungslage auftretende Rückführkraft (Widerstand des Stabes gegen Ausbiegung) Q_R ergibt sich aus der Beziehung:

$$y = \frac{Q_R \cdot l^3}{3E \cdot J} \quad \text{zu} \quad Q_R = \frac{3E \cdot J}{l^3} \cdot y.$$

Es besteht Stabilität für: $Q_R - Q_B \geqq 0$ oder

$$\frac{3E \cdot J}{l^3} \cdot y - \varkappa \cdot y \geqq 0.$$

Die Knicklast ist also:

$$\boxed{\varkappa_k = \frac{3E \cdot J}{l^3}} \quad \ldots\ldots\ldots \quad (46;3)$$

Für ein bestimmtes gegebenes $\varkappa$ ist demnach die erforderliche Biegesteifigkeit:

$$\boxed{(E \cdot J)_{erf} = \frac{\varkappa \cdot l^3}{3}} \quad \ldots\ldots\ldots \quad (46;3a)$$

Beispiel 46; 1: In einem Spant (Bild 215) habe der durchlaufende Stab AB (Knickstab) keine Kraft. Die überquerenden Stäbe haben Druckkraft; deren Vertikalkomponente ist 8000 kg. Gesucht ist die für den Stab AB erforderliche Biegesteifigkeit.

1. Auslenkende Kräfte. Bei Auslenkung der Knoten aus der Mittellage bleiben die überquerenden Stäbe gerade, da die Knoten (Bild 215b) als Gelenke aufzufassen sind. Es treten in den Knoten Kräfte $Q_B = \varkappa \cdot y$ senkrecht zur Spantebene auf (Bild 215a). Statt der wirklichen Stablängen und Kräfte werden deren Projektionen betrachtet. Für kleines angenommenes y gilt:

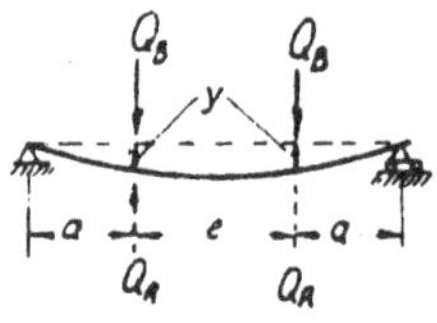

Bild 215c. Zur Bestimmung der Rückführkräfte.

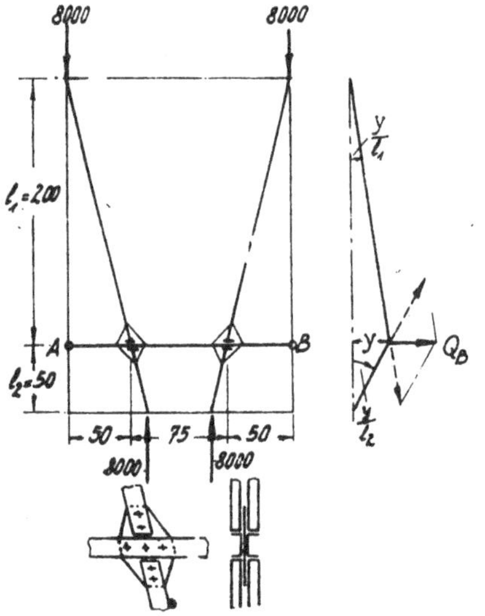

Bild 215a u. b. Fachwerkspant.

$$Q_B = 8000\, y/l_1 + 8000\, y/l_2 = 8000 \cdot y \left(\frac{1}{200} + \frac{1}{50}\right)$$

$$\varkappa_B = \frac{Q_B}{y} = 8000 \left(\frac{1}{200} + \frac{1}{50}\right) = 200 \text{ kg/cm Durchbiegung.}$$

2. Rückführende Kräfte. Der durchlaufende Stab AB ist an den Enden als gelenkig gelagert anzusehen. Aus der Hütte kann man entnehmen:

$$y = \frac{Q_R}{E \cdot J} \frac{a^2}{3} \left(a + \frac{3e}{2}\right)$$

$$\varkappa_R = \frac{Q_R}{y} = \frac{3E \cdot J}{a^2 (a + 3e/2)} = \frac{3E \cdot J}{50^2 (50 + 3 \cdot 75/2)}$$

$$\varkappa_R = \frac{E \cdot J}{1{,}354 \cdot 10^5} \text{ kg/cm.}$$

Stabilität ist vorhanden, wenn $\varkappa_R \geqq \varkappa_B$ ist oder:

$$\frac{E \cdot J}{1{,}354 \cdot 10^5} = 200.$$

Die erforderliche Biegesteifigkeit ist also: $(E \cdot J) = 200 \cdot 1{,}354 \cdot 10^5 = 27{,}08 \cdot 10^6$ kg cm². Für Dural mit $E = 0{,}7 \cdot 10^6$ ist dann:

$$\underline{\underline{J_{erf}}} = \underline{\underline{38{,}7 \text{ cm}^4}}.$$

β) Der Ausbiegung y proportionale verteilte Querbelastung $p = \nu \cdot y$.

Ein Stab von konstanter Biegesteifigkeit $E \cdot J$ sei an den Enden gelenkig gelagert. Im Fall des Auftretens einer Ausbiegung wirke eine über die Länge des Stabes verteilte, der Ausbiegung y proportionale Querbelastung $p = \nu \cdot y$. Der Proportionalitätsfaktor ν sei über die Länge des Stabes konstant; demnach sind die Belastungen p über die Stablänge wie die Durchsenkungen y verteilt. Die Ausbiegung des Stabes weist einen sinusförmigen Verlauf auf, denn aus:

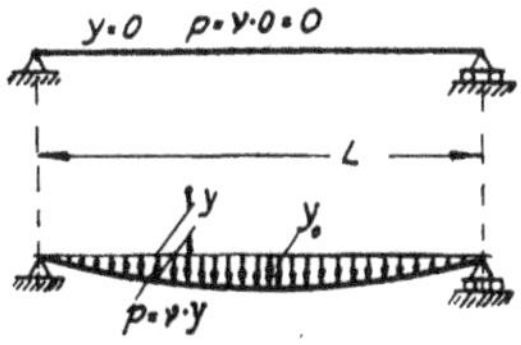

Bild 216. Zur Knickung eines prismatischen Stabes infolge einer der Ausbiegung y proportionalen verteilten Querbelastung $p = \nu \cdot y$.

$$y'' = -\frac{M_R}{E \cdot J}$$

folgt:

$$y''' = -\frac{d\,M}{d\,x} \cdot \frac{1}{E \cdot J} = \frac{Q}{E \cdot J}$$

$$y^{\text{IV}} = \frac{dQ}{d\,x} \cdot \frac{1}{E \cdot J} = \frac{p}{E \cdot J} = \frac{\nu}{E \cdot J} \cdot y$$

Es besteht demnach für jede Größe der Ausbiegung Gleichgewicht, wenn die Durchsenkungen y wie die zweiten Ableitungen der Krümmung verlaufen, dies ist nur bei der Sinuslinie der Fall. Bezeichnet y_0 die Durchsenkung in der Mitte, so gilt

$$y = y_0 \cdot \sin \frac{\pi \cdot x}{L}$$

$$y^{\text{IV}} = y_0 \cdot \frac{\pi^4}{L^4} \cdot \sin \frac{\pi \cdot x}{L} = \frac{\pi^4}{L^4} \cdot y.$$

Man erhält also für die Knicklast:

$$\frac{\nu_k}{E \cdot J} \cdot y = \frac{\pi^4}{L^4} \cdot y$$

oder

$$\boxed{\nu_k = \frac{\pi^4}{L_4} \cdot E \cdot J} \quad \ldots\ldots\ldots \quad (46;\,4)$$

Beispiel 46; 2: Eine aus Wellblech bestehende Wand ist einer gleichmäßig über ihre Breite (L) verteilten Druckbelastung n (kg/cm Breite) unterworfen (Bild 217a). An den

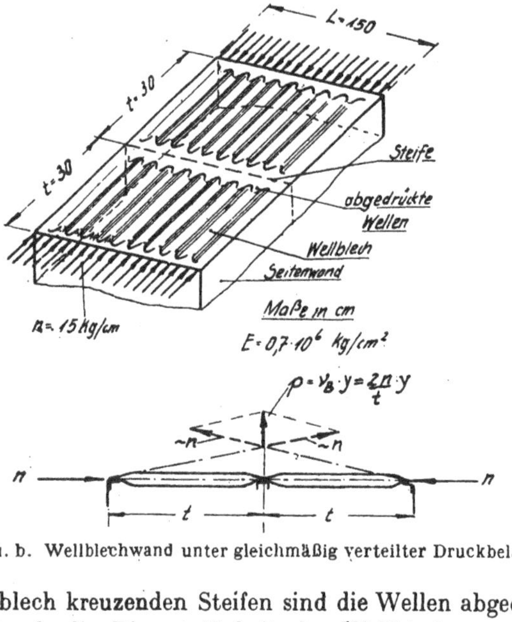

Bild 217a u. b. Wellblechwand unter gleichmäßig verteilter Druckbelastung n.

das Wellblech kreuzenden Steifen sind die Wellen abgedrückt; da hierdurch die Biegesteifigkeit des Wellblechs verschwindend klein wird, kann man sich an diesen Stellen ein Gelenk (Scharnier) denken.

Die mittlere Steife sei nur an den Seitenwänden gelagert. Bei Auslenkung aus der Mittellage erfährt sie eine der Auslenkung proportionale Querbelastung (Bild 217b)

$$p = \nu_B \cdot y = \frac{2\,n}{t} \cdot y$$

$$\nu_B = \frac{2\,n}{\ }$$

Das Gleichgewicht der Mittellage ist stabil, wenn $\nu_B \leqq \nu_k$ ist, d. h.

$$\frac{2n}{t} \leqq \frac{\pi^4}{L^4} E \cdot J.$$

Mit den gegebenen Werten erhält man also für die erforderliche Biegesteifigkeit der mittleren Steife:

$$\underline{\underline{J_{erf}}} = \frac{2n}{t} \cdot \frac{L^4}{\pi^4 \cdot E} = \frac{2 \cdot 15 \cdot 150^4}{30 \cdot \pi^4 \cdot 0{,}7 \cdot 10^6} = \underline{\underline{7{,}23 \text{ cm}^4}}.$$

γ) Der Ausdrehung φ proportionales Moment $M = \mu \cdot \varphi$.

Der elastische Stab AB (Knickstab) ist mit dem starren Stab BC eckensteif verbunden. Der starre Stab ist durch eine stets in Richtung der ursprünglichen Stabachse BC wirkende Längskraft P belastet (Bild 218).

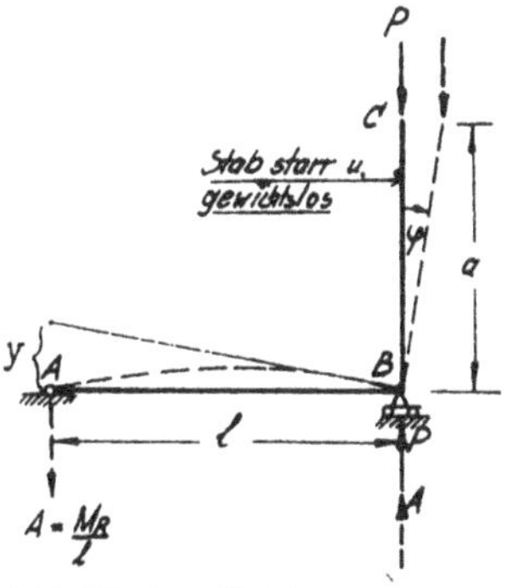

Bild 218. Zur Knickung eines prismatischen Stabes infolge Belastung durch ein der Ausdrehung φ proportionales Moment $M = \mu \cdot \varphi$.

In der Ursprungslage ($\varphi = 0$) besteht Gleichgewicht für jede Größe von P, da für $\varphi = 0$ auch $M_B = 0$ und $M_R = 0$ ist. Die Stabilität des Gleichgewichts ist abhängig von dem Proportionalitätsfaktor μ.

Lenkt man den starren Stab um den (kleinen) Winkel φ aus der Mittellage aus, so tritt für den elastischen Stab an der Stelle B ein belastendes Moment

$$\boxed{M_B = P \cdot a \cdot \varphi = \mu_B \cdot \varphi} \quad \ldots\ldots \quad (46;5)$$

auf, dem das Rückführmoment des Stabes AB entgegenwirkt. Um letzteres zu bestimmen, stellt man sich den um den Winkel φ gedrehten Stab AB bei B eingespannt vor und infolge einer bei A wirkenden Kraft $A = \frac{M_R}{l}$ um den Betrag y durchgebogen. Es ergeben sich dann folgende Beziehungen (vgl. 25a):

$$\varphi = \frac{y}{l} = \frac{M_R}{l^2} \cdot \frac{l^3}{3E \cdot J}$$

oder

$$\boxed{\mu_R = \frac{M_R}{\varphi} = \frac{3E \cdot J}{l}} \quad \ldots\ldots \ (46;6)$$

Das Gleichgewicht der Mittellage ist stabil, wenn $\mu_R - \mu_B > 0$ ist. Mit den Gln. (46; 5) und (6) erhält man:

$$\boxed{\frac{3E \cdot J}{l} - P \cdot a \geqq 0} \quad \ldots\ldots \ (46;7)$$

Die für den Stab AB erforderliche Biegesteifigkeit ist also:

$$\boxed{E \cdot J_{erf} = 1/3 \cdot P \cdot a \cdot l} \quad \ldots\ldots \ (46;7a)$$

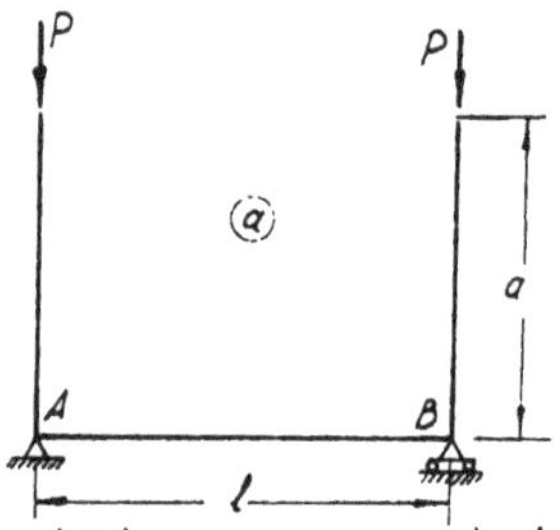

Ist der Knickstab wie in Bild 219a belastet, so sind zwei Knickformen (Bild 219b und c) möglich. Es tritt diejenige Knickform zuerst auf, die bei gegebener Ausdrehung φ die kleinste Formänderungsarbeit besitzt.

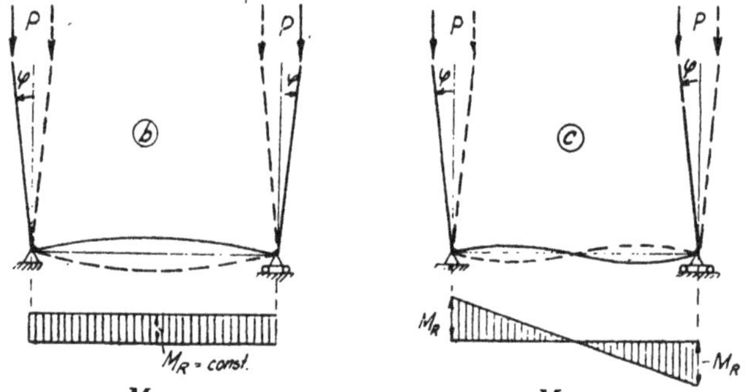

$$\mu_B = \frac{M_B}{\varphi} = P \cdot a \qquad \mu_B = \frac{M_B}{\varphi} = P \cdot a$$

$$\varphi = \frac{M_R}{E \cdot J} \frac{l}{2} \qquad \varphi = \frac{M_R}{E \cdot J} \cdot \frac{l}{6}$$

$$\frac{M_R}{\varphi} = \frac{2E \cdot J}{l} = P \cdot a \qquad \frac{M_R}{\varphi} = \frac{6E \cdot J}{l} = P \cdot a$$

$$P_K = \frac{2E \cdot J}{l \cdot a} \qquad P_K = \frac{6E \cdot J}{l \cdot a}.$$

Bild 219a, b u. c. Prismatischer Stab, an beiden Enden durch der Ausdrehung φ proportionale Momente $M = \mu \cdot \varphi$ belastet.

Da die Knickform mit nur einer Sinus-Halbwelle die kleinere Knicklast und demzufolge auch die kleinere Formänderungsarbeit besitzt tritt diese Knickform zuerst auf.

47. Knickbiegung schlanker Stäbe.

Wie es in 45 gezeigt wurde, besteht bei den Problemen der Knickbiegung das Belastungsmoment aus einem von der Deformation unabhängigen und einem von der Deformation abhängigen Belastungsanteil. Die Kniekbiegung stellt also eine Kopplung eines Biegungs- und eines Knickungsproblems dar, wobei es theoretisch nicht auf das Verhältnis der beiden Anteile ankommt. Für die praktische Rechnung jedoch wird man als Knickbiegungsprobleme nur solche Belastungen ansehen, bei denen der Knickbelastungsanteil, d. h. der von der Verformung abhängige Anteil, eine Verformung gleicher Größenordnung wie die Biegebelastung hervorruft. Ferner wird man die Knickbiegungsrechnung auf schlanke Stäbe beschränken, d. h. auf solche Stäbe, bei denen die unter der Belastung auftretende Verformung eine merkbare Änderung der Belastung gegenüber der im unverformten Zustand bewirkt (vgl. hierzu die Ausführungen von 24b).

Die Knickbiegung stellt wie die reine Knickung ein Stabilitätsproblem dar. Während jedoch bei der Knickung mit der Änderung des Gleichgewichtszustandes (Übergang vom stabilen zum instabilen Gleichgewicht) auch eine Änderung der Gleichgewichtsform (Übergang von der geraden in die ausgebogene Gleichgewichtslage) verbunden ist, ist dies bei der Knickbiegung nicht der Fall. Bei der letzteren tritt bereits bei der kleinsten Last eine Ausbiegung ein. Bei Erreichen einer bestimmten Last wird das Gleichgewicht der ausgebogenen Lage instabil, d. h. die rückführenden Momente kleiner als die auslenkenden. Ist der von der Verformung unabhängige Belastungsanteil nicht allzu groß, so tritt dieser Zustand knapp nach Erreichen der Streckgrenze ein. Wenn auch, wie hieraus ersichtlich ist, die Knickbiegung ein Stabilitäts- und kein Spannungsproblem darstellt, so muß jedoch bei dieser die bei der Endverformung auftretende Spannung ermittelt werden, da diese gewisserweise als das Stabilitätskriterium betrachtet werden kann. Unter Berücksichtigung der oben gemachten Ausführungen wird man mit der rechnerischen Spannung nicht über die Streckgrenze hinausgehen.

a) Belastung durch eine konstante Querkraft Q am Ende und eine konstante Längskraft in Richtung der Stabachse.

Soll das Moment der Längskraft $(P \cdot \eta)$ Einfluß auf die Biegungslinie haben, so muß es auch gleicher Größenordnung sein wie das Moment der Querkraft $(Q \cdot x)$. Da η klein ist gegenüber x, muß in den uns interessierenden Fällen Q klein sein gegenüber P. Die Neigung der Wirkungslinie der Resultierenden $R = P +\!\!\!\!\rightarrow Q$ ist also gering gegenüber der ursprünglichen Stabrichtung.

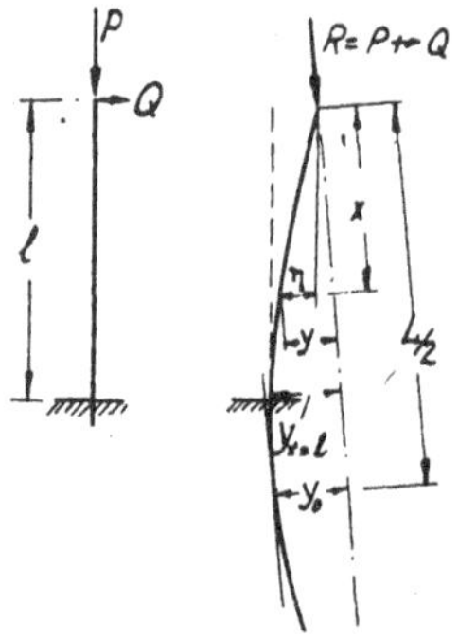

Bild 220. Zur Knickbiegung eines prismatischen Stabes infolge Belastung durch eine konstante Querkraft Q und eine konstante Längskraft P.

1. Graphische Lösung. Man vergleicht den auf Knickbiegung belasteten Stab mit einem Euler-Knickstab von der Länge L, der an beiden Enden gelenkig gelagert und durch die Kraft R belastet ist. Die Länge des äquivalenten Eulerstabes findet man aus der Eulerlast nach Gl. 46; 2):

$$L = \pi \sqrt{\frac{E \cdot J}{R}}.$$

Unter den oben getroffenen Voraussetzungen $(Q \ll P)$ kann man $R = P +\!\!\!\!\rightarrow Q = \sim P$ setzen und somit die Länge der Sinushalbwelle angenähert angeben durch:

$$\boxed{L = \pi \sqrt{\frac{E \cdot J}{P}}} \quad \ldots\ldots\ldots \quad (47{:}\ 1)$$

Man beachte, daß bei Knickbiegung ein Gleichgewicht immer nur bei einer bestimmten Ausbiegung ($y_{x=l}$ für $x = l$ oder y_0 für $x = L/2$) möglich ist. Die Ausbiegung y_0 ist dadurch festgelegt, daß an der Stelle $x = l$ die Neigung der Sinuslinie gegen die Wirkungslinie der Resultierenden (die Wirkungslinie der Resultierenden ist gleichzeitig Achse der Sinuslinie) gleich Q/P ist.

Man zeichnet also die Achse der Sinuslinie mit der Neigung Q/P gegen die Senkrechte (ursprüngliche Stabrichtung) und trägt auf ihr die nach Gl. (47; 1) errechnete Länge der Sinus-Halbwelle ab. Über L zeichnet man eine Sinus-Halbwelle mit solcher Amplitude y_0, daß ihre Neigung an der Einspannstelle ($x = l$) vertikal (der ursprünglichen Stabrichtung parallel) ist. Hat man durch Probieren die Sinuslinie mit der richtigen Amplitude y_0 ermittelt, so bestimmt man durch Messung die Ordinate $y_{x=l}$ an der Stelle $x = l$ und erhält damit das Biegemoment an der Einspannstelle

$$\boxed{M_{max} = P \cdot y_{x=l}} \quad \ldots\ldots \quad (47;\, 2)$$

2. Analytische Lösung. Der Weg ist bei der analytischen Lösung grundsätzlich der gleiche wie bei der graphischen. Mit $\omega = \frac{\pi}{L} = \sqrt{\frac{P}{E \cdot J}}$ lautet die Gleichung der Sinuslinie:

$$\boxed{y = y_0 \cdot \sin \omega x} \quad \ldots\ldots \quad (47;\, 3)$$

Die Amplitude y_0 bestimmt man aus der Bedingung, daß die Neigung y' der Sinus-Linie an der Stelle $x = l$ gleich Q/P ist.

$$y'_{x=l} = y_0 \cdot \omega \cdot \cos \omega l = Q/P$$

oder

$$y_0 = \frac{Q/P}{\omega \cdot \cos \omega l}.$$

Hiermit erhält man aus Gl. (47; 3):

$$\boxed{y_{x=l} = y_0 \cdot \sin \omega l = Q/P \cdot \frac{\operatorname{tg} \omega l}{\omega}} \quad \ldots \quad (47;\, 4)$$

Das Moment an der Einspannstelle ist also:

$$\boxed{M_{max} = P \cdot y_{x=l} = Q \frac{\operatorname{tg} \omega l}{\omega}} \quad \ldots \quad (47;\, 5)$$

Beispiel 47; 1: Gegeben: $P = 200$ kg; $Q = 25$ kg; $l = 50$ cm; $J = 1$ cm^4; $E = 0{,}7 \cdot 10^6$ kg/cm^2.

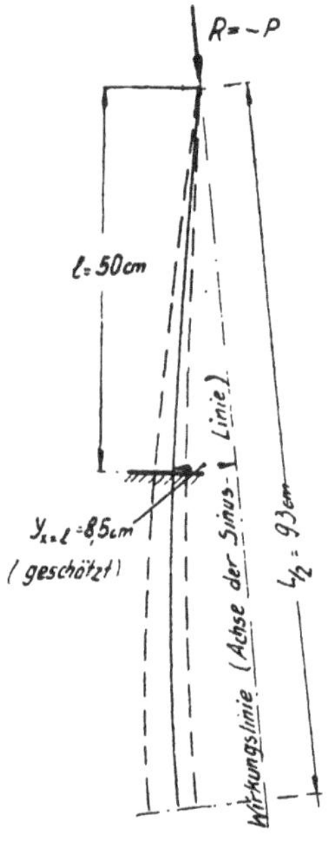

Bild 221. Zur Ermittlung der Endausbiegung ($y_{x=l}$) durch Schätzen der Biegelinie.

1. Graphische Lösung.

Neigung der Wirkungslinie:

$$Q/P = \frac{25}{200} = \frac{1}{8}$$

Länge der Sinuslinie:

$$L = \pi \sqrt{\frac{0{,}7 \cdot 10^6 \cdot 1}{200}} = 186 \text{ cm}.$$

Zeichnet man bei $x = l = 50$ cm eine Senkrechte zur ursprünglichen Stabachse, so erkennt man, daß die ausgezogene Linie die Senkrechte in einem rechten Winkel schneidet. Die gestrichelt gezeichneten Sinuslinien sind offenbar als falsche Linien zu erkennen.

Die Messung ergibt:

$$y_{x=l} = 8{,}5 \text{ cm}.$$

Demnach ist:

$$M_{max} = 200 \cdot 8{,}5 = 1700 \text{ cm kg}.$$

2. Analytische Lösung. Mit

$$\omega = \sqrt{\frac{200}{0{,}7 \cdot 10^6 \cdot 1}} = 0{,}017; \ \omega l = 50 \cdot 0{,}017 = 0{,}85; \ \operatorname{tg} \omega l = 1{,}14$$

ist:

$$\underline{\underline{M_{max}}} = 25 \cdot \frac{1{,}14}{0{,}017} = \underline{\underline{1680 \text{ cm kg}.}}$$

b) Belastung durch ein konstantes Moment und durch eine konstante Längskraft in Richtung der Stabachse.

Dieser Belastungsfall ist gleichbedeutend mit dem des exzentrischen Drucks. Faßt man nämlich P und M zu einer Resultierenden zusammen, so erhält man eine um $e = M/P$ exzentrisch angreifende Druckkraft.

1. Graphische Lösung. Die Wirkungslinie der resultierenden Kraft ist wieder die Achse der Sinuslinie (bzw. der Cosinuslinie, da man für diesen Belastungsfall praktischerweise die x vom eingespannten Ende aus zählt). Man bestimmt nach Gl. (47; 1) die Länge L der Cosinushalbwelle und zeichnet

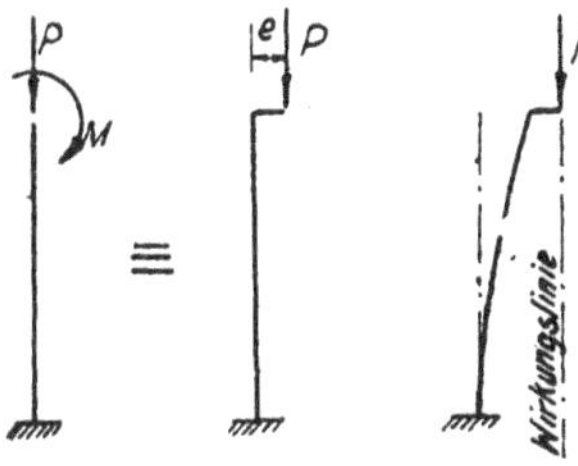

Bild 222. Exzentrisch gedrückter prismatischer Stab.

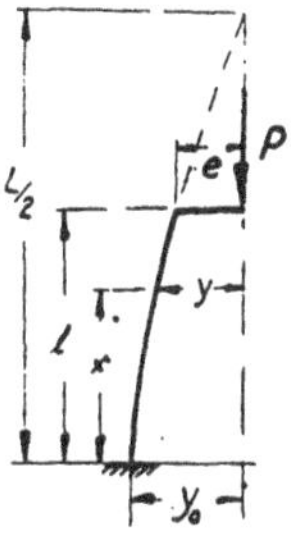

Bild 223. Zur Ermittlung der Endausbiegung (y_0) durch Schätzen der Sinuslinie beim exzentrisch gedrückten Stab.

die Cosinuslinie mit der für die Stelle $x = l$ gegebenen Ausbiegung e. Durch Abmessen bestimmt man aus der Zeichnung y_0 und erhält für das Moment an der Einspannstelle

$$\boxed{M_{max} = P \cdot y_0} \quad \ldots\ldots \quad (47; 6)$$

2. Analytische Lösung. Die Gleichung der Cosinuslinie ist:

$$y = y_0 \cos \omega x.$$

y_0 bestimmt man aus der Bedingung, daß für $x = l \ldots y = e$ ist.

$$y_{x=l} = e = y_0 \cdot \cos \omega l$$

oder

$$y_0 = \frac{e}{\cos \omega l}.$$

Hiermit erhält man für das Moment an der Einspannstelle

$$\boxed{M_{max} = P \cdot y_0 = \frac{P \cdot e}{\cos \omega l}} \quad (47; 7)$$

Beispiel 47; 2:

Gegeben: $P = 200$ kg; $l = 50$ cm; $E = 0{,}7 \cdot 10^6$ kg/cm²; $J = 1$ cm⁴; $e = 3$ cm.

Es ist wieder: $L = \pi \sqrt{\frac{E \cdot J}{P}} = 186$ cm.

Aus der gezeichneten Cosinuslinie erhält man durch Abmessen $y_0 = 4{,}5$ cm, und damit für das Moment an der Einspannstelle:

$$M_{max} = 200 \cdot 4{,}5 = 900 \text{ cm kg.}$$

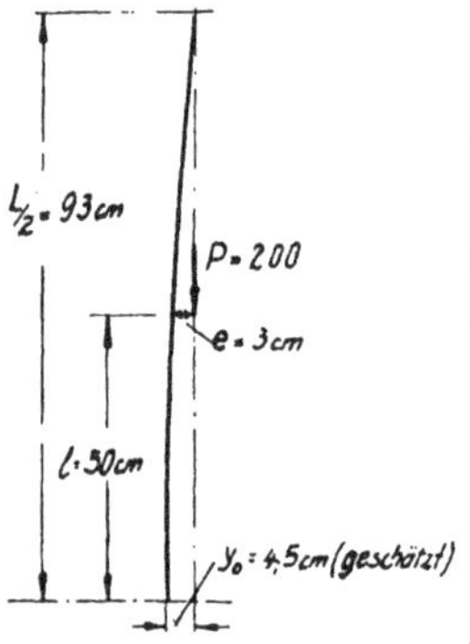

Bild 224. Berechnungsbeispiel für einen exzentrisch gedrückten Stab.

Bemerkung: Für den vorliegenden Belastungsfall wird man sich beim Zeichnen der Biegelinie kaum verschätzen, da ein fehlerhaftes Zeichnen sehr auffällig ist.

Mit den Werten:

$$\omega = \sqrt{\frac{P}{E \cdot J}} = 0{,}017, \quad \omega l = 0{,}85;$$

$$\cos \omega \cdot l = 0{,}66$$

gibt die analytische Lösung:

$$M_{max} = \frac{200 \cdot 3}{0{,}66} = 910 \text{ cm kg.}$$

48. Knickung elastischer Stäbe bei kombinierten Knickbelastungen.

Die in Praxis auftretenden Knickbelastungen stellen in den meisten Fällen Verbindungen zweier oder mehrerer der in 46 besprochenen elementaren Knickbelastungen dar. Im folgenden wird für einige wichtige Fälle von kombinierten Knickbelastungen der Rechnungsgang gezeigt.

a) Konstante Längskraft in Richtung der Stabachse und der Ausbiegung η proportionale Querkraft $Q = \varkappa \cdot \eta$.

Nimmt man eine beliebige Ausbiegung η des freien Endes an, so wirkt an diesem außer der Längskraft P noch die die Ausbiegung unterstützende Querkraft $Q = \varkappa \cdot \eta$. Man denkt sich wieder den mit diesen Kräften belasteten Stab durch den äquivalenten Eulerstab mit der Länge L und der Knicklast R ersetzt. Man beachte, daß bei den Knickproblemen im Gegensatz zu den Knickbiegungsproblemen das Gleichgewicht im ausgelenkten Zustand nicht von der Größe der Auslenkung, sondern von der Größe der Belastung im Verhältnis zur Biegesteifigkeit abhängig ist. Die Berechnung läuft also darauf hinaus, daß für eine gegebene Belastung (P, $\varkappa$) die erforderliche Biegesteifigkeit bestimmt wird.

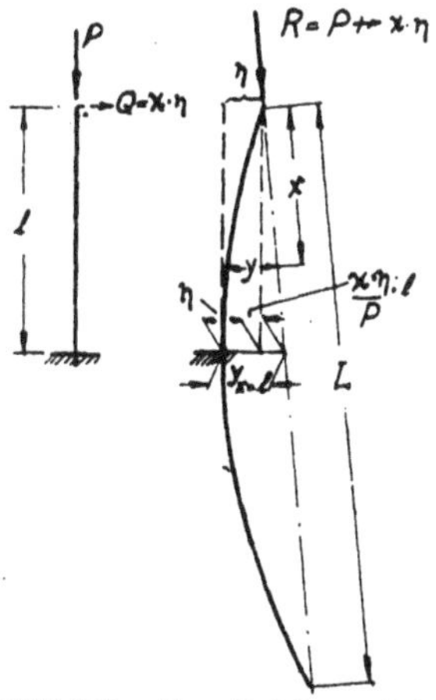

Bild 225. Zur Knickung bei kombinierten Knickbelastungen: Konstante Längskräfte P in Richtung der Stabachse und der Ausbiegung η proportionale Querkraft $Q = \varkappa \cdot \eta$.

1. Graphische Lösung. Man berechnet für eine angenommene Ausbiegung η die Querkraft $Q = \varkappa \cdot \eta$ und zeichnet die Wirkungslinie der Resultierenden $R = P \mathbin{+\!\!\!\!\rightarrow} Q$ mit der Neigung Q/P gegen die Senkrechte. Über diese Wirkungslinie zeichnet man die Sinuslinie, die an der Stelle $x = l$ die Ausbiegung $y_{x=l} = \eta + \frac{Q}{P} \cdot l$ und die Neigung $y' = Q/P$ gegen die Wirkungslinie, d. h. eine vertikale Tangente besitzt. Hat man durch Probieren die richtige Sinuslinie ermittelt, so bestimmt man aus der Zeichnung durch Abmessen die Länge L der Sinushalbwelle. Berücksichtigt man, daß bei kleinen Auslenkungen $Q \ll P$ ist, d. h. $R = \sim P$ gesetzt werden kann, so ist die erforderliche Biegesteifigkeit:

$$\boxed{E \cdot J_{erf} = \frac{P \cdot L^2}{\pi^2}} \quad \ldots\ldots \quad (48;\,1)$$

2. Analytische Lösung. Ist die aufgebrachte Belastung die Knicklast des Stabes, so besteht, kleine Ausbiegungen vorausgesetzt, bei jeder Größe der Ausbiegung Gleichgewicht. Für eine angenommene Ausbiegung η ist an der Stelle $x = l$ die Durchbiegung (vgl. Bild 225):

$$y_{x=l} = \eta + \frac{\varkappa \cdot \eta}{P} \cdot l.$$

Nach Gl. (47; 4) ist:

$$y_{x=l} = Q/P \cdot \frac{\operatorname{tg} \omega l}{\omega} = \frac{\varkappa \cdot \eta}{P} \cdot \frac{\operatorname{tg} \omega l}{\omega}$$

Aus diesen beiden Gleichungen erhält man:

$$\eta + \frac{\varkappa \cdot \eta}{P} \cdot l = \frac{\varkappa \cdot \eta}{P} \cdot \frac{\operatorname{tg} \omega l}{\omega}$$

oder

$$\boxed{\frac{P}{\varkappa} = l\left(\frac{\operatorname{tg} \omega l}{\omega l} - 1\right)} \quad \ldots\ldots (48;\ 2)$$

Ist die Belastung (P und $\varkappa$) gegeben, so löst man die Gleichung nach

$$\boxed{\frac{\operatorname{tg} \omega l}{\omega l} = \frac{P}{\varkappa \cdot l} + 1} \quad \ldots\ldots (48;\ 2\mathrm{a})$$

auf und ermittelt durch Probieren den Wert von ωl so, daß die Gleichung erfüllt wird. Zweckmäßigerweise wird man der Schätzung von ωl die aus einer graphischen Lösung erhaltene Länge L der Sinushalbwelle zugrunde legen und entsprechend $\omega l = \frac{\pi}{L} \cdot l$ als ersten Näherungswert annehmen. Ist hierdurch für ωl der richtige Wert gefunden, so bestimmt man die erforderliche Biegesteifigkeit aus (vgl. Gl. (48; 1))

$$\boxed{E \cdot J_{erf} = \frac{P \cdot l^2}{(\omega \cdot l)^2}} \quad (48;\ 3)$$

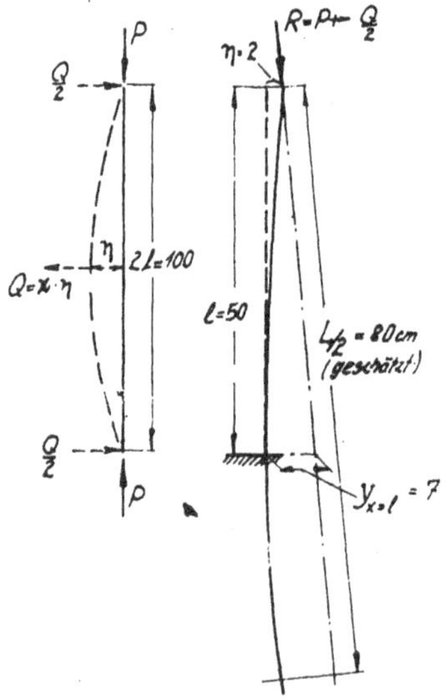

Bild 226. Berechnungsbeispiel: Längskraft P in Richtung der Stabachse und der Ausbiegung proportionale Querkraft $Q = \varkappa \cdot \eta$.

Wirkt die bei Ausbiegung auftretende Querkraft $Q = \varkappa \cdot \eta$ der Ausbiegung entgegen, so ist, wie leicht einzusehen ist, der Proportionalitätsfaktor als negative Größe in die Gln. (48; 2) und (2a) einzusetzen. In der graphischen Lösung ist sinngemäß der Richtungssinn der Querkraft entgegengesetzt der Richtung der angenommenen Ausbiegung zu zeichnen (es wird $L/2 < l$).

Beispiel 48; 1: Ein an beiden Enden gelenkig gelagerter Stab ist nach Bild 226 belastet. Gegeben ist: $P = 500$ kg,

$\varkappa = 50$ kg/cm, $2l = 100$ cm, $E = 0{,}7 \cdot 10^6$ kg/cm². Gesucht ist das erforderliche Trägheitsmoment.

Durch das zeichnerische Verfahren wird zunächst die Länge L der Sinushalbwelle bestimmt, wobei man sich den Stab in der Mitte eingespannt vorstellt. Nimmt man $\eta =$ 2 cm an, so ist $Q/2 = \frac{\varkappa}{2} \cdot \eta = \frac{50}{2} \cdot 2 = 50$ kg.

Die Neigung der Wirkungslinie der Resultierenden ist:

$$\frac{Q/2}{P} = \frac{50}{500} = 1/10.$$

Die Durchbiegung der Sinuslinie an der Einspannung ist:

$$y_{x=l} = \eta + \frac{Q/2}{P} \cdot l = 2 + \frac{1}{10} \cdot 50 = 7 \text{ cm}.$$

Die geschätzte Sinuslinie ergibt $L = 160$ cm. Hiermit ist:

$$\underline{\underline{\omega\, l}} = \frac{\pi}{L} \cdot l = \frac{\pi \cdot 50}{160} = \underline{\underline{0{,}98}}$$

und

$$\frac{\operatorname{tg} 0{,}98}{0{,}98} = \frac{1{,}49}{0{,}98} = 1{,}52.$$

Mit den gegebenen Werten ist:

$$\frac{P}{\varkappa/2 \cdot l} + 1 = \frac{500}{25 \cdot 50} + 1 = 1{,}4.$$

Schätzt man jetzt $\omega l = 0{,}9$, so wird

$$\frac{\operatorname{tg} 0{,}9}{0{,}9} = \frac{1{,}26}{0{,}9} = 1{,}4.$$

Die erforderliche Biegesteifigkeit ist:

$$E \cdot J_{erf} = \frac{500 \cdot 50^2}{0{,}9^2} = 1{,}54 \cdot 10^6 \text{ kg cm}^2$$

oder

$$\underline{\underline{J_{erf}}} = \frac{1{,}54 \cdot 10^6}{0{,}7 \cdot 10^6} = \underline{\underline{2{,}2 \text{ cm}^4.}}$$

Beispiel 48; 2: Der durchgehende Druckstab wird von einem Zugstab gekreuzt. Die beiden Teile des Zugstabes sind untereinander und mit dem Druckstab durch ein Knotenblech verbunden. Da die Biegesteifigkeit des Knotenbleches vernachlässigbar klein ist gegen die der Stäbe, kann die Verbindung als gelenkig angesehen werden (Bild 227a).

Gegeben: Z, P und l; gesucht: $E \cdot J_{erf}$ für Druckstab.

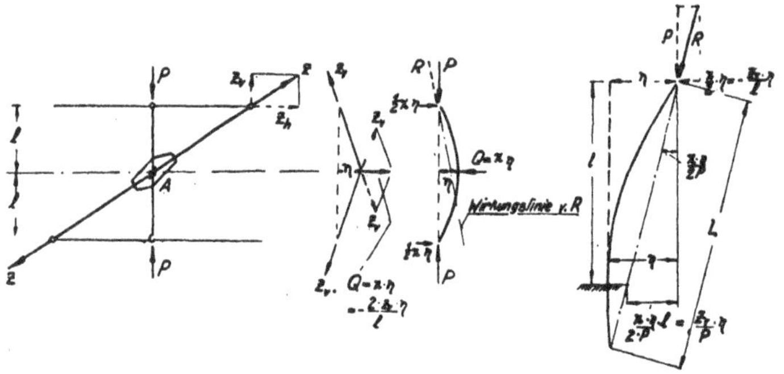

Bild 227a bis d. Zentrisch gedrückter, von einer Zugdiagonalen überkreuzter Stab.

Nimmt man eine Ausbiegung η am Knoten A an, so tritt an diesem von den Zugkräften herrührend eine rückführende Querkraft von der Größe

$$Q = \varkappa \cdot \eta = -\frac{2 Z_v}{l} \cdot \eta$$

auf (Bild 227b). Der Proportionalitätsfaktor ist also:

$$\varkappa = -\frac{2 Z_v}{l}.$$

Die weitere Berechnung erfolgt wie im vorangegangenen Beispiel.

Im folgenden soll noch kurz der Einfluß der Größe der Zugkraft in der Diagonalen auf die Größe der Knicklast des Vertikalstabes untersucht werden (vgl. hierzu die Bezeichnungen nach Bild 227d).

Im unteren Grenzfall $\left(\frac{Z_v}{P} = 0, \text{ d. h. } Z_v = 0\right)$ ist die Länge L der Sinushalbwelle gleich der Länge des Druckstabes. Die Knicklast ist gleich der Eulerlast des ungestützten Stabes. Im oberen Grenzfall $\left(\frac{Z_v}{P} = 1, \text{ d. h. } Z_v = P\right)$ kann der Stab in zwei Formen ausknicken, d. h. die Knickform ist indifferent. Die Länge L der Sinushalbwelle ist gleich der halben

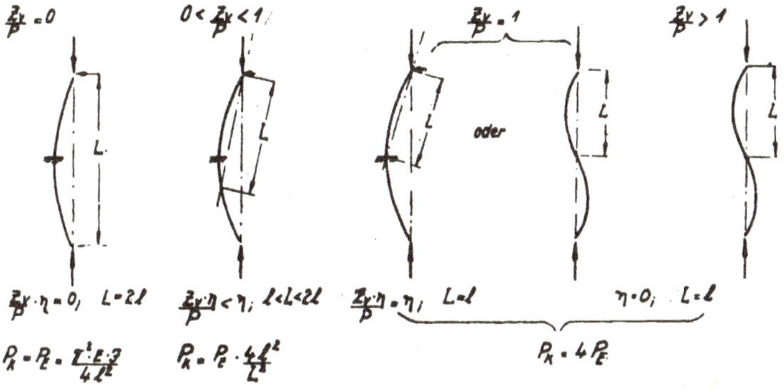

Bild 228a bis d. Einfluß der Größe der Zugkraft in der Diagonalen auf die Größe der Knicklast des Vertikal-(Druck-)Stabes.

Länge des Druckstabes, die Knicklast somit gleich der vierfachen Eulerlast des ungestützten Stabes. Wird die Stützung noch größer $\left(\frac{Z_v}{P} > 1,\ \text{d. h. } Z_v > P\right)$, so wird die Knickform (zwei Sinushalbwellen) stabil; die Knicklast steigt jedoch nicht mehr an.

b) Konstante Längskraft P in Richtung der Stabachse und der Ausdrehung φ proportionales Moment $M = \mu \cdot \varphi$.

α) Exakte Lösung.

Wird der Stab aus seiner Mittellage ausgelenkt, so wirkt an den Enden außer der Längskraft P noch ein von der Größe der Ausdrehung φ abhängiges Moment. Der Proportionalitätsfaktor wird in diesem Fall positiv für stützendes $\mu \cdot \varphi$ eingeführt, um den Einspannungsgrad, wie es aus dem Ergebnis zu ersehen ist, bei Stützung als positive Größe zu erhalten.

Faßt man das bei einer Auslenkung auftretende Moment $\mu \cdot \varphi$ und die Längskraft P zu einer Resultierenden zusammen, so erhält man eine um $\eta = \frac{\mu \cdot \varphi}{P}$ verschobene Längskraft (Bild 229); ihre Wirkungslinie begrenzt auf der Biegelinie die Länge L der Sinushalbwelle, die der Länge des äquivalenten Eulerstabes entspricht. Die Lösung dieses Problems läuft dar-

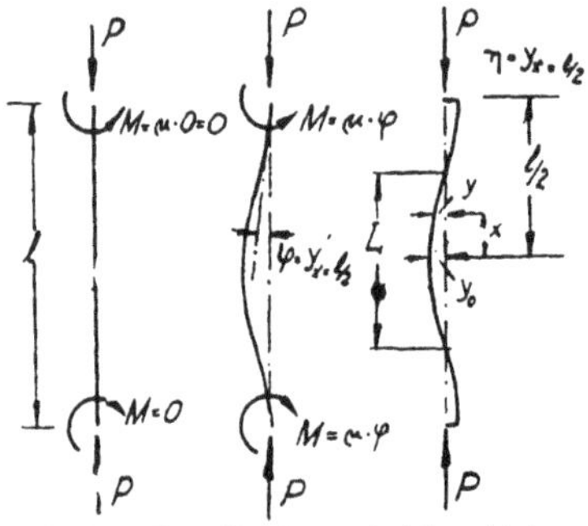

Bild 229. Zur Knickung bei kombinierten Knickbelastungen: Konstante Längskraft P in Richtung der Stabachse und der Ausdrehung φ proportionales Moment $M = \mu \cdot \varphi$.

auf hinaus, die Länge L bzw. den Wert $\omega l = \frac{\pi}{L} \cdot l$ zu bestimmen.

Da die x für die Rechnung praktischerweise von der Stabmitte aus gerechnet werden, ist die Biegelinie eine Cosinuslinie. Mit

$$\omega = \frac{\pi}{L} = \sqrt{\frac{P}{E \cdot J}}$$

und den Bezeichnungen nach Bild 229 erhält man:

$$y = y_0 \cdot \cos \omega x \qquad \boxed{\eta = y_{x=l/2} = y_0 \cdot \cos \omega\, l/2}$$
$$y' = -\, y_0 \cdot \omega \cdot \sin \omega x \qquad \boxed{\varphi = y'_{x=l/2} = -\, y_0 \cdot \omega \cdot \sin \omega\, l/2} \quad (48;4 \text{ u. } 5)$$

$$\mu \cdot \varphi = M_{x=l/2} = P \cdot \eta \text{ oder } \mu = \frac{P \cdot \eta}{\varphi}$$

Führt man η und φ aus den Gln. (48; 4) und (5) ein, so wird:

$$\boxed{\mu = -\frac{P \cdot y_0 \cdot \cos \cdot \omega\, l/2}{y_0 \cdot \omega \cdot \sin \omega\, l/2} = -\frac{P}{\omega \cdot \operatorname{tg} \frac{\omega l}{2}}} \qquad (48;6)$$

$$\boxed{\text{oder: } \frac{P \cdot l}{2\mu} = -\frac{\omega l}{2} \operatorname{tg} \frac{\omega l}{2}} \quad \ldots \quad (48;7)$$

Für eine gegebene Belastung (P und μ) ermittelt man durch Probieren den Wert von $\frac{\omega l}{2}$ so, daß die Gleichung erfüllt wird. Mit dem gefundenen ωl kann man nach Gl. (48; 3) die erforderliche Biegesteifigkeit bestimmen.

Im allgemeinen wird der Konstrukteur die auf Knickung belasteten Stäbe zunächst im Rahmen des übrigen Entwurfs dimensionieren und daraufhin untersuchen, wie weit die vom Knickstab getragene Last von der gegebenen abweicht. In diesem Fall kann man mit der gegebenen Biegesteifigkeit $\omega l = l \sqrt{\frac{P}{E \cdot J}}$ errechnen und sehen, ob Gl. (48; 7) angenähert erfüllt ist. Ist die rechte Seite der Gleichung kleiner als die linke, so ist die vorhandene Biegesteifigkeit zu gering und umgekehrt. Die Differenz beider Seiten ist jedoch ein schlechtes Kriterium für das Maß, um das die vorhandene Biegesteifigkeit von der erforderlichen abweicht.

Um die Berechnung praktischer zu gestalten, soll die Lösung noch etwas weiter entwickelt werden: Erweitert man Gl. (48; 6) mit $\frac{\omega l}{\omega l}$ und setzt $P = \omega^2 E \cdot J$ (Knicklast des äquivalenten Eulerstabes von der Länge L), so erhält man:

$$\mu = -\frac{P}{\omega^2 l} \cdot \omega l \cdot \operatorname{ctg}\frac{\omega l}{2} = -\frac{E \cdot J}{l} \cdot \omega l \cdot \operatorname{ctg}\frac{\omega l}{2}$$

oder:

$$\boxed{\frac{\mu \cdot l}{E \cdot J} = -\omega l \cdot \operatorname{ctg}\frac{\omega l}{2} = e} \quad \ldots \quad (48;\,8)$$

$e = \frac{\mu \cdot l}{E \cdot J}$ wird als der Einspannungsgrad bezeichnet. Schreibt man

$$\boxed{\omega l = \pi \sqrt{\frac{P}{E \cdot J} \cdot \frac{l^2}{\pi^2}} = \pi \sqrt{\frac{P}{P_E}}} \quad \ldots \quad (48;\,9)$$

so erkennt man, daß ωl und damit e eine Funktion von P/P_E ist, wobei $P_E = \frac{\pi^2 \cdot E \cdot J}{l^2}$ die Eulerlast des an beiden Enden gelenkig gelagerten, nicht gestützten Stabes von der Länge l ist (l = Länge des Stabes, nicht zu verwechseln mit der Länge L der Sinushalbwelle).

Errechnet man für verschiedene Werte von P/P_E nach den Gln. (48; 8) und (9) die zugehörigen Werte für e und trägt das Verhältnis P/P_E über den Einspannungsgrad e auf, so erhält man eine Kurve, wie sie in Bild 230 dargestellt ist. Errechnet man andererseits aus den Konstruktions- und Belastungsgrößen den Einspannungsgrad $e = \frac{\mu \cdot l}{E \cdot J}$, so kann man aus der Kurve das Verhältnis P/P_E entnehmen und damit die Knicklast des Stabes aus

$$P = (P/P_E) \cdot P_E$$

bestimmen.

Aus dieser Kurve ist auch der Einfluß einer Änderung der Biegesteifigkeit leicht zu ersehen.

Zahlentafel zum Schaubild $P/P_E = f(e)$.

P/P_E	0	0,5	1,0	1,5	2,0	2,5	3,0	3,5	4,0
$e = -\omega l \cdot \operatorname{ctg} \frac{\omega l}{2}$	−2,0	−1,08	0	1,43	3,39	6,44	12,1	28,5	∞

Tabelle 48; 1.

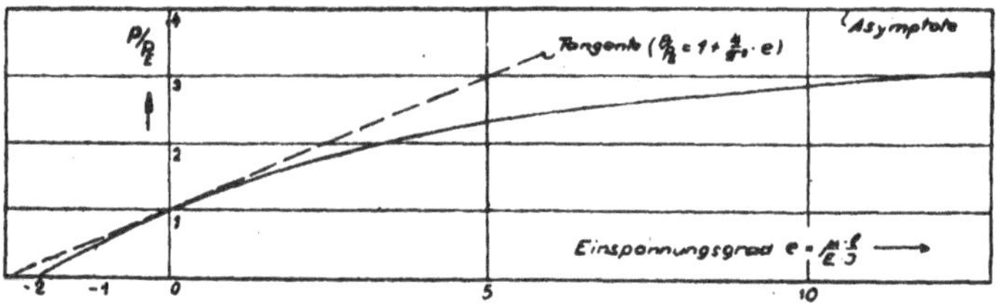

Bild 230. Abhängigkeit des Quotienten P/P_E vom Einspannungsgrad e.

Belastungsgrenzfälle. Die Kurve kann man sich jederzeit an Hand der leicht zu behaltenden Einspannungsgrade für die Belastungsgrenzfälle (Bild 231a bis c) mit hinreichender Genauigkeit zeichnen.

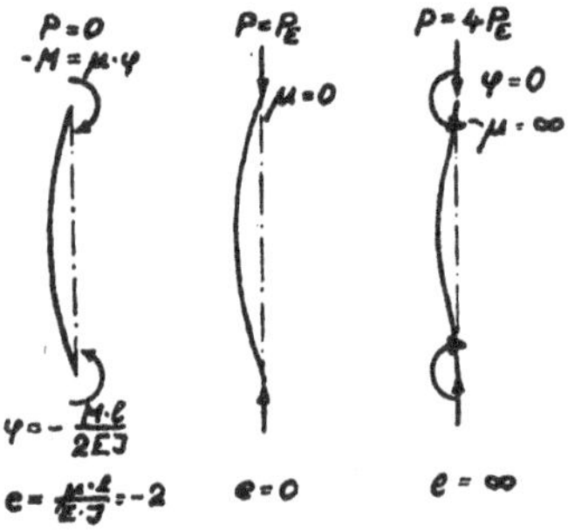

Bild 231a bis c. Belastungs-Grenzfälle.

1. Grenzfall: $P/P_E = 0$, d. h. $P = 0$ (Bild 231a).

Es wirkt keine Längskraft. Das Ausknicken des Stabes wird nur durch ein der Ausdrehung φ proportionales, ausbiegendes Moment hervorgerufen. Der Einspannungsgrad ist negativ, da der Proportionalitätsfaktor negativ ist. Instabilität tritt ein bei $\mu = -\frac{M}{\varphi} = -\frac{2\,E \cdot J}{l}$ (vgl. Bild 219b); also $e = -2$.

2. Grenzfall: $P/P_E = 1$, d. h. $P = P_E$ (Bild 231b).

Die Knicklast entspricht der Eulerlast des an beiden Enden gelenkig gelagerten Stabes. Es wirkt weder ein rückführendes noch ausbiegendes, der Ausdrehung φ proportionales Moment, d. h. $\mu = 0$, und damit $e = 0$.

3. Grenzfall: $P/P_E = 4$, d. h. $P = 4\,P_E$ (Bild 231 c).

Die Knicklast entspricht der Eulerlast des an beiden Enden starr eingespannten Stabes; die Ausdrehung φ ist also an den Enden gleich Null. Da das an den Enden bei Auslenkung auftretende Rückführmoment $M_R = \mu \cdot \varphi$ einen endlichen Wert besitzt, muß $\mu = \infty$ und damit $e = \infty$ sein.

β) Näherungslösung.

Wie man aus der vorangegangenen Lösung ersieht, ist die elastische Einspannung gleichbedeutend mit einer Verkürzung der Knicklänge (Sinus-Halbwellenlänge) eines an beiden Enden gelenkig gelagerten Eulerstabes.

Setzt man für eine Näherungslösung (vgl. Bild 232):

$$\mu_0 \cdot \varphi_0 = P \cdot \eta_0 = \sim P_E \cdot \eta_0$$
$$= \sim P_E \cdot \Delta l_0 \cdot \varphi_0,$$

so ist die durch die elastische Einspannung bewirkte Längenänderung:

$$\boxed{\Delta l_0 = \frac{\mu_0}{P_E} \text{ bzw. } \Delta l_u = \frac{\mu_u}{P_E}} \quad \ldots (48;\ 10 \text{ u. } 11)$$

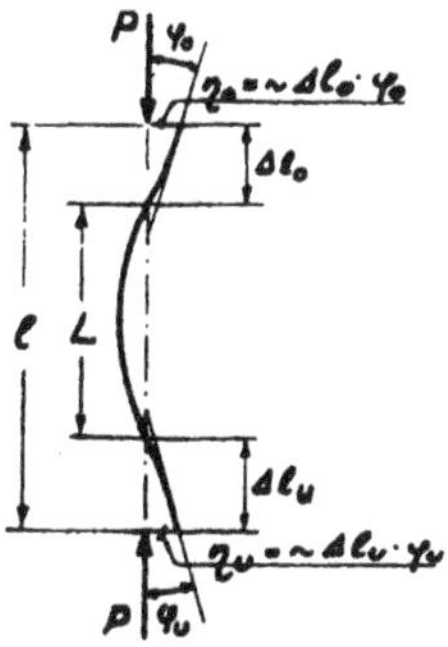

Bild 232. Zur Näherungslösung des zentrisch gedrückten, an den Enden elastisch eingespannten Stabes.

Wird die Knicklänge um Δl geändert, so ändert sich die Eulerlast um:

$$\Delta P_E = \frac{d\,P_E}{d\,l} \cdot \Delta l.$$

Es ist:

$$\frac{d\,P_E}{d\,l} = -\frac{\pi^2 \cdot E \cdot J}{l^2} \cdot \frac{2}{l} = -\frac{2}{l} P_E.$$

Hiermit wird:

$$\boxed{\Delta P_E = -\frac{2}{l} P_E \cdot \Delta l = 2\,P_E \frac{\Delta l_0 + \Delta l_u}{l}} \quad (48;\ 12)$$

(Δl_0 und Δl_u sind negativ.) Mit den Gln. 48; (10) bis (12) erhält man für die Knicklast:

$$P = P_E + \Delta P_E = P_E + 2\,P_E \frac{\Delta l_0 + \Delta l_u}{l}.$$

$$\boxed{P = P_E + \frac{2}{l}(\mu_0 + \mu_u)} \quad \ldots \quad (48;\,13)$$

Ist der Einspannungsgrad an beiden Enden gleich groß, d. h. $\mu_0 = \mu_u = \mu$, so ist

$$\boxed{P = P_E + \frac{4}{l} \cdot \mu} \quad \ldots\ldots \quad (48;\,13\text{a})$$

Um zu sehen, wie weit die Werte der Näherungslösung von denen der exakten Lösung abweichen, bildet man das Verhältnis:

$$P/P_E = 1 + \frac{4}{l} \cdot \mu \cdot \frac{l^2}{\pi^2 E \cdot J} = 1 + \frac{4}{\pi^2} \frac{\mu \cdot l}{E \cdot J}.$$

$$\boxed{P/P_E = 1 + \frac{4}{\pi^2} \cdot e} \quad \ldots\ldots \quad (48;\,14)$$

Diese Gleichung stellt die Tangente an die Kurve $P/P_E = f(e)$ im Punkte $e = 0$, $P/P_E = 1$ dar (vgl. Bild 230). Man erkennt, daß Gl. (48; 14) sowohl für positive wie für negative e zu große Werte für die Knicklast ergibt. Die Näherungsformel ist also nur bei kleinen Einspannungsgraden ($|e| < 1$) anwendbar.

Beispiel 48; 3: Schwimmerspant mit Strebenanschluß.

Der Strebenanschlußbeschlag ist mit den drei Spantstäben biegesteif und mit der Strebe kugelgelenkig verbunden. Die Drillsteifigkeit der Spantstäbe (offene Profile) ist vernachlässigbar klein. Knickt der Stab »1« aus, so verschiebt sich der Angriffspunkt der Strebenkraft um $0{,}1\,l \cdot \varphi_0$ (φ_0 = Neigung am oberen Ende des Druckstabes »1« bei der Auslenkung; Bild 233). Das von der Strebenkraft auf das obere Stabende ausgeübte Moment ist demnach:

$$M_0 = -0{,}1\,l \cdot \varphi_0 \cdot 1{,}6\,P$$

oder

$$\mu_0 = \left(\frac{M}{\varphi}\right)_0 = -0{,}1\,l \cdot 1{,}6\,P = -0{,}16\,P \cdot l.$$

Hiermit erhält man nach Gl. (48; 13) für die Knicklast des Stabes:

$$P = P_E + \frac{2}{l}(\mu_0 + 0) = P_E - \frac{2}{l} \cdot 0{,}16\,P \cdot l = P_E - 0{,}32\,P$$

$$\underline{\underline{P}} = \frac{P_E}{1 + 0{,}32} = \underline{\underline{0{,}75\,P_E}}.$$

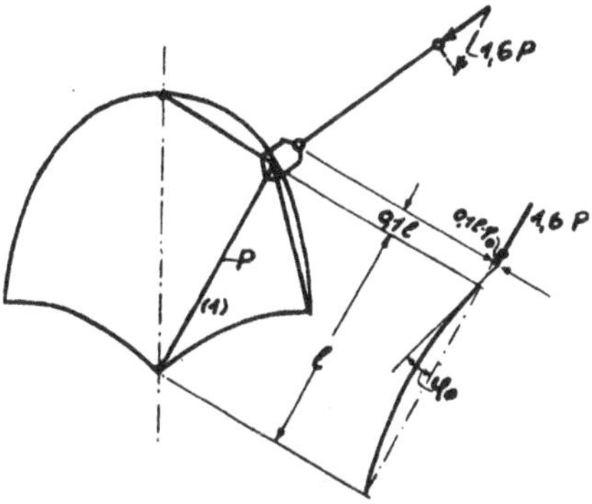

Bild 233. Berechnungsbeispiel: Schwimmerspant mit Strebenanschluß.

Beispiel 48; 4: Stahlrohrrumpf.

Wird der Rumpf durch eine Höhenleitwerkkraft belastet, so treten in den Drahtauskreuzungen der Seitenwände Zugkräfte, in den Vertikal-(Spant-)Stäben Druckkräfte auf. Die obere und untere Wand ist unbelastet. Wegen der symmetri-

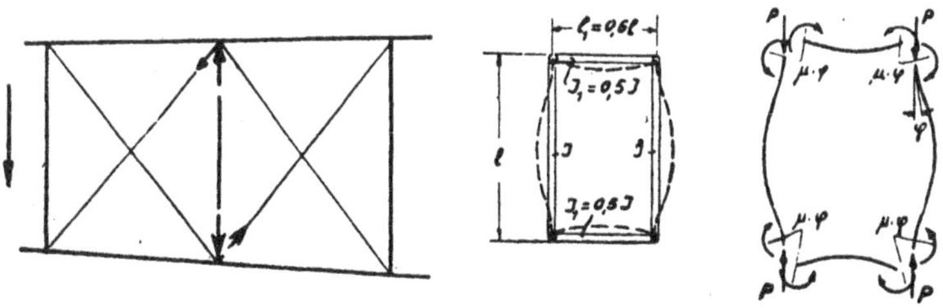

Bild 234 a bis c. Berechnungsbeispiel: Rahmenspant eines Stahlrohrrumpfes.

schen Belastung knicken beide Seiten des Spantes zugleich aus. Die Torsionssteifigkeit der Längsgurte hat keinen nennenswerten Einfluß, da alle Spanten in gleicher Form (z. B. nach außen) knicken.

Das die vertikalen Stäbe (Knickstäbe) stützende Moment $M = \mu \cdot \varphi$ wirkt für die horizontalen Stäbe ausbiegend. Mit den Bezeichnungen nach Bild 234b gilt:

$$\varphi = \frac{M}{E \cdot J_1} \cdot \frac{l_1}{2} = \frac{\mu \cdot \varphi}{E \cdot J_1} \cdot \frac{l_1}{2}$$

oder

$$\mu = \frac{2\,E \cdot J_1}{l_1} = \frac{2\,E \cdot 0{,}5\,J}{0{,}6\,l} = 1{,}67\,\frac{E \cdot J}{l}.$$

Der Einspannungsgrad ist also:

$$e = \frac{\mu \cdot l}{E \cdot J} = \frac{1{,}67 \cdot E \cdot J}{l} \cdot \frac{l}{E \cdot J} = 1{,}67.$$

Für diesen Wert erhält man aus der Kurve Bild 230:

$$\underline{\underline{P = 1{,}55\,P_E.}}$$

Die Näherungslösung ergibt (Gl. (48; 13a)):

$$P = P_E + \frac{4}{l} \cdot \mu = P_E + \frac{4}{l} \cdot 1{,}67\,\frac{E \cdot J}{l} \cdot \frac{\pi^2}{\pi^2} = P_E + \frac{4 \cdot 1{,}67}{\pi^2} \cdot P_E.$$

$$\underline{\underline{P = 1{,}67\,P_E.}}$$

Durch die Näherungslösung wird die Knicklast um 7,7% zu groß angegeben.

c) Konstante Längskraft P in Richtung der Stabachse und der Ausbiegung y proportionale Querbelastung $p = \nu \cdot y$.

Wird der Stab aus der Mittellage ausgelenkt (z. B. um y_0 in Stabmitte), so wirken außer der Längskraft P noch eine verteilte, von der Größe der Auslenkung abhängige, ausbiegende Querbelastung $p = \nu \cdot y$ und an den Stabenden die der Querbelastung p das Gleichgewicht haltenden Querkräfte Q (Bild 235a). Diese Belastung kann man in zwei Belastungsteile zerlegen.

1. In die Eulerlast des Stabes (Bild 235b)

$$\boxed{P_E = P + \Delta P = \frac{\pi^2 E \cdot J}{L^2}} \quad \ldots \quad (48;\ 15)$$

welche bei der angenommenen Krümmung (bzw. Auslenkung y_0) des Stabes den inneren Momenten das Gleichgewicht hält.

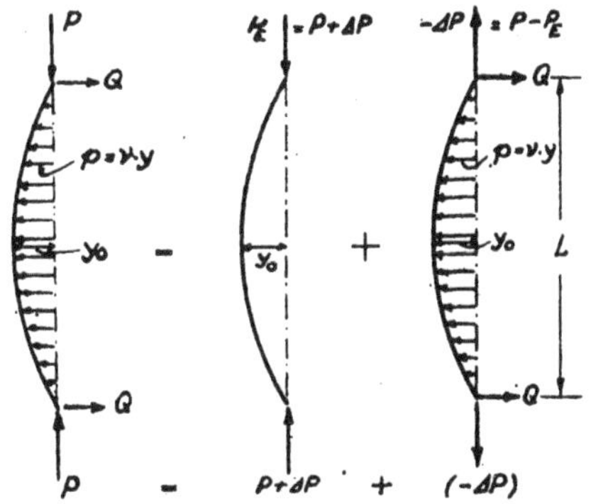

Bild 235 a bis c. Zur Knickung bei kombinierten Knickbelastungen: Konstante Längskraft P in Richtung der Stabachse und der Ausbiegung y proportionale Querbelastung $p = \nu \cdot y$.

2. In eine Zugkraft (Bild 235c)

$$\boxed{H = -\Delta P = P - P_E},$$

die zusammen mit der Querbelastung (p, Q) an keiner Stelle des Stabes Momente hervorruft, d. h. ein Gleichgewicht wie beim Seil ermöglicht.

Die Differentialgleichung der Seilkurve ist:

$$p = y'' \cdot H,$$
$$\nu \cdot y = y'' (P - P_E).$$

Soll an jeder Stelle Gleichgewicht bestehen, so müssen die Durchsenkungen y wie die Krümmungen y'' verlaufen. Die Seilkurve ist demnach genau wie die Biegelinie des Eulerstabes eine Sinuslinie. Es gilt also:

$$\nu \cdot y = -\frac{\pi^2}{L^2} \cdot y (P - P_E).$$

Durch Umformung erhält man mit Gl. (48; 15) die Knickgleichung:

$$\boxed{P = \frac{\pi^2}{L^2} \cdot E \cdot J - \nu \frac{L^2}{\pi^2}} \quad . \; . \; . \; . \quad (48; 16)$$

Wirkt die bei Auslenkung auftretende Querbelastung p nicht ausbiegend (belastend), sondern rückführend (stützend), so ist der Proportionalitätsfaktor ν mit einem negativen Vorzeichen in die Knickgleichung einzuführen, wie es sich ohne weiteres aus der vorangegangenen Ableitung ergibt. Die Knickgleichung lautet für diesen Fall:

$$\boxed{P = \frac{\pi^2}{L^2} E \cdot J + \nu \frac{L^2}{\pi^2}} \quad \ldots \ldots (48;\ 17)$$

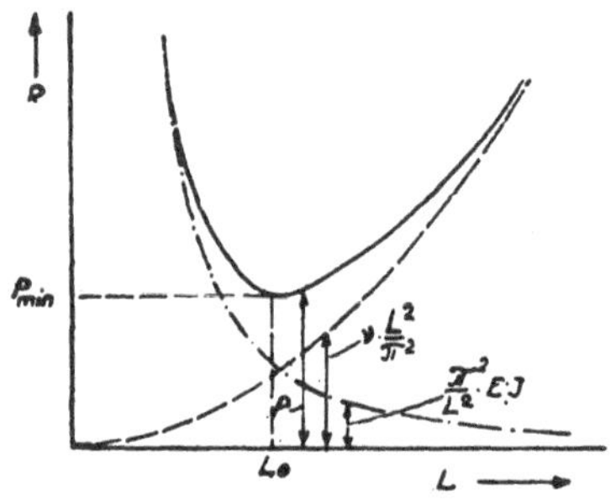

Bild 236. Abhängigkeit der Knicklast P bzw. der beiden Knicklastanteile nach Gl. (48; 17) von der Stablänge.

In Bild 236 sind für ein gegebenes ν und gegebenes $E \cdot J$ die beiden Glieder der rechten Seite sowie die Knicklast P in Abhängigkeit von der Stablänge aufgetragen. Mit zunehmender Stablänge sinkt der Wert des ersten Gliedes, während der des zweiten Gliedes steigt. Die Kurve für die Knicklast P weist demnach für ein bestimmtes L ein Minimum auf. Die Stablänge, für die die Knicklast P ein Minimum ist, findet man aus:

$$\frac{d P}{d (L/\pi)^2} = 0 = -\frac{E \cdot J}{(L/\pi)^4} + \nu$$

zu

$$\boxed{L_0 = \pi \sqrt[4]{\frac{E \cdot J}{\nu}}} \quad \ldots \ldots (48;\ 18)$$

Führt man Gl. (48; 18) in Gl. (48; 17) ein, so erhält man für die kleinste Knicklast:

$$P_{min} = E \cdot J \sqrt{\frac{\nu}{E \cdot J}} + \nu \sqrt{\frac{E \cdot J}{\nu}} = \sqrt{E \cdot J \cdot \nu} + \sqrt{\nu \cdot E \cdot J}$$

$$\boxed{P_{min} = 2 \sqrt{E \cdot J \cdot \nu}} \quad \ldots \ldots (48;\ 19)$$

Ist die Länge l des Stabes erheblich größer als die Länge der Sinushalbwelle L_0 für P_{min}, so knickt der Stab mit zwei oder mehreren Sinushalbwellen aus. Ist die Stablänge l ein ganzzahliges Vielfaches der Wellenlänge L_0, so ist die Knicklast P gleich P_{min} (entsprechend Gl. (48; 19): vgl. Bild 237). Entspricht die Stablänge l jedoch nicht einem ganzzahligen Vielfachen der Wellenlänge L_0, so ist die Knicklast je nach der möglichen Anzahl der Wellen etwas mehr oder weniger größer als P_{min}. Bei der Stablänge l_2 ($l > L_0$ vorausgesetzt) weist die Knicklast die größte Abweichung von P_{min} auf. Mit zunehmender Stablänge wird die mögliche Abweichung immer geringer, wie es die Hüllkurve (ausgezogene Kurve in Bild 237) zeigt. Für große Stablängen wird also die Knicklast P durch Gl. (48; 19) genügend genau angegeben. Bei kleinen Stablängen bestimmt man die Knicklast genauer aus

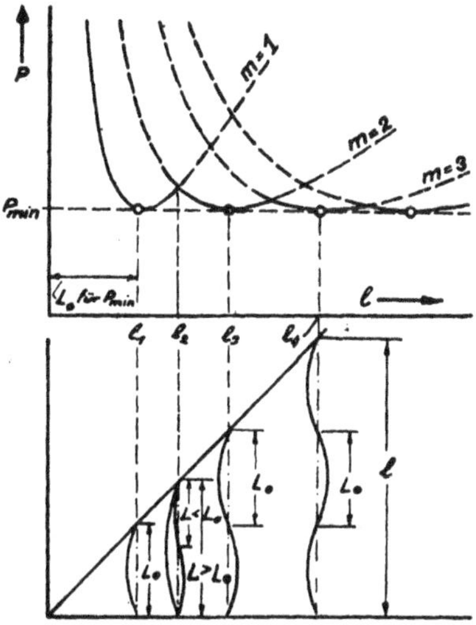

Bild 237. Abweichungen der Knicklast P bzw. der Knicklinienlänge L von dem Kleinstwert der Knicklast P_{min} nach Gl. (48; 19) bzw. der Knicklinienlänge L_0 nach Gl. (48; 18) bei verschiedenen Stablängen l.

$$P = \frac{\pi^2}{(l/m)^2} \cdot E J + \nu \cdot \frac{(l/m)^2}{\pi^2} \quad . . . (48; 20)$$

wobei man die Anzahl m der Sinushalbwellen so bestimmt, daß die Knicklast möglichst klein ist.

Beispiel 48; 5: Rumpfbeplankung (Bild 238).

Gegeben: $E = 0{,}7 \cdot 10^6$ kg/cm²;
$J = 1$ cm⁴; $J_1 = 0{,}1$cm⁴;
$t = 20$ cm; $a = 50$ cm; $l = 200$ cm.

Gesucht: Knicklast P des Längsprofils.

Knickt das Längsprofil infolge der Druckkraft P aus, so üben die Querprofile rückführende Querkräfte Q_R auf das erstere aus. Die von der Größe der Durchbiegung y abhän-

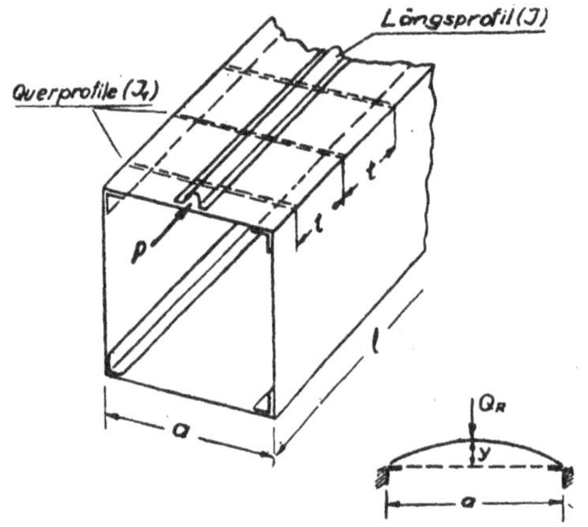

Bild 238. Berechnungsbeispiel: Rumpfbeplankung.

gigen Rückführkräfte ergeben sich aus der Beziehung:

$$y = \frac{Q_R \cdot a^3}{48\,E \cdot J_1} \quad \text{zu} \quad \frac{Q_R}{y} = \frac{48\,E \cdot J_1}{a^3}$$

Da der Abstand der Querprofile nicht allzu groß ist, kann man die einzelnen Querkräfte durch eine gleichmäßig verteilte Querbelastung ersetzen.

$$\nu = \frac{Q/y}{t} = \frac{48\,E \cdot J_1}{a^3 \cdot t} = \frac{48 \cdot 0{,}7 \cdot 10^6 \cdot 0{,}1}{50^3 \cdot 20}$$

$$= 1{,}34\,\frac{\text{kg/cm Durchbiegung}}{\text{cm Länge}}$$

Die Wellenlänge, der die kleinste Knicklast entspricht, ist:

$$L_0 = \pi \sqrt[4]{\frac{E \cdot J}{\nu}} = \pi \sqrt[4]{\frac{0{,}7 \cdot 10^6 \cdot 1}{1{,}34}} = 84 \text{ cm}.$$

Da die Wellenlänge erheblich kleiner ist als die Stablänge, kann die Knicklast nach Gl. (48; 19) bestimmt werden.

$$P_{min} = 2\sqrt{E \cdot J \cdot \nu} = 2\sqrt{0{,}7 \cdot 10^6 \cdot 1{,}34} = 1940 \text{ kg}.$$

Die möglichen Wellenlängen, mit denen der Stab knicken kann, sind:

$$L = \frac{l}{m} = \frac{200}{2} = 100 \text{ cm oder } L = \frac{200}{3} = 66{,}6 \text{ cm},$$

wovon die erstere die wahrscheinlichere ist, da sie näher an L_0 liegt. Mit $m = 2$ erhält man nach Gl. (48; 20):

$$P = \frac{\pi^2}{(l/2)^2} \cdot E \cdot J + \nu \frac{(l/2)^2}{\pi^2} = \frac{\pi^2}{100^2} \cdot 0{,}7 \cdot 10^6 \cdot 1 + 1{,}34 \frac{100^2}{\pi^2}$$

$$= 700 + 1340 = 2040 \text{ kg}.$$

Die Knicklast wird also durch P_{min} (Gl. (48; 19)) nur um 5% zu klein angegeben.

49. Die Methode von Vianello[1]).

a) Allgemeines über das Verfahren von Vianello.

Die Methode von Vianello ist ein Näherungsverfahren zur Lösung von Knick- bzw. Knickbiegungsproblemen. Sie ist vorteilhaft immer dann anzuwenden, wenn die notwendigen Beziehungen (Durchsenkungen, Neigungen usw.) nicht aus der Hütte entnommen oder nicht einfach abgeleitet werden können, z. B. in Fällen mit variablem Trägheitsmoment und für beliebige kombinierte Belastungen.

Die Methode von Vianello beruht darauf, die Form der Knickkurve zu schätzen und aus der Form die Knicklast zu bestimmen. Sie gibt infolgedessen in all den Fällen, in denen man die Knickform ohne Schwierigkeiten angenähert richtig schätzen kann, sehr schnell gute Werte. Fehlerhaft ist die Methode in den Belastungsfällen, in denen am Stabende Momente auftreten, weil es hierbei auf die Neigung am Stabende $\varphi = \frac{dy}{dx}$, also auf einen Differentialquotienten ankommt.

Das Verfahren nach Vianello wird wie folgt durchgeführt. Man zeichnet den Stab in ausgebogenem Zustand auf, wobei man sich bemüht, den Verlauf der Biegungslinie möglichst genau dem Knickzustand entsprechend zu treffen. Man denkt sich am Stab eine Kraft P_a von willkürlich gewählter Größe wirken (Bild 239). P_a ruft am Stab äußere Biegungsmomente

[1]) Vgl. VDI-Zeitschrift 1896, S. 1436.

von der Größe $M_B = P_a \cdot y_a$ hervor. Diesen Biegungsmomenten würde eine Stabkrümmung $y'' = \frac{M_B}{E \cdot J} = \frac{P_a \cdot y_a}{E \cdot J}$ entsprechen. Zeichnet man sich mit dieser Krümmung y'' (z. B. nach Mohr) eine neue Biegungslinie des Stabes auf, so würde die neue Biegungslinie mit der zuerst angenommenen übereinstimmen, wenn zwischen den äußeren Momenten $P_a \cdot y_a$ und den inneren Momenten $y'' E \cdot J$ Gleichgewicht bestände, d. h. wenn P_a zufällig gleich der Knicklast P_K wäre. Ist P_a jedoch kleiner als P_K, so sind die errechneten Biegungsmomente und Krümmungen und folglich auch die Ordinaten der neuen Biegungslinie im Verhältnis P_a/P_K kleiner als die Ordinaten y_a der ursprünglichen Biegungslinie. Also:

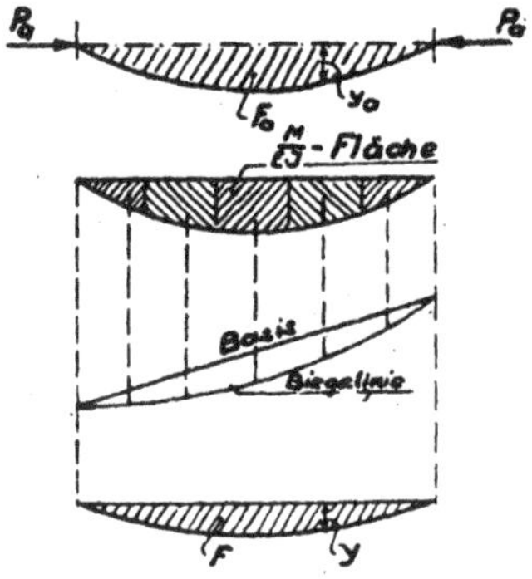

Bild 239. Zur Bestimmung der Knicklast nach der Methode von Vianello.

$$\frac{P_a}{P_K} = \frac{y}{y_a} \quad \text{oder} \quad \boxed{P_K = P_a \frac{y_a}{y}} \quad \ldots\ldots \quad (49;\,1)$$

Das Ergebnis, das unabhängig von der Größe der angenommenen Ausbiegung ist, wäre exakt, wenn das Verhältnis y_a/y an allen Stellen gleich wäre, d. h. wenn die Form der ursprünglichen Biegungslinie genau gewesen wäre. Bei schwierigen Fällen kann man das Ergebnis der ersten Rechnung als verbesserte Annahme für die Form der Biegungslinie benutzen und noch einmal rechnen bzw. das Verfahren mehrmals wiederholen. Die Rechnung konvergiert im allgemeinen.

Da in den meisten Fällen die Form der Biegelinie nicht richtig geschätzt wird und somit das Ordinatenverhältnis y_a/y an allen Stellen verschieden ist, ist es ratsam, das Ordinatenverhältnis durch seinen Mittelwert, d. h. durch das Flächenverhältnis F_a/F zu ersetzen (vgl. Bild 239). Es gilt also auch:

$$\boxed{P_K = P_a \cdot \frac{F_a}{F}} \quad \ldots\ldots\ldots \quad (49;\,1\,a)$$

F_a und F stellen die von den Biegelinien und der geraden Verbindung der Stabenden eingeschlossenen Flächen dar (vgl. Bild 239). Sie werden im folgenden kurz als Biegeflächen bezeichnet.

Ist P_a eine wirklich angreifende Kraft, so ist:

$$\frac{P_a}{P_K} = \frac{F}{F_a} = \frac{1}{S},$$

wobei $P_K/P_a = S$ die Sicherheit des Stabes gegen Knicken bei der Last P_a bedeutet. Ist J_a das wirklich vorhandene Trägheitsmoment und J_{erf} das Trägheitsmoment, bei dem der Stab unter P_a gerade die Stabilitätsgrenze erreicht, so ist:

$$\boxed{\frac{J_{erf}}{J_a} = \frac{P_a}{P_K} = \frac{1}{S} = \frac{F}{F_a}} \quad \ldots\ldots \quad (49;\ 2)$$

Beispiel 49; 1: Gesucht ist die Knicklast eines an beiden Enden gelenkig gehaltenen, zentrisch gedrückten Stabes (Eulerstab).

Gegeben: $l = 100$ cm, $J = 1$ cm^4, $E = 0{,}7 \cdot 10^6$.

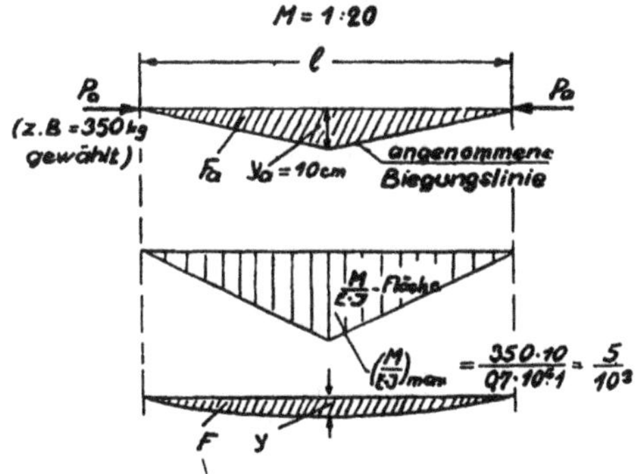

Bild 240. Zum Einfluß einer fehlerhaften Annahme über die Form der Biegelinie bei der Methode von Vianello, gezeigt am Beispiel des zentrisch gedrückten Stabes.

Um den Einfluß einer fehlerhaften Annahme über die Form der Biegelinie zu veranschaulichen, wird diese, bewußt falsch, als Dreieck angenommen. Man erhält:

$$F_a = 1/2\ y_a \cdot l = 1/2 \cdot 10 \cdot 100 = 500 \text{ cm}^2.$$

Die Durchbiegung infolge des angenommenen Momentenverlaufs ist:

$$y = \left(\frac{M}{E \cdot J}\right)_{max} \cdot \frac{l^2}{12} = \frac{5}{10^3} \cdot \frac{100^2}{12} = 4{,}16 \text{ cm}.$$

Die neue Biegefläche besitzt in der Mitte eine wesentlich stärkere Krümmung als an den Enden, ist also nicht so völlig wie eine Parabelfläche ($2/3\, y \cdot l$). Man kann mit guter Annäherung setzen:

$$F = 5/8\, y \cdot l = 5/8 \cdot 4{,}16 \cdot 100 = 260 \text{ cm}^2.$$

Hiermit ist:

$$P_K = P_a \cdot \frac{F_a}{F} = 350 \cdot \frac{500}{260} = 670 \text{ kg}.$$

Die exakte Rechnung ergibt:

$$P_K = P_E = \frac{\pi^2 \cdot E \cdot J}{l^2} = \frac{\pi^2 \cdot 0{,}7 \cdot 10^6 \cdot 1}{100^2} = 690 \text{ kg}.$$

Der Fehler beträgt trotz der sehr rohen Annahme über die Form der ersten Biegelinie nur 2,9 vH.

b) Anwendung der Methode von Vianello auf verschiedene Knickprobleme.

α) Stäbe mit veränderlichem Trägheitsmoment.

Mit den Ordinaten y_a der angenommenen Biegungslinie, dem angenommenen P_a und dem gegebenen Trägheitsmomentenverlauf erhält man die Krümmungsfläche $\left(\frac{M}{E \cdot J}\text{-Fläche, Bild 241}\right)$. Mit dieser konstruiert man die zweite Biegungslinie. Die Knicklast ist wieder:

$$P_K = P_a \frac{F_a}{F}.$$

β) Konstante Längskraft P in Richtung der Stabachse und der Ausbiegung y proportionale Querkraft $Q = \varkappa \cdot y$.

Gegeben: P, $E \cdot J$. Gesucht: $\varkappa_K$ (Proportionalitätsfaktor der seitlichen Last, bei dem der Stab knickt).

Man nimmt eine möglichst zutreffende Biegungslinie und einen beliebigen Wert für $\varkappa_a$ an. Dann zeichnet man für das gegebene $E \cdot J$ die zweite Biegelinie getrennt für die Belastungen P und $Q = \varkappa_a \cdot y_a$ (y_a ist die Ordinate der angenommenen Biegungslinie am Angriffspunkt der Querkraft; vgl. Bild 242). Wäre der Proportionalitätsfaktor richtig ge-

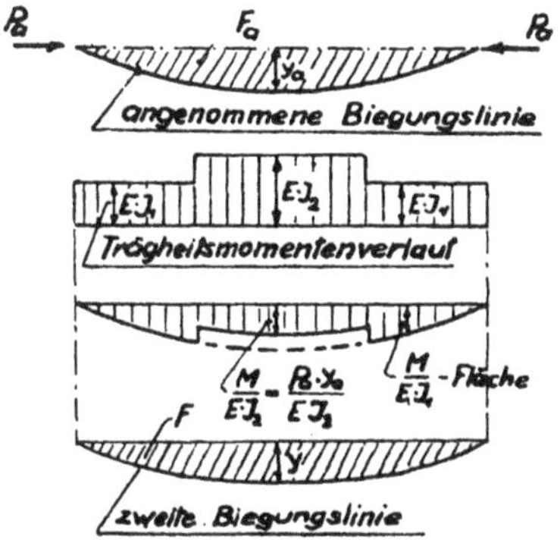

Bild 241. Bestimmung der Knicklast eines zentrisch gedrückten geraden Stabes mit veränderlichem Trägheitsmoment nach der Methode von Vianello.

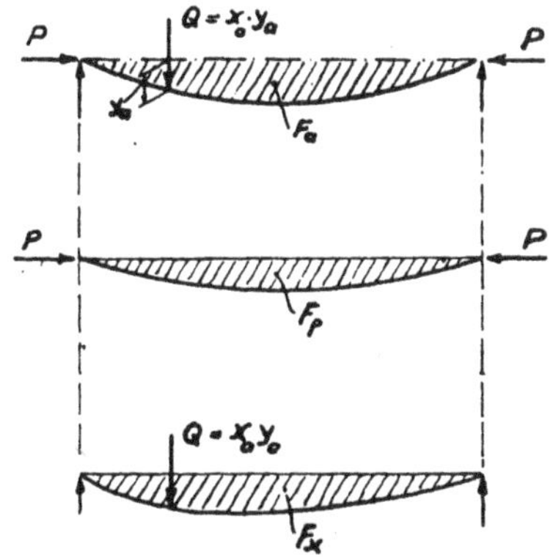

Bild 242[1]). Anwendung der Methode von Vianello bei kombinierten Knickbelastungen: Konstante Längskraft P in Richtung der Stabachse und der Ausbiegung y proportionale Querkraft $Q = \varkappa \cdot y$.

wählt, wäre also $\varkappa_a = \varkappa_K$, so würde $F_\varkappa + F_p = F_a$ sein. Ist jedoch das willkürlich angenommene $\varkappa_a$ kleiner als $\varkappa_K$, so ist die Biegefläche $F_\varkappa$ im Verhältnis der Faktoren $\frac{\varkappa_a}{\varkappa_K}$ kleiner. Für den Grenzfall des stabilen Gleichgewichts gilt also:

$$\frac{\varkappa_K}{\varkappa_a} \cdot F_\varkappa + F_p = F_a$$

$$\boxed{\varkappa_K = \frac{F_a - F_p}{F_\varkappa} \varkappa_a} \quad \ldots \ldots \quad (49;\,3)$$

γ) Allgemeiner Fall reiner Knickung (Näherungsgleichung).

An einem Stab von gegebenen Abmessungen greift eine beliebige Kombination reiner Knickbelastungen an. Welche Sicherheit besteht gegen Knicken.

Man nimmt eine Biegelinie an und bestimmt mit den aus der Biegelinie gemessenen Werten y_a und φ_a die Querkraft

[1]) Die unbezeichneten Kräfte sind Reaktionskräfte.

$Q = \varkappa \cdot y_a$ und das Moment $M = \mu \cdot \varphi_a$ (Bild 243a). Mit diesen errechneten Größen und den gegebenen Werten für P und $E \cdot J$ zeichnet man mit Hilfe der $\frac{M}{E \cdot J}$-Fläche die zweite Biegelinie bei gleichzeitiger Wirkung aller Lasten (Bild 243b). Die Sicherheit gegen Knicken ist dann:

$$\frac{1}{S} = \frac{F_{\text{infolge aller Lasten}}}{F_a}$$

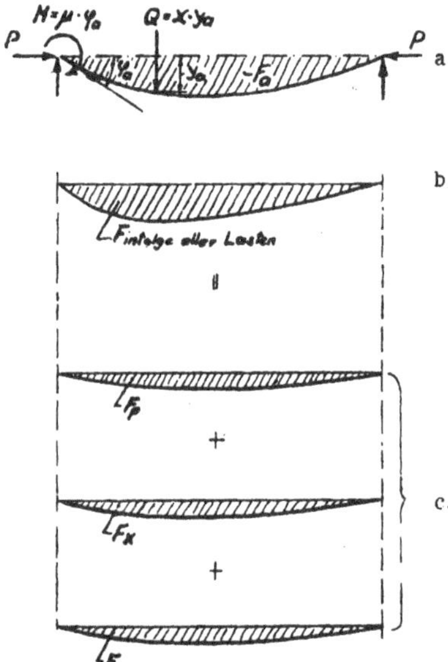

Bild 243. Zur Näherungslösung für den allgemeinen Fall reiner Knickung unter Anwendung der Methode von Vianello.

Das Ergebnis kann, wie in Abschnitt a) gezeigt, durch wiederholte Anwendung des Verfahrens verbessert werden.

Näherungslösung.

Setzt man voraus, daß bei allen einzelnen Knickfällen die Form der Biegelinie (angenähert) gleich ist, so kann man wie vorher mit dem gegebenen $E \cdot J$ unter Zugrundelegung einer für alle Einzelbelastungen gültigen angenommenen Biegungslinie (Bild 243a) getrennt für jede einzelne Belastung die zweite Biegungslinie (Bild 243c) bestimmen. Die Summe der einzelnen, durch die zweiten Biegelinien erhaltenen Biegeflächen ist dann gleich der nach dem ersten Rechenverfahren erhaltenen Biegefläche; es ist also:

$$F_{\text{infolge aller Lasten}} = F_p + F_\varkappa + F_\mu .$$

oder

$$\boxed{\frac{1}{S} = \frac{F_{\text{infolge aller Lasten}}}{F_a} = \frac{F_p}{F_a} + \frac{F_\varkappa}{F_a} + \frac{F_\mu}{F_a}} \qquad (49;4)$$

Bezeichnet man mit S_p die Sicherheit gegen Knicken bei alleiniger Wirkung von P, mit $S_\varkappa$ die Sicherheit gegen Knicken bei alleiniger Wirkung von $\varkappa$ usw., so wird **aus** Gl. (49; 4) bei Berücksichtigung von Gl. (49; 2):

$$\frac{1}{S} = \frac{P}{P_K} + \frac{\varkappa}{\varkappa_K} + \frac{\mu}{\mu_K} = \frac{1}{S_P} + \frac{1}{S_\varkappa} + \frac{1}{S_\mu} = \Sigma\, 1/S_{einzeln} \qquad (49; 5)$$

Für den Grenzfall des stabilen Gleichgewichts ist $S = 1$ oder

$$1 = \Sigma \frac{1}{S_{einzeln}} \quad . \; . \; . \; . \; . \; . \; . \quad (49; 6)$$

Bezeichnet man mit J_a das wirklich vorhandene Trägheitsmoment, mit $J_{erf\,P}$ das Trägheitsmoment, das notwendig ist, damit der Stab bei alleiniger Wirkung von P gerade knickt usw., so kann man Gl. (49; 4) unter Beachtung von Gl. (49; 2) in folgender Form schreiben:

$$\frac{1}{S} = \frac{J_{erf\,P}}{J_a} + \frac{J_{erf\,\varkappa}}{J_a} + \frac{J_{erf\,\mu}}{J_a} \quad . \; . \; . \quad (49; 7)$$

Für den Fall, daß der Stab bei gleichzeitiger Wirkung aller Lasten die Stabilitätsgrenze erreicht, muß $S = 1$ sein oder:

$$J_a = J_{erf} = J_{erf\,P} + J_{erf\,\varkappa} + J_{erf\,\mu} = \Sigma\, J_{erf\,einzeln} \qquad (49; 8)$$

B e m e r k u n g e n. In den Gln. (49; 5) bis (8) werden $S_{einzeln}$ und $J_{erf\,einzeln}$ positiv bei ausbiegenden und negativ bei rückführenden Belastungen eingesetzt.

Bei Kombinationen von nur ausbiegenden Belastungen bewegt man sich mit der Näherungsrechnung auf der sicheren Seite. Da die Formen der Biegelinien für die verschiedenen Einzelbelastungen mehr oder weniger voneinander abweichen, ist auch der Fehler der Näherungslösung je nach der Art der Kombination mehr oder weniger groß. Bei Kombination von P und $\varkappa$ (symmetrische Belastung vorausgesetzt) z. B. beträgt der Fehler höchstens 1,5 vH, bei Kombination von P und μ höchstens 6 vH.

Bei Kombinationen mit rückführenden Momenten befindet man sich mit der Näherungsrechnung auf der unsicheren Seite, da die Neigung φ am Stabende und damit das Stützmoment zu groß angegeben wird. Da stützende Momente die Form der Biegelinie erheblich abändern, werden die Fehler sehr groß. Man wird also bei stärkeren stützenden Momenten nicht nach der Näherungsmethode rechnen.

Um zu zeigen, wie unterschiedlich die Fehler der Näherungsmethode bei den verschiedenen Belastungen sein können, werden einige bereits besprochene Beispiele noch einmal nach den Näherungsgleichungen von Vianello berechnet.

Beispiel 49; 2: Gegeben: $P = 500$ kg und $\varkappa = 50$ kg/cm (ausbiegend); $2\,l = 100$ cm; $E = 0{,}7 \cdot 10^6$ kg/cm².

Gesucht: J_{erf} (vgl. Beispiel 48; 1, Bild 226). Nach Gl. (49; 8) ist:

$$J_{erf} = J_{erf\,P} + J_{erf\,\varkappa}$$

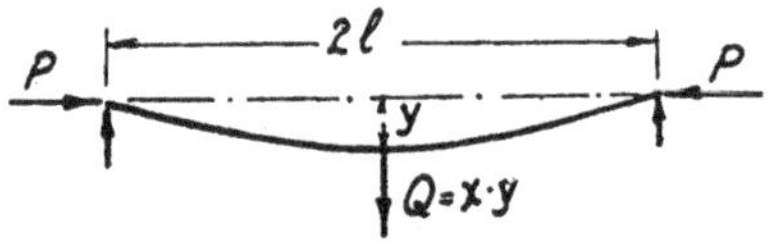

Bild 244. Berechnungsbeispiel: Längskraft P in Richtung der Stabachse und der Ausbiegung proportionale Querkraft $Q = \varkappa \cdot y$.

Aus:

$$P_K = \frac{\pi^2 \cdot E \cdot J}{(2\,l)^2} \text{ ist: } J_{erf\,P} = \frac{(2\,l)^2 \cdot P_K}{\pi^2 \cdot E} = \frac{100^2 \cdot 500}{\pi^2 \cdot 0{,}7 \cdot 10^6} = \underline{\underline{0{,}725 \text{ cm}^4}}$$

Aus:

$$y = \frac{Q\,(2\,l)^3}{48\,E \cdot J} \text{ bzw. } \varkappa_K = Q/y = \frac{48\,E \cdot J}{(2\,l)^3} \text{ ist: } J_{erf\,\varkappa} = \frac{(2\,l)^3 \cdot \varkappa_K}{48 \cdot E} =$$

$$= \frac{100^3 \cdot 50}{48 \cdot 0{,}7 \cdot 10^6} = \underline{\underline{1{,}488 \text{ cm}^4}}.$$

Demnach ist:

$$\underline{\underline{J_{erf}}} = 0{,}725 + 1{,}488 = \underline{\underline{2{,}213 \text{ cm}^4}}.$$

Die genaue Rechnung ergab: $J_{erf} = 2{,}2$ cm⁴. Die Näherungsgleichung gibt das Trägheitsmoment also nur um 0,6 vH zu groß an.

Beispiel 49; 3: Gegeben: $P = 4\,P_E$ und $\varkappa = -\frac{2\,Z_v}{l}$ (rückführend), $E \cdot J$, l. Wie groß muß Z_v im Verhältnis zu P sein? (Vgl. Beispiel 48; 2, Bild 227.)

Nach Gl. (49; 5) ist:

$$\frac{1}{S} = \frac{1}{S_P} + \frac{1}{S_\varkappa} = \frac{P}{P_K} + \frac{\varkappa}{\varkappa_K}.$$

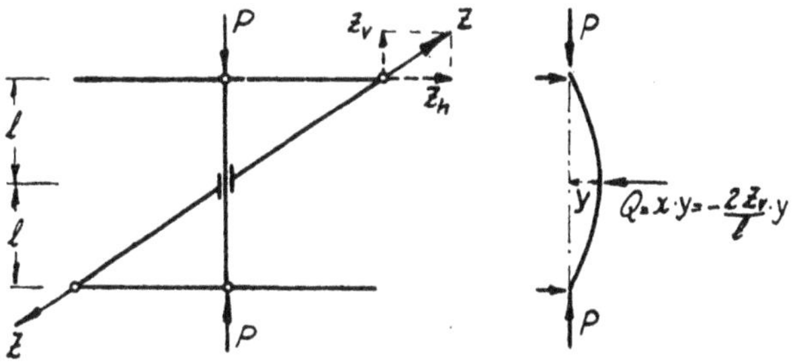

Bild 245. Berechnungsbeispiel: Zentrisch gedrückter, von einer Zugdiagonalen überkreuzter Stab.

Für den Fall des Knickens ist:

$$\frac{1}{S} = 1 = \frac{4\,P_E}{P_E} + \frac{\varkappa}{\varkappa_K}$$

oder

$$\varkappa = (1 - 4) \cdot \varkappa_K = -3\,\varkappa_K = -\frac{2\,Z_v}{l}$$

$$Z_v = 3/2\;l \cdot \varkappa_K.$$

Aus:

$$y = \frac{Q \cdot (2\,l)^3}{48\,E \cdot J} \text{ erhält man: } \varkappa_K = Q/y = \frac{48\,E \cdot J}{(2\,l)^3}$$

Hiermit wird:

$$Z_v = 3/2\;l \cdot \frac{48\,E \cdot J}{(2\,l)^3} \text{ oder mit } P = 4\,P_E = \frac{4\pi^2 \cdot E \cdot J}{(2\,l)^2}$$

$$\underline{\underline{Z_v = 0{,}9\;P.}}$$

Die genaue Rechnung ergab: $Z_v = P$; man bewegt sich also bei diesem extremen Fall (größtmöglichste Stützung durch Einzelkraft) hinsichtlich Z_v mit einem Fehler von 10% auf der unsicheren Seite (noch tragbar, wenn vorsichtig dimensioniert wird).

Beispiel 49; 4: Für den Rumpfspant (Bild 246) sind die Längen und Trägheitsmomente gegeben. Gesucht ist die Knicklast P (vgl. Beispiel 49; 4, Bild 234).

Nach Gl. (49; 5) ist:

$$\frac{1}{S} = 1 = \frac{1}{S_P} + \frac{1}{S_\mu} = \frac{P}{P_K} + \frac{\mu}{\mu_K}$$

oder

$$P = \left(1 - \frac{\mu}{\mu_K}\right) P_K.$$

Die Rechnung ergab:

$$\mu = 1{,}67 \frac{E \cdot J}{l}.$$

Es ist.

$$P_K = P_E \text{ und } \mu_K = -2 \frac{E \cdot J}{l}.$$

Hiermit wird:

$$\underline{\underline{P}} = \left(1 + \frac{1{,}67 \cdot E \cdot J \cdot l}{2 \cdot E \cdot J \cdot l}\right) \cdot P_E = \underline{\underline{1{,}835\, P_E.}}$$

Die genaue Rechnung ergab: $P = 1{,}55\ P_E$. Die Näherungslösung ergibt bereits bei der relativ geringen Stützung (Extremwert: $P = 4\ P_E$) die Knicklast um 18 vH zu groß an.

Wird ein und derselbe Knickstab in den verschiedenen Lastfällen durch verschiedene Kombinationen von Einzelknicklasten beansprucht, so läßt sich die Rechnung unter Anwendung der Näherungsgleichungen sehr schnell durchführen, wie es das folgende Beispiel zeigt.

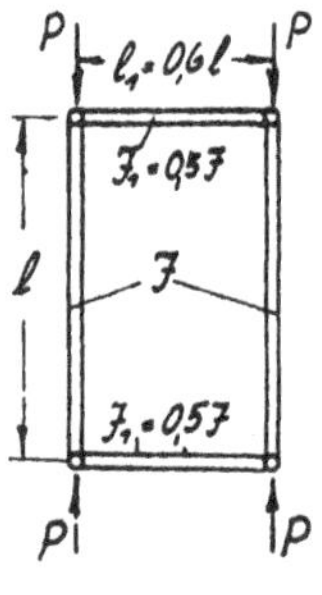

Bild 246. Berechnungsbeispiel: Rahmenspant.

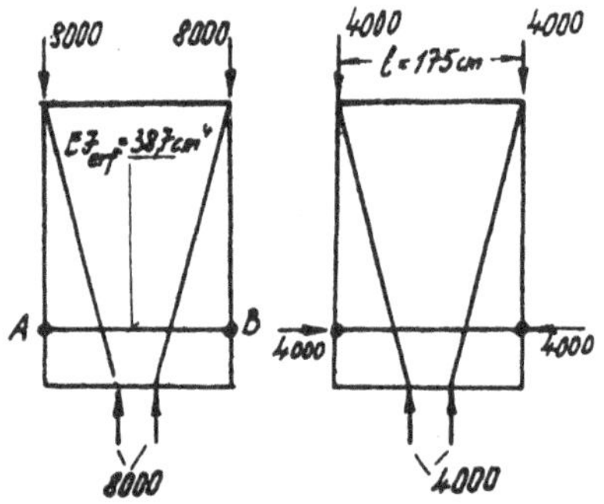

Bild 247. Berechnungsbeispiel: Fachwerkspant.

Beispiel 49; 5: Der Knickstab AB des Beispiels 46; 1, (vgl. Bild 215), erhalte in einem anderen Lastfall nur 50 vH der seitlichen Belastung, dafür eine Längskaft $P = 4000$ kg. Ist das bereits ermittelte Trägheitsmoment ausreichend?

Nach Gl. (49; 8) ist:

$$J_{erf} = J_{erf\,P} + J_{erf\,\varkappa}$$

Es ist:

$$J_{erf\,P} = \frac{P \cdot l^2}{\pi^2 \cdot E} = \frac{4000 \cdot 175^2}{\pi^2 \cdot 0{,}7 \cdot 10^6} = \underline{\underline{17{,}5 \text{ cm}^4}}$$

$$J_{erf\,\varkappa} = 0{,}5 \cdot 38{,}7 = \underline{\underline{19{,}35 \text{ cm}^4}}$$

$$\underline{\underline{J_{erf}}} = 17{,}5 + 19{,}35 = \underline{\underline{36{,}85 \text{ cm}^4}}.$$

Die erste Dimensionierung des Stabes AB ist ausreichend.

c) Anwendung der Methode von Vianello auf Knickbiegungsprobleme.

α) Allgemeiner Fall von Knickbiegung mit Einschluß vorgekrümmter Stäbe.

Ein vorgekrümmter Stab von gegebener Biegesteifigkeit werde durch eine beliebige Kombination von biegenden und knickenden Kräften belastet. Wie ist der Momentenverlauf bei der Endausbiegung?

Es wird vorausgesetzt:

1. Die Form der Biegelinie ist für alle einzeln wirkenden Lasten gleich,
2. die Form der Vorausbiegung stimmt mit der Form der Biegelinien überein,
3. die Momente der Knickbelastung sind für die gerade Stabform gleich Null, d. h, die der Verformung proportionalen Knicklasten ($\varkappa \cdot y$, $\mu \cdot \varphi$) besitzen bereits bei der vorgebogenen Anfangslage einen der Vorausbiegung proportionalen Wert.

Die endgültige Ausbiegung y des Stabes setzt sich zusammen aus der Vorausbiegung y_v des Stabes und der zusätzlichen Ausbiegung $y_z = y_B + y_K$ infolge der äußeren Momente. Letztere kann man sich in zwei Teile zerlegt denken:

1. in die Momente M_B infolge der Biegebelastung (Q, M),
2. in die an der endgültigen Stabform infolge der Knickbelastung (P, $\varkappa$, μ) hervorgerufenen Momente M_K.

Die Momente M_B der Biegebelastung und somit die zugehörigen Durchbiegungen y_B können ohne weiteres aus der gegebenen

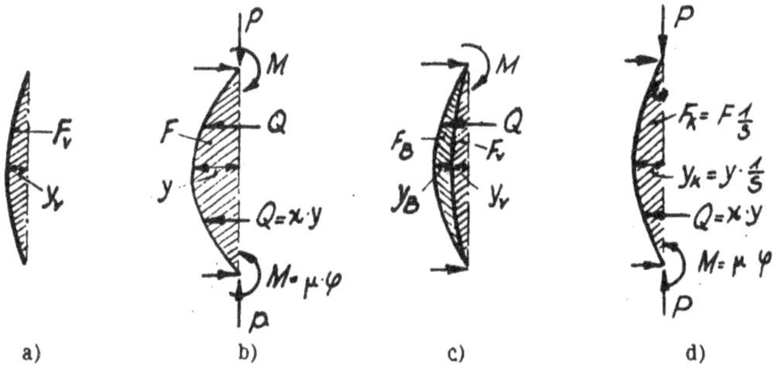

a) Vorausbiegung des Stabes. (Die von der Verformung abhängigen Knicklasten haben bereits einen y_v bzw. φ_v proportionalen Anfangswert.)

b) Endgültige Ausbiegung des Stabes. Die zusätzliche Krümmung (inneres Moment) entspricht dem äußeren Moment.

c) Vorausbiegung und Ausbiegung durch die Momente der reinen Biegebelastung.

d) Ausbiegung durch die bei der endgültigen Stabform infolge der Knickbelastung auftretenden Momente.

Bild 248a bis d. Anwendung der Methode von Vianello auf den allgemeinen Fall von Knickbiegung.

Biegebelastung bestimmt werden. Die Momente M_K sind von der Endverformung (y, φ) abhängig.

Denkt man sich die unbekannte endgültige Biegungslinie als angenommene Biegungslinie, so besteht nach den Gln. (49; 1) und (2) zwischen den y der angenommenen Biegungslinie und den y_K der zweiten Biegungslinie die Beziehung:

$$\frac{y_K}{y} = \frac{1}{S} \quad \text{oder} \quad \boxed{y_K = y \cdot 1/S} \quad \ldots \quad (49;\,9)$$

Hierbei ist (Gl. (49; 5)):

$$1/S = P/P_K + \varkappa/\varkappa_K + \mu/\mu_K.$$

Für die endgültige Ausbiegung kann man also setzen.

$$y = y_v + y_B + y\,1/S$$

oder

$$\boxed{y = \frac{y_v + y_B}{1 - 1/S}} \quad \ldots\ldots \quad (49;\,10)$$

Die Ausführungen für die Durchbiegungen gelten in gleicher Weise für die Biegeflächen; es ist also auch:

$$\boxed{F = \frac{F_v + F_B}{1 - 1/S}} \quad \ldots\ldots \quad (49;\,11)$$

Mit der nach Gl. (49; 10) oder (11) bestimmten Endverformung kann man die Momente der knickenden Belastung bestimmen. Die endgültigen Momente sind dann:

$$\boxed{M = M_B + M_K} \quad \ldots\ldots \quad (49;\ 12)$$

In Praxis treten häufig auf Druck belastete Bauglieder auf, die zwar aus Gründen der äußeren Formgebung vorgekrümmt, aber zu den benachbarten Baugliedern so angeordnet sind, daß von den letzteren in der vorgekrümmten Lage weder auslenkende noch rückführende, der Ausbiegung proportionale Kräfte auf die Knickstäbe ausgeübt werden. Für die Größe der durch die Proportionalitätsfaktoren ($\varkappa$, μ) hervorgerufenen Biegemomente ist in solchen Fällen nicht die Endverformung y, sondern nur die zusätzliche Verformung $y_z = y - y_v$ maßgebend. Für die Durchsenkung y_K infolge der Momente der Knickbelastung gilt somit nicht mehr Gl. (49; 9), sondern:

$$\boxed{y_K = y\, P/P_K + y_z\,(\varkappa/\varkappa_K + \mu/\mu_K) = y \cdot 1/S - y_v\,(\varkappa/\varkappa_K + \mu/\mu_K)} \quad \ldots \quad (49;\ 13)$$

Hiermit erhält man für die endgültige Ausbiegung die Beziehung:

$$y = y_v + y_B + y \cdot 1/S - y_v\,(\varkappa/\varkappa_K + \mu/\mu_K)$$

oder

$$\boxed{y = \frac{y_v\,[1 - (\varkappa/\varkappa_K + \mu/\mu_K)] + y_B}{1 - 1/S}} \quad (49;\ 14)$$

Wirken die Proportionalitätsfaktoren ausbiegend, so kann man das Korrektionsglied ($\varkappa/\varkappa_K + \mu/\mu_K$) vernachlässigen, da man sich hierbei auf der sicheren Seite bewegt. Bei stützenden Proportionalitätsfaktoren ist jedoch das Korrektionsglied zumindest bei stärkerer Stützung zu berücksichtigen.

Die in Abschnitt c) aufgestellten Beziehungen gelten auch für Stäbe mit beliebigem Trägheitsmomentenverlauf. Für diesen Fall hat man die Knicklasten P_K, $\varkappa_K$ und μ_K für den gegebenen Trägheitsmomentenverlauf nach dem im Abschnitt b, α gezeigten Verfahren zu bestimmen; die weitere Rechnung erfolgt genau wie beim Stab mit konstantem Trägheitsmoment.

Die Gln. (49; 10) bis (14) gelten genau genommen nur für solche vorgekrümmten Stäbe, bei denen, der Voraussetzung entsprechend, die Form der Vorkrümmung mit der Form der Knicklinie übereinstimmt. Jedoch ist die Rechnung gegen Abweichungen von dieser Bedingung ziemlich unempfindlich. Mit den genannten Gleichungen ($y_v = e$ gesetzt) erhält man sogar noch ganz gute Ergebnisse für den Fall des exzentrisch gedrückten geraden Stabes (Bild 249a).

Bild 249a u. b. Zur Bestimmung der Endausbiegung des exzentrisch gedrückten geraden (*a*) und vorgekrümmten (*b*) Stabes unter Anwendung der Methode von Vianello.

Genauer würde hierfür die Endausbiegung angegeben werden durch:

$$y = \sim \frac{1{,}1 \cdot e}{1 - P/P_K} \qquad \text{(49; 15)}$$

Für den exzentrisch gedrückten, vorgekrümmten Stab gilt mit hinreichender Genauigkeit (Bild 249b):

$$y = \frac{e + y_v}{1 - P/P_K} \qquad \text{(49; 16)}$$

β) Die praktische Berechnung des zentrisch gedrückten geraden Stabes unter Berücksichtigung der wirklichen Verhältnisse.

Beachtet man, daß die im Flugzeugbau verwendeten Bauglieder wegen ihrer geringen Querschnittsabmessungen schon bei der Herstellung bzw. während des Einbaues im allgemeinen sehr leicht verbogen werden können, so wird man aus Gründen der Sicherheit auch für gerade Druckstäbe in der Rechnung eine Vorkrümmung annehmen. Desgleichen wird man, um die Arbeitsgeschwindigkeit nicht zu stark zu beeinträchtigen, eine gewisse Exzentrizität im Anschluß der Druckstäbe zulassen müssen. Man wird also in Praxis auch die geraden, zentrisch gedrückten Stäbe rechnungsmäßig nicht als solche behandeln, sondern sie unter Annahme einer bestimmten Exzentrizität und Vorkrümmung als Knick-Biegungsstäbe berechnen.

Unter Berücksichtigung dieser Ausführung ist demnach für die Festigkeit der Druckstäbe nicht die Eulerspannung

$$\sigma_K = \frac{P_K}{f} = \frac{\pi^2 \cdot E}{(l/i)^2}$$

maßgebend, sondern die resultierende Druck-Biegespannung

$$\boxed{\sigma = \sigma_D + \sigma_B = \frac{P}{f} + \frac{P \cdot y}{W}} \qquad (49;\ 17)$$

die nicht höher als die Spannung an der Streckgrenze sein soll. Um den Einfluß der Exzentrizität bzw. Vorkrümmung bei verschiedenen Schlankheitsgraden zu veranschaulichen, soll die letzte Gleichung noch etwas umgeformt werden. Durch Einführung von Gl. (49; 16) und Multiplikation mit P_K/P_K erhält man aus Gl. (49; 17):

$$\boxed{\begin{aligned}\sigma &= P_K \cdot \frac{P}{P_K}\left(\frac{1}{f} + \frac{e + y_v}{(1 - P/P_K) \cdot W}\right) = \\ &= \frac{\pi^2 \cdot E}{(l/i)^2} \cdot \frac{P}{P_K}\left(1 + \frac{(e + y_v) \cdot f}{(1 - P/P_K) \cdot W}\right)\end{aligned}} \qquad (49;\ 18)$$

In Gl. (49; 18) ist $\frac{\pi^2 \cdot E}{(l/i)^2}$ die Eulerspannung des zentrisch gedrückten geraden Stabes. Der Faktor

$$\frac{P}{P_K}\left(1 + \frac{(e + y_v) \cdot f}{(1 - P/P_K) \cdot W}\right)$$

berücksichtigt den Einfluß der Exzentrizität und der Vorkrümmung auf die Größe der Spannung. Wie aus dieser Gleichung ersichtlich ist, ist die Spannung σ um so größer, je größer P/P_K und je kleiner l ist. Da σ in Wirklichkeit gegeben ist ($\sigma = \sigma_S$), darf P/P_K um so größer werden, je größer l bzw. l/i ist. Bei gegebener Exzentrizität und Vorkrümmung ist demnach der Einfluß dieser Größen bei Stäben mit großem l/i gering, bei kleinem l/i groß.

Beispiel 49; 5: Druckstab (Bild 250).

Gegeben: $f = 2{,}3\ \text{cm}^2$, $i = 0{,}96\ \text{cm}^2$, $l = 120\ \text{cm}$, $l/i = 125$, $W = 1{,}43\ \text{cm}^3$; $E = 2{,}2 \cdot 10^6\ \text{kg/cm}^2$; $\sigma_S = 3200\ \text{kg/cm}^2$.

Gesucht: Welche Last hält der Stab unter Berücksichtigung der Arbeitsungenauigkeiten?

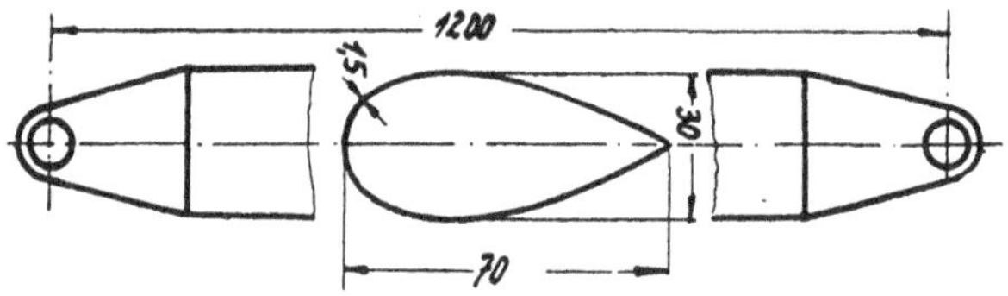

Bild 250. Berechnungsbeispiel: Exzentrisch gedrückte, vorgekrümmte Strebe

(Der Versuch gibt im allgemeinen durch Reibung in den Lagern zu große Werte. In Wirklichkeit wird die Reibung durch Vibration vernichtet.)

Bei zentrischer Belastung würde die Knicklast (Eulerlast) sein:

$$P_K = f \cdot \sigma_K = 2{,}3 \cdot \frac{\pi^2 \cdot 2{,}2 \cdot 10^6}{125^2} = 2{,}3 \cdot 1400 = 3320\ \text{kg}.$$

Die Exzentrizität des Loches wird mit $e = 0{,}1$ cm, die Vorkrümmung des Rohres mit $y_v = 0{,}2$ cm angenommen. (Bei größerer Vorkrümmung muß das Rohr gerichtet werden.) Die Lösung erfolgt nach Gl. (49; 18). Man probiert mit $P/P_K = 0{,}9$ und erhält:

$$\sigma = 1400 \cdot 0{,}9 \left(\underset{\text{Anteil aus Druck}}{1} + \underbrace{\frac{(0{,}1 + 0{,}2) \cdot 2{,}3}{(1 - 0{,}9) \cdot 1{,}43}}_{\text{Anteil aus Biegung}} \right)$$

$$\sigma = 1260 + 6000 = 7260\ \text{kg/cm}^2.$$

Der Wert ist zu groß. Einfluß der Biegung wird bei kleinem P sehr schnell kleiner. Man wiederholt mit $P/P_K = 0{,}76$.

$$\sigma = 1400 \cdot 0{,}76 \left(1 + \frac{0{,}3 \cdot 2{,}3}{0{,}24 \cdot 1{,}43}\right) = 1060 + 2120 = \\ = 3180\ \text{kg/cm}^2\ \text{(zulässig)}.$$

Bei der angenommenen Exzentrizität und Vorkrümmung beträgt die vom Stab getragene Last nur 76 vH der Eulerlast.

Würde der Stab um 50 vH länger sein ($l = 180$ cm, $l/i = 187{,}5$), so erhält man unter der Annahme der gleichen Exzentrizität und Vorkrümmung mit $P/P_K = 0{,}9$

$$\sigma = \frac{\pi^2 \cdot 2{,}2 \cdot 10^6}{(187{,}5)^2} \cdot 0{,}9 \left(1 + \frac{0{,}3 \cdot 2{,}3}{0{,}1 \cdot 1{,}43}\right) = 560\,(1 + 4{,}82) = = 3260 \text{ kg/cm}^2 \text{ (zulässig)}.$$

Exzentrizität und Vorkrümmung bedingen bei gleicher Größe bei dem um 50 vH längeren Stab nur eine Minderung der Eulerlast um 10 vH. Hieraus ist sehr deutlich zu ersehen, daß bei kurzen Knickstäben Arbeitsungenauigkeiten einen sehr großen Einfluß auf die Größe der Knicklast besitzen, daß es also gefährlich ist, solche Stäbe ohne weiteres als Eulerstäbe zu berechnen. Je schlanker der Knickstab ist, um so geringer ist der Einfluß der Exzentrizität und Vorkrümmung, da man mit ziemlicher Sicherheit voraussetzen kann, daß deren Größe von der Schlankheit der Stäbe unabhängig ist.

Beispiel 49; 6: Gerader Stab.

Gegeben: $P = 500$ kg, $p = 0{,}5$ kg/cm, $E \cdot J = 10^6$ kg cm², $l = 100$ cm.

Gesucht: M_{max}.

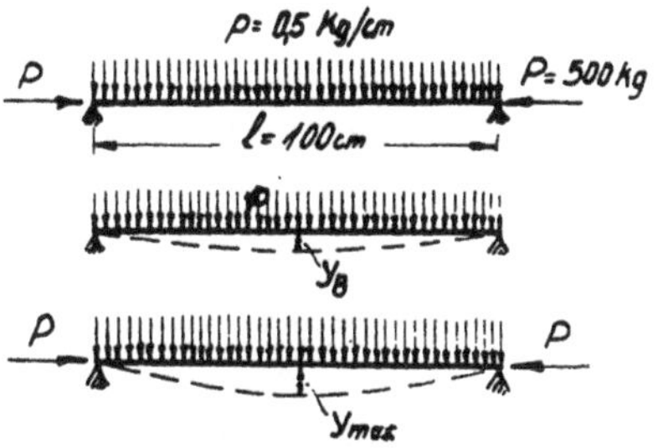

Bild 251 a. Berechnungsbeispiel: Zentrisch gedrückter, querbelasteter Stab.

Lösung:

$$M_{max} = 1/8\, p \cdot l^2 + P \cdot y_{max}$$

$$y_B = \frac{5}{384}\,\frac{p \cdot l^4}{E \cdot J} = \frac{5}{384} \cdot \frac{0{,}5 \cdot 10^8}{10^6} = 0{,}651 \text{ cm}$$

$$P_K = \frac{\pi^2 \cdot 10^6}{10^4} = 987 \text{ kg}$$

$$y_{max} = \frac{y_B}{1 - P/P_K} = \frac{0{,}651}{1 - 500/987} = 1{,}32 \text{ cm}$$

$$M_{max} = 1/8 \cdot 0{,}5 \cdot 10^4 + 500 \cdot 1{,}32$$

$$\underline{\underline{M_{max}}} = 625 + 659 = \underline{\underline{1284 \text{ cm kg.}}}$$

Exakte Vergleichsrechnung nach Hütte I. 26, S. 647.

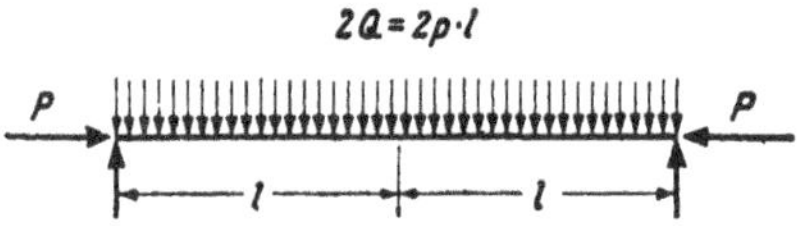

Bild 251 b. Berechnungsbeispiel: Zentrisch gedrückter, querbelasteter Stab.

$$M_{max} = \frac{Q}{l : \omega^2}\left(\frac{1}{\cos \omega l} - 1\right)$$

$$Q \quad = p \cdot l = 0{,}5 \cdot 50 = 25 \text{ kg}$$

$$\omega \quad = \sqrt{\frac{P}{E \cdot J}} = \sqrt{\frac{500}{10^6}} = 0{,}0224$$

$$\omega l \quad = 0{,}0224 \cdot 50 = 1{,}12; \; \cos \omega l = 0{,}436$$

$$\underline{\underline{M_{max}}} = \frac{25}{50 \cdot 0{,}0224^2}\left(\frac{1}{0{,}436} - 1\right) = 997\,(2{,}29 - 1) = \underline{\underline{1285 \text{ cm kg.}}}$$

Beispiel 49; 7: Vorgebogener Stab.

Gegeben: $P = 300$ kg, $\varkappa = 48$ kg/cm, $E \cdot J = 10^6$ kg cm², $l = 90$ cm.

Gesucht: M_{max}.

Lösung: Nach Hütte ist:

$$\bar{y} = \frac{Q}{E \cdot J} \cdot \frac{l^3}{3} \cdot \frac{c^2}{l^2} \cdot \frac{c_1^2}{l^2},$$

somit ist:

$$\varkappa_K \quad = \left(\frac{Q}{\bar{y}}\right)_K = \frac{3 \cdot E \cdot J \cdot l}{c^2 \cdot c_1^2} = \frac{3 \cdot 10^6 \cdot 90}{30^2 \cdot 60^2} = 83 \text{ kg/cm}$$

$$P_K \quad = \frac{\pi^2 E \cdot J}{l^2} = \frac{\pi^2 \cdot 10^6}{90^2} = 1235 \text{ kg}$$

$$y \; . \quad = \frac{y_v}{1 - (P/P_K + \varkappa/\varkappa_K)} = \frac{0{,}5}{1 - (300/1235 + 48/83)} = 2{,}8 \text{ cm}$$

$$Q \quad = \varkappa \cdot y = 48 \cdot 2{,}8 = 134 \text{ kg}$$

$$M_\varkappa = \frac{Q \cdot c}{l} \cdot c_1 = 134 \cdot \frac{60}{90} \cdot 30 = 2680 \text{ cm kg}$$

$$M_P = P \cdot y = 300 \cdot 2{,}8 = 840 \text{ cm kg}$$

$$\underline{\underline{M_{ges}}} = M_\varkappa + M_P = 2680 + 840 = \underline{\underline{3520 \text{ cm kg.}}}$$

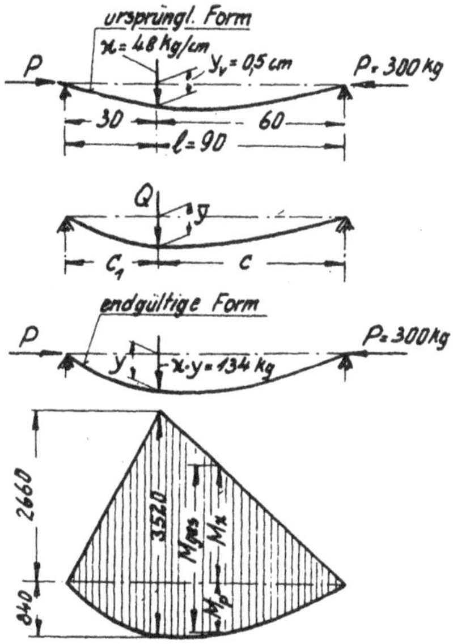

Bild 252. Berechnungsbeispiel: Vorgebogener Stab unter kombinierter Knicklast.

Beispiel 49; 8: Gitterträger mit überkreuzenden, exzentrisch angeschlossenen Diagonalstäben.

Bei Belastung des Gitterträgers durch eine Querkraft erhalten die Diagonalen der einen Richtung Druck, die der anderen Richtung Zug. In Bild 253b ist ein Diagonalenfeld herausgezeichnet. Die Diagonalen sind im Schnittpunkt miteinander verbunden.

Der gedrückte Stab (Bild 253c) erfährt bei Belastung eine die Exzentrizität vergrößernde, zusätzliche Ausbiegung y_z. Hierbei tritt im Schnittpunkt eine der Größe der zusätzlichen Ausbiegung y_z proportionale rückführende Querkraft Q auf, die von der Zugdiagonalen herrührt. In der Zugdiagonalen (Bild 253d) sind die Verhältnisse genau entgegengesetzt.

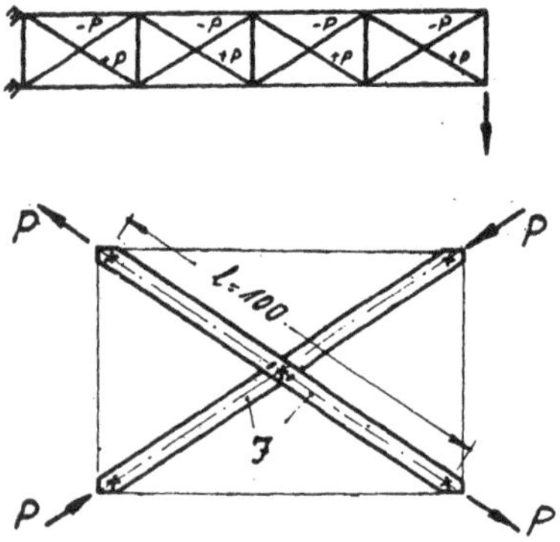

Bild 253a u. b. Berechnungsbeispiel: Gitterträger mit überkreuzenden, exzentrisch angeschlossenen Diagonalstäben.

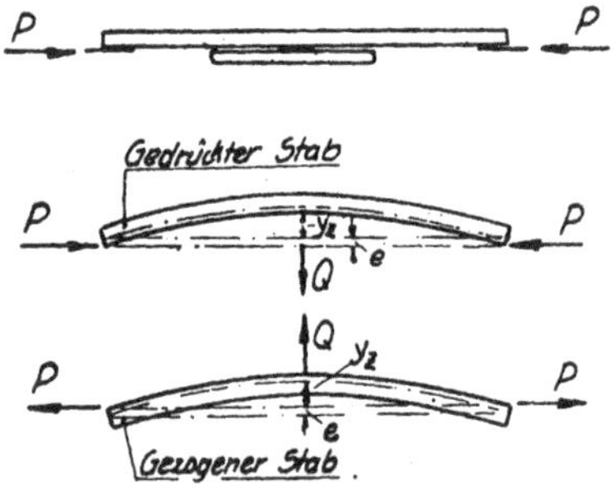

Bild 253c u. d. Zur Bestimmung der Endausbiegung des Schnittpunktes der Diagonalstäbe.

Bei der Aufstellung der Deformationsgleichung stellt man sich vor, daß Q von Anfang an konstant ist; als knickende Belastung wirkt dann P allein. Statt Q führt man die durch Q hervorgerufene Durchbiegung $y_Q = \frac{Q \cdot l^3}{48 E \cdot J}$ als Unbekannte ein. Man erhält folgende Beziehungen:

für den Druckstab:

$$e + y_z = \frac{e - y_Q}{1 - P/P_K}$$

für den Zugstab:

$$e - y_z = \frac{e - y_Q}{1 + P/P_K}.$$

Hieraus folgt:

$$y_Q = e\,(P/P_K)^2, \quad y_z = e\,(P/P_K)$$

Zahlenbeispiel.

$f = 1{,}25 \text{ cm}^2$, $J = 1{,}3 \text{ cm}^4$, $e = 0{,}9$ cm, $l = 100$ cm, $E = 0{,}7 \cdot 10^6 \text{ kg/cm}^2$, $P = 2000$ kg.

$$P_K = \frac{\pi^2 \cdot 0{,}7 \cdot 10^6 \cdot 1{,}3}{10^4} = 910 \text{ kg}$$

$$P/P_K = 2{,}2; \quad y_z = 0{,}9 \cdot 2{,}2 = 2 \text{ cm}$$

$$y_Q = 0{,}9 \cdot 2{,}2^2 = 4{,}4 \text{ cm}$$

$$\underline{\underline{Q}} = y_Q \cdot \frac{48 E \cdot J}{l^3} = 4{,}4 \cdot \frac{48 \cdot 0{,}7 \cdot 10^6 \cdot 1{,}3}{10^6} = \underline{\underline{194 \text{ kg.}}}$$

Man zeichnet sich jetzt den Stab mit der endgültigen Ausbiegung auf. Zeichnet man die Wirkungslinie $R = P \leftrightarrow Q/2$ ein, so kann man aus der Zeichnung den größten Hebel-

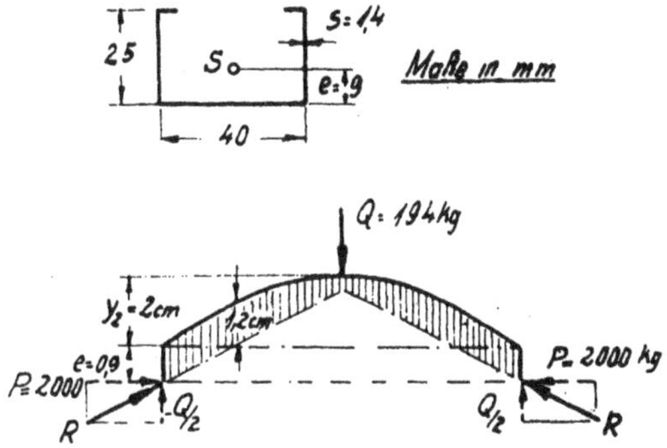

Bild 254 a u. b. Bestimmung des Momentenverlaufs in der Druckdiagonalen.

arm der Resultierenden durch Abmessen bestimmen (Bild 254b). Hiermit ist:

$$\underline{\underline{M_{max}}} = 1{,}2\sqrt{P^2 + (Q/2)^2} = \sim 1{,}2\,P = 1{,}2 \cdot 2000 = \underline{\underline{2400 \text{ cm kg.}}}$$

50. Knickung im unelastischen oder plastischen Bereich.

Bei den in den vorangegangenen Abschnitten behandelten Knickproblemen wurde stillschweigend vorausgesetzt, daß der Elastizitätsmodul bis zum Erreichen der Stabilitätsgrenze konstant ist. Bei gedrückten Knickstäben ist dies jedoch nur der Fall, wenn die kritische Druckspannung (Knickspannung) die Elastizitätsgrenze oder genau genommen die Proportionalitätsgrenze nicht überschreitet. Ist die Druckspannung σ_K, bei der das Gleichgewicht des Stabes indifferent wird, größer als die Spannung σ_E an der Elastizitätsgrenze, so verhält sich der Werkstoff nicht mehr rein elastisch. Auch für diesen Fall, den man als unelastische oder plastische Knickung bezeichnen kann, ist es möglich, die Größe der Knickspannung theoretisch zu ermitteln, wie es im folgenden gezeigt wird.

α) Vorbetrachtung.

Einfluß der Druck- (bzw. Zug-)Spannung auf den Elastizitätsmodul im überelastischen Bereich.

Im untenstehenden Schaubild (Bild 255a) ist ein durch einen Zugversuch ermitteltes Spannungs-Dehnungsdiagramm wiedergegeben. Der Anstieg der Spannungs-Dehnungskurve $\frac{d\sigma}{d\varepsilon} = E$ gibt an jeder Stelle die Größe des Elastizitätsmoduls an. Aus dem Verlauf der σ-ε-Linie ist zu erkennen, daß E bis nahezu an die Grenze des elastischen Bereichs (Elastizitätsgrenze), genauer genommen nur bis zur Proportionali-

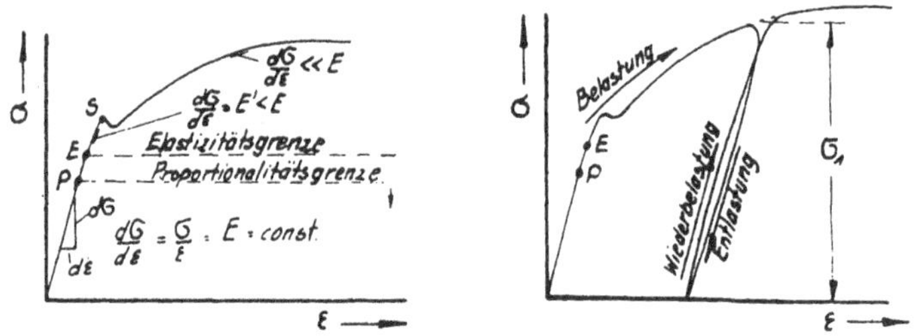

Bild 255a u. b. Spannungs-Dehnungs-Diagramme.

tätsgrenze konstant ist. Oberhalb dieser Grenze fällt der E-Modul zunächst sehr wenig, und nach Überschreiten der Streckgrenze (S) sehr stark ab.

Wird ein ursprünglich unbelasteter Werkstoff über die Elastizitätsgrenze hinaus bis zu einer Spannung σ_1 belastet, so verhält sich der Werkstoff bei der Entlastung und auch bei Wiederbelastung bis zu dieser Spannung σ_1 nahezu rein elastisch (vgl. Bild 255b). Der Elastizitätsmodul $E = \frac{d\sigma}{d\varepsilon}$ ist also bei Entlastung viel größer als bei Belastung über σ_1 hinaus. Für Druckspannungen gelten diese Ausführungen in gleicher Weise.

β) Die Engesser-v. Kármánsche Theorie.

Für die Behandlung des Problems der unelastischen Knikkung werden unter der bei Knickproblemen üblichen Annahme kleiner Ausbiegungen folgende Voraussetzungen getroffen:

1. Die Querschnitte bleiben auch bei der Biegung im plastischen Bereich eben.
2. Bei der Biegung besteht zwischen den Dehnungen und Spannungen einer Faser der gleiche Zusammenhang wie

bei reiner Zug- oder Druckbeanspruchung; d. h. das aus einem Zug- oder Druckversuch gewonnene σ-ε-Diagramm (Bild 255a und b) wird auch für die Biegung als gültig vorausgesetzt.

In Bild 256a ist ein beliebiges, durch zwei Querschnitte begrenztes Stück von der Länge »1« des Knickstabes herausgezeichnet. Infolge der Druckspannung σ_K werden die beiden Querschnitte um $\varepsilon_K \cdot$ »1« $= \varepsilon_K$ genähert. Knickt der Stab aus, so werden die beiden Querschnitte gegeneinander um den Winkel $d\alpha$ geneigt. Vernachlässigt man, genau wie bei der

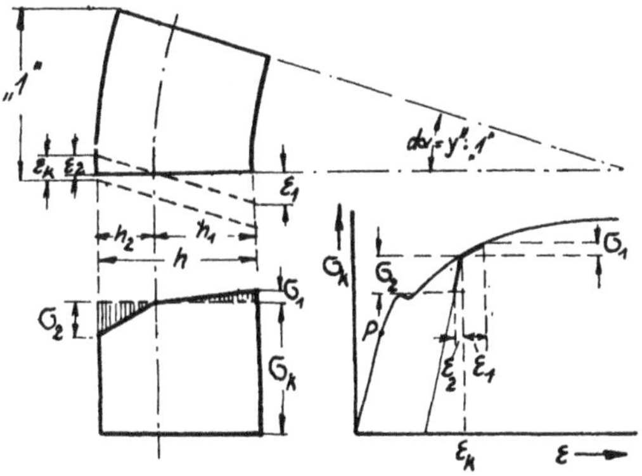

Bild 256a bis c. Zur Knickung im überelastischen Bereich.

elastischen Knickung, die spezifische Längenänderung ε_K gegen die Länge »1«, so entspricht die Neigung $d\alpha$ der Krümmung y'' des Stabes. Mit den Bezeichnungen nach Bild 256a folgt:

$$\boxed{d\alpha = y'' = \frac{\varepsilon_1}{h_1} = \frac{\varepsilon_2}{h_2}} \quad . \; . \; . \; . \; . \; (50;\ 1)$$

Bei der Ausbiegung des Stabes bleibt die Länge der Fasern der Spannungsnullachse erhalten; die Fasern der Krümmungsinnenseite erfahren eine höhere Belastung, die der Krümmungsaußenseite eine Entlastung. Unter der Annahme kleiner Ausbiegungen sind die Biegespannungen σ_1 und σ_2 klein gegen die Druckspannung σ_K (Bild 256c); somit kann der Elastizitätsmodul $E_1 = E'$ im Bereich von ε_K bis $\varepsilon_K + \varepsilon_1$ mit hinreichender Genauigkeit als konstant angesehen werden. Der

Elastizitätsmodul E_2 im Entlastungsbereich entspricht nach Absatz 1 dem Elastizitätsmodul E im elastischen Bereich. Für den Zusammenhang zwischen den Spannungen und Dehnungen gilt also:

$$\boxed{\sigma_1 = \varepsilon_1 \cdot E' \text{ und } \sigma_2 = \varepsilon_2 \cdot E} \qquad (50;\, 2\text{a u. b})$$

Die Konstantheit der Elastizitätsmodule im Biegezug- und Biegedruckbereich ergibt in Zusammenhang mit Punkt 1 der Voraussetzung (Ebenbleiben der Querschnitte) einen geradlinigen Anstieg der Spannungen von der Nullachse zu den Randfasern (Bild 256b). Durch Einführung von Gl. (50; 1) in Gl. (50; 2a und b) erhält man:

$$\boxed{\sigma_1 = y'' \cdot h_1 \cdot E' \text{ und } \sigma_2 = y'' \cdot h_2 \cdot E} \qquad (50;\, 3\text{a u. b})$$

Beim Ausknicken des Stabes wird die Druckkraft nicht geändert.

Setzt man zunächst für die weitere Rechnung einen rechteckigen Stabquerschnitt voraus, so müssen die Biegespannungsflächen (in Bild 256b schraffiert gezeichnet) zur Summe Null ergeben.

$$\frac{\sigma_1 \cdot h_1}{2} = \frac{\sigma_2 \cdot h_2}{2}.$$

Durch Einführung von Gl. (50; 3 und b) erhält man:

$$y'' \cdot h_1^2 \cdot E' = y'' \cdot h_2^2 \cdot E$$

oder

$$\boxed{\frac{h_1}{h_2} = \sqrt{\frac{E}{E'}}} \quad . \; . \; . \; . \; . \; . \; . \; . \quad (50;\, 4)$$

Da der Elastizitätsmodul E' von der Größe der Druckspannung σ_K abhängig ist, ist die Lage der Spannungsnullachse je nach der Größe der Druckspannung verschieden.

Das Gleichgewicht zwischen dem äußeren und inneren Moment ergibt die Beziehung:

$$P \cdot y = -\int \sigma \cdot df \cdot \eta = -b \int_{\eta=0}^{\eta=h_1} \sigma_{(1)} \cdot \eta \cdot d\eta - b \int_{\eta=0}^{\eta=h_2} \sigma_{(2)} \cdot \eta \cdot d\eta.$$

Darin bedeutet b die Querschnittsbreite, η den Abstand einer Faserschicht $(b \cdot d\eta)$ von der Spannungsnullachse, y den Abstand dieser Achse von der Wirkungslinie der äußeren Kraft P. Mit

$$\sigma_{(1)} = \sigma_1 \cdot \frac{\eta}{h_1} \quad \text{und} \quad \sigma_{(2)} = \sigma_2 \cdot \frac{\eta}{h_2}$$

erhält man aus der letzten Gleichung:

$$P \cdot y = -\frac{b \cdot \sigma_1}{h_1} \int_{h=0}^{\eta=h_1} \eta^2 \cdot d\eta - \frac{b \cdot \sigma_2}{h_2} \int_{\eta=0}^{\eta=h_2} \eta^2 \cdot d\eta =$$

$$= -\frac{b \cdot h_1^3}{3} \cdot \frac{\sigma_1}{h_1} - \frac{b \cdot h_2^3}{3} \cdot \frac{\sigma_2}{h_2}.$$

Setzt man:

$$\boxed{J_1 = \frac{b \cdot h_1^3}{3} \quad \text{und} \quad J_2 = \frac{b \cdot h_2^3}{3}} \qquad (50;\, 5\text{a u. b})$$

so sind J_1 und J_2 die auf die Spannungsnullachse bezogenen Trägheitsmomente der Biegezug- und Biegedruckflächen des Querschnitts. Unter Berücksichtigung von Gl. (50; 3a und b) erhält man:

$$P \cdot y = -J_1 \cdot y'' \cdot E - J_2 \cdot y'' \cdot E = -y'' E \cdot J \left[\frac{J_1 \cdot E'}{J \cdot E} + \frac{J_2}{J}\right].$$

Setzt man:

$$\boxed{\varkappa = \left[\frac{J_1 \cdot E'}{J \cdot E} + \frac{J_2}{J}\right]} \quad \ldots\ldots \quad (50;\, 6)$$

so lautet die Differentialgleichung der Biegelinie im plastischen Bereich:

$$P \cdot y = -y'' E \cdot J \cdot \varkappa.$$

Die spezielle Lösung ergibt für die Knicklast den Wert:

$$\boxed{P_K = \frac{\pi^2 \cdot E \cdot J \cdot \varkappa}{L^2}} \quad \ldots\ldots \quad (50;\, 7)$$

Die Knicklast im plastischen Bereich unterscheidet sich von der im elastischen Bereich nur dadurch, daß an Stelle der Biegesteifigkeit $E \cdot J$ die mit der Knickzahl $\varkappa$ reduzierte

Biegesteifigkeit $E \cdot J \cdot \varkappa$ tritt. Für die Knickspannung $\sigma_K = \frac{P_K}{f}$ erhält man den Ausdruck

$$\boxed{\sigma_K = \frac{\pi^2 \cdot E \cdot \varkappa}{(L/i)^2}} \quad \ldots\ldots \quad (50; 8)$$

Um die theoretische Bestimmung der Knickspannung einfach zu gestalten, wird Gl. (50; 6) etwas umgeformt. Mit Gl. (50; 4) und $h = h_1 + h_2$ wird:

$$h_2 = h - h_1 = h - h_2 \sqrt{\frac{E}{E'}} \quad \text{oder} \quad h_2 = \frac{h \cdot \sqrt{E'}}{\sqrt{E'} + \sqrt{E}}$$

$$h_1 = h_2 \sqrt{\frac{E}{E'}} = \frac{h \cdot \sqrt{E}}{\sqrt{E'} + \sqrt{E}}$$

Mit diesen Werten erhält man aus den Gln. (50; 5a, b und 6):

$$\varkappa = \frac{J_1 \cdot E'}{J \cdot E} + \frac{J_2}{J} = \frac{12\, b \cdot h_1^3 \cdot E'}{3\, b \cdot h^3 \cdot E} + \frac{12\, b \cdot h_2^3}{3\, b \cdot h^3} = \frac{4}{h^3}\left[h_1^3 \frac{E'}{E} + h_2^3\right]$$

$$\varkappa = \frac{4}{h^3}\left[\frac{h^3 \cdot E \cdot \sqrt{E}}{(\sqrt{E'} + \sqrt{E})^3} \cdot \frac{E'}{E} + \frac{h^3 \cdot E' \sqrt{E'}}{(\sqrt{E'} + \sqrt{E})^3}\right] =$$

$$\boxed{\varkappa = \frac{4\, E'}{(\sqrt{E'} + \sqrt{E})^2}} \quad \ldots\ldots \quad (50; 9)$$

Für die theoretische Berechnung wird die Knickspannung am besten als eine Funktion des Schlankheitsgrades dargestellt. Man geht hierbei folgendermaßen vor. Man bestimmt an Hand der für den Werkstoff gültigen σ-ε-Kurve (Bild 257a) für eine Spannung $\sigma_K > \sigma_P$ den Elastizitätsmodul E' durch die Neigung der Tangente $\left(E' = \frac{d\sigma}{d\varepsilon}\right)$ an die σ-ε-Kurve, sowie den von der Größe der Druckspannung unabhängigen Elastizitätsmodul E im elastischen Bereich. Mit diesen Werten E' und E berechne man die Knickzahl $\varkappa$ nach Gl. (50; 9) und mit dieser den Schlankheitsgrad λ entsprechend Gl. (50; 8) aus

$$\boxed{\lambda = L/i = \pi \sqrt{\frac{E \cdot \varkappa}{\sigma_K}}} \quad \ldots\ldots \quad (50; 10)$$

Wiederholt man dieses Verfahren für verschiedene angenommene Werte von $\sigma_K > \sigma_P$ und trägt σ_K in Abhängigkeit von

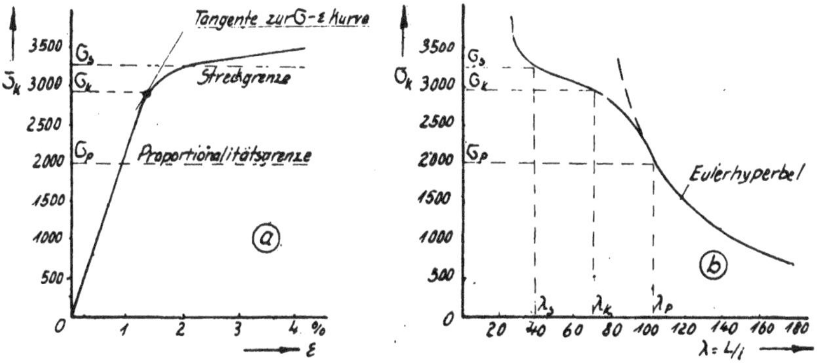

Bild 257a u. b. Zur Bestimmung der Abhängigkeit der Knickspannung vom Schlankheitsgrad im überelastischen Bereich.

λ auf, so erhält man eine Kurve, die die im plastischen Bereich geltenden Werte für die Knickspannung in Abhängigkeit vom Schlankheitsgrad wiedergibt (Bild 257b). An der Proportionalitätsgrenze geht diese Kurve in die für den elastischen Bereich gültige Euler-Hyperbel über.

Für den praktischen Gebrauch wird es ausreichend sein, den Verlauf der Knickspannungskurve oberhalb der Proportionalitätsgrenze zu schätzen. Man erhält eine ganz gute Übereinstimmung mit den wirklichen Verhältnissen, wenn man bei λ_p von der Eulerhyperbel in eine Parabel übergeht, die bei $\lambda = 0$ den Wert $\sigma_K = \sigma_S$ aufweist (vgl. Bild 258). Je flacher man die Kurve im überelastischen Bereich annimmt, um so mehr bewegt man sich auf der sicheren Seite. Auf die Bestimmung der Knickspannungslinie im Bereich kleiner λ kann man in den meisten Fällen verzichten, da von den im Flugzeugbau üblichen dünnwandigen Profilen solche hohen Druckspannungen im allgemeinen nicht getragen werden.

Bestimmung der Knickzahl $\varkappa$ für beliebige Querschnitte. In Bild 259 ist ein beliebiger Querschnitt und die Verteilung der Biegespannungen dargestellt. Die Bedingung, daß beim Ausknicken des Stabes die Druckkraft nicht geändert wird, verlangt:

$$\int_{\eta=0}^{\eta=h_1} \sigma_{(1)} \cdot b \cdot d\eta = \int_{\eta=0}^{\eta=h_2} \sigma_{(2)} \cdot b \cdot d\eta .$$

Drückt man die veränderlichen Biegespannungen durch die Randspannungen aus

$$\sigma_{(1)} = \sigma_1 \cdot \frac{\eta}{h_1} \text{ und } \sigma_{(2)} = \sigma_2 \cdot \frac{\eta}{h_2},$$

und führt man σ_1 und σ_2 entsprechend Gl. (50; 3a und b) ein, so erhält man:

$$\frac{y'' \cdot h_1 \cdot E'}{h_1} \cdot \int\limits_{\eta=0}^{\eta=h_1'} b \cdot \eta \cdot d\eta = \frac{y'' \cdot h_2 \cdot E}{h_2} \cdot \int\limits_{\eta=0}^{\eta=h_2} b \cdot \eta \cdot d\eta$$

oder

$$\boxed{E' \cdot S_1 = E \cdot S_2} \quad \ldots\ldots \quad (50;\ 11)$$

S_1 und S_2 sind die statischen Momente der Biegedruck- und Biegezugfläche des Querschnitts in bezug auf die Spannungs-

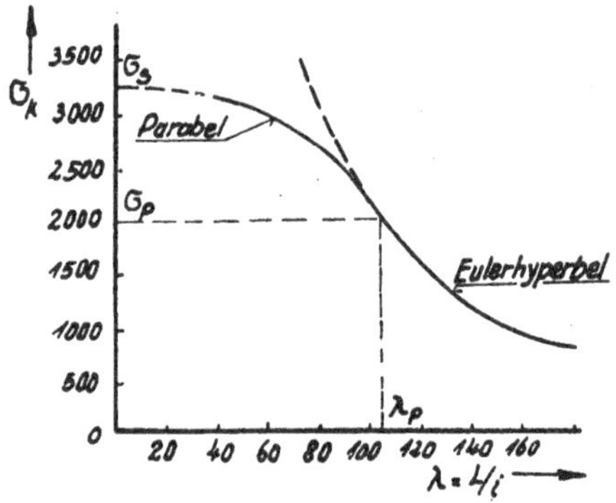

Bild 258. Näherungskurve für die Abhängigkeit der Knickspannung vom Schlankheitsgrad im überelastischen Bereich.

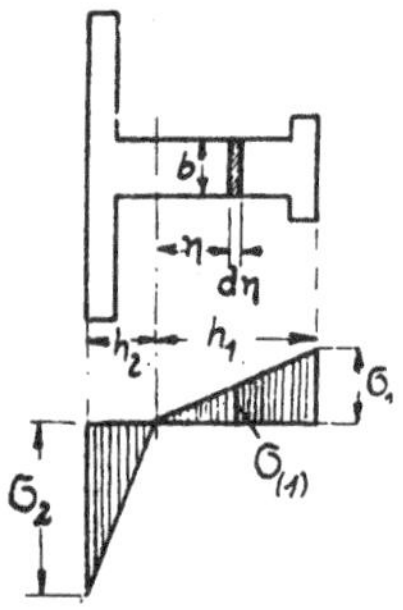

Bild 259. Zur Bestimmung der Knickzahl für beliebige Querschnitte.

nullachse. Letztere muß so bestimmt werden, daß Gl. (50; 11) erfüllt wird.

Der Ansatz für das Gleichgewicht zwischen innerem und äußerem Moment führt zum gleichen Ergebnis wie beim Rechteckquerschnitt (vgl. Gln. (50; 6, 7 und 8). Nur sind die auf die Spannungsnullachse bezogenen Trägheitsmomente J_1 und J_2 der Biegedruck- und Biegezugfläche des Querschnitts nicht nach den Gln. (50; 5a und b) bestimmbar, sondern müssen für die verschiedenen Querschnittsformen aus

$$J_1 = \int_{\eta=0}^{\eta=h_1} b \cdot \eta^2 \cdot d\eta \quad \text{und} \quad J_2 = \int_{\eta=0}^{\eta=\eta_2} b \cdot \eta^2 \cdot d\eta \qquad (50;\ 12\,\text{a u. b})$$

berechnet werden.

Es sei noch darauf hingewiesen, daß der Einfluß der Querschnittsform auf die Größe von $\varkappa$ und somit auf die Knicklast im allgemeinen gering ist, so daß man in Praxis die Stabilitätsberechnung im plastischen Bereich auch für beliebige Querschnitte nach den für den Rechteckquerschnitt gültigen Formeln mit genügender Genauigkeit durchführen kann.

51. Ausknicken von Blechen (Verbeulung).

Im folgenden werden nur Bleche betrachtet, die an den zur Druckrichtung senkrechten Seiten gehalten sind. Bei einer bestimmten Druckbelastung knicken diese Bleche in ihrer ganzen Breite, genau wie ein gedrückter Stab, nach

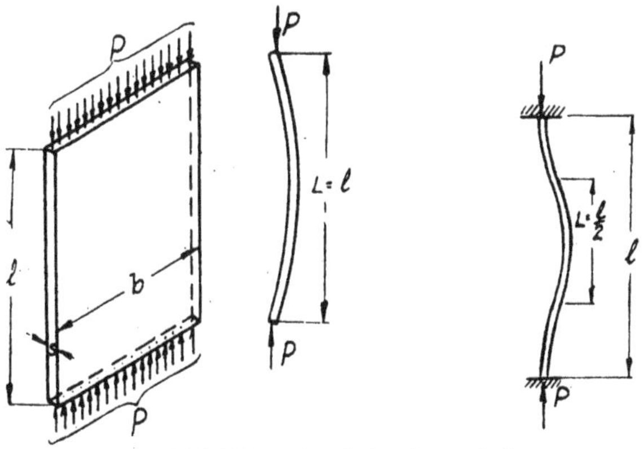

Bild 260a u. b. Gedrücktes Blech.

einer Seite aus. Ist das Blech an den gedrückten Seiten gelenkig gelagert, so gilt nach Gl. (46; 2) für die Knicklast:

$$P_K = \frac{\pi^2 \cdot E \cdot J}{L^2} = \frac{\pi^2 \cdot E \cdot J}{l^2}$$

Bezeichnet b die Breite, s die Dicke und $f = s \cdot b$ den Querschnitt des Bleches, so ist:

$$J = \frac{b \cdot s^3}{12} = f \cdot \frac{s^2}{12}.$$

Hiermit erhält man für die Knickspannung des Bleches:

$$\sigma_K = \frac{P_K}{f} = \frac{\pi^2 \cdot E}{12}\left(\frac{s}{l}\right)^2 = 0{,}82 \cdot E\left(\frac{s}{l}\right)^2 \qquad (51;1)$$

Bei starrer Einspannung der gedrückten Seiten ist die Knicklänge (Sinus-Halbwellen-Länge) gleich der halben Blechlänge ($L = 1/2\ l$, Bild 260b). Für diesen Fall ist also:

$$\sigma_K = \frac{\pi^2 \cdot E \cdot s^2}{12\,(l/2)^2} = 3{,}3 \cdot E\,(s/l)^2 \quad . \; . \; . \; (51;2)$$

Diese Art der Blechknickung tritt in Praxis u. a. bei Blechlaschen auf, die zum Zwecke einer Querschnittserhöhung mit anderen Bauteilen durch Nietung verbunden sind. Z. B. werden sehr häufig die Gurte von Biegungsträgern durch Blechlaschen verstärkt, da man hierdurch in sehr einfacher Weise die Gurtquerschnitte den veränderlichen Gurtkräften anpassen kann.

Werden solche Bauteile einer Druckkraft unterworfen, so kann die Blechlasche zwischen den Nieten ausknicken, wenn der Nietabstand in bezug auf die im Bauteil wirkende Druckkraft zu groß ist.

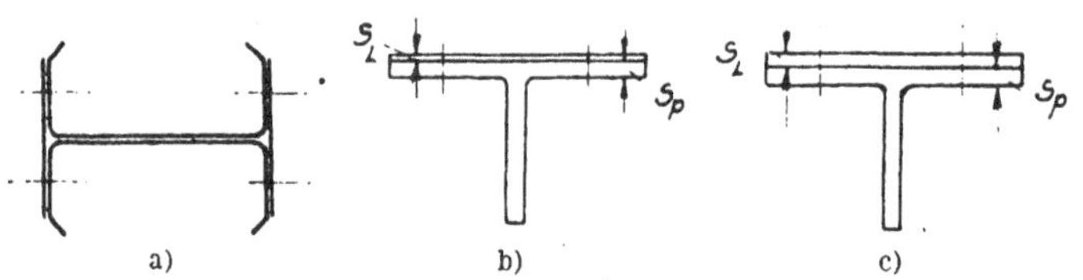

a) Druckstab aus [-Profilen und Blechlaschen zusammengesetzt. Niete dienen nur zur Verhinderung des Ausknickens der Laschen.

b), c) Gurt eines Biegungsträgers, bestehend aus T-Profil und Verstärkungslasche. Niete dienen sowohl zur Verhinderung des Ausknickens der Lasche wie auch zur Kraftübertragung.

b) $s_L \ll s_P$ für die Nietteilung ist die Druckspannung im Gurt maßgebend.

c) $s_L = \sim s_P$ für die Nietteilung ist die Schubbeanspruchung der Nietung maßgebend.

Bild 261a bis c. Durch Blechlaschen verstärkte Druckglieder.

Will man die Querschnittserhöhung durch die Verstärkungslasche voll ausnutzen, so wird man die Nietteilung so klein wählen, daß ein Ausknicken der Lasche bis zur Bruchlast des Bauteils mit Sicherheit vermieden wird. Einen noch kleineren Nietabstand wird man wegen der damit verbundenen Erhöhung der Nietkosten vermeiden, wenn nicht gerade ein solcher aus Festigkeitsgründen (z. B. Krafteinleitung in die Lasche, vgl. Bild 261 b und c und 34) bedingt wird.

Liegt die Druckspannung des betreffenden Bauteils noch unterhalb der Elastizitätsgrenze, so kann man den Nietabstand entsprechend den Gln. (51; 1 und 2) bestimmen. Unter der Voraussetzung, daß die Niete nur eine Auflagerwirkung abgeben, ist die Nietteilung t gleich der Länge L der Sinushalbwelle zu setzen; also

$$\sigma_K = 0{,}82\, E \cdot (s/t)^2$$

oder

$$t/s = \sqrt{\frac{0{,}82 \cdot E}{\sigma_K}} = 0{,}91 \sqrt{\frac{E}{\sigma_K}}$$

Nimmt man eine starre Einspannung durch die Nieten an, so ist $L = t/2$ oder

$$t/s = \sqrt{\frac{3{,}3 \cdot E}{\sigma_K}} = 1{,}82 \sqrt{\frac{E}{\sigma_K}}\,.$$

In Wirklichkeit können nur die im näheren Bereich der Niete liegenden Fasern als eingespannt betrachtet werden; für die in der Mitte zwischen zwei Nietreihen oder am Rande liegenden Fasern dagegen kann man nur eine Auflagerung voraussetzen. Der kritische Wert von t/s wird also zwischen diesen beiden Grenzwerten liegen. Man wird sich noch auf der sicheren Seite bewegen, wenn man für den Wert t/s das Mittel aus den beiden Extremwerten annimmt, sofern der Abstand a der Nietreihen nicht allzu groß ist ($a = \sim t$).

$$\boxed{t/s = \frac{0{,}91 + 1{,}81}{2} \sqrt{\frac{E}{\sigma_K}} = 1{,}36 \sqrt{\frac{E}{\sigma_K}}} \quad \ldots \quad (51;\,3)$$

Für Dural mit $E = 0{,}71 \cdot 10^6$ und $\sigma_K = \sigma_F = 2200$ kg/cm² erhält man:

$$\boxed{t/s = 1{,}36 \sqrt{\frac{0{,}71 \cdot 10^6}{2200}} = \sim 25} \quad \ldots \quad (51;\,4)$$

Bei versetzten Nietreihen (Bild 262b) kann man den Abstand der Niete in den einzelnen Reihen größer wählen, da die Niete der einen Reihe eine Stützung auf die in den Bereich der anderen Reihe fallenden Fasern ausüben. Mit einem Wert von

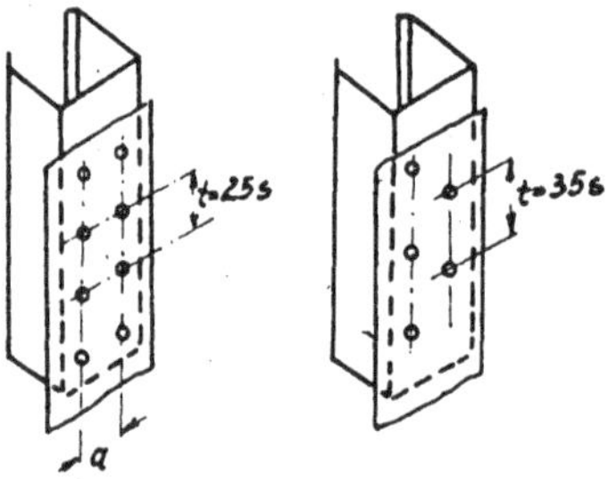

Bild 262a u. b. Profil mit aufgenieteter Verstärkungslasche.

$$\boxed{t/s = 35} \quad (51; 5)$$

erhält man eine ganz gute Übereinstimmung mit Versuchsergebnissen.

Auch für den Fall, daß die Druckspannung des Baugliedes im überelastischen Bereich liegt, kann man mit Hilfe der in 50 aufgestellten Beziehungen die erforderliche Nietteilung ohne Schwierigkeiten ermitteln. Nimmt man wie vorher eine mittlere Einspannung durch die Nieten an, d. h. die Knicklänge $L = \frac{t}{1,5}$, so ist mit $i = \frac{s}{2\sqrt{3}}$

$$\lambda = L/i = \frac{t}{1,5} \cdot \frac{2\sqrt{3}}{s} = 2,31\ t/s$$

oder

$$\boxed{t/s = \frac{\lambda}{2,31} = 0,43\,\lambda} \quad \ldots\ldots \quad (51; 6)$$

Man ermittelt aus der Kurve $\sigma_K = \sigma_K(\lambda)$ (vgl. Bild 257b) für die gegebene Druckspannung σ_K das zugehörige λ und bestimmt hiermit nach Gl. (51; 6) die erforderliche Nietteilung.

Werden sehr dünne Bleche mit gedrückten Bauteilen durch Nietung verbunden, wie z. B. die Blechbeplankung mit den Holm- oder Rippengurten, so wird man im allgemeinen auf das Mittragen des Bleches verzichten, da der Querschnittsgewinn unerheblich ist. In solchen Fällen ist es naheliegend, die Bestimmung des Nietabstandes auf Grund der von der Nietung zu übertragenden Kraft vorzunehmen; dieser Gesichtspunkt ist jedoch nicht in jedem Fall maßgebend, wie es aus dem Folgenden zu ersehen ist.

Sind dünne Bleche nur in großen Abständen gestützt, so knicken sie schon bei sehr kleinen Druckspannungen aus. Beim und nach dem Ausknicken nehmen sie trotz der Verkürzung der Nachbarteile keine größere Last als die Knicklast auf, sondern gleichen die Längendifferenz durch Vergrößerung der Ausbiegung aus. Wenn schließlich im ausgeknickten Blech infolge der resultierenden Druck- und Biegespannung die Streckgrenze überschritten wird, was u. U. schon bei sicherer Belastung des betreffenden Bauteils der Fall sein kann, so nimmt die Druckkraft in diesem Blech, die der Knicklast entsprach, sehr schnell ab. Das Blech ist jetzt als zerstört anzusehen. Auch nach Entlastung hat es seine Widerstandsfähigkeit gegenüber einer neuen Belastung verloren.

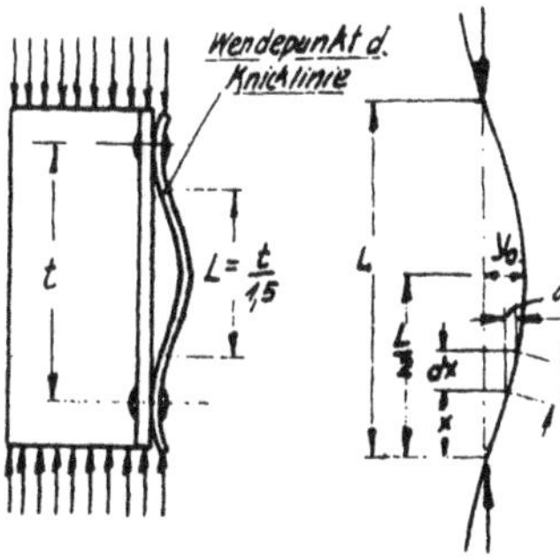

Bild 263. Zur Ermittlung der Biegespannung in der ausgeknickten Lasche.

Für die Berechnung wird ein zwischen zwei Wendepunkten der Knicklinie des Bleches liegendes Stück betrachtet (Bild 263). Bei Erreichen der Knickspannung σ_K sei die Länge des Stückes $L + \Delta L$. Wird die Druckspannung im Profil (Gurt usw.) um $\Delta\sigma$ erhöht, so wird dessen Länge um

$$\boxed{\Delta l = \frac{\Delta\sigma}{E}(L + \Delta L) = \sim \frac{\Delta\sigma}{E} \cdot L} \quad . . . (51;\ 7)$$

vermindert. Da das Blech über die Knickspannung σ_K hinaus keine weitere Druckspannung mehr aufnimmt, demzufolge auch keine weitere Verkürzung infolge Druckdehnung mehr erfährt, muß die Länge des Bleches, d. h. die Länge der Knicklinie um ΔL größer sein als die gerade Verbindung ihrer Enden. Es ist also:

$$L + \Delta L = \int ds.$$

Mit

$$ds = \sqrt{dx^2 + dy^2} = dx\sqrt{1 + y'^2} = dx\,(1 + y'^2/2)$$

wird:

$$L + \Delta L = \int_0^L dx + \frac{1}{2}\int_0^L y'^2\,dx$$

Man kann voraussetzen, daß die **Ausbiegung** y_0 so klein bleibt, daß die Knicklinie genügend genau durch eine Sinuslinie wiedergegeben wird. Demnach ist:

$$y = y_0 \cdot \sin\frac{\pi \cdot x}{L} \text{ und } y' = y_0 \frac{\pi}{L} \cdot \cos\frac{\pi \cdot x}{L}$$

Hiermit wird:

$$L + \Delta L = L + \frac{1}{2} y_0^2 \cdot \frac{\pi^2}{L^2} \cdot \frac{L}{\pi} \int_{\frac{\pi \cdot x}{L} = 0}^{\frac{\pi \cdot x}{L} = \pi} \cos^2 \frac{\pi x}{L} \cdot d\left(\frac{\pi \cdot x}{L}\right) =$$

$$= L + \frac{1}{2} y_0^2 \cdot \frac{\pi^2}{L^2} \cdot \frac{L}{2}$$

oder

$$\Delta L = \frac{\pi^2}{4} \cdot \left(\frac{y_0}{L}\right)^2 \cdot L.$$

Mit Gl. (51; 7) erhält man:

$$\frac{\Delta\sigma}{E} \cdot L = \frac{\pi^2}{4}\left(\frac{y_0}{L}\right)^2 \cdot L \text{ oder } \boxed{\Delta\sigma = \frac{\pi^2}{4} \cdot E \cdot \left(\frac{y_0}{L}\right)^2} \quad (51;\,8)$$

Die **Ausbiegung** y_0 **des ausgeknickten Bleches bedingt eine bestimmte Größe der Biegespannung** σ_B. Aus der Differentialgleichung der Biegelinie (vgl. 23)

$$y'' = -\frac{\sigma_1 - \sigma_2}{E \cdot h} = -\frac{2\,\sigma_B}{E \cdot s} \text{ erhält man } \sigma_B = -1/2\, y'' \cdot E \cdot s.$$

Die Größe der Biegespannung ist von der Größe der Krümmung $y'' = -y_0 \cdot \frac{\pi^2}{L^2} \cdot \sin\frac{\pi \cdot x}{L}$ abhängig. Diese besitzt ihren größten Wert an der Stelle $x = L/2$; hierfür ist:

$$y''_{max} = -y_0 \cdot \frac{\pi^2}{L^2}$$

und

$$\sigma_B = \frac{\pi^2 \cdot E}{2} \cdot \frac{y_0}{L} \cdot \frac{s}{L}.$$

Ersetzt man s/L durch die Knickspannung σ_K entsprechend Gl. (51; 1), so wird:

$$\sigma_K = \frac{\pi^2 \cdot E}{2} \cdot \frac{y_0}{L} \sqrt{\frac{12}{\pi^2 \cdot E} \cdot \sigma_K} = \frac{y_0}{L} \cdot \pi \sqrt{3E \cdot \sigma_K}$$

oder

$$\boxed{\frac{y_0}{L} = \frac{\sigma_K}{\pi \sqrt{3E \cdot \sigma_K}}} \quad \ldots \ldots \ldots (51;9)$$

Führt man den Wert $\frac{y_0}{L}$ aus Gl. (51; 9) in Gl. (51; 8) ein, so erhält man den Zusammenhang zwischen dem Spannungszuwachs $\Delta\sigma$ im Profil und der Biegespannung im ausgeknickten Blech.

$$\boxed{\Delta\sigma = \frac{\pi^2}{4} \cdot E \frac{\sigma_B{}^2}{\pi^2 \cdot 3E \cdot \sigma_K} = \frac{1}{12} \frac{\sigma_B{}^2}{\sigma_K} \text{ oder } \sigma_B = 3{,}46 \sqrt{\Delta\sigma \cdot \sigma_K}}$$

. . . (51; 10 u. 10a)

Mit Gl. (51; 10) ergibt sich jetzt eine einfache Beziehung zwischen der Gesamtspannung im Hauptprofil $\sigma = \sigma_K + \Delta\sigma$ und der resultierenden Spannung $\sigma_r = \sigma_K + \sigma_B$ im ausgeknickten Blech.

$$\frac{\sigma}{\sigma_r} = \frac{\sigma_K}{\sigma_K + \sigma_B} + \frac{\Delta\sigma}{\sigma_K + \sigma_B} = \frac{\sigma_K}{\sigma_K + \sigma_B} + \frac{1}{12} \frac{\dfrac{[(\sigma_K + \sigma_B) - \sigma_K]^2}{(\sigma_K + \sigma_B)^2}}{\dfrac{\sigma_K}{\sigma_K + \sigma_B}}$$

$$\boxed{\frac{\sigma}{\sigma_r} = \frac{\sigma_K}{\sigma_r} + \frac{1}{12} \frac{[1 - \sigma_K/\sigma_r]^2}{\sigma_K/\sigma_r}} \quad \ldots \ldots (51;11)$$

In der folgenden Zahlentafel sind für verschiedene angenommene Werte σ_K/σ_r die zugehörigen Werte σ/σ_r errechnet und im Schaubild Bild 264 in Abhängigkeit von σ_K/σ_r aufgetragen.

Die Teilung für t/s für Dural ($E = 0{,}71 \cdot 10^6$ kg/cm², $\sigma_E = 2200$ kg/cm²) wird folgendermaßen erhalten. Setzt man in Übereinstimmung mit Gl. (51; 3) $\sigma_K = 1{,}85 \cdot E \cdot (s/t)^2$, so erhält man unter der Bedingung $\sigma_r = \sigma_K + \sigma_B = \sigma_E$ für

$$\boxed{\sigma_K/\sigma_r = \frac{1{,}85 \cdot E \cdot (s/t)^2}{2200} = \sim \frac{625}{(t/s)^2}} \quad (51;12)$$

σ_K/σ_r	0,02	0,06	0,1	0,2	0,3	0,4	0,6	0,8	1,0
σ/σ_r	4,02	1,287	0,775	0,467	0,436	0,475	0,622	0,804	1,0

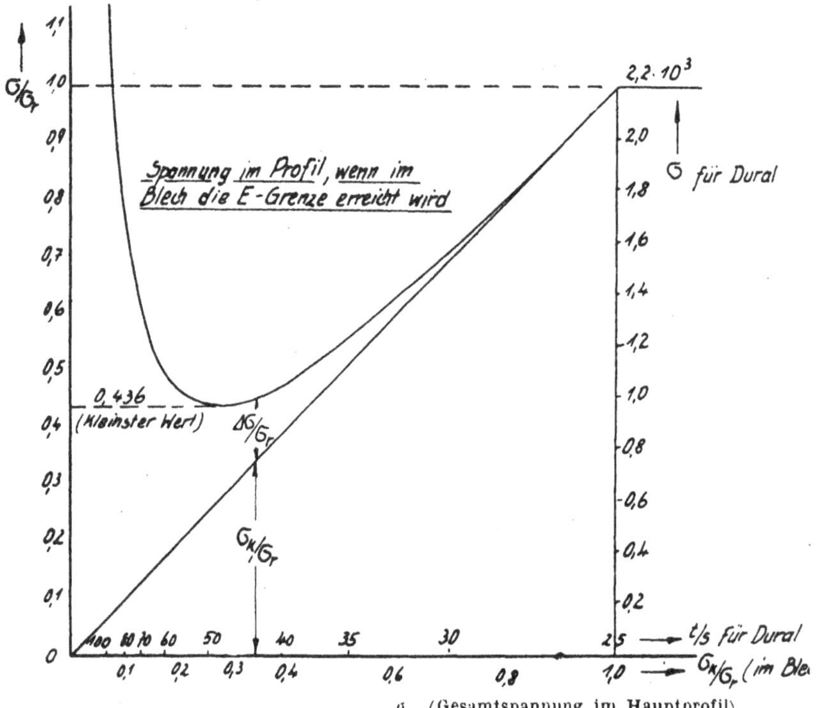

Bild 264. Abhängigkeit des Wertes $\frac{\sigma}{\sigma_r}$ $\left(\frac{\text{Gesamtspannung im Hauptprofil}}{\text{resultier. Spannung i. d. Lasche}}\right)$ vom Nietteilungsverhältnis $\frac{t}{s}$ $\left(\frac{\text{Nietteilung}}{\text{Wandstärke der Lasche}}\right)$ bzw. vom Wert $\frac{\sigma_K}{\sigma_r}$ $\left(\frac{\text{Knickspannung}}{\text{resultierende Spannung}} \text{ in der Lasche}\right)$.

Der Maßstab für σ ergibt sich ohne weiteres aus dem Maßstab σ/σ_r, wenn $\sigma_r = \sigma_E = 2200$ kg/cm² gesetzt wird. In bezug auf diesen Maßstab gibt die gezeichnete Kurve $\sigma/\sigma_r = f(\sigma_K/\sigma_r)$ die Spannung im benachbarten Bauteil an, wenn im Blech die resultierende Druck- und Biegespannung die Spannung σ_E an der Elastizitätsgrenze erreicht.

Man erkennt hieraus, daß man das Blech entweder mit einem sehr geringen Nietabstand annieten muß, damit das

Blech hinreichend knickfest ist, oder mit einem so weiten Nietabstand, daß das Blech ausbiegen kann, ohne daß die Elastizitätsgrenze überschritten wird. Bei mittleren Nietteilungen wird das Blech zerstört, noch bevor die benachbarten Bauteile ihre rechnerische Bruchspannung erreicht haben.

Beispiel 51; 1: Ein genieteter Druckstab (Bild 265) aus Dural ($E = 0{,}71 \cdot 10^6$ kg/cm²) erfährt eine Spannung von $\sigma = 1200$ kg/cm². Wird bei der vorgesehenen Nietteilung $t = 3{,}5$ cm die Blechlasche über die Streckgrenze beansprucht?

Aus der Kurve Bild 264 findet man für $t/s = 3{,}5/0{,}1 = 35$ . . . : $\sigma = 1250$ kg/cm²; die Nietteilung ist demnach richtig gewählt.

Man kann die Beanspruchung der Blechlasche auch nach Gl. (51; 10a) bestimmen.

$$\sigma_B = 3{,}46 \sqrt{\Delta\sigma \cdot \sigma_K} \,.$$

Es ist:

$$\sigma_K = 1{,}85 \cdot E \cdot (s/t)^2 = 1{,}85 \cdot 0{,}71 \cdot 10^6\,(1/35)^2 = 1070 \text{ kg/cm}^2$$

$$\Delta\sigma = \sigma - \sigma_K = 1200 \quad 1070 = 130 \text{ kg/cm}^2$$

$$\sigma_B = 3{,}46 \sqrt{130 \cdot 1070} = 1290 \text{ kg/cm}^2$$

$$\sigma_{res} = \sigma_K + \sigma_B = 1070 + 1290 = 2360 \text{ kg/cm}^2.$$

Die resultierende Druck- und Biegespannung im Blech liegt noch unterhalb der Streckgrenze. Wird die Druckspannung im Profil über $\sigma = 1200$ kg/cm² hinaus erhöht, so fällt die vom Blech getragene

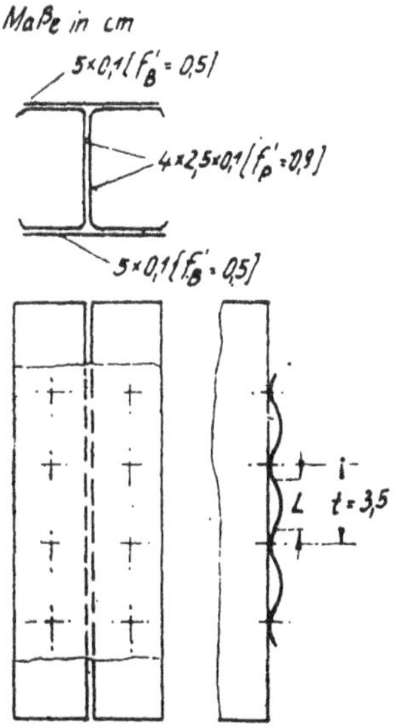

Bild 265. Berechnungsbeispiel: Druckstab mit aufgenieteten Verstärkungslaschen.

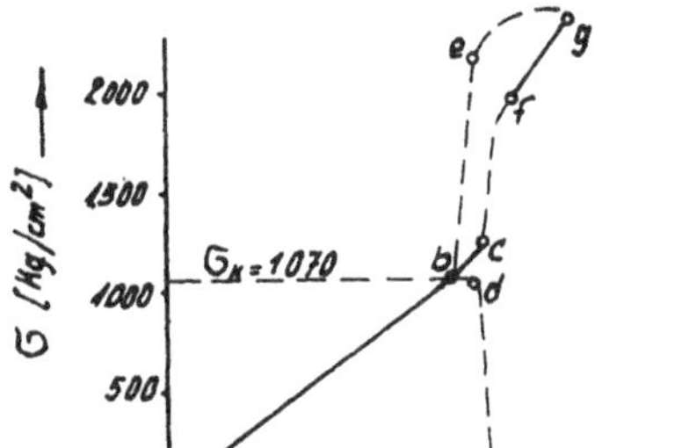

Bild 266. Spannungsverlauf im Profil und in der Lasche während der Belastung.

Druckspannung σ_K sehr schnell ab, so daß das Profil die gesamte Last allein tragen muß. Im Schaubild Bild 266 ist der Spannungsverlauf während der Belastung wiedergegeben.

Strang a—b: Die Druckspannung ist im Profil und Blech gleich groß:

$$\sigma = \frac{P}{f_P + f_B}$$

Punkt b: Blech knickt aus.

Strang b—c: Da die zusätzliche Last vom Profil allein getragen wird, wächst die Druckspannung im Profil schneller:

$$\sigma_P = \frac{P - \sigma_K \cdot f_B}{f_P}.$$

Strang b—d: Druckspannung im Blech bleibt konstant:

$$\sigma_B = \sigma_K = 1{,}85 \cdot E \cdot (s/t)^2.$$

Strang b—e: Resultierende Druck- und Biegespannung im Blech:

$$\sigma_r = \sigma_K + 3{,}46\sqrt{\Delta\sigma \cdot \sigma_K}\,.$$

Strang d—h: Nachdem die resultierende Spannung im Blech die Streckgrenze überschreitet, fällt die Druckkraft im Blech ab und sinkt schließlich nahezu auf Null.

Strang c—f: Nach dem Abfallen der Druckkraft im Blech muß das Profil die Kraft nahezu allein tragen.

Strang f—g: Das Blech ist vollständig ausgefallen, die Last wird jetzt vom Profil allein aufgenommen.

$$\sigma_P = \frac{P}{f_P}.$$

52. Wahl der Querschnittsform bei Druckstäben mit Berücksichtigung der Überschreitung der Streckgrenze und der Verbeulung.

a) Das Ähnlichkeitsgesetz der Festigkeitslehre.

Die folgenden Ausführungen beziehen sich auf geometrisch ähnliche Körper, die jeweils aus dem gleichen Werkstoff bestehen. Es wird vorausgesetzt, daß die Beanspruchung der Körper durch ihr Eigengewicht vernachlässigbar ist gegen die Beanspruchung, die durch den Ausgleich der am Körper angreifenden Kräfte (Kraftweiterleitung) bedingt ist.

Satz: Führt man zwei Körper einschließlich Lagerung in geometrisch ähnlicher Form aus und bringt man die Belastung geometrisch ähnlich an, so sind die Spannungen an geometrisch ähnlich liegenden Punkten gleich, wenn sich die

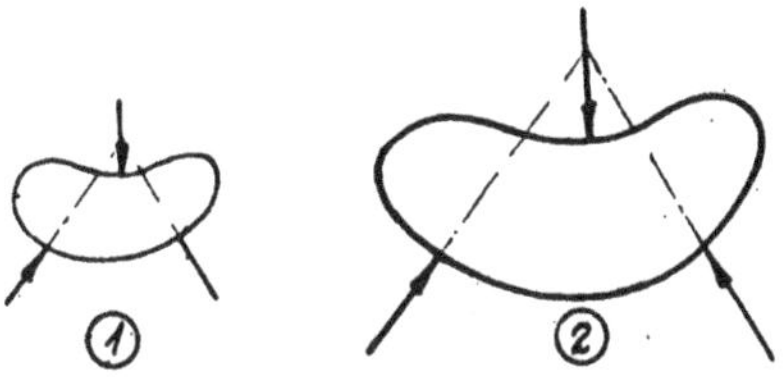

Bild 267. Zum Ähnlichkeitsgesetz der Festigkeitslehre.

Lasten wie die Quadrate der linearen Abmessungen verhalten ($\sigma_1 = \sigma_2$ und $\tau_1 = \tau_2$). Die Deformationen sind geometrisch ähnlich; ihre Größen verhalten sich also wie die linearen Abmessungen. Zwei Konstruktionen, die entsprechend dem Ähnlichkeitsgesetz ausgebildet und belastet sind, haben den gleichen Kennwert $\frac{\sqrt{P}}{l}$. Es gilt also:

$$\sqrt{P_1}/l_1 = \sqrt{P_2}/l_2.$$

Das Ähnlichkeitsgesetz gilt auch bei Überschreitung der Streckgrenze wie auch bei Verbeulung, und zwar sowohl einzelner Teile des Körpers als auch des ganzen Körpers. Wegen der Vernachlässigung des Einflusses des Eigengewichts ist dieses Gesetz nicht auf ganze Flugzeuge. sondern im allgemeinen nur auf kleinere Bauteile desselben anwendbar.

Erläuternde Beispiele. Zug- und Druckspannungen:

$$\sigma_1 = \frac{P_1}{f_1} = \frac{n^2 \cdot P}{n^2 \cdot f} = \sigma.$$

Deformationen:

$$\Delta l_1 = \frac{\sigma_1 \cdot l_1}{E} = \frac{\sigma \cdot n \cdot l}{E} = n \cdot \Delta l.$$

Knicklasten:

$$P_{K1} = \frac{\pi^2 \cdot E \cdot n^4 \cdot J}{n^2 \cdot l^2} = n^2 \frac{\pi^2 \cdot E \cdot J}{l^2}$$

$$= n^2 \cdot P_K.$$

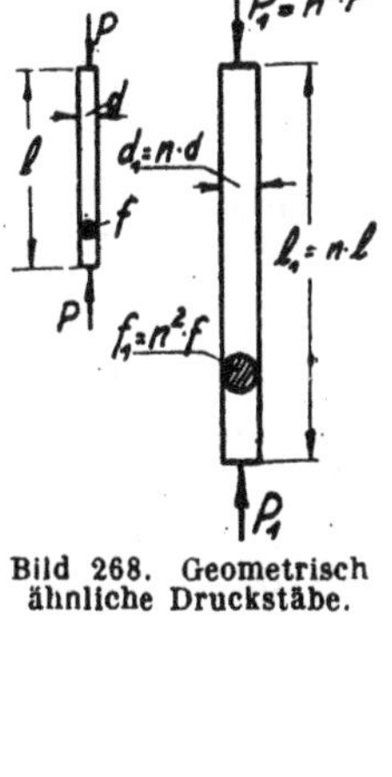

Bild 268. Geometrisch ähnliche Druckstäbe.

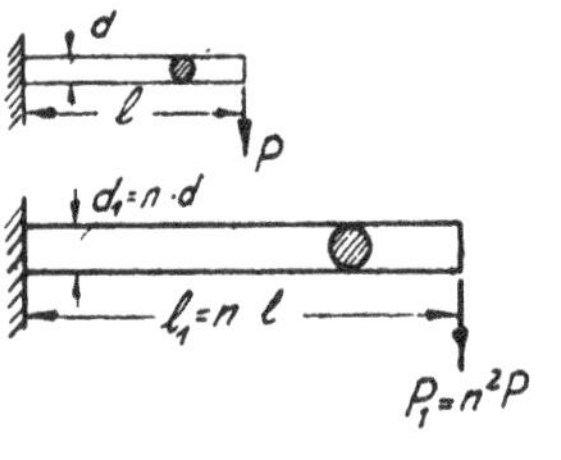

Bild 269. Geometrisch ähnliche Biegungsstäbe.

Knickspannungen:

$$\sigma_{K1} = \frac{P_{K1}}{f_1} = \frac{n^2 \cdot P_K}{n^2 \cdot f} = \sigma_K.$$

Biegespannungen:

$$\sigma_1 = \frac{P_1 \cdot l_1}{0{,}1 \cdot d_1^3} = \frac{n^2 \cdot P\; n \cdot l}{0{,}1 \cdot n^3 \cdot d^3} = \sigma.$$

Deformationen:

$$y_1 = \frac{P_1 \cdot l_1^3}{3\, E \cdot J_1} = \frac{n^2 \cdot P \cdot n^3 \cdot l^3}{3\, E \cdot n^4 \cdot J} = n \cdot y.$$

β) Kennwert und Querschnittsform.

Während bei Zugstäben für jeden Kennwert $\sqrt{P}/l$ unabhängig von der Querschnittsform eine gleich hohe Ausnutzung der Werkstoffestigkeit möglich ist, ist dies bei Druckstäben nicht mehr der Fall. Vielmehr ergibt sich bei letzteren für jeden Kennwert eine bestimmte günstigste Querschnittsform (evtl. auch deren mehrere), wie dies leicht aus folgendem zu ersehen ist.

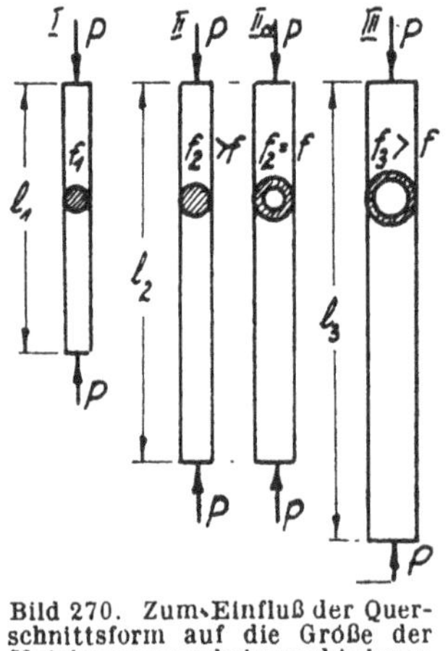

Bild 270. Zum Einfluß der Querschnittsform auf die Größe der Knickspannung bei verschiedenen Kennwerten $\sqrt{P}/l$.

Der Stab *I* (Bild 270) habe einen vollen Kreisquerschnitt; er sei so bemessen, daß die auftretende Spannung $\sigma = P/f$ gleich der Knickspannung $\sigma_K = P_K/f$ ist. Wird die Länge des Stabes bei konstantem P größer (Stab *II*), d. h. der Kennwert $\sqrt{P}/l$ kleiner, so muß man bei Beibehaltung der Querschnittsform die Querschnittsfläche erhöhen, da mit zunehmendem Schlankheitsgrad $\lambda = l/i$ die Knickspannung σ_K kleiner wird (vgl. Bild 257b). Will man die Knickspannung erhöhen, so muß man den Trägheitsradius vergrößern, d. h. den Querschnitt auflösen. Man kann ohne Änderung der Querschnittsfläche f z. B. mit einem Kreisrohrquerschnitt (Stab *II*a) das gleiche λ und damit (ungefähr) die gleiche Knickspannung σ_K erreichen wie beim Stab *I*. Bei noch kleinerem Kennwert (Stab *III*) muß man den Querschnitt noch mehr auflösen, das Rohr also dünnwandiger machen, um das gleiche λ zu bekommen. Trotz gleicher Schlankheit λ wird man aber nicht mehr die gleiche Knickspannung σ_K wie vorher erzielen, da das Rohr infolge der geringen Wandstärke örtlich ausknickt (verbeult).

γ) Die praktische Bestimmung der Knickspannung σ_K mit Hilfe des Kennwertes $\sqrt{P}/l$.

1. Der an beiden Enden gelenkig gelagerte, durch eine Längskraft belastete Druckstab. Bis zum Erreichen der Elastizitätsgrenze bzw. bis zum Beginn des örtlichen Ausknickens einzelner Teile des Querschnitts ist die volle Biegesteifigkeit vorhanden. Für diesen Bereich gilt nach Gl. (46; 2):

$$P = \frac{\pi^2 \cdot E \cdot J}{l^2} = \frac{\pi^2 \cdot E \cdot f \cdot i^2}{l^2} \text{ oder } l\sqrt{P} = \pi \cdot i \sqrt{E \cdot f}.$$

Für die Knickspannung erhält man hiermit durch einfache Erweiterung:

$$\boxed{\sigma_K = \frac{P}{f} \cdot \frac{l}{l} = \frac{\sqrt{P}}{l} \cdot \frac{l \cdot \sqrt{P}}{f} = \sqrt{P}/l \cdot \pi \cdot i \sqrt{E/f} = \sqrt{P}/l \cdot C} \quad (52;\,1)$$

In Gl. (52; 1) ist die von Querschnittsform und -fläche sowie vom Elastizitätsmodul abhängige Größe $C = \pi \cdot i \sqrt{E/f}$ innerhalb des oben begrenzten Bereiches für jeden Querschnitt

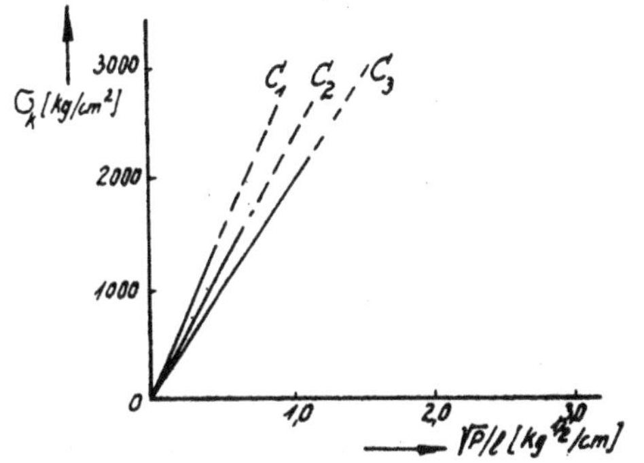

Bild 271. Abhängigkeit der Knickspannung σ_K vom Kennwert $\sqrt{P}/l$ im elastischen Bereich für verschiedene Querschnittskonstanten C.

eine Konstante. Trägt man die Knickspannung σ_K über den Kennwert $\sqrt{P}/l$ auf (Bild 271), so erhält man durch den Nullpunkt gehende, den Eulerhyperbeln entsprechende Geraden, deren Anstieg durch die Größe der Querschnittskonstanten C gegeben ist.

Bei den im Flugzeugbau üblichen dünnwandigen Profilen mit konstanter Wandstärke s (Blechprofile) steht der Trägheitsradius i für alle Querschnitte einer Gattung, d. h. Querschnitte mit geometrisch ähnlicher Mittellinie, immer in einem gleichen Verhältnis zum Umfang U oder irgendeiner linearen Abmessung u des Querschnitts, unabhängig davon, wie groß das Wandstärkenverhältnis U/s bzw. u/s ist. Setzt man demnach

$$i = n \cdot u \text{ und ferner } f = s \cdot U = s \cdot m \cdot u,$$

so wird:

$$\boxed{C = \pi \sqrt{\frac{E \cdot i^2}{f}} = \pi \sqrt{\frac{E \cdot n^2 \cdot u^2}{s \cdot m \cdot u}} = \pi \sqrt{\frac{E \cdot n^2}{m}} \cdot \sqrt{\frac{u}{s}} = C_0 \sqrt{u/s}} \quad \ldots (52;\,2)$$

Für eine ⊏-Profilgattung mit einem gegebenen Seitenverhältnis $\alpha = a/h$ erhält man z. B. (als Bezugslänge u wird die Seitenlänge a gewählt):

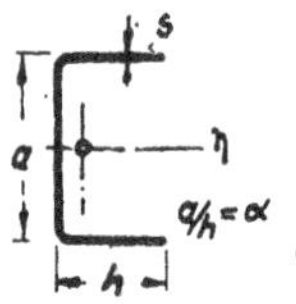

Bild 272.
U-Profil.

$$f = s\,(a + 2h) = s \cdot a\,\frac{\alpha + 2}{\alpha} \quad \text{oder } m = \frac{\alpha + 2}{\alpha}$$

$$i_\eta^2 = \frac{J_\eta}{f} = \frac{2 \cdot s \cdot h\,(a/2)^2 + 1/12\, s \cdot a^3}{s \cdot a\,(\alpha + 2) \cdot 1/\alpha} = \frac{a^2\,(\alpha + 6)}{12\,(\alpha + 2)}$$

oder

$$n^2 = \frac{\alpha + 6}{12\,(\alpha + 2)}$$

Hiermit ist:

$$C_0 = \pi \sqrt{\frac{E \cdot n^2}{m}} = \pi \sqrt{\frac{E\,(\alpha + 6) \cdot \alpha}{12\,(\alpha + 2) \cdot (\alpha + 2)}}$$

$$= \frac{\pi}{2\,(\alpha + 2)} \sqrt{1/3\,E \cdot \alpha\,(\alpha + 6)}$$

Man erkennt hieraus, daß der Wert $C_0 = \pi \sqrt{\frac{E \cdot n^2}{m}}$ für jede Profilgattung unabhängig von dem Wandstärkenverhältnis a/s und der absoluten Größe des Querschnitts eine Konstante ist.

Führt man noch Gl. (52; 2) in Gl. (52; 1) ein, so erhält man:

$$\boxed{\sigma_K = C_0 \sqrt{u/s} \cdot \sqrt{P/l}} \quad \ldots\ldots \quad (52;\,3)$$

Gl. (52; 3) stellt für eine Profilgattung mit der Querschnittskonstanten C_0 eine Geradenschar mit dem Parameter $\sqrt{u/s}$ dar.

Wird nach Überschreiten der Elastizitätsgrenze (σ_E) der rechnerische Elastizitätsmodul $\overline{E} = E \cdot \varkappa$ kleiner, so nimmt die Konstante C_0 den Wert

$$\overline{C}_0 = \pi \sqrt{\frac{E \cdot \varkappa \cdot n^2}{m}} = \sqrt{\varkappa} \cdot C_0$$

an. Da nun die Knickzahl $\varkappa$ innerhalb einer Querschnittsgattung nur von der Größe der Druckspannung σ_K abhängig ist (vgl. hierzu die Ausführungen von 50), so ist auch $\overline{C}_0$ für alle Querschnitte einer Gattung jeweils für eine bestimmte Spannung eine Konstante. Das gleiche gilt, wenn infolge örtlichen Ausknickens ein Teil des Querschnitts ausfällt und somit der wirksame Trägheitsradius des Querschnitts verkleinert wird.

Die Bestimmung der Spannungen σ_K in Abhängigkeit vom Kennwert $\sqrt{P}/l$ nach Überschreiten der Elastizitätsgrenze bzw. der (örtlichen) Beulgrenze wird praktischerweise durch Versuche bestimmt, da die Rechnung zum Teil nur angenäherte Ergebnisse liefert und außerdem sehr umständlich ist. Man kommt hierbei mit einer relativ geringen Zahl von Versuchen aus. Da der Anstieg der Kurven $\sigma_K = \sigma(\sqrt{P}/l)$ im elastischen Bereich durch Rechnung (Gl. (52; 3)) bestimmt werden kann, benötigt man für jede Querschnittsgattung nur drei Werte für jedes Wandstärkenverhältnis u/s, um die Kurven mit hinreichender Genauigkeit zeichnen zu können. Die Zahl der Wandstärkenverhältnisse kann versuchsmäßig auf drei bis vier beschränkt werden, da man aus dem aufgetragenen Schaubild (vgl. Bild 273) ohne Schwierigkeiten die dazwischenliegenden Werte genügend genau abschätzen kann. Da man weiterhin wegen des rechnerisch bestimmten Anstiegs fehlerhafte Meßergebnisse sehr leicht erkennen kann, wird es ausreichend sein, nur die σ-Werte im Bereich großer $\sqrt{P}/l$-Werte durch Doppelversuche zu ermitteln. Man wird also im ganzen für jede Querschnittsgattung mit 12 bis 16 Versuchswerten auskommen.

Zeichnet man an die für die verschiedenen Parameter a/s erhaltene Kurvenschar $\sigma_K = \sigma\,(\sqrt{P}/l)$ die Hüllkurve (in Bild 273 gestrichelt gezeichnet), so gibt diese für jeden Kennwert $\sqrt{P}/l$ den theoretisch erreichbaren Bestwert der Spannung σ an. Man erkennt, daß bei jedem Kennwert das leichteste Profil, d. h. das Profil, welches jeweils die höchste Spannung aufnehmen kann, entweder verbeult oder über die Elastizitätsgrenze geht. Bei dünnwandigen Profilen stellt dem-

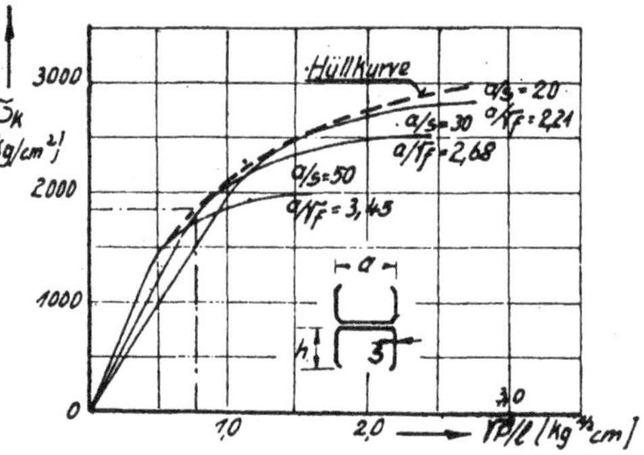

Bild 273. Abhängigkeit der Knickspannung σ_k vom Kennwert $\sqrt{P}/l$ für eine bestimmte Querschnittsgattung mit Einschluß der Überschreitung der Elastizitätsgrenze und der (örtlichen) Beulgrenze.

nach die für den elastischen Bereich gültige Eulerspannung (Gl. (46; 2)) kein Kriterium für die höchstzulässige Spannung dar. Man ist folglich auf Versuche angewiesen, wenn man dünnwandige Druckstäbe leicht bauen will.

Aus dem Spannungs-Kennwert-Diagramm kann man auch den Einfluß der Werkstoffeigenschaften erkennen. Bei kleinen Kennwerten ist der Spannungsbestwert durch die örtliche Knickfestigkeit (Beulfestigkeit) begrenzt; im Bereich kleiner Kennwerte werden also solche Werkstoffe die leichtesten Druckstäbe abgeben, die einen, im Vergleich zum spezifischen Gewicht, großen Elastizitätsmodul haben. Im Bereich großer Kennwerte ist für die Größe der Spannung die Höhe der Überschreitung der Streckgrenze maßgebend; in diesem Bereich wird man somit einen Werkstoff mit einer in bezug auf das spezifische Gewicht hohen Streckgrenze wählen.

Für den praktischen Gebrauch der Spannungs-Kennwert-Diagramme wird man zwecks Erleichterung der Rechnung außer dem Parameter a/s noch den zugehörigen Wert $a/\sqrt{f}$ angeben, wie dies auch in Bild 273 geschehen ist. Für die vorliegende Querschnittsgattung ergibt sich dieser Wert wie folgt. Mit $h/a = 0{,}55$ und $a/s = c$ ist:

$$f = 2 \cdot s\,(a + 2h) = 2\,a/c\,(a + 2 \cdot 0{,}55\,a) = 4{,}2\,\frac{a^2}{c}$$

oder

$$\boxed{a/\sqrt{f} = \sqrt{c/4{,}2}} \quad . \; . \; . \; . \; . \; . \; . \quad (52;\,4)$$

z. B. für

$$c = a/s = 50 \text{ ist } a/\sqrt{f} = \sqrt{50/4{,}2} = 3{,}45 \text{ usw.}$$

Beispiel 52; 1: Bemessung eines Druckstabes.

Gegeben: Querschnittsgattung][-Profil mit $h/a = 0{,}55$ (vgl. Bild 273); $l = 100$ cm; $P = 6000$ kg.

Kennwert: $\sqrt{P}/l = \frac{\sqrt{6000}}{100} = 0{,}774$; hierfür Spannungsbestwert:

$$\sigma_K = 1830 \text{ kg/cm}^2.$$

Günstige Wandstärkenverhältnisse: $a/s = 30$—40.

I. Bei $a/s = 30$ ist $\sigma_K = 1770$ und $f = \frac{6000}{1770} = 3{,}39 \text{ cm}^2$:

$a = 2{,}68\,\sqrt{3{,}39} = 4{,}93$ cm, $s = \frac{4{,}93}{30} = 0{,}165$ cm. Gewählt 2 Profile 50/28/0,18/mit $f = 3{,}81 \text{ cm}^2$.

II. Bei $a/s = 40$ ist $\sigma_K = 1800$ und $f = \frac{6000}{1800} = 3{,}32 \text{ cm}^2$:

$a = \sqrt{\frac{3{,}32 \cdot 40}{4{,}2}} = 5{,}64$ cm (Gl. 52; 4), $s = \frac{5{,}64}{40} = 0{,}141$ cm.

Gewählt 2 Profile 60/33/0,15/mit $f = 3{,}78 \text{ cm}^2$

Die Querschnitte der beiden Profile unterscheiden sich nur um 1%.

2. Kombinierte Knickfälle. Die Knickung des an beiden Enden gelenkig gelagerten, zentrisch gedrückten, geraden Stabes stellt nur eines der vielen möglichen Knickprobleme dar, und zwar ist dieses Problem streng genommen ein in Praxis sehr seltener Fall, wie es in den Abschnitten über die elastische Knickung bereits gezeigt wurde. Die übrigen Knickprobleme (elastische oder starre Einspannung der Stabenden, Belastung durch Proportionalitätsfaktoren sowie jede beliebige

Kombination dieser Einzelfälle) können grundsätzlich auch mittels Versuche in der im Abschnitt a behandelten Art gelöst werden. Jedoch ist dieses Verfahren einmal wegen der notwendigerweise sehr großen Anzahl von Versuchen, zum andernmal wegen der Schwierigkeit des Versuchsaufbaues nicht zu empfehlen. Im folgenden wird gezeigt, wie alle diese verschiedenen Knickprobleme sich in gleicher Weise wie bei der elastischen Knickung auf den einfachen Fall des an beiden Enden gelenkig gelagerten, zentrisch gedrückten Stabes zurückführen lassen.

Bei Überschreitung der Streckgrenze bzw. der (örtlichen) Beulgrenze wird die Biegesteifigkeit eines Stabes gemindert.

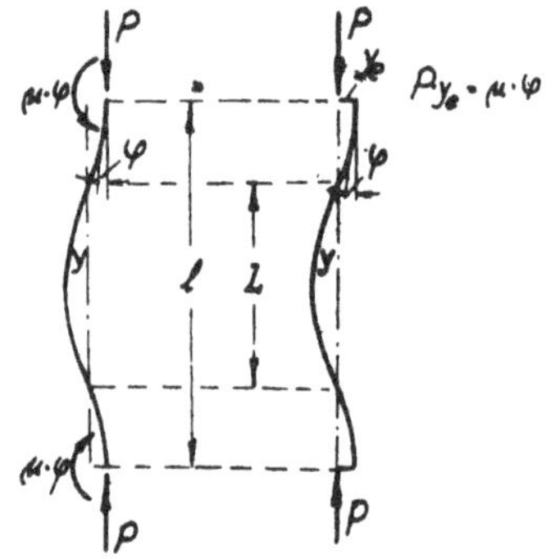

Plastischer oder verbeulender Stab. — Elastischer Stab bei gleicher Belastung P, μ und gleicher Biegesteifigkeit.

$(E \cdot J)_{red} = E \cdot J$.

Die Biegungslinie bei beiden Stäben ist eine Sinus-Linie mit gleicher Halbwellenlänge L.

Bild 274. Zur Anwendung des Spannungs-Kennwert-Diagramms bei kombinierten Knickbelastungen.

Diese Minderung ist der Größe nach nur abhängig von der Höhe der Druckspannung, aber — solange das Biegungsmoment klein ist — unabhängig von der Größe des Biegungsmoments. Ist die Querschnittsform und -fläche (und bei gebauten Stäben auch die Nietteilung) sowie die Druckkraft über die Stablänge konstant, so ist auch die verbliebene (oder vorhandene) Biegesteifigkeit über die Stablänge konstant. Ein auf Druck über die Streckgrenze oder über die Beulgrenze belasteter Stab verhält sich also genau wie ein rein elastischer Stab mit gleicher Biegesteifigkeit, d. h. er besitzt gleiche Biegungslinie, gleichen Momentenverlauf usw. wie dieser elastische Stab (Bild 274).

Man kann demnach für die Dimensionierung des plastischen oder verbeulenden Stabes die erforderliche Biegungssteifigkeit B_{erf} genau so wie für einen rein elastischen Stab ermitteln. Da aber für einen Querschnitt die vorhandene Biegesteifigkeit B_{vorh} in Abhängigkeit von der Druckkraft P bzw. der Druckspannung σ im allgemeinen nicht direkt bekannt ist, führt man die Dimensionierung eines Stabes bei kombinierter Belastung zurück auf die eines »äquivalenten« Eulerstabes, d. h. eines an beiden Enden gelenkig gelagerten, zentrisch gedrückten Stabes. Man berechnet aus den bereits bekannten Größen B_{erf} und P die Länge des äquivalenten Stabes aus

$$L=\pi\sqrt{\frac{B_{erf}}{P}}$$

und erhält damit den Kennwert

$$\boxed{\sqrt{P}/L=\frac{P}{\pi\sqrt{B_{erf}}}} \quad \ldots\ldots\ldots \quad (52;\,5)$$

Mit diesem Kennwert kann man an Hand der für den einfachen Eulerstab ermittelten Spannungs-Kennwert-Diagramme die Dimensionierung des Stabes vornehmen.

Bei manchen Knickbelastungen kann man für den plastischen oder verbeulenden Stab, statt B_{erf} zu ermitteln, direkt die Länge des äquivalenten Stabes bestimmen. In den folgengenden Beispielen wird die Behandlung der verschiedenen Knickprobleme anschaulich gezeigt. In sämtlichen Beispielen wird für die Druckstäbe ein][-Querschnitt mit einem Seitenverhältnis von $h/a = 0{,}55$ vorausgesetzt; für diese Querschnittsgattung ist das Spannungs-Kennwert-Diagramm in Bild 273 wiedergegeben.

Beispiel 52; 2: In der Mitte elastisch gestützter Druckstab.

Gegeben: $P \cdot 5000$ kg; $l = 100$ cm; $\varkappa = 237$ kg/cm.

Gesucht: Abmessungen des Querschnitts.

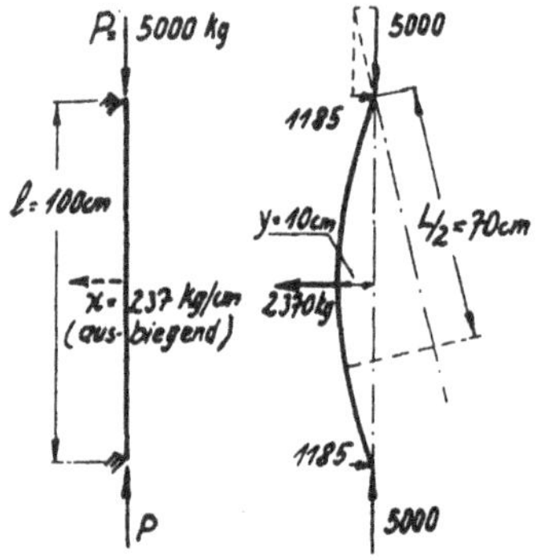

Bild 275. Berechnungsbeispiel: In der Mitte elastisch gestützter Druckstab.

a) Graphische Lösung. Man ermittelt, genau wie beim rein elastischen Stab die Länge L des äquivalenten Eulerstabes durch Schätzen (vgl. 48a). Man erhält $L = 140$ cm. Demnach ist:

$$\sqrt{P}/L = \frac{\sqrt{5000}}{140} = 0{,}47.$$

Aus dem Spannungs-Kennwert-Diagramm wird hierfür entnommen:

$$a/s = 50 \quad \text{und}$$
$$\sigma_K = 1350 \text{ kg/cm}^2.$$

Mithin ist:

$$\underline{\underline{f}} = \frac{P}{\sigma} = \frac{5000}{1350} = \underline{\underline{3{,}7}} \text{ cm}^2; \text{ oder } \underline{\underline{a}} = 3{,}4\sqrt{3{,}7} = \underline{\underline{6{,}5 \text{ cm}}};$$

und

$$\underline{\underline{h}} = 0{,}55 \cdot 6{,}5 = \underline{\underline{3{,}6 \text{ cm}}}; \quad \underline{\underline{s}} = \frac{6{,}5}{50} = \underline{\underline{0{,}13 \text{ cm}}}.$$

b) Lösung nach der Methode von Vianello (vgl. Beispiel 41; 1). Nach Gl. (49; 8) ist:

$$B_{erf} = (E \cdot J)_{erf} = \Sigma\,(E \cdot J)_{erf\,einz} \text{ und } L = \pi \cdot \sqrt{\frac{\Sigma\,(E \cdot J)_{erf\,einz}}{P}} \quad (1)$$

Aus: $P = \dfrac{\pi^2 \cdot E \cdot J}{l^2}$ erhält man:

$$(E \cdot J)_{erf\,P} = \frac{P \cdot l^2}{\pi^2} = \frac{5 \cdot 10^3 \cdot 10^4}{10} = 5 \cdot 10^6 \text{ kg cm}^2.$$

Nach Hütte I ist:

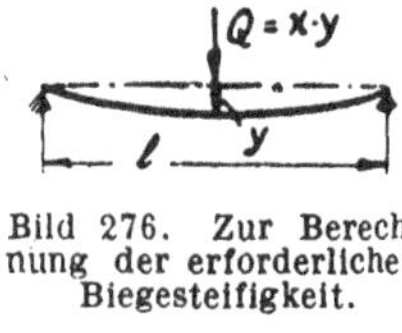

Bild 276. Zur Berechnung der erforderlichen Biegesteifigkeit.

$$y = \frac{Q \cdot l^3}{48\,E \cdot J} = \frac{\varkappa \cdot y \cdot l^3}{48\,E \cdot J}$$

oder

$$(E \cdot J)_{erf\,\varkappa} = \varkappa \cdot \frac{l^3}{48}$$

$$\underline{\underline{(E \cdot J)_{erf\,\varkappa}}} = \frac{237}{48} \cdot 10^6 = \underline{\underline{4{,}93 \cdot 10^6 \text{ kg cm}^2}}.$$

Mit diesen Werten erhält man aus (1):

$$\underline{L} = \pi \cdot \sqrt{\frac{5 \cdot 10^6 + 4{,}93 \cdot 10^6}{5000}} = \underline{140\,\text{cm}}.$$

Die Lösung kann auch nach dem in 48a gezeigten Verfahren analytisch erfolgen (Gl. (48; 2a und 3)).

Beispiel 52; 3: An zwei Stellen elastisch gestützter Druckstab.

Gegeben: Belastung und Längenabmessungen des Stabes nach Bild 277.

Gesucht: Abmessungen des Querschnitts.

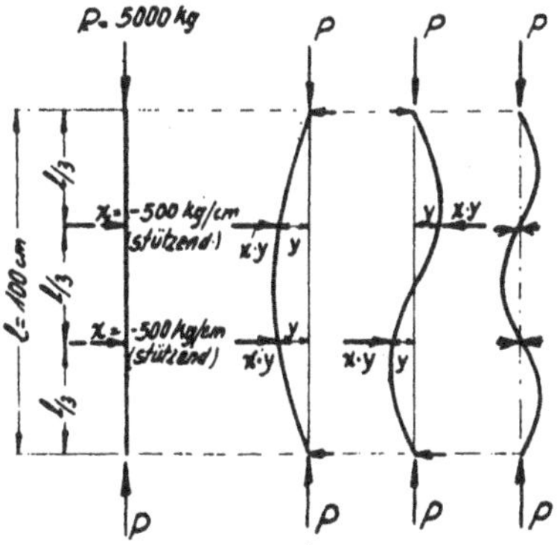

Bild 277. Berechnungsbeispiel: An zwei Stellen elastisch gestützter Druckstab.

Je nach der Größe der elastischen Stützung sind die drei Knickformen Bild 277a bis c möglich. Für die Dimensionierung ist die Knickform maßgebend, für die der äquivalente Eulerstab die größte Länge besitzt.

Lösung nach der Methode von Vianello.

$$L = \pi \sqrt{\frac{\Sigma (E \cdot J)_{erf\,einz}}{P}}.$$

Fall a):

$(E \cdot J)_{erf\,I} = 5 \cdot 10^6$ kg cm² (vgl. Beispiel 52; 2).

Nach Hütte ist:

$$y = \frac{Q}{E \cdot J}\,\frac{(l/3)^2}{3}\left(1/3 + \frac{3 \cdot l/3}{2}\right) = \frac{\varkappa \cdot y}{E \cdot J} \cdot \frac{5\,l^3}{162},$$

oder

$$(E \cdot J)_{erf\,\varkappa} = \frac{5}{162} \cdot \varkappa \cdot l^3$$

$$(E \cdot J)_{erf\,\varkappa} = -\frac{5}{162} \cdot 500 \cdot 10^6 = -15{,}4 \cdot 10^6 \text{ kg cm}^2.$$

Hiermit wird:

$$L = \pi \sqrt{\frac{5 \cdot 10^6 - 15{,}4 \cdot 10^6}{5000}}$$

imaginär, d. h. die endgültige Form stimmt mit der angenommenen Form nicht überein.

Fall b):

$$(E \cdot J)_{erf\,P} = \frac{P \cdot (l/2)^2}{\pi^2} = \frac{5000 \cdot 50^2}{\pi^2} = 1{,}25 \cdot 10^6 \text{ kg cm}^2.$$

Nach Hütte ist:

$$y = \frac{Q}{E \cdot J} \cdot \frac{(l/2)^3}{3} \cdot \frac{(l/3)^2}{(l/2)^2} \cdot \frac{(l/6)^2}{(l/2)^2} = \frac{\varkappa \cdot y}{E \cdot J} \cdot \frac{l^3}{486},$$

oder

$$(E \cdot J)_{erf\,\varkappa} = \frac{1}{486} \cdot \varkappa \cdot l^3$$

$$(E \cdot J)_{erf\,\varkappa} = -\frac{1}{486} \cdot 500 \cdot 10^6 = -1{,}03 \text{ kg cm}^2.$$

Es ist also:

$$\underline{\underline{L}} = \pi \sqrt{\frac{1{,}25 \cdot 10^6 - 1{,}03 \cdot 10^6}{5000}} = \underline{\underline{21 \text{ cm.}}}$$

Fall c): Dieser Fall setzt voraus, daß die elastische Stützung so groß ist, daß ein Ausknicken der gestützten Stellen nicht möglich ist. Die Länge des äquivalenten Eulerstabes ist hierbei:

$$L = l/3 = \frac{100}{3} = 33{,}3 \text{ cm.}$$

Diese Knickform stellt also den ungünstigsten Fall dar. Mit dem Kennwert

$$\sqrt{P}/L = \frac{\sqrt{5000}}{33{,}3} = 2{,}13$$

erhält man als günstigste Werte:

$$a/s = 15 \text{ mit } \sigma_K = 2800 \text{ kg/cm}^2.$$

Somit ist:

$$f = \frac{5000}{2800} = 1{,}8\ \text{cm}^2 \quad \text{oder:}\ a = 1{,}89\sqrt{1{,}8} = 2{,}53\ \text{cm}$$

und $s = 0{,}169$ cm. Gewählt wird ein Profil mit den Abmessungen: $a = 2{,}5$ cm; $h = 1{,}4$ cm; $s = 0{,}18$ cm.

Beispiel 52; 4: Druckstab mit ausbiegender, verteilter, elastischer Querbelastung.

Gegeben: Länge und Belastung des Stabes nach Bild 278.

Nach Gl. (48; 16) gilt:

$$P = \frac{\pi^2 \cdot E \cdot J}{l^2} - \nu \cdot \frac{l^2}{\pi^2}$$

Daraus:

$$(E \cdot J)_{erf} = \left(P + \nu \cdot \frac{l^2}{\pi^2}\right) \cdot \frac{l^2}{\pi^2}$$

Die Länge des äquivalenten Eulerstabes ist somit:

$$L = \pi \sqrt{\frac{(E \cdot J)_{erf}}{P}} = l \sqrt{\frac{P + \nu \cdot l^2/\pi^2}{P}} = 100 \sqrt{\frac{5000 + 10 \cdot 100^2/\pi^2}{5000}}$$

$$L = 173\ \text{cm}.$$

Die Bemessung des Stabes ist entsprechend

$$\underline{\underline{\sqrt{P}/L}} = \frac{\sqrt{5000}}{173} = \underline{\underline{0{,}91}}$$

vorzunehmen.

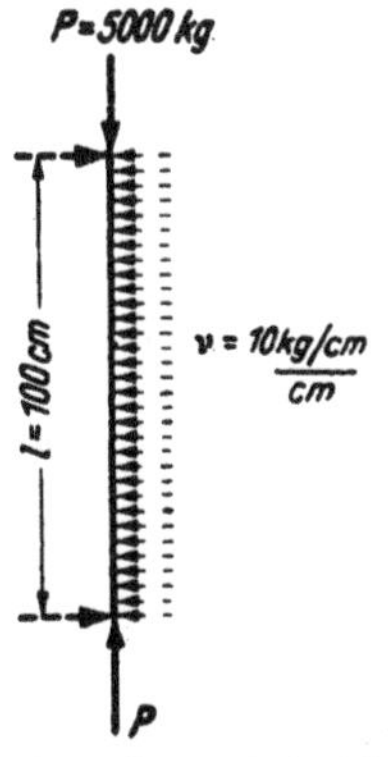

Bild 278. Berechnungsbeispiel: Druckstab mit ausbiegender, verteilter elastischer Querbelastung.

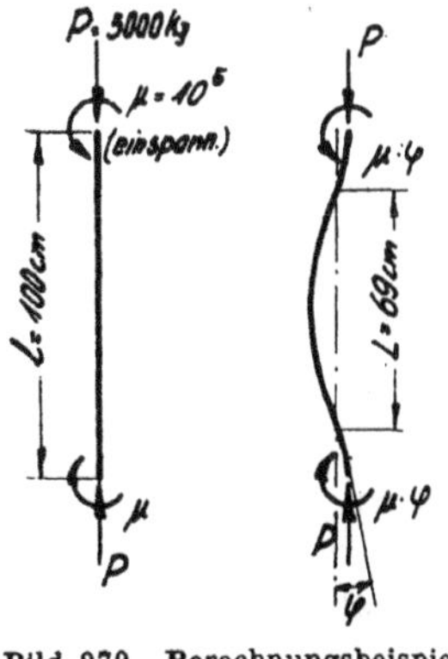

Bild 279. Berechnungsbeispiel: Druckstab mit elastischem Einspannmoment.

Beispiel 52; 5: Druckstab mit elastischem Einspannmoment (vgl. hierzu die Ausführungen von 48b über die elastische Knickung).

Gegeben: Länge und Belastung des Stabes nach Bild 279.

Die Methode von 48b ist nicht direkt anwendbar, da der Einspannungsgrad

$$e = \frac{\mu \cdot l}{E \cdot J}$$

wegen der noch unbekannten Biegesteifigkeit $E \cdot J$ nicht angegeben werden kann. Man geht daher wie folgt vor:

Aus

$$P/P_E = \frac{P \cdot l^2}{\pi^2 \cdot E \cdot J} \text{ und } e = \frac{\mu \cdot l}{E \cdot J}$$

erhält man durch Elimination von $E \cdot J$

$$P/P_E = \frac{P \cdot l}{\pi^2 \cdot \mu} \cdot e = \frac{5000 \cdot 100}{\pi^2 \cdot 10^5} \cdot e = 0{,}5\, e.$$

Zeichnet man die Gerade $P/P_E = 0{,}5\, e$ in das Diagramm der Kurve $P/P_E = f(e)$ ein, so erhält man den Schnittpunkt

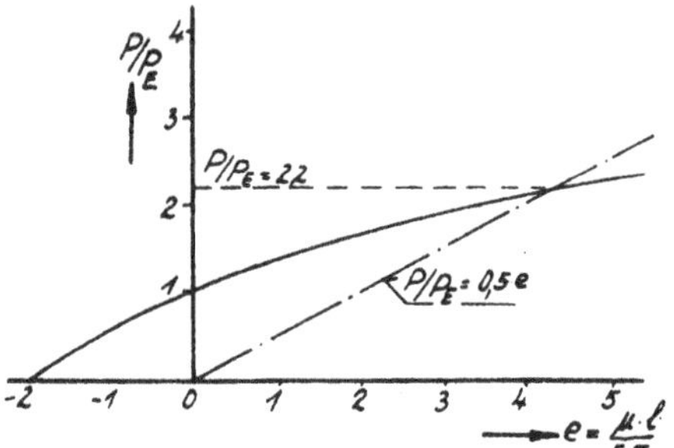

Bild 280. Zur Ermittlung der Länge des äquivalenten Eulerstabes mit Hilfe der Kurve $P/P_E = f(e)$.

zwischen der Geraden und der Kurve bei $P/P_E = 2{,}2$ (Bild 280). Ersetzt man P durch die Knicklast des äquivalenten Eulerstabes

$$\left(P = \frac{\pi^2 \cdot E \cdot J}{L^2}\right),$$

so wird:

$$\frac{P}{P_E} = \frac{\pi^2 \cdot E \cdot J \cdot l^2}{L^2 \cdot \pi^2 \cdot E \cdot J} = \frac{l^2}{L^2} \text{ oder } L = \frac{l}{\sqrt{P/P_E}} = \frac{100}{\sqrt{2,2}} = 68 \text{ cm}.$$

Damit erhält man für den Kennwert

$$\sqrt{P}/L = \frac{\sqrt{5000}}{68} = 1,04.$$

Die weitere Rechnung erfolgt wie in den vorstehenden Beispielen.

Sachverzeichnis.

www.ingramcontent.com/pod-product-compliance
Lightning Source LLC
Chambersburg PA
CBHW031434180326
41458CB00002B/545
* 9 7 8 3 4 8 6 7 7 3 1 1 8 *